令和3年度版

# 原子力白書

令和 4 年 7 月

原子力委員会

# 令和3年度版原子力白書の公表に当たって

原子力委員会委員長　上坂　充

　我が国における原子力の研究、開発及び利用は、原子力基本法にのっとり、これを平和の目的に限り、安全の確保を旨とし、民主的な運営の下に自主的に行い、成果を公開し、進んで国際協力に資するという方針の下、将来におけるエネルギー資源を確保し、学術の進歩と産業の振興とを図り、もって人類社会の福祉と国民生活の水準向上に寄与するべく行われています。

　原子力白書は原子力行政のアーカイブであるとともに、「原子力利用に関する基本的考え方」（平成29年7月策定）や、原子力委員会による「決定」や「見解」の内容をフォローする役割も担っており、毎年作成することとしています。今回の白書は、おおむね令和3年度の事柄を取りまとめ、広く国民の皆様にご紹介するものです。また、白書全体にわたって、コラムとしてトピックスや注目点を記載しております。

　今回は特集として、カーボンニュートラルの実現、中長期的な経済成長、エネルギー安定供給の確保といった社会的要請を踏まえ、主な国・地域の動向や原子力エネルギーのメリット・課題を紹介しました。エネルギーは人間のあらゆる活動を支える基盤であり、誰にとっても他人事ではありません。様々な社会的要請に対応し、日々の暮らしをより豊かなものにしていくためには、原子力を含む我が国の今後のエネルギー利用の在り方について、国民一人一人が「じぶんごと」として捉えて考えることが必要です。

　我が国の原子力エネルギー利用にとって福島の復興・再生は再出発の起点であり、避難指示解除に向けた取組や福島国際研究教育機構の整備に向けた取組など、着実に歩みを進めています。第6次エネルギー基本計画では、原子力発電について、2030年度における電源構成で20〜22%程度を見込むとされました。また、放射線や放射性同位元素の利用は、幅広い分野において社会を支える重要な技術インフラとなっており、特に医療分野では新たな取組が加速しています。

　原子力白書が、原子力政策の透明性向上に役立つことを期待するとともに、原子力利用に対する国民の理解を深める際の一助となれば幸いです。

はじめに

特集

第1章

第2章

第3章

第4章

第5章

第6章

第7章

第8章

資料編

用語集

## 目次

はじめに

特集

第1章

第2章

第3章

第4章

第5章

第6章

第7章

第8章

資料編

用語集

# 第7章　放射線・放射性同位元素の利用の展開 ........................ 195

# 第8章　原子力利用の基盤強化 .................................... 215

はじめに

特集

第1章

第2章

第3章

第4章

第5章

第6章

第7章

第8章

資料編

用語集

はじめに
特集
第1章
第2章
第3章
第4章
第5章
第6章
第7章
第8章
資料編
用語集

## ［コラム］

はじめに
特集
第1章
第2章
第3章
第4章
第5章
第6章
第7章
第8章
資料編
用語集

はじめに

特集

第1章

第2章

第3章

第4章

第5章

第6章

第7章

第8章

資料編

用語集

## はじめに

### 1　原子力委員会について

　我が国の原子力の研究、開発及び利用（以下「原子力利用」という。）は、1955 年 12 月 19 日に制定された原子力基本法（昭和 30 年法律第 186 号）に基づき、厳に平和の目的に限り、安全の確保を前提に、民主、自主、公開の原則の下で開始されました。同法に基づき、原子力委員会は、国の施策を計画的に遂行し、原子力行政の民主的運営を図るため、1956 年 1 月 1 日に設置されました。原子力委員会は、様々な政策課題に関する方針の決定や、関係行政機関の事務の調整等の機能を果たしてきました。

### 2　原子力委員会の役割の改革

　東京電力株式会社福島第一原子力発電所事故（以下「東電福島第一原発事故」という。）を受けて、原子力をめぐる行政庁の体制の再編が行われるとともに、事故により原子力を取り巻く環境が大きく変化しました。これを踏まえ、「原子力委員会の在り方見直しのための有識者会議」が 2013 年 7 月に設置され、原子力委員会の役割についても抜本的な見直しが行われ、2014 年 6 月に原子力委員会設置法が改正されました。

　その結果、原子力委員会は、関係組織からの中立性を確保しつつ、平和利用の確保等の原子力利用に関する重要事項にその機能の主軸を移すこととなりました。その上で、原子力委員会は、原子力に関する諸課題の管理、運営の視点に重点を置きつつ、原子力利用の理念となる分野横断的な基本的な考え方を定めながら、我が国の原子力利用の方向性を示す「羅針盤」として役割を果たしていくこととなりました。

　求められる役割を踏まえ、2014 年 12 月に新たな原子力委員会が発足し、2022 年 7 月時点で、上坂充委員長、佐野利男委員、岡田往子委員の 3 名で活動をしています。新たな原子力委員会では、東電福島第一原発事故の発生を防ぐことができなかったことを真摯に反省し、その教訓を生かしていくとともに、より高い見地から、国民の便益や負担の視点を重視しつつ、原子力利用全体を見渡し、専門的見地や国際的教訓等に基づき、課題を指摘し、解決策を提案し、その取組状況を確認していくといった活動を行っています。

## 3 　我が国の原子力利用の方向性

　このような役割に鑑み、原子力委員会では、かつて策定してきた「原子力の研究、開発及び利用に関する長期計画」や「原子力政策大綱」のような網羅的かつ詳細な計画を策定しないものの、今後の原子力政策について政府としての長期的な方向性を示唆する羅針盤となる「原子力利用に関する基本的考え方」を策定することとしました。

　新たな原子力委員会が発足して以降、東電福島第一原発事故及びその影響や、原子力を取り巻く環境変化、国内外の動向等について、有識者から広範に意見を聴取するとともに、意見交換を行い、これらの活動等を通じて国民の原子力に対する不信・不安の払拭に努め、信頼を得られるよう検討を進め、その中で様々な価値観や立場からの幅広い意見があったことを真摯に受け止めつつ、2017 年 7 月 20 日に「原子力利用に関する基本的考え方」を策定しました。さらに、翌 21 日の閣議において、政府として同考え方を尊重する旨が閣議決定されました。

　「原子力利用に関する基本的考え方」では、原子力政策全体を見渡し、我が国の原子力の平和利用、国民理解の深化、人材育成、研究開発等の目指す方向性や在り方を分野横断的な観点から示しています。この中では、特に、東電福島第一原発事故の教訓と反省の上に立ち、安全性の確保を大前提に、国民の理解と信頼を得つつ進めていくことの重要性を改めて強調しました。

---

### 「原子力利用に関する基本的考え方」

〇平成29年7月20日に原子力委員会にて取りまとめ、21日付で、政府は本文書を尊重する旨が閣議決定。
〇原子力政策全体を見渡し、我が国の原子力の平和利用等の目指す方向性を示すもの。

#### 1．原子力を取り巻く環境の変化

- ➤ 国民の原子力への不信・不安に真摯に向き合い、社会的信頼の回復が必須
- ➤ 電力小売全面自由化等による競争環境の出現
- ➤ 長期的に更に温室効果ガスを大幅削減するためには、現状の取組の延長線上では達成が困難
- ➤ 火力発電の焚き増しや再エネ固定価格買取制度の導入に伴う電気料金の上昇は、国民生活及び経済活動に多大に影響

#### 2．原子力関連機関等に継続して内在している本質的な課題

- ➤ 日本人の思い込み（マインドセット）やグループシンク（集団浅慮）、多数意見に合わせるよう強制される同調圧力、現状維持志向といったことが課題の一つ。

#### 3．原子力利用の基本目標及び重点的取組

- ➤ 平和利用を旨とし、安全性の確保を大前提に国民からの信頼を得ながら、原子力技術が環境や国民生活及び経済にもたらす便益とコストについて十分に意識して進めることが大切

（1）東電福島原発事故の反省と教訓を真摯に学ぶ

（2）地球温暖化問題や国民生活・経済への影響を踏まえた原子力エネルギー利用を目指す

（3）国際潮流を踏まえた国内外での取組を進める

（4）原子力の平和利用の確保と国際協力を進める

（5）原子力利用の大前提となる国民からの信頼回復を目指す

（6）廃止措置及び放射性廃棄物への対応を着実に進める

（7）放射線・放射性同位元素の利用による生活の質の一層の向上

（8）原子力利用のための基盤強化を進める

はじめに
特集
第1章
第2章
第3章
第4章
第5章
第6章
第7章
第8章
資料編
用語集

はじめに

特集

第1章

第2章

第3章

第4章

第5章

第6章

第7章

第8章

資料編

用語集

## 4　原子力白書の発刊

　原子力委員会が設置されて以来、原子力白書を継続的に発刊してきましたが、東電福島第一原発事故の対応及びその後の原子力委員会の見直しの議論と新委員会の立ち上げを行う中で、約7年間休刊しました。新たな原子力委員会では、我が国の原子力利用に関する現状及び取組の全体像について国民の方々に説明責任を果たしていくことの重要性を踏まえ、原子力白書の発刊を再開することとしました。令和3年度版原子力白書は、2017年の発刊再開後、6回目の発刊となります。

　原子力白書では、特集として、年度毎に原子力分野に関連したテーマを設定し、国内外の取組の分析と得られた教訓等を紹介しています。令和3年度版原子力白書の特集では、カーボンニュートラルの実現、中長期的な経済成長、エネルギー安定供給の確保といった社会的要請を踏まえ、原子力を含む我が国の今後のエネルギー利用にどう向き合っていくかについて、原子力委員会としてのメッセージをまとめています。

　第1章以降では、「原子力利用に関する基本的考え方」において示した基本目標に関する取組状況のフォローアップとして、同考え方の構成に基づき、福島の着実な復興・再生の推進、事故の教訓を真摯に受け止めた安全性向上や安全文化確立に向けた取組、環境や経済等への影響を踏まえた原子力のエネルギー利用、核燃料サイクル、国際連携、平和利用の担保、核セキュリティの確保、核軍縮・核不拡散体制、信頼回復に向けた情報発信やコミュニケーション、東電福島第一原発等の廃止措置、放射性廃棄物の処理・処分、放射線・放射性同位元素の利用、研究開発・原子力イノベーションの推進、人材育成といった原子力利用全体の現状や継続的な取組等の進捗について俯瞰的に説明しています。

　なお、本書では、原則として2022年3月までの取組等を記載しています。ただし、一部の重要な事項については、2022年7月までの取組等も記載しています。

　今後も継続的に原子力白書を発行し、我が国の原子力に関する現状及び国の取組等について国民に対し説明責任を果たしていくとともに、原子力白書や原子力委員会の活動を通じて、「原子力利用に関する基本的考え方」で指摘した事項に関する原子力関連機関の取組状況について原子力委員会自らが確認し、専門的見地や国際的教訓等を踏まえつつ指摘を行うなど、必要な役割を果たせるよう努めてまいります。

はじめに

特集

第1章

第2章

第3章

第4章

第5章

第6章

第7章

第8章

資料編

用語集

はじめに

特集

第1章

第2章

第3章

第4章

第5章

第6章

第7章

第8章

資料編

用語集

## 特集 2050年カーボンニュートラル及び経済成長の実現に向けた原子力利用

### ＜概要＞

持続可能な社会への移行に向けて、社会の脱炭素化を経済・社会の繁栄と両立させる包括的な取組を行うことが、世界的な潮流となっています。人間の活動による温室効果ガスの排出を「実質ゼロ」にするカーボンニュートラル[1]は、気候変動緩和のための重要な取組であり、2022年3月時点で150を超える国々が今世紀半ばまでのカーボンニュートラル目標を表明しています[2]。また、2021年秋以降、新型コロナウイルス感染症の拡大からの経済活動再開に伴う電力需要増や天然ガスの需給ひっ迫、ロシアによるウクライナ侵略等を受け、エネルギー安全保障も世界共通の重要課題となっています。このような社会的要請を踏まえ、各国・地域が資源・地理・経済等の様々な条件を総合的に検討し、今後の原子力エネルギーの活用有無や発電比率の見通しを示しています。

原子力エネルギーの活用を考えるに当たっては、そのメリットと課題の両方を正しく把握することが不可欠です。メリットとしては、発電時に温室効果ガスを排出せず、ライフサイクル全体を通じた温室効果ガス排出量も少ない脱炭素電源であること、発電コストや統合コストが共に低く安定していること、安定供給できる電源であること、熱利用や水素製造など用途の拡大が見込めること等が挙げられます。一方で、安全性やセキュリティの追求、社会的な信頼の回復、初期投資を抑え投資回収の不確実性を下げることによる事業性向上、現世代の責任による放射性廃棄物の処分、人材・技術・産業基盤の維持確保等の課題に取り組んでいく必要があります。

このような特徴を踏まえ、我が国はどのような選択をしていくのでしょうか。

我が国は、2020年に、2050年カーボンニュートラルの実現を目指すことを宣言しました。その達成に向け、「2050年カーボンニュートラルに伴うグリーン成長戦略」（以下「グリーン成長戦略」という。）の策定・改訂を行い、電力部門の脱炭素化を大前提として掲げています。また、2021年10月に閣議決定された「第6次エネルギー基本計画」では、目標達成に向けた2030年度の電源構成の見通しとして、原子力発電比率は20～22%程度を見込むとされました。しかし、カーボンニュートラルやエネルギー安全保障、経済成長といった様々な社会的要請が叫ばれ、日々の生活を取り巻く状況が変化していく中で、我が国のエネルギーを選択する主体は国民です。今後のエネルギーの在り方について、国民一人一人が自身の日常生活と未来に直結する「じぶんごと」として捉えて議論していくことが重要であり、その構成要素の一つとして原子力エネルギーも扱い、全体像の中での位置付けを考えていけるような機運を高めることが求められます。

---

[1] 各国・地域ではネットゼロや気候中立等の表現も用いられますが、本白書では、読みやすさのために、カーボンニュートラルに統一して記載。

[2] Climate Ambition Allianceへの参加国、国連への長期戦略の提出状況、2021年4月の気候サミットや国連気候変動枠組条約第26回締約国会議（COP26）等におけるカーボンニュートラル表明国等をカウント。

はじめに

特集

第1章

第2章

第3章

第4章

第5章

第6章

第7章

第8章

資料編

用語集

# 1　世界におけるカーボンニュートラルに向けた取組状況

## （1）　世界大での気候目標とその手段としての「カーボンニュートラル」

　カーボンニュートラルとは、人間の活動による温室効果ガスの排出量と森林等による吸収量を均衡させること、すなわち温室効果ガスの排出を「実質ゼロ」にすることです。2015年にフランスのパリで開催された国連気候変動枠組条約第21回締約国会議（COP21）において、2020年以降の温室効果ガス排出削減等のための新たな国際枠組みとして、「パリ協定」が採択されました。パリ協定は、先進国だけではなく全ての国が排出削減目標を設定して行動する、歴史上初めての枠組みです。パリ協定には、世界全体の平均気温の上昇を工業化以前に比べて2℃より十分に下回るものに抑えるとともに、1.5℃に抑える努力を継続すること、そのために21世紀後半に人為的な温室効果ガス排出量と森林等による吸収量を均衡させることが盛り込まれました。これにより、21世紀後半にカーボンニュートラルを達成することが、世界共通の長期目標として広く共有されました。

　その後も、気候変動への取組の重要性と緊急度はますます高まっています。

　気候変動に関する政府間パネル（IPCC[3]）は、気候変動に関する最新の科学的知見の評価を各種報告書として取りまとめ、各国の気候変動対策政策に科学的な基礎を提供することを目的とした政府間組織です。国連気候変動枠組条約からの招請を受け、IPCCは2018年10月に「1.5℃特別報告書[4]」を公表しました。1.5℃特別報告書では、工業化以降、人間活動が約1℃の地球温暖化をもたらしたと推定され、現在の進行速度で温室効果ガスが増加し続けると、2030年から2052年の間に平均気温上昇が1.5℃に達する可能性が高いとしています（図1左）。また、将来の平均気温上昇が1.5℃を大きく超えないためには、世界全体の人為起源の二酸化炭素の正味排出量が、2030年までに2010年水準から約45%減少し、2050年前後にゼロに達することが必要との見通しが示されています（図1右）。

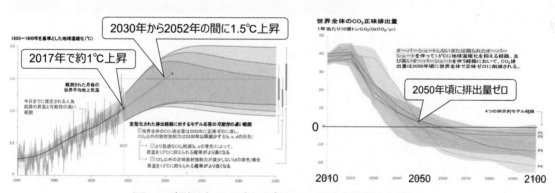

### 図1　観測された気温変化及び将来予測（左）、
### 1.5℃経路における世界全体の二酸化炭素排出量（右）

（出典）環境省「1.5℃特別報告書の要点【2020年3月】」（2020年）、「1.5℃特別報告書 SPM 環境省による仮訳【2019年8月】」（2019年）に基づき作成

---

[3] Intergovernmental Panel on Climate Change

[4] 正式タイトルは「1.5℃の地球温暖化：気候変動の脅威への世界的な対応の強化、持続可能な開発及び貧困撲滅への努力の文脈における、工業化以前の水準から1.5℃の地球温暖化による影響及び関連する地球全体での温室効果ガス（GHG）排出経路に関するIPCC特別報告書」。

はじめに

特集

第1章

第2章

第3章

第4章

第5章

第6章

第7章

第8章

資料編

用語集

2021年8月には、IPCCの第6次評価報告のうち、気候変動の自然科学的根拠をまとめる第1作業部会の評価報告書が公開されました。第5次までの評価報告書では「可能性が極めて高い（95％）」など、一定の不確実性を伴っていましたが、第6次評価報告書では、人間の影響が大気、海洋及び陸域を温暖化させてきたことには「疑う余地がない」と結論付けられました。向こう数十年の間に温室効果ガスの排出量が大幅に減少しない限り、21世紀中に地球温暖化は1.5℃及び2℃を超えるとの見通しが示されています。

このような流れの中、2021年10月から11月にかけて英国のグラスゴーで開催された国連気候変動枠組条約第26回締約国会議（COP26）では、IPCCの1.5℃特別報告書及び第6次評価報告書第1作業部会報告書において示された評価等も踏まえ、成果文書として「グラスゴー気候合意」が採択されました。同合意文書では「気候変動の影響は、1.5℃の気温上昇の方が2℃の気温上昇に比べてはるかに小さいことを認め、気温上昇を1.5℃に制限するための努力を継続することを決意する」とし、世界の平均気温の上昇幅を工業化以前と比較して1.5℃に抑えることの重要性が強調されました（図2）。また、「世界全体の温暖化を1.5℃に制限するためには、世界全体の温室効果ガスを迅速、大幅かつ持続可能的に削減する必要があること（2030年までに世界全体の二酸化炭素排出量を2010年比で45％削減し、今世紀半ば頃には実質ゼロにすること、及びその他の温室効果ガスを大幅に削減することを含む）を認める」としており、今世紀半ばでのカーボンニュートラル達成の重要性が示されました。

**図2　COP26の様子**
(出典)国連気候変動枠組条約「COP26 Day 13 – 13 November 2021」(2021年)

この1.5℃の気温上昇抑制及び今世紀半ばのカーボンニュートラル達成は、温室効果ガスの迅速かつ大幅な削減を要する野心的な目標であり、気候変動緩和のための重要な取組です。2022年3月時点で、150を超える国々が、今世紀半ばまでのカーボンニュートラル目標を表明しています。我が国も2020年に、2050年カーボンニュートラルを目指すことを宣言するとともに、2021年4月、2050年カーボンニュートラルと整合的で野心的な2030年度の新たな削減目標を表明し、これを踏まえた「日本のNDC[5]（国が決定する貢献）」を国連気候変動枠組条約事務局へ提出しました。その削減目標の達成に向け、グリーン成長戦略の策定・改訂を行うとともに、クリーンエネルギー戦略の策定に向けた検討を開始するなど、急ピッチで取組の具体化を進めています。

---

[5] Nationally Determined Contribution

## (2) カーボンニュートラルの潮流と原子力エネルギーの位置付け

　カーボンニュートラルの実現に向けた取組は、持続可能な社会への移行という大きな枠組みを支える要素の一つです。そのため、ただ温室効果ガスの排出量を減らせば良いわけではなく、社会の脱炭素化を経済・社会の繁栄と両立させ、かつ社会の変革に当たって大きな不平等が生じることがないよう、包括的な取組が求められます。国・地域によって、資源の賦存や気候・気象、地理的条件、社会、経済、文化的背景等が大きく異なります。そのため、カーボンニュートラル達成に向けた対策の組合せは、世界一様ではありません。それぞれの国や地域が、取り得るあらゆる手段の中から適切な組合せを選択する必要があります。発電時に温室効果ガスを排出しない原子力発電は、選択肢の一つとして挙げることができます。

　世界では、2022年3月時点で、32か国と1地域（台湾）で原子力発電が利用されています。図3は、2020年末時点でのカーボンニュートラルの宣言状況と原子力の利用動向を示したものです。その後、2021年10月から11月にかけて開催されたCOP26を契機に新たにカーボンニュートラルを宣言する国が現れるなど、脱炭素化の流れはますます広がりました。既に原子力を利用している国の中には、カーボンニュートラルを表明するとともに、その達成に向けた手段の一つとして、将来的にも原子力利用を継続する方針を示している国が多く見られます。

　欧州連合（EU[6]）における「EUタクソノミー[7]」の議論も、カーボンニュートラルの流れに少なからず影響を受けています。EUタクソノミーとは、持続可能な経済活動を明示し、その活動が満たすべき条件をEU共通の規則として定めるもので、実態がないにもかかわらず「環境に優しい」イメージを打ち出す活動への資金流出を防ぎ、投資を真に持続可能な経済活動に向かわせることを目的としています。EUでは、エネルギー政策は加盟各国が決定するという前提の下、従来は原子力エネルギーについてEUとしての位置付けを明示してきませんでした。しかし、近年、2050年カーボンニュートラルの達成を法制化し、EUとして目指す中で、原子力エネルギーの低炭素価値が認識され、気候変動の緩和や気候変動への適応に資する活動としてEUタクソノミーに原子力エネルギーを含めるか否かについて、科学技術的見地や持続可能な金融の見地等から検討が進められてきました。欧州委員会（EC[8]）は2022年2月に、原子力を持続可能な経済活動としてEUタクソノミーに含め、その条件を定める規則を採択しました。同年3月時点で、規則は欧州議会・理事会の審査にかけられており、最終的な発効は2023年1月となる見込みです。規則が正式に成立すれば、原子力発電所の新規建設や既存炉の運転延長への投資を「持続可能な投資活動」に分類することが可能になります。ただし、その際には、安全性や放射性廃棄物の管理・処分等について、様々な条件を満たすことが求められます。また、原子力がEUタクソノミーに含まれてもなお、気候変動対策として原子力を用いるか否かは、引き続き各国の政策判断に委ねられます。

---

[6] European Union
[7] タクソノミーとは「分類学」の意味。
[8] European Commission

はじめに

特集

第1章

第2章

第3章

第4章

第5章

第6章

第7章

第8章

資料編

用語集

　一方で、2021 年秋以降、新型コロナウイルス感染症の拡大からの経済活動再開に伴う電力需要増や、天然ガスの需給ひっ迫により、欧州全域で電力を始めとするエネルギー価格の高騰が生じました。2021 年にロシアから輸入された天然ガスは、EU に輸入されたガス全体の約 45%を占め、EU 域内で消費されたガスの約 40%に及びます。さらに、天然ガス及び原油の輸出額がそれぞれ世界 1 位及び世界 2 位を占めるロシアが、2022 年 2 月にウクライナへの軍事侵略を開始したことを受け、エネルギー安全保障が世界共通の重要課題となっています。

　このような中で、世界の多くの国々が、カーボンニュートラルという課題に向き合うとともに、エネルギー安全保障や価格の安定を確保できる手段を選択するため、自国の地理的、経済的状況や資源へのアクセス等の様々な条件を総合的に検討しています。カーボンニュートラルを宣言し、原子力を今後も利用していく意向の原子力国が多くある一方で、カーボンニュートラルを宣言し、かつ脱原子力方針を示している既存原子力国もあります。これらの国々は、どのような背景や戦略に基づいて方針を決定しているのでしょうか。

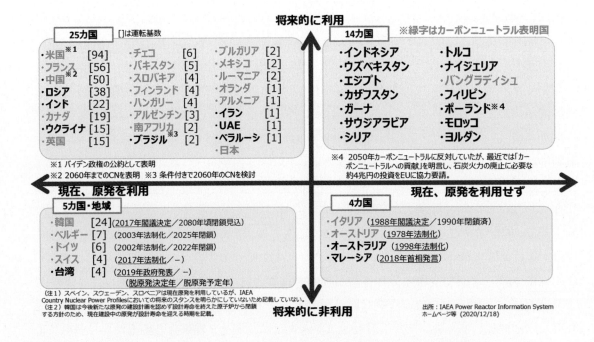

**図 3　カーボンニュートラルと原子力の動向（2020 年末時点）**

(注)韓国は、2022 年 3 月の大統領選挙において、脱原子力政策を廃止する方針を選挙公約として掲げた尹氏が当選。
(出典)第 21 回総合資源エネルギー調査会電力・ガス事業分科会原子力小委員会資料 3　資源エネルギー庁「原子力政策の課題と対応について」(2021 年)

## （3）　原子力エネルギーを活用する意向の国・地域

　電力消費が多いカーボンニュートラル宣言国の多くでは、将来も原子力エネルギー利用を継続する見通しです（図 3）。

　世界第 1 位の原子力発電利用国である米国は、2022 年 3 月時点の原子力発電設備容量が約 9,600 万 kW であり、2020 年の原子力発電比率は約 20％です。2021 年 4 月に開催された気候サミットにおいて、バイデン大統領は、2050 年までにカーボンニュートラル実現を目指すことを宣言しました。2021 年 11 月に公表された長期戦略では、太陽光や風力を主力に据えつつ、既存の原子力発電所を継続的に活用し、2030 年代から 2040 年代にかけては原子力による発電量を増加させ得るという見通しを示しました（図 4）。そのため、気候変動対策の一つとして、高速炉や小型モジュール炉（SMR[9]）等の開発支援や、既存原子炉を有効活用するための運転期間延長の取組等が進められています。

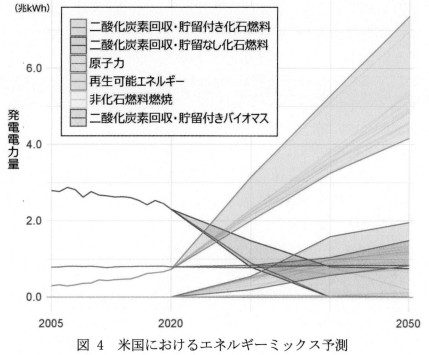

**図 4　米国におけるエネルギーミックス予測**

(出典)米国国務省及び大統領行政府「The Long-Term Strategy of the United States」(2021 年)に基づき作成

　欧州では、原子力発電設備容量が米国に次ぐ世界第 2 位のフランスを始めとして、原子力エネルギー利用の長い歴史を持ちます。27 か国が加盟している EU では、2021 年 6 月に欧州議会・理事会が採択した「欧州気候法」により、2030 年までに温室効果ガス排出量を 1990 年比で少なくとも 55％削減するとともに、2050 年にカーボンニュートラルを達成することが法制化されました。EU 及び EU 加盟国は、これらの目標達成に向けて取り組むことが義務付けられています。

---

[9] Small Modular Reactor

はじめに

特集

第1章

第2章

第3章

第4章

第5章

第6章

第7章

第8章

資料編

用語集

　フランスでは、欧州気候法に先立ち、2019 年 11 月に施行された「エネルギー・気候法」によって 2050 年カーボンニュートラルの達成が法制化されています。2022 年 3 月時点の原子力発電設備容量は約 6,100 万 kW であり、2020 年の原子力発電比率が約 71％を占める原子力大国ですが、2012 年以降は「減原子力政策」を掲げていました。2020 年 4 月に公表された、2019 年から 2028 年までを対象とする多年度エネルギー計画(PPE[10])では、カーボンニュートラルに向けて原子炉 6 基を新規建設し低炭素電源を確保することも検討しつつ、一部の既存原子炉を計画的に閉鎖していくことで、将来的な原子力発電の設備容量を現状並みに維持（抑制）する一方で、再生可能エネルギーを拡大することにより、原子力発電比率を相対的に低下させて 2035 年までに 50％に削減するとされました。しかし、低炭素化、電力の安定供給、経済性等の観点から電源シナリオを比較した分析結果等を踏まえ、マクロン大統領は 2022 年 2 月に、原子炉 6 基の新設と更に 8 基の新設検討を行うとともに、既存原子炉の計画閉鎖を撤回することを発表しました。マクロン大統領は、PPE を改定する意向も示しており、環境、経済影響、コスト等の面からも「再生可能エネルギーと原子力の 2 つの柱に同時に賭けるほか選択肢はない」と述べています。つまり、再生可能エネルギーと原子力のどちらかを優先するのではなく、両方の開発を推進していく方針です。

　英国は、2022 年 3 月時点の原子力発電設備容量が約 700 万 kW であり、2020 年の原子力発電比率は約 14.5％です。2020 年 12 月末に EU からの離脱を完了したため、欧州気候法による取組義務は負いませんが、2019 年 6 月の「気候変動法」改正により 2050 年カーボンニュートラルの達成が法制化されています。2020 年 11 月に政府が公表した「10-Point Plan」では、新型コロナウイルス感染症の拡大からの経済復興と地球温暖化対策の両立を掲げ、原子力を含む 10 の低炭素技術への投資計画を示しました。また、2021 年 10 月には同計画に基づく「ネットゼロ戦略」を策定しました。同戦略では、電力部門における脱炭素化の完了目標が、2020 年 12 月に公表された「エネルギー白書」で示された 2050 年から 15 年前倒しされ、2035 年に変更されました。エネルギーミックスについては、風力発電と太陽光発電を主とする可能性が高いとしつつ、電力システムの信頼性を確保するためには原子力等による補完が必要であるとの認識の下で、原子力発電所の新規建設を支援する財政枠組みを確立するとともに、SMR 等の先進原子力技術開発に対して投資を行っていくとしています。2022 年には、2050 年までに原子力発電比率を最大 25％にまで拡大する方針が示されました。なお、英国は大陸欧州と連系する送電線を複数有していますが、島国であり、大陸欧州諸国と比べると電力融通は限定されます（図 5）。そのため、再生可能エネルギーや原子力に加えて、二酸化炭素回収・有効利用・貯留（CCUS[11]）付きガス火力も活用し、自国の電力供給と低炭素のバランスを確保していく方針です。

---

[10] Programmations pluriannuelles de l'énergie
[11] Carbon dioxide Capture, Utilization and Storage

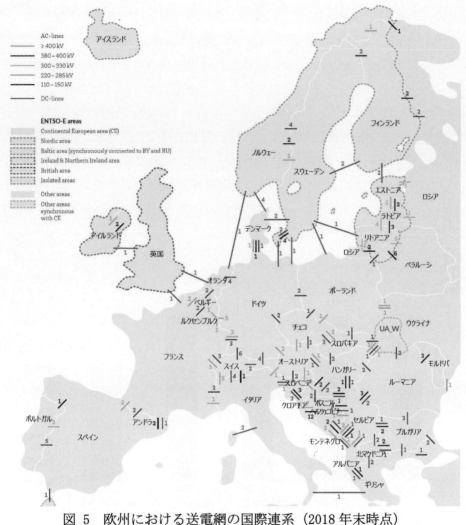

図 5　欧州における送電網の国際連系（2018 年末時点）

(出典)欧州送電系統運用者ネットワーク(ENTSO-E)「Statistical Factsheet 2018」(2019 年)に基づき作成

　チェコは、2022 年 3 月時点の原子力発電設備容量が約 400 万 kW であり、2020 年の発電比率は原子力が約 37%、石炭火力が約 41% を占めます。EU の 2050 年カーボンニュートラル目標の達成に向けて、チェコでは、石炭火力比率を 2040 年までに 11～21% まで下げ、原子力比率を 50% 程度に上昇させる計画です。再生可能エネルギーについても最大 25% まで拡大する方針ですが、政府は国土の自然条件や、土壌、水、景観、植物・動物相等の環境を保護する観点から、導入可能性が限定されるとしており、原子力を石炭に代わるエネルギーミックスの柱としていく方針です。なお、同国で運転中の原子炉 6 基は全てロシア型炉ですが、2021 年 4 月にロシアの国営企業ロスアトムをベンダー選定入札手続から排除することが閣議決定されたため、今後新規建設される炉は「ロシア以外」のものとなります。チェコ政府は、2014 年に発生したチェコにおける弾薬庫爆発事件にロシア諜報機関が関与したとしており、ロスアトムの排除も安全保障上の理由と説明しています。このように、特にエネルギーミックスの柱とする電源の開発・利用に際しては、低炭素化とともに、エネルギー安全保障の観点も重要視されています。

はじめに

特集

第1章

第2章

第3章

第4章

第5章

第6章

第7章

第8章

資料編

用語集

　世界最大の人口を抱える中国では、2022年3月時点の原子力発電設備容量は5,000万kWを超え、2020年の原子力発電比率は約5%です。習近平国家主席は、2020年9月の国連総会において、2030年までに二酸化炭素排出量をピークアウトさせ、2060年までにカーボンニュートラルの実現を目指すことを表明しました。中国政府からの要請を受けて国際エネルギー機関（IEA[12]）が2021年9月に公表した「中国エネルギー部門のカーボンニュートラルに向けたロードマップ」では、2060年における原子力発電比率を約15%に高める必要があるとされています（図6）。中国は、2021年から2025年までを対象とする第14次5か年計画において、2025年までに運転中の原子力発電設備容量を7,000万kWとする計画を示しており、国産の大型炉に加え、SMRや高温ガス炉、浮体式原子炉等の革新炉の開発を進め、電力だけでなく熱供給にも利用していく方針です。

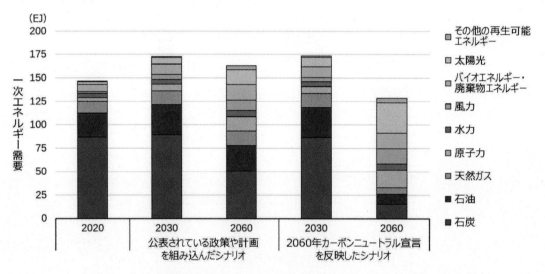

**図6　IEAによる中国の燃料・シナリオごとのエネルギーミックス予測**
(出典)IEA「An Energy Sector Roadmap to Carbon Neutrality in China」(2021年)に基づき作成

　ロシアは、2022年3月時点の原子力発電設備容量が約2,800万kWであり、2020年の原子力発電比率は約20%です。総輸出額の約6割を燃料エネルギーが占めるロシアでは、外貨収入源として化石燃料を輸出向けに温存する観点などから、国内での原子力開発を進めてきました。国土が広く寒冷地域が多いため、小型原子炉を船舶に搭載した浮体式原子力発電所を電力供給網から離れた需要地の港につけ、電力と熱の供給を行う取組も行われています。また、より付加価値の高い輸出商品として原子力技術を位置付け、国外展開を図ってきました。このように従来は主として経済的動機による原子力開発が行われてきた中で、ロシア政府は2021年のCOP26に先立ち、2050年の温室効果ガス排出量を2019年比で60%減少させ、2060年のカーボンニュートラル実現を目指す方針を発表しました。この目標を実現するために、エネルギー効率の高い技術の導入支援や、環境問題の解決に貢献するグリー

---

[12] International Energy Agency

はじめに

特集

第1章

第2章

第3章

第4章

第5章

第6章

第7章

第8章

資料編

用語集

ンプロジェクトに対する融資の優遇等を行うとしています。ロシアにおけるグリーンプロジェクトの定義には原子力も含まれていることから、今後は、電力の低炭素化や水素生産への活用などカーボンニュートラルに向けた原子力利用の拡大が想定されます。

インドは、2022 年 3 月時点の原子力発電設備容量が約 700 万 kW であり、2020 年の原子力発電比率は約 3%です。電力の 75%を石炭火力で賄っていますが、経済成長に伴う電力需要の伸びが著しく、その対応の一環として原子力発電を拡大してきています。そのような中で、モディ首相は 2021 年 11 月、COP26 において、2070 年カーボンニュートラルの実現を目指すことを宣言しました。欧州諸国のような早期の脱石炭は行わない方針ですが、2070 年に向けて、電力の低炭素化の加速が必要となる見通しです。

カナダは、2022 年 3 月時点の原子力発電設備容量が約 1,400 万 kW であり、2020 年の原子力発電比率は約 15%です。世界有数のウラン生産国の一つであり、世界全体の生産量の約 22%を占めています。2021 年 6 月には「ネットゼロ・エミッション・アカウンタビリティ法」が施行され、2030 年の温室効果ガス排出量を 2005 年比で 40〜45%削減し、2050 年カーボンニュートラルを達成することが法制化されました。現在や将来の電力需要への対応と気候変動対策の両立手段として原子力エネルギー利用を重視しており、近年では、中大型の原子炉については新増設よりも既存原子炉の改修・寿命延長計画を優先的に進めるとともに、SMR の導入にも積極的に取り組んでいます。

ウクライナは、2022 年 3 月時点の原子力発電設備容量が約 1,300 万 kW であり、2020 年の原子力発電比率は約 51%です。2017 年 8 月に策定された新エネルギー戦略において、2035 年まで総発電量が増加する中で、原子力発電比率を約 50%に維持する目標を設定しています。2021 年 7 月には、2030 年までに温室効果ガス排出量を 1990 年比で 65%削減し、2060 年までにカーボンニュートラルを実現することを宣言しました。

アフリカで唯一原子力発電所が稼働している南アフリカ共和国は、2022 年 3 月時点の原子力発電設備容量が約 200 万 kW であり、2020 年の原子力発電比率は約 6%です。2019 年 10 月に策定された「統合資源計画 2019」では、2030 年のエネルギーミックスにおける原子力の設備容量比率を 2.5%とした上で、2030 年以降の石炭発電の減少分をクリーンエネルギーで賄うために、SMR の導入を含めて検討を進める必要性を指摘しています。その後、2020 年 9 月に公表された「低排出開発計画 2050」において、2050 年カーボンニュートラルの実現を目標とするとともに、統合資源計画 2019 を改定する必要性が示されています。

原子力発電に新規参入しようとする国もあります（図 3）。

ポーランドは、2022 年 3 月時点で電力の 8 割を石炭火力に依存しています。EU の 2050 年カーボンニュートラル目標の達成に向けて、ポーランドでは 2040 年までに、国内電源の半分以上をゼロエミッション電源とし、石炭火力を 28%以下とする目標を掲げています。ゼロエミッション電源としては、洋上風力発電と、新規導入の原子力発電が重要な役割を担うとしています。そのため、原子力発電所の建設を国全体の持続可能な開発のための戦略的投資と位置付け、2033 年に初号機の運転を開始し、以後 2 年から 3 年間隔で 2043 年までに計 6 基（合計 600 万〜900 万 kW）を建設する、大規模な計画を示しています。

はじめに

特集

第1章

第2章

第3章

第4章

第5章

第6章

第7章

第8章

資料編

用語集

## （4）　原子力エネルギーを活用しない意向の国・地域

　原子力エネルギーを利用せず、カーボンニュートラルを目指す国・地域もあります（図 3）。既存原子力国では、欧州のドイツやスイスが脱原子力の方針です。アジアでも、韓国が脱原子力政策をとってきたほか、台湾では脱原子力の方向で進んでいます。

　ドイツは、2022 年 3 月時点の原子力発電設備容量が約 400 万 kW であり、2020 年の原子力発電比率は約 11%です。2050 年カーボンニュートラルの実現目標を 2019 年に宣言していましたが、2021 年 6 月の「気候保護法」改正により、カーボンニュートラルの達成時期を 2050 年から 2045 年へと前倒しました。原子力エネルギーからは 2022 年末までに完全に撤退する方針で再生可能エネルギーを拡大してきており、脱炭素化の加速に伴い、石炭火力からの撤退も加速化する方針です。2021 年 12 月に発足した現政権は、脱石炭火力の期限を従来の 2038 年から最大 2030 年まで早める方向で検討するとともに、脱石炭・脱原子力に伴い、再生可能エネルギーの拡大をこれまで以上に加速し、バックアップとして天然ガス火力を利用していくとしています。しかし、2021 年秋以降の天然ガスの需給ひっ迫に加え、2022 年 2 月に開始されたロシアのウクライナ侵略に伴いエネルギー危機が高まったことにより、エネルギー価格が高騰しており、ドイツ政府も対応を迫られています。そのため、政府は、次の電力需要ピークとなる 2022 年から 2023 年にかけての冬期に備え、2022 年に閉鎖予定のドイツ最後の原子炉 3 基の運転延長や石炭火力撤退の後ろ倒しもシナリオから除外せず、検討を行うとしました。ただし、2022 年 3 月時点の検討においては、閉鎖期限を定めた原子力法の改正が必要であること、運転期間の延長に伴う安全規制に係る時間やコスト、燃料の問題等から、原子炉閉鎖の後ろ倒しに否定的な見解を示しています。なお、ドイツは、送電線が網目状につながり国際連系する欧州大陸の中ほどに位置しています（図5）。そのため、電力不足の際はフランスやデンマーク等から電力輸入を、電力余剰の際はスイスやポーランド等への電力輸出を行い、電力需給のバランス変動や再生可能エネルギーの出力変動に応じた調整を行っています（図 7）。

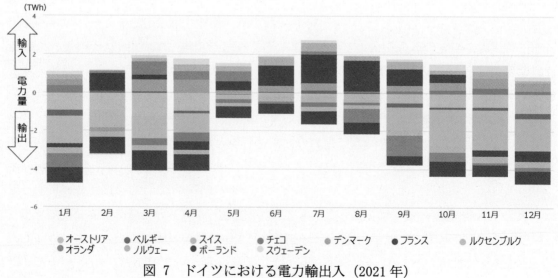

図 7　ドイツにおける電力輸出入（2021 年）

（出典）フラウンホーファー研究機構 Energy-Charts「Monthly electricity import and export of Germany in 2021」に基づき作成

一方、アジアでは、電力輸出入が日常的に行われている欧州地域とは事情が異なります。特に東アジアでは、中国とモンゴルとの間を除き、送電網の国際連系が行われていないため、脱炭素かつ脱原子力のエネルギーミックスを考える際には、自国単独で電力需給のバランスを取る必要があることも考慮しなければなりません。

　韓国は、2022年3月時点の原子力発電設備容量が約2,300万kWであり、2020年の原子力発電比率は約30%です。アジア大陸に位置していますが、北朝鮮等の隣国との送電網の連系はなく、電力供給の面では島国と同様です。文政権は、2017年に脱原子力方針を閣議決定し、既に建設準備が進んでいた一部の原子炉を除き、新規建設を行わない方針を示しました。2020年12月には、2050年カーボンニュートラル達成のためのビジョンを公表し、脱石炭を加速し再生可能エネルギーの導入を拡大するとともに、再生可能エネルギーのバックアップ及び脱落する石炭火力と原子力の発電設備容量の代替として、液化天然ガス（LNG[13]）発電を拡大する計画を示しました。しかし、LNGの価格高騰により電力コストの増大が懸念されていた中で、2022年3月の大統領選挙において、脱原子力政策を撤回し、既存炉の長期運転及び原子炉新設の再開により原子力エネルギーを維持・推進するとともに、韓国の国情を総合的に考慮したカーボンニュートラル計画を策定することを選挙公約として掲げた尹氏が当選しました[14]。

　台湾は、2022年3月時点の原子力発電設備容量が約300万kWであり、2020年の原子力発電比率は約13%です。2021年4月には、2050年カーボンニュートラルを目指し法改正に取り組む意向を示しており、再生可能エネルギーの推進、天然ガス利用の増加、石炭利用の削減、脱原子力を4本の柱としてエネルギー構造転換を進めるとしています。脱原子力の完了期限を2025年に定めていた法規定は、2018年11月に実施された住民投票の結果を受けて廃止されましたが、実態として、運転認可期間が満了した原子炉は認可更新されることなく閉鎖されており、脱原子力が進んでいる状態です。また、建設が凍結されている2基の原子炉については、2021年12月の住民投票で建設再開が否決されました。新規建設や既存炉の運転延長が実施されなければ、運転認可の満了により、2025年には全ての原子力発電所が閉鎖されることになります。2022年3月には、国家発展委員会が2050年カーボンニュートラルの実現に向けたロードマップを公表し、2050年のエネルギーミックスとして、再生可能エネルギーを60〜70%、水素を9〜12%、CCUS付き火力を20〜27%、水力を1%とする方針を示しました。なお、台湾は、我が国や韓国と同様に、他国と連系する送電線を持ちません。電力輸入という手段を取れない中、2021年には、需給ひっ迫に伴う計画停電が複数回実施されたほか、発電所トラブル等による全土的な停電も発生しています。

---

[13] Liquefied Natural Gas
[14] 2022年5月10日に大統領就任。

はじめに
特集
第1章
第2章
第3章
第4章
第5章
第6章
第7章
第8章
資料編
用語集

## 2　原子力エネルギーのメリットと課題

　カーボンニュートラル達成には、様々な手段を組み合わせて投入していく必要があります。どのような手段にも、メリットと課題があります。その両方を正しく把握することが、手段を適切に組み合わせていく上でも重要です。原子力エネルギーを利用する場合のメリット、課題には、どのようなものがあるのでしょうか。

### (1)　原子力エネルギーのメリット

### ①　ライフサイクルを通じた温室効果ガス排出量が少ない電源であること

　全ての発電技術は、建設から発電運転、廃止までを含めたライフサイクルのどこかの時点で、温室効果ガスを排出します。エネルギー起源の二酸化炭素排出量の 40%以上は、発電時に石炭等の化石燃料を燃焼させることで発生しています。これに対し、風力や太陽光などの再生可能エネルギーや、ウラン燃料を用いる原子力エネルギーは、発電時に温室効果ガスを排出しません。しかし、このように発電時に温室効果ガスを排出しない電源においても、機器や施設の建設時等には温室効果ガスが発生するため、ライフサイクル全体を通した温室効果ガス排出量を考える必要があります。

　IPCC が 2014 年に公表した第 5 次評価報告書第 3 作業部会報告書における、電源別のライフサイクル温室効果ガス排出量は図 8 のとおりです。原子力発電におけるライフサイクル温室効果ガス排出量は $12gCO_2e/kWh$[15]であり、太陽光発電（$41～48gCO_2e/kWh$）よりも低く、洋上・陸上風力発電（$11～12gCO_2e/kWh$）に匹敵する低さとなっています。

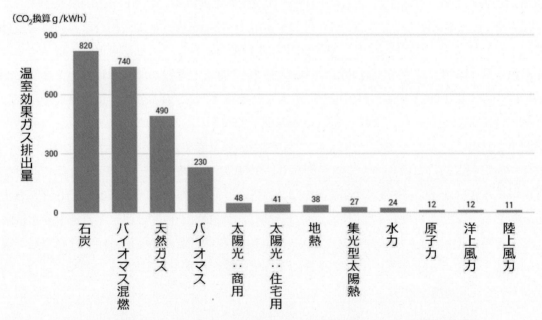

**図 8　電源別ライフサイクル温室効果ガス排出量（二酸化炭素換算）**

(注)IPCC 第 5 次評価報告書第 3 作業部会報告書 Annex 3「Technology-specific Cost and Performance Parameters」(2014 年)を基に世界原子力協会(WNA)作成。
(出典)世界原子力協会(WNA)「Carbon Dioxide Emissions From Electricity」(2021 年)に基づき作成

---

[15]　使用電力量当たりの温室効果ガス排出量を二酸化炭素相当量に換算した値を示す単位。

② 発電コスト・統合コスト共に低く安定していること

　ライフサイクルを通じて温室効果ガス排出量が低い脱炭素電力を活用していく上では、家庭や産業において安価に入手できるよう、コストを総合的に判断することも重要です。

　その際、まず注目されるのが発電コストです。IEA と経済協力開発機構／原子力機関（OECD/NEA[16]）は、標準耐用年間均等化発電コスト（LCOE[17]）として、各電源のコストを示した報告書を定期的に公表しています。LCOE は、発電所の建設、運転、閉鎖後の廃止措置等のライフサイクルを通じた発電コストを、発電電力量あたりで示したものです。最新の 2020 年版では、2025 年までに運転を開始する各電源の発電所の LCOE 試算結果が示されました（図 9）。再生可能エネルギーの中では、陸上風力の LCOE が最も低く試算されています。メガソーラーも、日照条件の良い地域ではコスト競争力を持つと分析されています。風力や太陽光による発電は、燃料費等のコストがかかりません。原子力発電については、建設に係るコストが大きい一方、化石燃料電源と比べて運転コストが低いことが特徴で、総合すると陸上風力等にも比肩し得るレベルとなっています。特に原子炉を長期運転（50 年から 60 年運転）するケースでは、高い競争力を示します。

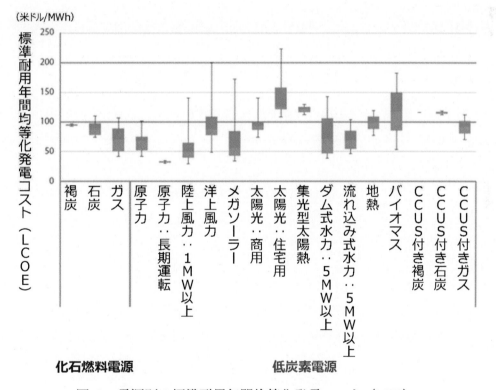

図 9　電源別の標準耐用年間均等化発電コスト（LCOE）

(注1)割引率7%の場合。
(注2)各電源の縦線は、LCOEの最大値と最小値の幅、青色と緑色の帯は中央値を含む全体の5割を占めるLCOEの範囲を示す。
(出典)OECD/NEA「Projected Costs of Generating Electricity 2020」(2020年)に基づき作成

---

[16] Organisation for Economic Co-operation and Development/Nuclear Energy Agency
[17] Levelized Cost of Electricity

はじめに

特集

第1章

第2章

第3章

第4章

第5章

第6章

第7章

第8章

資料編

用語集

　一方で、LCOE で示されるコストは、電力供給に係るコストの全てではありません。発電された電力が消費者の元に供給されるためには、送配電網を整備し運用していくコスト、いわゆる統合コストも考慮する必要があります。また、電力供給においては需要と供給が常に一致する「同時同量」が原則です。送配電網を安定して運用するためには、需給の調整や、変動する再生可能エネルギーに対応するための調整が必要です。再生可能エネルギーの出力が増加し供給能力が電力需要を上回る場合には LNG や石油等の火力発電を減らし、逆に供給が不足する際には焚き増しを行います。このような調整にも、コストがかかります。

　OECD/NEA が 2019 年に公表した報告書「低炭素化のコスト：原子力・再生可能エネルギーのシェア向上時におけるシステムコスト」では、風力や太陽光等の気象条件によって変動する再生可能エネルギー電力を評価する際には、発電コストに加えて、電力システム全体として生じる 4 種類の統合コストを考慮する必要があるとしています（表 1）。

表 1　電力システム全体として生じる統合コスト

| コストの種類 | 概要 |
|---|---|
| 供給能力維持・過剰対策コスト | 再生可能エネルギーによる出力変動を調整するため、再生可能エネルギー以外の電力量調整用プラントの容量を確保するためのコストと、調整用プラントの急速稼働と停止の繰り返しによる利用効率の低下や設備消耗に対応するコスト。 |
| 需給調整コスト | 発電所の計画外停止等の供給変動に対応し、電力系統の安定性を確保するためのコスト。 |
| 送配電コスト | 発電所の分散性と場所の制約による、送電と配電のコスト。 |
| 送電線への接続コスト | 発電所を最も近い接続ポイントで送電網に接続するためのコスト。 |

（出典）OECD/NEA「The Costs of Decarbonisation:System Costs with High Shares of Nuclear and Renewables」（2019 年）に基づき作成

　同報告書では、低炭素電源が電源ミックスの中心となることを想定した上で、そこに太陽光や風力といった気象条件等により出力が変動する変動型再生可能エネルギー（VRE[18]）が組み込まれる割合ごとに、統合コストに対する影響の試算結果が示されました。その結果から、太陽光や陸上風力の比率が高いケースでは、出力変動の調整に当たるための供給能力維持・過剰対策コストにより、統合コストが高くなるとされています（図 10、図 11）。

　ベースロード電源を担う原子力エネルギーについては、発電コストに加えて、統合コストの面でも低く抑えられることから、再生可能エネルギーと適切に組み合わせることで、電力低炭素化に伴う統合コストの上昇を緩和し、消費者の「手が届く価格」での低炭素電力供給への貢献が期待されます。

---

[18] Variable Renewable Energies

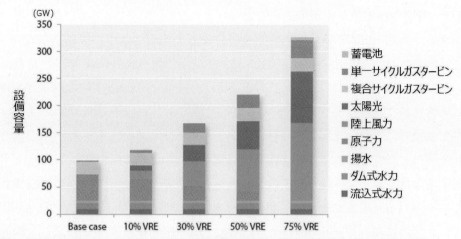

| 電源ミックス | 概要 |
|---|---|
| Base Case | 最も低コストの電源構成。変動型再生可能エネルギー（VRE）である太陽光、陸上風力を含まない。 |
| 10%VRE | VREである太陽光と陸上風力の比率が10%。 |
| 30%VRE | VREである太陽光と陸上風力の比率が30%。 |
| 50%VRE | VREである太陽光と陸上風力の比率が50%。 |
| 75%VRE | VREである太陽光と陸上風力の比率が75%。原子力は電源ミックスに含まれない。 |

図 10　電力低炭素化における電源ミックスシナリオ

(出典) OECD/NEA「The Costs of Decarbonisation:System Costs with High Shares of Nuclear and Renewables」(2019 年)に基づき作成

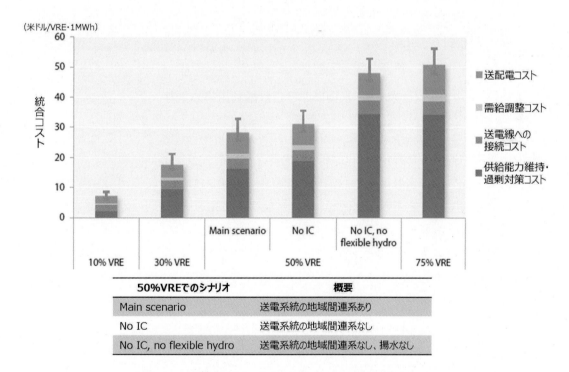

| 50%VREでのシナリオ | 概要 |
|---|---|
| Main scenario | 送電系統の地域間連系あり |
| No IC | 送電系統の地域間連系なし |
| No IC, no flexible hydro | 送電系統の地域間連系なし、揚水なし |

図 11　各電源ミックスシナリオの統合コスト

(出典) OECD/NEA「The Costs of Decarbonisation:System Costs with High Shares of Nuclear and Renewables」(2019 年)に基づき作成

はじめに

特 集

第1章

第2章

第3章

第4章

第5章

第6章

第7章

第8章

資料編

用語集

### ③　安定供給できる電源であること

　原子力発電所は、気象条件や時間帯等による発電電力量への影響が少ない上、燃料投入量に対するエネルギー出力が圧倒的に大きいため、化石燃料に比べると発電に必要な燃料量が少なく、燃料交換のスパンも長いことから、安定的かつ効率的な稼働が可能です。原子炉に装荷された燃料は約3年から4年使用可能であり、原子力発電所では、年に1度の運転停止点検時に燃料の3分の1から4分の1を交換しています。我が国の場合、原子力エネルギーは、数年にわたって国内保有燃料だけで生産が維持できる準国産エネルギー源と位置付けられています。諸外国では、運転管理の効率化等を通じて、高い設備利用率を維持している国もあります。例えば、世界最大の原子力大国である米国では90基以上の原子炉が運転を行っており、2015年以降、6年連続で設備利用率92%を超える実績を維持しています（図 12）。

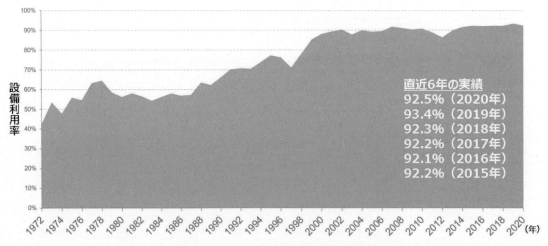

**図 12　米国における設備利用率の推移**

(出典) 米国原子力エネルギー協会(NEI)「U.S. Nuclear Industry Capacity Factors」(2021 年)に基づき作成

　電力を安定供給するためには、送電線ネットワーク内での一部の発電所の停止や落雷等の突発的なトラブルにより電気の周波数や電圧等が変化した場合に備えて、変化に耐えながら発電を持続できる能力等を確保し、電力系統の安定化を図ることも重要です。原子力発電は、供給力の確保等により、電力系統全体の安定化に貢献することができます。

　脱炭素化に向けて社会の電化が進む中で、電力の安定供給の重要度は更に増しています。原子力発電を安定供給に資するベースロード電源として確保しておくことにより、再生可能エネルギーを中心とした分散型・変動型の電源の拡充もより積極的に行うことができ、エネルギー安全保障の強化にも寄与できると考えられます。

④　熱利用、水素製造など用途の拡大が見込めること

　カーボンニュートラルの実現のためには、電力だけでなく、現在広く化石燃料が用いられている熱や動力源についても低炭素化を進める必要があります。

　我が国では原子力を専ら電力供給目的に利用していますが、欧州等の一部地域では、以前から原子力を地域の熱供給にも用いてきました。カーボンニュートラルの実現が課題となる中、電力供給だけではない原子力の多目的利用への注目が高まっています。特に、世界で開発が進められている SMR や革新炉は、産業施設等に対し、電力に加えて、温室効果ガスを排出せずに熱も提供できる技術として期待されています。

　また、カーボンニュートラルに向けた次世代エネルギーとして期待されている水素は、現状、化石燃料を燃焼させたガスの中から取り出す方法で製造される「グレー水素」が多くを占めており、その製造過程で二酸化炭素が排出されます[19]。脱炭素社会を支えるエネルギーとして水素を活用していくためには、その製造工程の低炭素化が課題であり、原子力の貢献が期待されています。水素の製造方法の一つである水の電気分解には、大量の電力が必要となります。原子力発電所は、このような水素製造設備に、多量かつ安価なゼロエミッション電力を安定して供給することができます。また、SMR や革新炉には様々なタイプがある中で、我が国の国立研究開発法人日本原子力研究開発機構（以下「原子力機構」という。）で開発が進められてきた高温工学試験研究炉（HTTR[20]）のように 900℃を超える高温の熱を供給することができる高温ガス炉では、より効率の良い水素製造に向けた実証等が進められています（図 13）。

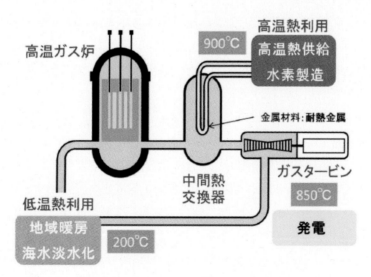

**図 13　高温ガス炉における多様な熱利用のイメージ**

(出典)原子力機構「カーボンニュートラルに貢献する高温ガス炉の開発(2022.03.31 掲載)」(2022 年)

---

[19] そのほか、化石燃料からの製造に CCUS 等を組み合わせることで大気中への二酸化炭素排出を抑えつつ製造される「ブルー水素」、再生可能エネルギー等により二酸化炭素を排出せずに製造される「グリーン水素」等があります。

[20] High Temperature Engineering Test Reactor

はじめに
特集
第1章
第2章
第3章
第4章
第5章
第6章
第7章
第8章
資料編
用語集

はじめに

特集

第1章

第2章

第3章

第4章

第5章

第6章

第7章

第8章

資料編

用語集

## (2) 原子力エネルギーの課題

### ① 安全性・セキュリティの追求

　原子力エネルギーには、カーボンニュートラル達成に資する大きなメリットがありますが、その利用に際しては、安全性が何より最優先であることを忘れてはなりません。安全最優先は他のエネルギーにも共通する原則ですが、とりわけ原子力エネルギーに関しては、2011年に発生した東京電力株式会社[21]（以下「東京電力」という。）福島第一原子力発電所（以下「東電福島第一原発」という。）事故の反省と教訓を真摯に受け止め、取組を続けていくことが極めて重要です。国際原子力機関（IAEA[22]）等の国際機関は、事故の教訓を反映し、原子力安全に関する安全要件文書の大部分の改訂等を行いました。各国・地域においても、事故の教訓を踏まえ、安全性向上に向けた追加的な安全対策の検討や導入が進められました。常に事故は起きる可能性があるとの認識の下、国、原子力事業者、研究機関を含む原子力関係機関は緊張感を持って、安全性向上へ向けた不断の努力を行う必要があります。

　また、原子力発電所や核燃料物質等の放射性物質は、テロ行為の対象として悪用されることも想定されます。2001年9月の米国同時多発テロ事件以降、国際社会は新たな緊急性を持ってテロ対策を見直し、取組を強化してきました。テロリスト等による核燃料物質の盗取や原子力発電所の破壊行為等の脅威が現実のものとならないように対策を行う核セキュリティ確保は、原子力エネルギーを利用する上での基本であり、核セキュリティ文化の醸成と核物質防護対策の徹底に常に取り組むことが求められます。

### ② 国民受容や信頼の回復

　2011年の東電福島第一原発事故により、原子力エネルギーに対する信頼は大きく損なわれました。原子力エネルギーをカーボンニュートラル実現のための手段の一つとして活用していくためには、原子力施設が立地する地域を始めとする国民の不信・不安に真摯に向き合い、原子力エネルギー利用に関する透明性を高め、信頼を回復していく必要があります。

　その際にはまず、国民一人一人が「じぶんごと」として捉え、自らの関心に応じて適切な情報を参照し、理解を深めた上で意見を形成できるように、科学的に正確な情報や客観的な事実（根拠）に基づく情報体系を整備し、できる限り分かりやすく伝える努力が必要です。

　しかし、情報や決定事項を一方的に提供して理解・支持してもらおうという姿勢では、形式的で一方向のコミュニケーションの押し付けであり、信頼の回復にはつながりません。政策や事業の影響を受けるステークホルダーを把握した上で、その関心やニーズに合った双方向のコミュニケーション活動を実施していく必要があります。コミュニケーション活動には画一的な方法や正解はありません。関係機関がステークホルダーや目的に応じたコミュニケーションの在り方を主体的に考え、継続的に取り組むことが求められます。

---

[21] 2016年4月、「東京電力ホールディングス株式会社」に社名変更。
[22] International Atomic Energy Agency

### ③ 事業性の向上

　原子力発電所は、ひとたび建設・運転されるとライフサイクル全体を通じた発電コスト及び統合コストが低くなりますが、一方で、初期投資として建設には多額の費用がかかります。そのため、投資リスクが大きく、調達すべき資金が大きくなります。

　OECD/NEA は、2020 年に公表した報告書において、統合コストを含まないプラントレベルでの発電コストの内訳について、原子力発電とガス火力発電（複合サイクルガスタービン発電）での比較を行いました（図 14）。ガス火力発電では、発電コストの7割近くを運転中に発生する燃料コストが占めます。一方で、原子力発電では7割以上が施設建設等にかかる投資コストであり、その大部分は運転中の施設改修等ではなく建設段階で発生します。

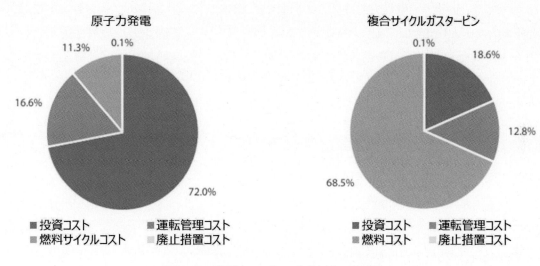

**図 14　発電コストの内訳（2020 年）**

(出典) OECD/NEA「Unlocking Reductions in the Construction Costs of Nuclear: A Practical Guide for Stakeholders」(2020 年) に基づき作成

　建設費用を適切に調達し、運転開始後の電力販売を通じて回収できる見通しが立たなければ、事業者は原子力発電所を建設するという意思決定ができません。原子力発電の事業性を改善するためには、安全性の向上を大前提としつつ、先行例の経験を生かしながら、建設プロセスを最適化して適切な管理を行うことにより、建設費用の増大を回避する必要があります。また、資金調達及び投資回収の一義的な責任は事業者にありますが、事業の予見性を高める取組として、諸外国では、新規建設される原子力発電所の電力について、買取価格の保証や、総括原価方式に基づく規制料金による設備投資費用の回収等、政府の関与により投資回収を支援する枠組みも検討されています。

はじめに

特集

第1章

第2章

第3章

第4章

第5章

第6章

第7章

第8章

資料編

用語集

はじめに

特集

第1章

第2章

第3章

第4章

第5章

第6章

第7章

第8章

資料編

用語集

### ④　放射性廃棄物の処分

　人間の活動からは、廃棄物が発生します。原子力のエネルギー利用や運転を終了した原子力施設の廃止措置から発生する廃棄物には、放射性物質を含むものがあり、放射性廃棄物と呼ばれます。放射性廃棄物は、発生者が責任を有するという原則に基づき、人間の生活環境に有意な影響を与えないよう、適切に処分する必要があります。特に、使用済燃料（再処理[23]を行わない方針の国の場合）や使用済燃料の再処理に伴って発生するガラス固化体は、放射能レベルが高く、高レベル放射性廃棄物として分類されています。高レベル放射性廃棄物の処分に際しては、長期間にわたり人間の生活環境から隔離し、安全に管理していく必要があり、地中深くに埋設処分する地層処分が最適であるとの認識が国際的に共有されています。

　諸外国では、近年、地層処分場に関して具体的な進捗が見られます。フィンランドでは、地元自治体の承認を経て、原子力発電所があるオルキルオトに高レベル放射性廃棄物の地層処分場を設置することが決定されており、世界で初めて操業開始に向けた建設が進められています。スウェーデンでは、2022年1月に、エストハンマル自治体フォルスマルクにおける地層処分場の建設計画が政府によって承認されました[24]。その他の国々でも、計画の具体化やサイト選定が進められています。また、EU タクソノミーにおいては、原子力エネルギーを持続可能な経済活動として取り扱う際の条件として、放射性廃棄物の処分施設の具体的な操業や計画があり、環境に害をなさないと担保できることを課しています。我が国でも、原子力発電環境整備機構（NUMO[25]、以下「原環機構」という。）が、2020年11月から北海道の寿都町、神恵内村において最終処分地選定プロセスの最初の調査である文献調査を実施しているとともに、引き続き全国での対話活動を継続しています[26]。

　原子力エネルギーが持つ様々なメリットを享受し放射性廃棄物を発生させた現世代の責任として、将来世代に負担を先送りせず地層処分を前提とした取組を進めつつ、今後より良い処分方法が実用化された場合に将来世代が最良の処分方法を選択できるようにすることも求められます。

### ⑤　人材・技術・産業基盤の維持確保

　米国や英国等では、スリーマイル島原子力発電所の事故[27]等をきっかけに、1980年代から1990年代にかけて原子力発電所の新設が途絶えた結果、建設や主要資機材の製造に関する技術・人材の弱体化や、原子力産業の国内サプライチェーンの喪失が起こりました。また、フランスや米国等では、新設が長年行われず、建設や製造に関する技術や経験の継承に失敗

---

[23]　第2章2-2(2)①「核燃料サイクルの概念」を参照。

[24]　第6章コラム「～海外事例：スウェーデンの最終処分地決定・建設承認に至る取組～」を参照。

[25]　Nuclear Waste Management Organization of Japan

[26]　第6章6-3(2)③「高レベル放射性廃棄物の最終処分事業を推進するための取組」を参照。

[27]　1979年3月28日に、米国ペンシルベニア州のスリーマイル島原子力発電所2号機において、冷却水の減少により燃料が破損・溶融した事故。セシウムの外部放出はなく、放出された放射性物質の大半はヘリウム、アルゴン、キセノン等の希ガス。

したことも影響し、原子力発電所の建設が大きく遅延する事態も発生しました。これらの国々では、カーボンニュートラル実現に向けた脱炭素技術として原子力エネルギーの利用を進めるため、政府による大規模な予算措置や国際協力の強化等を行い、基盤の立て直しに取り組んでいます。

　我が国では、1970年以降に営業運転を開始した原子力発電所の多くで国産化率が90％を超えており、原子力産業のサプライチェーンを国内に持っています（図 15）。しかし、2011年の東電福島第一原発事故以降、国内での原子炉新設プロジェクトが中断し、事業の見通しが立たない中で、要素技術を持つサプライヤー等の撤退によるサプライチェーンの劣化、高い技術を持つ人材の減少等が進みつつあります。なお、近年は、海外の SMR や高温ガス炉の研究開発プロジェクトに我が国の民間企業や研究機関が参画する事例も見られます[28]。

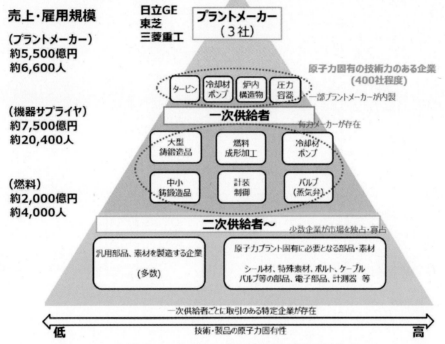

（出所）原子力産業協会 原子力発電に係る産業動向調査2020報告書を基に資源エネルギー庁作成

**図 15　我が国における原子力プラント・機器製造等のサプライチェーン**

（出典）第13回原子力委員会資料3　資源エネルギー庁「原子力産業を巡る動向について」（2022年）

　今後、安全性やセキュリティの追求、信頼回復に向けた双方向コミュニケーション、自由化した市場の中での原子力発電の事業性の向上、放射性廃棄物の適切な処分等の課題に取り組み、カーボンニュートラル実現に資するエネルギー源として原子力を活用していくためには、それを支える高いレベルの原子力人材の維持・確保、技術やサービスの継承、産業基盤の維持・強化が不可欠です。

---

[28] 第8章 8-2「研究開発・イノベーションの推進」を参照。

はじめに

特集

第1章

第2章

第3章

第4章

第5章

第6章

第7章

第8章

資料編

用語集

## 3　原子力エネルギー利用をめぐる我が国の状況

　我が国では、2011 年の東電福島第一原発事故に伴い、原子力発電所が一時全基停止し、石炭火力の焚き増し等が行われたことにより、温室効果ガスの排出量が増加しました。その後、一部の原子力発電所の再稼働や再生可能エネルギーの導入拡大により、2014 年度以降は減少傾向にあります。2020 年度の確報値では、新型コロナウイルス感染症の拡大による経済活動停滞も影響して、前年度比5%以上減少し、約 11.5 億 t（二酸化炭素換算）となりました。一方で、我が国は、2050 年カーボンニュートラル達成に向けた中間目標として、2030 年度の削減目標を 2013 年度比 46%削減、更に 50%の高みを目指すとしています。これに対して、2020 年度は、排出量から森林等の吸収源対策による吸収量を差し引くと 11 億 600 万 t となり、2013 年度比 21.5%減となります（図 16）。温室効果ガス排出量は減ってきているものの、2030 年度目標や 2050 年カーボンニュートラル達成に向けて、引き続き取組を継続する必要があります。

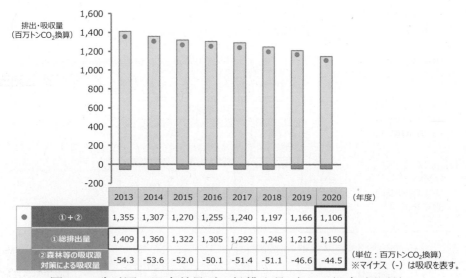

**図 16　我が国の温室効果ガス総排出量（2020 年度確報値）**
（出典）環境省「2020 年度（令和　年度）の温室効果ガス排出量（確報値）について」（2022 年）

| | 2013 | 2014 | 2015 | 2016 | 2017 | 2018 | 2019 | 2020 | （年度） |
|---|---|---|---|---|---|---|---|---|---|
| ①＋② | 1,355 | 1,307 | 1,270 | 1,255 | 1,240 | 1,197 | 1,166 | 1,106 | |
| ①総排出量 | 1,409 | 1,360 | 1,322 | 1,305 | 1,292 | 1,248 | 1,212 | 1,150 | |
| ②森林等の吸収源対策による吸収量 | -54.3 | -53.6 | -52.0 | -50.1 | -51.4 | -51.1 | -46.6 | -44.5 | |

（単位：百万トン$CO_2$換算）
※マイナス（-）は吸収を表す。

　グリーン成長戦略では、電力部門の脱炭素化を大前提としています。現在の技術水準を前提とすれば、全ての電力需要を単一の電源のみで賄うことは困難であり、あらゆる選択肢を追求することが必要です。そのため、再生可能エネルギーを最大限に導入しつつ、水素・アンモニアの発電利用や CCUS 付き火力等のイノベーションも進め、選択肢として追求する方針です。また、原子力エネルギーについては、大量かつ安定的にカーボンフリーの電力を供給することが可能な上、技術自給率も高く、カーボンフリーな水素製造や熱利用といった多様な社会的要請に応えることも可能であるとしています。

　我が国では、2022 年 3 月時点で再稼働している原子力発電所は 10 基であり、2020 年度の原子力発電比率は約 4%（確報値）です（図 17 中央）。エネルギー基本計画では、我が国が、2050 年カーボンニュートラル目標と整合的で野心的な目標として、2030 年度の温室効果ガス排出を 2013 年度から 46%削減することを目指し、さらに、50%の高みに向けて挑戦

を続けることを表明したことを踏まえ、2030 年度におけるエネルギー需給の見通しが示されました（図 17 右）。原子力発電については、二酸化炭素の排出削減に貢献する電源として、いかなる事情よりも安全性を全てに優先させ、国民の懸念の解消に全力を挙げる前提の下、原子力規制委員会により世界で最も厳しい水準の規制基準に適合すると

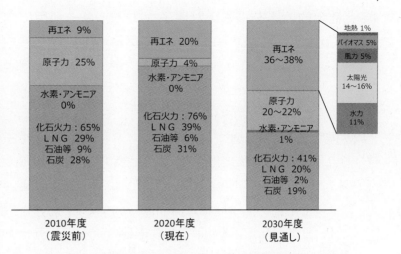

**図 17　我が国の 2030 年度における電源構成の見通し**

（出典）「総合エネルギー統計」、資源エネルギー庁「2030 年度におけるエネルギー需給の見通し（関連資料）」に基づき作成

認められた場合には原子力発電所の再稼働を進め、2030 年度における電源構成の見通しでは 20～22%程度を見込むとしました。信頼回復に向けて、国や関係機関による様々な情報発信が行われていますが、東電福島第一原発事故以前のエネルギー広報の反省を踏まえ、状況を改善するために継続的に努めていく必要性があるとしています。

　電力は、需要と供給が常に一致する「同時同量」の原則が崩れると、供給を正常に行うことができなくなり、予測不能な大規模停電につながる可能性があります。欧州の大陸部のように国際連系した送電網があれば、国を越えた電力のやり取りを通じて地域全体でのバランスを取ることができます。しかし、島国であり、他国との電力融通ができない我が国は、需要ピーク時や再生可能エネルギー等の出力低下時に国内の供給力が不足する可能性や、需要を大きく超える電力が送電網に流れ込む可能性を許容することはできません。2022 年 3 月には、地震による火力発電所の停止、真冬並みの厳しい寒さ、悪天候による太陽光発電の出力大幅減等の要因が重なり、東京電力管内及び東北電力管内において電力需給が極めて厳しい状況となったため、電力需給ひっ迫警報が発令されました[29]。また、需給ひっ迫の影響や、燃料輸出大国であるロシアによるウクライナ侵略等を背景として、原油、天然ガス、石炭の価格が高騰し、燃料の輸入価格上昇が電気料金の値上げにつながっています。

　2022 年 3 月末時点で、我が国の原子力発電所のうち 18 基の廃止措置計画が認可されており、特定原子力施設に係る実施計画を基に廃炉が行われている東電福島第一原発 6 基を合わせて、合計 24 基が運転を終了しています。これらについては、廃炉や放射性廃棄物の処理・処分等のバックエンド問題への対応が計画的に行われています。また、核燃料サイクルについては、使用済燃料の再処理施設やウラン・プルトニウム混合酸化物（MOX[30]）燃料加工施設の竣工に向けた取組が進められています[31]。

---

[29] 2022 年から2023 年にかけた冬季の電力需給ひっ迫の懸念を受けて、2022 年 7 月、岸田内閣総理大臣は、原子力発電所最大 9 基の稼働や火力発電所 10 基程度の供給力の追加的確保に関し、経済産業大臣に指示。
[30] Mixed Oxide
[31] 第 2 章 2-2(2)「核燃料サイクルに関する取組」を参照。

はじめに

特集

第1章

第2章

第3章

第4章

第5章

第6章

第7章

第8章

資料編

用語集

## 4　社会的要請を踏まえた原子力エネルギー利用に向けて

2021 年 10 月から 11 月にかけて開催された COP26 を経て、今世紀半ばまでのカーボンニュートラル実現に向けた対応は世界的な潮流となっています。また、2022 年 2 月に開始されたロシアによるウクライナ侵略は、エネルギー安全保障の重要性や世界経済への影響の大きさを改めて浮き彫りにしました。

我が国が 2050 年カーボンニュートラルという目標を実現し、かつ中長期的に経済成長を続けるためには、地球温暖化への対応を成長の機会として捉え、経済と環境の好循環を生み出すグリーン成長が不可欠です。グリーン成長を実現するためには、エネルギーの脱炭素化・低炭素化を進めると同時に、エネルギーを安定供給できる体制を確保・維持することが必須です。また、国民生活の向上や産業競争力の維持・強化のためには、エネルギーコストを可能な限り低下させ、安価なエネルギー供給を確保することや、国民負担を最大限抑制することも重要です。そして、いかなるエネルギー利用においても、常に安全性の確保が大前提として最優先されなければなりません。

原子力エネルギーは、石炭や天然ガス等の化石燃料と異なり発電時には温室効果ガスを排出せず、ライフサイクル全体を通じた温室効果ガス排出量も風力発電に匹敵する低さです。また、気象条件等による発電電力量の変動が少ない上、燃料投入量に対するエネルギー出力が圧倒的に大きく、数年にわたって国内保有燃料だけで生産が維持できる準国産エネルギー源として、エネルギー自給率の向上に貢献し、一定程度の電力を安定して供給することが可能です。コストに関しては、安全対策費用も含めた施設建設等への初期投資は大きいものの、原子力発電所の運転中に発生するコストは、燃料費の割合が大きい化石燃料電源等と比較して低廉です。さらに、高温ガス炉や SMR 等の革新的技術のイノベーションにより、安全性・信頼性・効率性の一層の向上、放射性廃棄物の有害度低減・減容化、カーボンフリーな水素製造や熱利用といった多様な展開が可能です。

一方で、原子力エネルギーを利用していくためには、国や事業者を始めとする全ての関係者が、東電福島第一原発事故の原点に立ち返った責任感ある真摯な姿勢や取組を通じ、社会的信頼の回復に努めることが不可欠です。また、集団思考や集団浅慮、同調圧力、現状維持志向が強いことや、組織内での部分最適に陥りやすいことなど、我が国の原子力関連機関に内在する本質的な課題についても、引き続き解決に向けた取組が必要です。一度原子力エネルギーの利用を開始した以上は、原子力発電所の閉鎖後を含む長期にわたり、更なる安全性向上による事故リスクの抑制、核物質防護対策の徹底による核セキュリティの確保、原子力防災体制の構築・充実、廃炉や放射性廃棄物処理・処分等のバックエンド問題への対処等に継続的に取り組むことが求められます。そのためにも、高いレベルの原子力人材・技術・産業基盤を維持し、強化していくことが必要です。

はじめに

特集

第1章

第2章

第3章

第4章

第5章

第6章

第7章

第8章

資料編

用語集

　カーボンニュートラルやエネルギー安定供給、経済性（コスト）といった様々な社会的要請に対応していくためには、エネルギー源ごとの特徴を把握し、強みが最大限に発揮され、弱みが他のエネルギー源によって適切に補完されるような組合せの、多層的な供給構造を実現することが必要です。エネルギーは人間のあらゆる活動を支える基盤であり、日々の生活を送る上で誰にとっても他人事ではありません。まず、資源小国である我が国にとって、エネルギーは身の回りに「当たり前」に存在するものではなく、海外における資源の確保、安全なシーレーン等の輸送手段の確保、発電事業の経済性確保等の様々な要素を再認識し、これらのプロセスに関わる人々の努力に共感し、そのような努力によって安定的に供給されていることを正しく認識する必要があります。また、多様なエネルギー源の組合せやバランスを柔軟に想定できる中で、我が国の今後のエネルギーの在り方について、国民一人一人が自身の日常生活に直結する「じぶんごと」として捉えて議論していくことが重要です。その際には、構成要素の一つとして原子力エネルギーを扱い、全体像の中でどうあるべきかを考えていく必要があります。様々な選択肢の存在やそれぞれの特徴について共有した上で議論を深められる機運を醸成していくため、原子力委員会は、原子力エネルギーを取り巻く状況や位置付け等について、良い面も悪い面も、光も影も、中立的な立場で積極的に分かりやすく発信するよう努めていく所存です（図 18）。

---

| 原子力エネルギーのメリット | 原子力エネルギー利用の課題 |
|---|---|
| ✓ 発電時に温室効果ガスを排出しない<br>✓ 気象条件等による発電量の変動が少ない<br>✓ 準国産エネルギー源として安定供給できる<br>✓ 発電コストが低い<br>✓ 水素製造や熱利用等への展開が見込める | ✓ 社会的信頼の回復<br>✓ 組織文化等の本質的な課題解決<br>✓ 安全性・核セキュリティの追求<br>✓ バックエンド問題への対処<br>✓ 人材・技術・産業基盤の維持・強化 |

| 社会的要請 | 2050年カーボンニュートラルの実現、中長期的な経済成長、エネルギー安定供給 等 |
|---|---|

> **エネルギーは当たり前に存在するものではなく、努力により供給されていると認識**することが必要
> 我が国の今後のエネルギーの在り方について、**国民一人一人が自身の日常生活に直結する「じぶんごと」として捉え、議論していく**ことが重要
> **エネルギーの全体像の中で、構成要素の一つとして原子力の在り方を考えていくことが必要**

**原子力委員会としては**、様々な選択肢について共有した上で議論を深められる機運を醸成していくため、原子力エネルギーを取り巻く状況や位置付け等について**積極的に情報発信していく**所存

図 18　社会的要請を踏まえた原子力エネルギー利用に向けて

(出典)内閣府作成

はじめに

特集

第1章

第2章

第3章

第4章

第5章

第6章

第7章

第8章

資料編

用語集

第1章 **福島の着実な復興・再生と教訓を真摯に受け止めた不断の安全性向上**

## 1−1 福島の着実な復興・再生の推進と教訓の活用

> 　東電福島第一原発事故は、福島県民を始め多くの国民に多大な被害を及ぼし、これにより、我が国のみならず国際的にも原子力への不信や不安が著しく高まり、原子力政策に大きな変動をもたらしました。放射線リスクへの懸念等を含む、こうした不信・不安に対して真摯に向き合い、その軽減に向けた取組を一層進めていくとともに、事故の発生を防止できなかったことを反省し、国内外の諸機関が取りまとめた事故の調査報告書の指摘等を含めて、得られた教訓を生かしていくことが重要です。
>
> 　また、事故から 11 年が経過した現在も、多数の住民の方々が避難を余儀なくされ、一部食品の出荷制限が継続する等、事故の影響が続いています。福島の復興・再生に向けて全力で取り組み続けることは重要であり、引き続き以下のような取組が進められています。
> - 　東電福島第一原発の廃炉と事故状況の究明
> - 　放射性物質に汚染された廃棄物の処理施設、中間貯蔵施設の整備と、廃棄物や除去土壌等の輸送、貯蔵、埋立処分等
> - 　避難指示の解除と、避難住民の方々の早期帰還に向けた安全・安心対策、事業・生業の再建や風評被害対策等の生活再建に向けた支援への取組
> - 　福島イノベーション・コースト構想を始めとした、復興・再生に向けた取組

### (1)　東電福島第一原発事故の調査・検証

### ①　東電福島第一原発事故に関する調査報告書

　事故後、国内外の諸機関が事故の調査・検証を行い、多くの提言等を取りまとめ、事故調査報告書として公表してきました（表 1-1）。

　国会に設置された「東京電力福島原子力発電所事故調査委員会」（以下「国会事故調」という。）の報告書では、規制当局に対する国会の監視、政府の危機管理体制の見直し、被災住民に対する政府の対応、電気事業者の監視、新しい規制組織の要件、原子力法規制の見直し、独立調査委員会の活用、の 7 つの提言が出されました。提言を受けて政府が講じた措置については、国会への報告書を当面の間毎年提出することが義務付けられており[1]、政府は年度ごとに報告書を取りまとめ、国会に提出しています。2021 年度に政府が講じた主な措置は、2022 年 6 月に閣議決定された「令和 3 年度 東京電力福島原子力発電所事故調査委員会の報告書を受けて講じた措置」に取りまとめられています。

---

[1] 国会法（昭和 22 年法律第 79 号）附則第 11 項において規定。

政府に設置された「東京電力福島原子力発電所における事故調査・検証委員会」（以下「政府事故調」という。）の報告書においても、安全対策・防災対策の基本的視点に関するもの、原子力発電の安全対策に関するもの、原子力災害に対応する態勢に関するもの、被害の防止・軽減策に関するもの、国際的調和に関するもの、関係機関の在り方に関するもの、継続的な原因解明・被害調査に関するものの7項目についての提言が出されました。政府は、これらの提言を受けて講じた措置についても、報告書を取りまとめています。

表 1-1　東京電力福島原子力発電所事故に関する主な事故調査報告書

| 報告書名 | 発行元 | 発行年月 |
|---|---|---|
| 東京電力福島原子力発電所事故調査委員会報告書 | 東京電力福島原子力発電所事故調査委員会（国会事故調） | 2012 年 7 月 |
| 東京電力福島原子力発電所における事故調査・検証委員会最終報告 | 東京電力福島原子力発電所における事故調査・検証委員会（政府事故調） | 2012 年 7 月 |
| 福島原子力事故調査報告書 | 東京電力株式会社 | 2012 年 6 月 |
| 福島原発事故独立検証委員会調査・検証報告書 | 福島原発事故独立検証委員会（民間事故調） | 2012 年 2 月 |
| 福島原発事故 10 年検証委員会民間事故調最終報告書 | 一般財団法人アジア・パシフィック・イニシアティブ | 2021 年 2 月 |
| 福島第一原子力発電所事故その全貌と明日に向けた提言－学会事故調　最終報告書－ | 一般社団法人日本原子力学会　東京電力福島第一原子力発電所事故に関する調査委員会（学会事故調） | 2014 年 3 月 |
| 学会事故調最終報告書における提言への取り組み状況（第 1 回調査報告書） | 一般社団法人日本原子力学会　福島第一原子力発電所廃炉検討委員会 | 2016 年 3 月 |
| 福島第一原子力発電所事故に関する調査委員会報告における提言の実行度調査－10 年目のフォローアップ－ | 一般社団法人日本原子力学会　学会事故調提言フォローワーキンググループ | 2021 年 5 月 |
| The Fukushima Daiichi Accident Report by the Director General | 国際原子力機関（IAEA） | 2015 年 8 月 |
| The Fukushima Daiichi Nuclear Power Plant Accident: OECD/NEA Nuclear Safety Response and Lessons Learnt | 経済協力開発機構／原子力機関（OECD/NEA） | 2013 年 9 月 |
| Five Years after the Fukushima Daiichi Accident: Nuclear Safety Improvement and Lessons Learnt | 経済協力開発機構／原子力機関（OECD/NEA） | 2016 年 2 月 |
| Fukushima Daiichi Nuclear Power Plant Accident, Ten Years On Progress, Lessons and Challenges | 経済協力開発機構／原子力機関（OECD/NEA） | 2021 年 3 月 |

(出典)各報告書等に基づき作成

はじめに
特集
第1章
第2章
第3章
第4章
第5章
第6章
第7章
第8章
資料編
用語集

**コラム** **～学会事故調及び民間事故調のフォローアップ～**

　一般社団法人日本原子力学会は、事故の原因を調査するとともに、原子力安全に向けた提言を行うために「東京電力福島第一原子力発電所事故に関する調査委員会」（学会事故調）を設置し、2014年3月に最終報告書を公表しました。最終報告書では5分類50項目の提言が示されています。定期的にフォローアップすることとしており、事故後5年目の2016年3月には、原子力規制委員会や事業者等の関係機関における提言に対する取組状況を調査した報告書を公表しました。さらに、事故後10年が経過した2021年5月には、2016年以降の取組状況の調査に加え、その取組状況に対する分析と評価を実施し、今後更に取り組むべき課題を取りまとめた報告書「福島第一原子力発電所事故に関する調査委員会報告における提言の実行度調査－10年目のフォローアップ－」を公表しました。同報告書には、「社会との対話を進め、情報の共有や理解を得、新たな取組に反映させる」こと、「規制機関や事業者、産業界とのトップ対話をはじめ各層での対話に積極的に取り組み、提言の実現に寄与する」こと、「各層の教育に積極的に関与し、実践する」ことなど、日本原子力学会として取り組むべき課題も示されています。

　「福島原発事故独立検証委員会」（民間事故調）は、民間独自の立場から東電福島第一原発事故の検証を行い、2012年2月に調査・検証報告書を公表しました。その後、事故後10年を迎えるに際し、民間事故調が提起した課題と教訓を振り返り、教訓から学び生かされたこと、十分に学べなかったこと及びその理由等を検証するため、「福島原発事故10年検証委員会」（第二民間事故調）が立ち上げられました。2021年2月に取りまとめられた同委員会の報告書では、次の7つのテーマについて検証結果等が示されました。

**第二民間事故調における検証テーマ**

| テーマ | 概要 |
|---|---|
| 原子力安全規制 | 世界一厳しいとされる新たな安全規制は、事故の遠因となった「安全神話」を乗り越えられるか　等 |
| 東京電力のガバナンス | 大胆な組織改革や意識改革が提唱されたが、東京電力を変えることができたか　等 |
| リスクコミュニケーション | 2011年当時とはコミュニケーションの在り方が大きく変わった中で、リスクコミュニケーションはどうあるべきか　等 |
| 官邸の危機管理 | 制度・仕組みとして、原子力災害が発生したときの危機管理ができる体制になっているか　等 |
| ロジスティクス | 原発再稼働の要件として求められた物理的な「備え」は、複合災害が来た際に適切に機能するか　等 |
| ファーストリスポンダー | 原子力災害における自衛隊・警察・消防等のファーストリスポンダーの役割が想定されていなかったこと等を踏まえ、どのような対応をしているか　等 |
| 復興 | 原発事故の問題として、長期にわたる復興をどうしていくべきか　等 |

（出典）福島原発事故10年検証委員会「民間事故調最終報告書」（2021年）に基づき作成

はじめに／特集

第1章

第2章

第3章

第4章

第5章

第6章

第7章

第8章

資料編

用語集

## ② 事故原因の解明に向けた取組

国会事故調や政府事故調、IAEA 事務局長報告書等において、事故の大きな要因は、津波を起因として電源を喪失し、原子炉を冷却する機能が失われたことにあるとされています。

原子力規制委員会では、国会事故調報告書において未解明問題として指摘されている事項について継続的に調査・分析を行っており、2014 年 10 月に「東京電力福島第一原子力発電所事故の分析 中間報告書」を、2021 年 3 月に「東京電力福島第一原子力発電所事故の調査・分析に係る中間取りまとめ〜2019 年 9 月から 2021 年 3 月までの検討〜」を公表しました。なお、新型コロナウイルス感染症への対策のため調査・分析が十分に実施できなかった事項や今後の廃炉作業の進捗等に伴って明らかにされる事項等の存在も念頭に、東京電力の取組も踏まえつつ、原子力規制庁において調査・分析を継続することとしています。2021 年 4 月以降、同中間取りまとめから得られた知見の安全規制への取り入れについて、水素防護、ベント機能、減圧機能の 3 つに分類した上で検討が進められています（表 1-2）。このうち、水素防護に関する知見については、同年 12 月に検討状況の中間報告が行われました。

表 1-2 「東京電力福島第一原子力発電所事故の調査・分析に係る中間取りまとめ」
から得られた知見等の分類表

| 分類 | 得られた知見等 |
|---|---|
| 水素防護 | • 水素爆発時の映像及び損傷状況から、原子炉建屋の破損の主要因は、原子炉建屋内に滞留した水素の爆燃（水素濃度 8%程度）によって生じた圧力によることを示唆している。 |
| | • 3 号機のベント成功回数は 2 回。このベントによって 4 号機原子炉建屋内に水素が流入し、40 時間にわたって水素が滞留した後、爆発に至った。 |
| ベント機能 | • 2 号機耐圧強化ベントは、ベントラインの系統構成は完了していたが、ラプチャーディスクの作動圧力（528kPa［abs］（原子炉格納容器の設計圧力の 1.1 倍））に到達せず、ベントは成功しなかった。 |
| | • 耐圧強化ベントラインの非常用ガス処理系配管への接続により、自号機非常用ガス処理系及び原子炉建屋内へのベントガスの逆流、汚染及び水素流入による原子炉建屋の破損リスクの拡大が生じた。 |
| | • 1/2 号機共用排気筒の内部に排気筒頂部までの排気配管がなく、排気筒内にベントガスが滞留、排気筒下部の高い汚染の原因となった。 |
| | • サプレッションチェンバ・スクラビングにおいて、炉心溶融後のベント時には真空破壊弁の故障によりドライウェル中の気体がスクラビングを経由せずに原子炉格納容器外に放出される可能性がある。 |
| 減圧機能 | • 主蒸気逃がし安全弁の逃がし弁機能の不安定動作（中途開閉状態の継続と開信号解除の不成立）が確認された。 |
| | • 主蒸気逃がし安全弁の安全弁機能の作動開始圧力の低下が確認された。 |
| | • 自動減圧系が設計意図と異なる条件の成立（サプレッションチェンバ圧力の上昇による低圧注水系ポンプの背圧上昇を誤検知すること）で作動したことにより原子炉格納容器圧力がラプチャーディスクの破壊圧力に達し、ベントが成立した。 |

（出典）第 46 回技術情報検討会資料 46-1 東京電力福島第一原子力発電所事故に関する知見の規制への取り入れに関する作業チーム「『東京電力福島第一原子力発電所事故の調査・分析に係る中間取りまとめ』から得られた知見等の分類表」（2021 年）に基づき作成

　また、原子力規制委員会では、事故分析と廃炉作業を両立するために必要な事項について関係機関と公開で議論・調整する場として「福島第一原子力発電所廃炉・事故調査に係る連絡・調整会議」を設置しており、2021年度は2回開催されました。

　東京電力は、事故の総括として「福島原子力事故調査報告書」（2012年6月）と「福島原子力事故の総括および原子力安全改革プラン」（2013年3月）を取りまとめました。これらに基づく安全対策強化の取組について、四半期に一度「原子力安全改革プラン進捗報告」として公表しています。また、廃炉作業を着実に進めつつ、事故の調査・分析を計画的かつ主体的に進めるために、2021年11月に「福島第一原子力発電所事故調査の中長期計画」を公表し、現場調査を継続的に実施しています。

　OECD/NEAは、原子力機構を運営機関として「福島第一原子力発電所の原子炉建屋及び格納容器内情報の分析（ARC-F[2]）」プロジェクトを2019年1月から開始しました。同プロジェクトは、先行するプロジェクトを引き継ぎ、更に詳細に事故の状況を探り、今後の軽水炉の安全性向上研究に役立てることを目的としています。2022年1月に行われた同プロジェクトの最終会議では、成果や今後の課題について議論されるとともに、後継となる「福島第一原子力発電所事故情報の収集及び評価（FACE[3]）」プロジェクトの実施内容を取りまとめました。FACEプロジェクトは2022年7月から開始される予定です。

　また、衆議院の原子力問題調査特別委員会において、原子力問題に関する件（原子力規制行政の在り方）として、原子力規制委員長等による報告に基づき審議が行われています。

## （2）　福島の復興・再生に向けた取組

### ①　被災地の復興・再生に係る基本方針

　東電福島第一原発事故により、発電所周辺地域では地震と津波の被害に加えて、放出された放射性物質による環境汚染が引き起こされ、現在も多数の住民の方々が避難を余儀なくされるなど、事故の影響が続いています。このような状況に対処するため、政府一丸となって福島の復興・再生の取組を進めています（図1-1）。

　2021年4月には、「東京電力ホールディングス株式会社福島第一原子力発電所における多核種除去設備等処理水の処分に関する基本方針」（以下「ALPS[4]処理水の処分に関する基本方針」という。）[5]が公表されたことを受けて、「廃炉・汚染水・処理水対策関係閣僚等会議」の下に「ALPS処理水の処分に関する基本方針の着実な実行に向けた関係閣僚等会議」が設置されました。廃炉・汚染水・処理水対策チームは東電福島第一原発の廃炉や汚染水・処理水対策への対応、原子力被災者生活支援チームは避難指示区域の見直しや原子力被災者の生活支援等の役割を担っています。復興庁は、復旧・復興の取組として、長期避難者への対策

---

[2] Analysis of Information from Reactor Building and Containment Vessels of Fukushima Daiichi Nuclear Power Station

[3] Fukushima Daiichi Nuclear Power Station Accident Information Collection and Evaluation

[4] Advanced Liquid Processing System

[5] 第6章6-1(2)①「汚染水・処理水対策」を参照。

や早期帰還の支援、避難指示区域等における公共インフラの復旧等の対応を行っています。環境省は、放射性物質で汚染された土壌等の除染や廃棄物処理、除染に伴って発生した土壌や廃棄物を安全に集中的に管理・保管する中間貯蔵施設の整備、ALPS 処理水に係る海域モニタリング等に取り組んでいます。福島の現地では、原子力災害対策本部の現地対策本部、廃炉・汚染水・処理水対策現地事務所、復興庁の福島復興局、環境省の福島地方環境事務所が対応に当たっています。

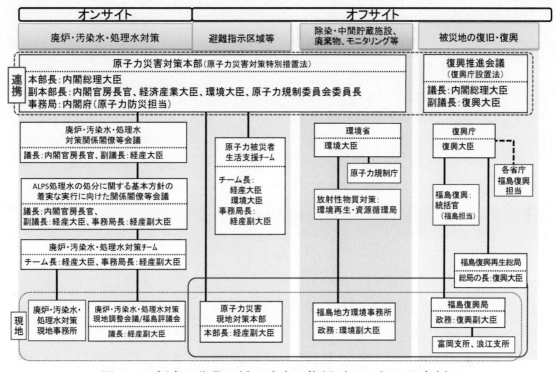

**図 1-1　福島の復興に係る政府の体制（2022 年 3 月時点）**

(出典)復興庁「福島の復興・再生に向けた取組」(2022 年)

東日本大震災から 10 年が経過し、2021 年度から 2025 年度までの 5 年間は「第 2 期復興・創生期間」と位置付けられています。2021 年 3 月には「『第 2 期復興・創生期間』以降における東日本大震災からの復興の基本方針」が閣議決定され、福島の復興・再生には中長期的な対応が必要であり、第 2 期復興・創生期間以降も引き続き国が前面に立って取り組むことが示されました。避難指示が解除された地域における生活環境の整備、長期避難者への支援、特定復興再生拠点区域の整備、福島イノベーション・コースト構想の推進、福島国際研究教育機構の整備、事業者・農林漁業者の再建、風評の払拭に向けた取組等を引き続き進めるとともに、新たな住民の移住・定住の促進、交流人口・関係人口の拡大等を行い、第 2 期復興・創生期間の 5 年目に当たる 2025 年度に復興事業全体の在り方の見直しを行うとしています。

はじめに　特集
第1章
第2章
第3章
第4章
第5章
第6章
第7章
第8章
資料編
用語集

② 放射線影響への対策

1) 避難指示区域の状況

東電福島第一原発事故を受け、年間の被ばく線量を基準として、避難指示解除準備区域[6]、居住制限区域[7]、帰還困難区域[8]が設定されました。避難指示は、①空間線量率で推定された年間積算線量（図 1-3）が 20 ミリシーベルト以下になることが確実であること、②電気、ガス、上下水道、主要交通網、通信等の日常生活に必須なインフラや医療・介護・郵便等の生活関連サービスがおおむね復旧すること、子供の生活環境を中心とする除染作業が十分に進捗すること、③県、市町村、住民との十分な協議の 3 要件を踏まえ、解除されます。2020 年 3 月には、全ての避難指示解除準備区域、居住制限区域の避難指示が解除されるとともに、帰還困難区域内に設定された特定復興再生拠点区域[9]の一部区域[10]の避難指示も解除されました（図 1-4）。

政府としては、たとえ長い年月を要するとしても、将来的に帰還困難区域全てを避難指示解除し、復興・再生に責任を持って取り組むとの決意の下、まずは特定復興再生拠点区域について、双葉町、大熊町、葛尾村は 2022 年春以降、浪江町、富岡町、飯舘村は 2023 年春頃の避難指示解除を目指し、帰還環境整備を進めています[11]。

帰還困難区域のうち特定復興再生拠点区域外については、2021 年 8 月に、第 30 回復興推進会議及び第 55 回原子力災害対策本部会議の合同会合において、「特定復興再生拠点区域外への帰還・居住に向けた避難指示解除に関する考え方」が決定されました。本決定に基づき、2020 年代をかけて、帰還意向のある住民が帰還できるよう、帰還に関する意向を個別に丁寧に把握した上で、帰還に必要な箇所を除染し、避難指示解除の取組を進めていくこととしています（図 1-2）。また、残された土地・家屋等の扱いについては、地元自治体と協議を重ねつつ、引き続き検討を進め、将来的に帰還困難区域の全てを避難指示解除し、復興・再生に責任を持って取り組むこととしています。

図 1-2　特定復興再生拠点区域外の避難指示解除の流れ

(出典)第 11 回原子力委員会資料第 2 号　内閣府原子力被災者生活支援チーム「福島における避難指示解除と本格復興に向けて」(2022 年)に基づき作成

---

[6] 年間積算線量が 20 ミリシーベルト以下となることが確実であると確認された区域。

[7] 年間積算線量が 20 ミリシーベルトを超えるおそれがあると確認された区域。

[8] 2012 年 3 月時点での年間積算線量が 50 ミリシーベルトを超え、事故後 6 年間を経過してもなお、年間積算線量が 20 ミリシーベルトを下回らないおそれがあるとされた区域。

[9] 将来にわたって居住を制限するとされてきた帰還困難区域内で、避難指示を解除し、居住を可能とすることを目指す区域。

[10] JR 常磐線の全線開通に合わせ、駅周辺の地域について、先行的に避難指示を解除。

[11] 葛尾村の特定復興再生拠点区域は、2022 年 6 月 12 日に避難指示を解除。

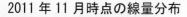

2011年11月時点の線量分布 　　　　　2021年10月時点の線量分布

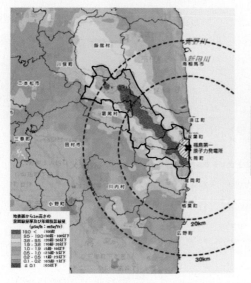
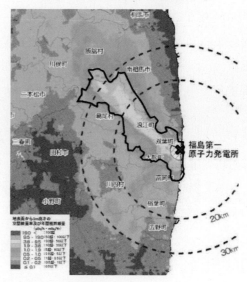

10年後

図 1-3　空間線量から推計した年間積算線量の推移

(注)黒枠囲いのエリアは帰還困難区域。
(出典)文部科学省「文部科学省による第4次航空機モニタリングの測定結果について」(2011年)及び原子力規制委員会「福島県及びその近隣県における航空機モニタリングの結果について」(2022年)に基づき内閣府原子力被災者生活支援チーム作成

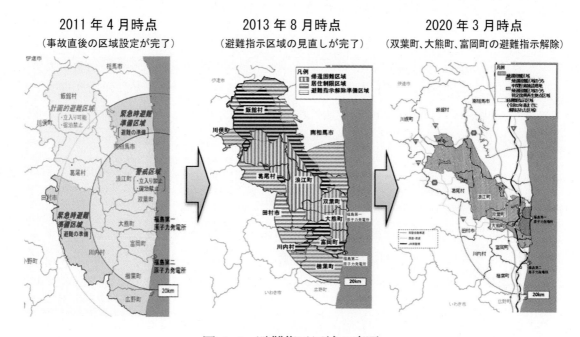

図 1-4　避難指示区域の変遷

(出典)内閣府原子力被災者生活支援チーム「避難指示区域の見直しについて」(2013年)、第11回原子力委員会資料第2号内閣府原子力被災者生活支援チーム「福島における避難指示解除と本格復興に向けて」(2022年)等に基づき作成

はじめに

特集

第1章

第2章

第3章

第4章

第5章

第6章

第7章

第8章

資料編

用語集

### 2) 食品中の放射性物質への対応

2012年4月に、厚生労働省では、より一層の食品の安全と安心の確保をするために、事故後の緊急的な対応としてではなく、長期的な観点から新たな基準値を設定しました。この基準値は、コーデックス委員会[12]が定めた国際的な指標を踏まえ、食品の摂取により受ける放射線量が年間1ミリシーベルトを超えないようにとの考え方で設定されています（図 1-5）。

図 1-5　食品中の放射性物質の新たな基準値の概要

(出典)厚生労働省「食品中の放射性物質の新たな基準値」(2012年)

食品中の放射性物質については、原子力災害対策本部の定める「検査計画、出荷制限等の品目・区域の設定・解除の考え方」（2011年4月策定、2022年3月最終改正）を踏まえ、17都県[13]を中心とした地方公共団体によって検査が実施されています。農林水産物に含まれる放射性物質の濃度水準は低下しており、2018年度以降は、キノコ・山菜類、水産物を除き、基準値を超過した食品は見られなくなっています（表 1-3）。

福島県産米については、2012年から全量全袋検査により安全性の確認が行われてきましたが、カリウム肥料の追加施用による放射性物質の吸収抑制等の徹底した生産対策も奏功し、2015年からは基準値を超えるものは検出されていません。そのため、2020年産米からは、被災12市町村[14]を除く福島県内全域において、全量全袋検査から旧市町村[15]ごとに3点の検査頻度で実施するモニタリングへと移行しています。

また、厚生労働省は、全国15地域で実際に流通する食品を対象に、食品中の放射性セシウムから受ける年間放射線量の推定を行っています。2021年2・3月の調査では、年間上限線量（年間1ミリシーベルト）の0.1%程度と推定されています[16]。

諸外国・地域では、東電福島第一原発事故後に輸入規制措置が取られました。2022年2月21日時点で、規制措置を設けた55の国・地域のうち、41の国・地域で規制措置が撤廃され、輸入規制を継続している国・地域は14になっています（表 1-4）。2021年度は、5月に

---

[12] 消費者の健康の保護等を目的として設置された、食品の国際規格を作成する政府間機関。

[13] 青森県、岩手県、秋田県、宮城県、山形県、福島県、茨城県、栃木県、群馬県、千葉県、埼玉県、東京都、神奈川県、新潟県、山梨県、長野県、静岡県。

[14] 田村市、南相馬市、広野町、楢葉町、富岡町、川内村、大熊町、双葉町、浪江町、葛尾村、飯舘村及び川俣町（旧山木屋村）。

[15] 1950年2月1日時点の市町村。

[16] 詳しいデータは厚生労働省ウェブサイト「流通食品での調査（マーケットバスケット調査）」を参照。
(https://www.mhlw.go.jp/shinsai_jouhou/dl/market_basket_leaf.pdf)

シンガポール、9月に米国で輸入規制措置が撤廃されるとともに、10月にEU、2022年2月に台湾で輸入規制措置が緩和されました。風評被害を防ぐとともに、輸入規制の緩和・撤廃に向け、我が国における食品中の放射性物質への対応等について、より分かりやすい形で国内外に発信していくなどの取組を継続しています[17]。

表 1-3　農林水産物の放射性物質の検査結果（17都県）

| 品目 | | 基準値超過割合 | | |
|---|---|---|---|---|
| | | 2019年度[注1] | 2020年度[注1] | 2021年度[注1] |
| 農畜産物 | 米 | 0% | 0% | 0% |
| | 麦 | 0% | 0% | 0% |
| | 豆類 | 0% | 0% | 0% |
| | 野菜類 | 0% | 0% | 0% |
| | 果実類 | 0% | 0% | 0% |
| | 茶[注2] | 0% | 0% | 0% |
| | その他地域特産物 | 0% | 0% | 0% |
| | 原乳 | 0% | 0% | 0% |
| | 肉・卵（野生鳥獣肉除く） | 0% | 0% | 0% |
| キノコ・山菜類 | | 1.5% | 1.4% | 1.2% |
| 水産物[注3] | | 0.05% | 0.02% | 0.03% |

（注1）穀類（米、大豆等）について、生産年度と検査年度が異なる場合は、生産年度の結果に含めている。
（注2）飲料水の基準値（10Bq/kg）が適用される緑茶のみ計上。
（注3）水産物については全国を集計。
（出典）農林水産省「令和3年度の農産物に含まれる放射性セシウム濃度の検査結果（令和3年4月～）」に掲載の「平成23年3月～現在（令和4年3月31日時点）までの検査結果の概要」に基づき作成

表 1-4　諸外国・地域の食品等の輸入規制の状況（2022年2月21日時点）

| 規制措置の内容／国・地域数 | | | 国・地域名 |
|---|---|---|---|
| 事故後輸入規制を措置 | 規制措置を撤廃した国・地域　41 | | カナダ、ミャンマー、セルビア、チリ、メキシコ、ペルー、ギニア、ニュージーランド、コロンビア、マレーシア、エクアドル、ベトナム、イラク、豪州、タイ、ボリビア、インド、クウェート、ネパール、イラン、モーリシャス、カタール、ウクライナ、パキスタン、サウジアラビア、アルゼンチン、トルコ、ニューカレドニア、ブラジル、オマーン、バーレーン、コンゴ民主共和国、ブルネイ、フィリピン、モロッコ、エジプト、レバノン、アラブ首長国連邦（UAE[18]）、イスラエル、シンガポール、米国 |
| | 輸入規制を継続して措置　14 | 一部の都県等を対象に輸入停止　5 | 香港、中国、台湾、韓国、マカオ |
| 55 | | 一部又は全ての都道府県を対象に検査証明書等を要求　9 | 欧州連合（EU）、欧州自由貿易連合（EFTA[19]（アイスランド、ノルウェー、スイス、リヒテンシュタイン））、英国、仏領ポリネシア、ロシア、インドネシア |

（注1）規制措置の内容に応じて分類。規制措置の対象となる都道府県や品目は国・地域によって異なる。
（注2）EU27か国と英国は事故後、一体として輸入規制を設けたことから、一地域としてカウントしていたが、EUが規制緩和を公表し、2021年9月20日からEUと英国が異なる規制措置を採用することとなったため、英国を分けて計上する。
（注3）タイ及びUAE政府は、検疫等の理由により輸出不可能な野生鳥獣肉を除き撤廃。
（出典）農林水産省「原発事故による諸外国・地域の食品等の輸入規制の緩和・撤廃」（2022年）に基づき作成

---

[17] 第1章1-1(2)⑤4)「風評払拭・リスクコミュニケーションの強化」を参照。
[18] United Arab Emirates
[19] European Free Trade Association

### ③ 放射線影響の把握

### 1) 放射線による健康影響の調査

　福島県は県民の被ばく線量の評価を行うとともに、県民の健康状態を把握し、将来にわたる県民の健康の維持、増進を図ることを目的に、県民健康調査を実施しています（図 1-6）。この中では基本調査と詳細調査が実施されており、個々人が調査結果を記録・保管できるようにしています。国は、交付金を拠出するなど、県を財政的に支援しています。

　国は 2015 年 2 月に公表した「東京電力福島第一原子力発電所事故に伴う住民の健康管理のあり方に関する専門家会議の中間取りまとめを踏まえた環境省における当面の施策の方向性」に基づき、事故初期における被ばく線量の把握・評価の推進、福島県及び福島近隣県における疾病罹患動向の把握、福島県の県民健康調査「甲状腺検査」の充実、リスクコミュニケーション事業の継続・充実の取組を進めています。

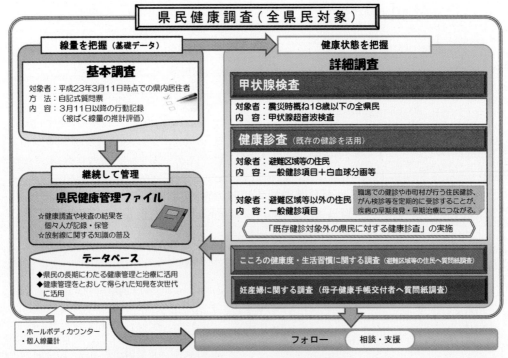

**図 1-6　福島県における県民健康調査の概要**

(出典)ふくしま復興ステーション「県民健康調査について」

　原子放射線の影響に関する国連科学委員会（UNSCEAR[20]）は 2021 年 3 月に、東電福島第一原発事故による放射線被ばくとその影響に関して、2019 年末までに公表された関連する全ての科学的知見を取りまとめた報告書を公表しました。同報告書では、被ばく線量の推計、健康リスクの評価を行い、放射線被ばくによる住民への健康影響が観察される可能性は低い旨が記載されています[21]。

---

[20] United Nations Scientific Committee on the Effects of Atomic Radiation
[21] 第 3 章コラム「〜UNSCEAR2020 年/2021 年報告書〜」を参照。

## 2）　東電福島第一原発事故に係る環境放射線モニタリング

　東電福島第一原発事故に係る放射線モニタリングを確実かつ計画的に実施することを目的として、政府は原子力災害対策本部の下にモニタリング調整会議を設置し、「総合モニタリング計画」（2011 年 8 月決定、2022 年 3 月最終改定）に基づき、関係府省、地方公共団体、原子力事業者等が連携して放射線モニタリングを実施しています。その結果は原子力規制委員会から「放射線モニタリング情報[22]」として公表されており、特に空間線量率については、全国のモニタリングポストによる測定結果をリアルタイムで確認できます。

　また、原子力規制委員会では、帰還困難区域等のうち、要望のあった浪江町、大熊町、富岡町、楢葉町、葛尾村、双葉町の区域を対象として、測定器を搭載した測定車による走行サーベイ及び測定器を背負った測定者による歩行サーベイも実施しています（図 1-7）。

　海域モニタリングについては、データの信頼性及び透明性の維持向上のため、IAEA との協力により、2014 年から、東電福島第一原発近傍の海洋試料を共同採取の上、それぞれの分析機関が個別に分析を

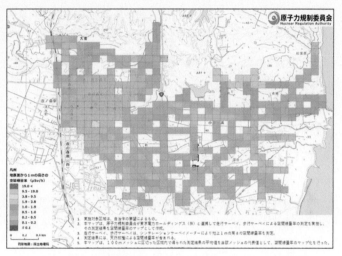

**図 1-7　富岡町における走行サーベイ及び歩行サーベイの結果（2021 年 9 月 6 日～8 日測定）**

（出典）原子力規制委員会「帰還困難区域等を対象とした詳細モニタリング結果について」（2022 年）

行い、結果を比較する分析機関間比較を実施しています。2021 年 7 月に IAEA が公表した第 2 期（2017 年から 2020 年まで）の報告書では、海域モニタリング計画に参画している我が国の分析機関が引き続き高い正確性と能力を有していると評価されました。

## ④　放射性物質による環境汚染からの回復に関する取組と現状

### 1）　除染の取組

　「平成二十三年三月十一日に発生した東北地方太平洋沖地震に伴う原子力発電所の事故により放出された放射性物質による環境の汚染への対処に関する特別措置法」（平成 23 年法律第 110 号。以下「放射性物質汚染対処特措法」という。）に基づき、福島県内の 11 市町村の除染特別地域については国が除染を担当し、そのうち帰還困難区域を除く地域については 2017 年 3 月に面的除染が完了しました。その他の地域については、国が汚染状況重点調査地域を指定して市町村が除染を実施し、2018 年 3 月に面的除染が完了しました。また、特定復興再生拠点区域では、区域内の帰還環境整備に向けた除染・インフラ整備等が集中的に実施されています。

---

[22] https://radioactivity.nsr.go.jp/ja/

**2）　除染に伴い発生した除去土壌及び放射性物質に汚染された廃棄物の処理[23]**

**イ）　除去土壌及び廃棄物の処理における役割分担**

　放射性物質汚染対処特措法に基づき、除染特別地域において発生した除去土壌等及び汚染廃棄物対策地域[24]（以下「対策地域」という。）の廃棄物については、国が収集・運搬・保管及び処分を担当することとされています。その他の地域については、8,000Bq/kg 超の廃棄物は国が、それ以外の除去土壌及び廃棄物は市区町村又は排出事業者が、それぞれ処理責任を負うこととされています。

　なお、放射能濃度が 8,000Bq/kg 以下に減衰した指定廃棄物については、通常の廃棄物と同様に管理型処分場等で処分することができます。指定解除後の廃棄物の処理については、国が技術的支援及び財政的支援を行うこととしています。

**ロ）　福島県における除去土壌等及び特定廃棄物の処理**

　福島県内の除染に伴い発生した除去土壌等については、中間貯蔵施設に輸送され、中間貯蔵開始後30年以内に福島県外で最終処分を完了するために必要な措置を講ずることとされています（図 1-8左）。2022年3月末時点で累積約1,289.2万m³の除去土壌等の輸送が完了しており、2022年1月に環境省が公表した「令和4年度（2022年度）の中間貯蔵施設事業の方針」では、特定復興再生拠点区域等で発生した除去土壌等の搬入を進めるとしています。

　福島県における除去土壌等以外の廃棄物については、放射能濃度が 8,000Bq/kg を超え環境大臣の指定を受けた「指定廃棄物」と、対策地域にある廃棄物のうち一定要件に該当する「対策地域内廃棄物」の 2 つを、合わせて「特定廃棄物」と呼びます（図 1-8 右）。2022 年 3 月末時点で約 37 万 t が指定廃棄物として指定を受けており、2022 年 2 月末時点で対策地域内の災害廃棄物等約 321 万 t の仮置場への搬入が完了しました。これらの災害廃棄物等は、仮設焼却施設により減容化を図るとともに、金属くず、コンクリートくず等は安全性が確認された上で、再生利用を行っています。特定廃棄物のうち、放射能濃度が 10 万 Bq/kg を超えるものは中間貯蔵施設に、10 万 Bq/kg 以下のものは富岡町にある既存の管理型処分場（旧フクシマエコテッククリーンセンター）に搬入することとされており（図 1-9）、2022 年 3 月末時点で累計 221,043 袋の廃棄物が管理型処分場へ搬入されています。また、当該処分場に搬入する廃棄物のうち放射性セシウムの溶出量が多いと想定される焼却飛灰等については、安全に埋立処分できるよう、セメント固型化処理が行われています。

---

[23] ここで示す濃度基準の対象核種は放射性セシウム（セシウム 134（Cs-134）及びセシウム 137（Cs-137））。
[24] 楢葉町、富岡町、大熊町、双葉町、浪江町、葛尾村及び飯舘村の全域並びに南相馬市、川俣町及び川内村の区域のうち警戒区域及び計画的避難区域であった区域。2022 年 3 月 31 日に田村市において汚染廃棄物対策地域の指定を解除。

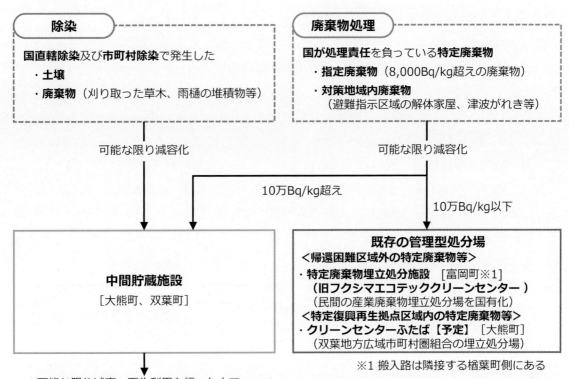

**図 1-8　福島県における除去土壌等及び特定廃棄物の処理フロー**

(出典) 環境省「被災地の復興・再生に向けた環境省の取組」(2022 年) に基づき作成

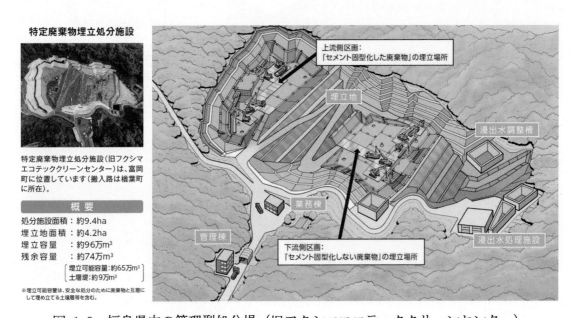

**図 1-9　福島県内の管理型処分場（旧フクシマエコテッククリーンセンター）を活用した特定廃棄物の埋立処分施設**

(出典) 環境省「特定廃棄物の埋立処分事業情報サイト」に基づき作成

ハ）　　福島県における除去土壌等の中間貯蔵及び最終処分に向けた取組

　福島県内の除去土壌等及び10万Bq/kgを超える特定廃棄物等を最終処分するまでの間、安全に集中的に管理・保管する施設として中間貯蔵施設が整備されています。中間貯蔵施設については、「中間貯蔵・環境安全事業株式会社法」（平成15年法律第44号）において「中間貯蔵開始後30年以内に、福島県外で最終処分を完了するために必要な措置を講ずる」こととされています。県外最終処分の実現に向けて、最終処分量を低減するため、除去土壌等の減容・再生利用に係る技術開発の検討が進められるとともに、南相馬市及び飯舘村において除去土壌再生利用の実証事業が実施されています（なお、南相馬市の実証事業については、2021年9月に盛土を撤去済み）。飯舘村の実証事業では、再生資材を用いた盛土実証ヤードで野菜、花き類、資源作物等の栽培実験を進めており、2021年7月からは一般の方向け現地見学会を定期的に開催しています（図 1-10）。

飯舘村長泥地区事業エリアの遠景

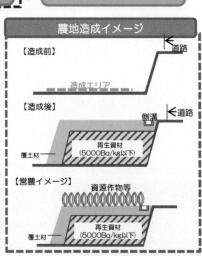

東側盛土（南側）での栽培状況

ビニールハウスでの栽培状況

図 1-10　飯舘村における除去土壌再生利用実証事業の概要

（出典）第 20 回中間貯蔵施設環境安全委員会資料 1 環境省「中間貯蔵施設事業の状況について」(2021 年)、第 2 回原子力委員会資料第 1 号　環境省「東日本大震災からの被災地の復興・再生に向けた環境省の取組」(2021 年)等に基づき作成

ニ)　福島県以外の都県における除去土壌等及び指定廃棄物の処理

　福島県以外では、2022年3月末時点で9都県[25]において約2.6万tが指定廃棄物として指定を受けています。指定廃棄物が多量に発生し、保管がひっ迫している宮城県、栃木県及び千葉県では、国が当該県内に長期管理施設を設置する方針であり、また、茨城県及び群馬県では、8,000Bq/kg以下になったものを、指定解除の仕組み等を活用しながら段階的に既存の処分場等で処理する方針が決定されるなど、各県の実情に応じた取組が進められています（図 1-11）。

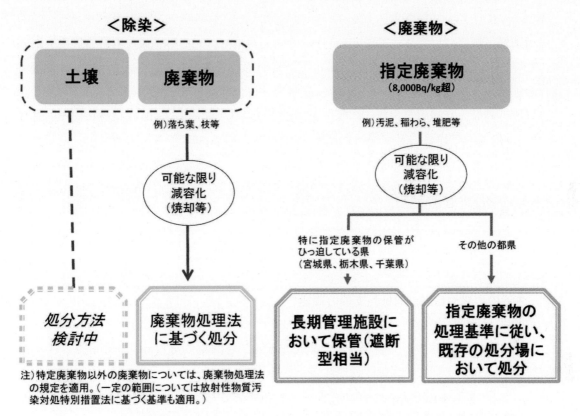

図 1-11　福島県以外の都県における除去土壌等及び指定廃棄物の処理フロー
(出典)第2回原子力委員会資料第1号　環境省「東日本大震災からの被災地の復興・再生に向けた環境省の取組」(2021年)

---

[25] 岩手県、宮城県、茨城県、栃木県、群馬県、千葉県、東京都、神奈川県、新潟県。

はじめに

特集

第1章

第2章

第3章

第4章

第5章

第6章

第7章

第8章

資料編

用語集

⑤　被災地支援に関する取組と現状

1)　早期帰還に向けた支援の取組

　避難指示区域からの避難対象者数は、2022年3月時点では約2.1万人[26]となっています。事故から11年が経過し、帰還困難区域を除く地域では避難指示が解除され、福島の復興及び再生に向けた取組には着実な進展が見られる一方で、避難生活の長期化に伴って、健康、仕事、暮らし等の様々な面で引き続き課題に直面している住民の方々もいます。復興の動きを加速するため、早期帰還支援、新生活支援の対策、安全・安心対策の充実、帰還支援への福島再生加速化交付金の活用、帰還住民のコミュニティ形成の支援等の取組に、国と地元が一体となって注力しています。

　帰還困難区域においては、2018年5月までに、双葉町、大熊町、浪江町、富岡町、飯舘村、葛尾村の特定復興再生拠点区域復興再生計画が認定されました。インフラ整備や帰還準備等を加速するため、2021年11月には大熊町で、2022年1月には富岡町で、特定復興再生拠点区域における立入規制の緩和区域が追加設定されました。また、特定復興再生拠点区域については、2021年11月に葛尾村、同年12月に大熊町、2022年1月に双葉町、同年4月に富岡町で、避難指示が解除された場合にふるさとでの生活を円滑に再開する準備作業を行うための「ふるさとへの帰還に向けた準備のための宿泊」（以下「準備宿泊」という。）が開始されました。双葉町、大熊町、葛尾村は2022年春以降、浪江町、富岡町、飯舘村は2023年春頃の特定復興再生拠点区域の避難指示解除を目指し、帰還環境の整備が推進されています[27]。

2)　生活の再建や自立に向けた支援の取組

　2015年8月に国、福島県、民間の構成により創設された「福島相双復興官民合同チーム」は、12市町村の被災事業者や農業者を個別に訪問し、専門家によるコンサルティングや国の支援策の活用等を通じ、事業再開や自立を支援しています。また、分野横断・広域的な観点から、生活・事業環境整備のためのまちづくり専門家支援や、域外からの人材の呼び込み、域内での創業支援にも取り組んでいます。2021年6月には、浜通り地域等15市町村の水産仲買・加工業者への個別訪問・支援も開始しました。

3)　新たな産業の創出・生活の開始に向けた広域的な復興の取組

　2015年7月、「福島12市町村の将来像に関する有識者検討会」において、30年から40年後の姿を見据えた2020年の課題と解決の方向が提言として取りまとめられました。2020年を提言の中期的な目標年としていたことから、2021年3月に同有識者検討会の提言が見直され、持続可能な地域・生活の実現、広域的な視点に立った協力・連携、世界に貢献する新

---

[26] 市町村から聞き取った情報（2022年3月31日時点の住民登録数）を基に、内閣府原子力被災者生活支援チームが集計。
[27] 葛尾村の特定復興再生拠点区域は、2022年6月12日に避難指示を解除。その他の避難指示解除の状況については、第1章1-1(2)②1)「避難指示区域の状況」を参照。

しい福島型の地域再生という基本的方向の下、創造的復興を成し遂げた姿が示されました。

　これらの取組の一つにも挙げられている「福島イノベーション・コースト構想」は、東日本大震災及び原子力災害によって失われた浜通り地域等の産業を回復するため、当該地域の新たな産業基盤の構築を目指すものです。廃炉、ロボット・ドローン、エネルギー・環境・リサイクル、農林水産業、医療関連、航空宇宙の6つの重点分野において、取組を推進しています。ロボット分野では、ロボットやドローンの実証等の拠点として「福島ロボットテストフィールド」（南相馬市、浪江町）の運営を支援しており、2021年10月には国際的なロボット競技大会である「World Robot Summit 2020福島大会」が開催されました。また、エネルギー分野では、「福島水素エネルギー研究フィールド」（浪江町）において再生可能エネルギー由来の水素製造を行っており、2021年7月から9月に開催された2020年東京オリンピック・パラリンピック競技大会における聖火台や一部の聖火リレートーチ等にも活用されました。

　さらに、福島イノベーション・コースト構想を更に発展させ、福島を始め東北の復興を実現するための夢や希望となるとともに、我が国の科学技術力・産業競争力の強化を牽引し、経済成長や国民生活の向上に貢献する、世界に冠たる「創造的復興の中核拠点」として、福島国際研究教育機構の整備に向けた取組が進められています。2022年3月には、復興推進会議において福島国際研究教育機構の基本構想が決定され、同機構が持つ研究開発機能、産業化機能、人材育成機能、司令塔機能の内容等が示されました（図 1-12）。

**【①ロボット】**
廃炉作業の着実な推進を支え、災害現場等の過酷環境下や人手不足の産業現場等でも対応が可能な、
○高い専門性・信頼性を必要とする作業を遠隔で実現する遠隔操作ロボットやドローンを開発
○福島ロボットテストフィールドの活用等を通じて、性能評価手法の開発や海外機関等との連携も推進

**【②農林水産業】**
農林水産資源の超省力生産・活用による地域循環型経済モデルの実現に向けて、
○労働力不足に対応した生産自動化システム等の実証を推進
○有用資源の探索・活用のため、大学・企業等が利用可能な共用基盤を提供、企業ニーズに応じた試験栽培等を展開

**【③エネルギー】**
福島を世界におけるカーボンニュートラル先駆けの地とするため、
○水素利用と再生可能エネルギー利用の最適なバランスを確立し、地産地消で面的に最大限活用する水素エネルギーネットワークを構築・実証
○未利用地等を活用して世界最先端のネガティブエミッション技術（植物等による二酸化炭素の固定化）の実証・実装を推進

**【④放射線科学・創薬医療、放射線の産業利用】**
オールジャパンの研究推進体制の構築と放射線科学に関する基礎基盤研究やRIの先端的な医療利用・創薬技術開発及び放射線産業利用を実現するため、
○アルファ線放出核種等を用いた新たなRI医薬品の開発など世界最先端の研究開発を一体的に推進
○自動車、航空機体、風力発電ブレード等の大型部品等を丸ごと計測し、効率的にデジタル化・モデル化して活用する技術を開発（ものづくりDX）

**【⑤原子力災害に関するデータや知見の集積・発信】**
自然科学と社会科学の研究成果等の融合を図り、原子力災害からの環境回復、原子力災害に対する備えとしての国際貢献、更には風評払拭等にも貢献するため、
○放射性物質の環境動態を解明・発信
○国際機関との連携等により、福島の復興に関して調査・研究・情報発信を行う

図 1-12　福島国際研究教育機構基本構想における主な研究開発の内容

(出典)復興推進会議「福島国際研究教育機構基本構想(概要)」(2022年)に基づき作成

### 4） 風評払拭・リスクコミュニケーションの強化

　2017年に復興庁を中心とした関係府省庁において取りまとめられた「風評払拭・リスクコミュニケーション強化戦略」では、科学的根拠に基づかない風評や偏見・差別は、放射線に関する正しい知識や福島県における食品中の放射性物質に関する検査結果等が十分に周知されていないことなどに主たる原因があるとしています。同戦略に基づき、「知ってもらう」、「食べてもらう」、「来てもらう」の観点から、政府一体となって国内外に向けた情報発信等に取り組んでいます。例えば、「知ってもらう」取組として、メディアミックスによる情報発信や、学校における放射線副読本[28]の活用の促進等を実施しています。

　取組状況については、「原子力災害による風評被害を含む影響への対策タスクフォース」において継続的なフォローアップが行われています。2021年8月に開催された同タスクフォースでは、同年4月にALPS処理水の処分に関する基本方針[29]が公表されたことを受け、安全性のみならず、消費者等の「安心」につなげることを意識しつつ、届けて理解してもらう情報発信を関係府省庁が連携して展開すること等の考え方に立った「ALPS処理水に係る理解醸成に向けた情報発信等施策パッケージ」を取りまとめました。

---

**コラム　〜2020年東京オリンピック・パラリンピック競技大会を通じた復興の取組〜**

　2021年7月から9月にかけて開催された2020年東京オリンピック・パラリンピック競技大会では、同大会を通じて復興を後押しすることを主眼とする「復興五輪」を理念の一つとして掲げ、復興庁や組織委員会等が復興に関する情報発信等に取り組みました。

●**情報発信**
復興の取組等をまとめたメディアガイドを制作し、国内外メディアにオンライン配信。取材拠点であるメインプレスセンター内に復興ブースを設置。

●**食材の活用**
選手村の食堂で、福島県産の食材を使用するとともに、福島県産食材のPRポスターを掲示。

●**競技の開催**
福島県の福島あづま球場では野球・ソフトボールが開催。

●**聖火リレー**
福島県の「Jヴィレッジ」からグランドスタート。復興への願いを象徴する「復興の火」として、被災地の各地での展示も実施。

**復興五輪における主な取組内容**

(出典)復興庁「復興五輪ポータルサイト」、復興庁「選手村の食堂における福島県産食材のPRポスター掲示について」(2021年)、公益財団法人東京オリンピック・パラリンピック競技大会組織委員会WEBサイトに基づき作成

---

[28] 2021年に改訂し、最新の状況を踏まえた時点更新や復興が進展している被災地の姿の紹介（ALPS処理水に関する記載の追記等）を行うなど内容を充実。

[29] 第6章 6-1(2)①「汚染水・処理水対策」を参照。

はじめに

特集

第1章

第2章

第3章

第4章

第5章

第6章

第7章

第8章

資料編

用語集

### 5）　原子力損害賠償の取組

　我が国においては、原子炉の運転等により原子力損害が生じた場合における損害賠償に関する基本的制度である「原子力損害の賠償に関する法律」（昭和36年法律第147号）が制定されています。同法に基づき、文部科学省に設置された「原子力損害賠償紛争審査会」は、被害者の迅速、公平かつ適正な救済のために、「東京電力株式会社福島第一、第二原子力発電所事故による原子力損害の範囲の判定等に関する中間指針」（以下「中間指針」という。）を策定し、賠償すべき損害として一定の類型化が可能な損害項目やその範囲等を示すとともに、中間指針に明記されていない損害についても、事故との相当因果関係があると認められたものは賠償の対象とするよう、柔軟な対応を東京電力に求めています。なお、中間指針は、これまでに第四次追補まで策定されています。

　原子力損害賠償の迅速かつ適切な実施及び電気の安定供給等の確保を図るため、原子力損害賠償・廃炉等支援機構は、原子力事業者からの負担金の収納、原子力事業者が損害賠償を実施する上での資金援助、損害賠償の円滑な実施を支援するための情報提供及び助言、廃炉の主な課題に関する具体的な戦略の策定、廃炉に関する研究開発の企画・進捗管理、廃炉等積立金制度に基づく廃炉の推進、廃炉の適性かつ着実な実施のための情報提供を実施しています。また、原子力損害賠償紛争解決センターにおいては、事故の被害を受けた方からの申立てにより、仲介委員が当事者双方から事情を聴き取り、損害の調査・検討を行い、和解の仲介業務を実施しています（図1-13）。

　東京電力は中間指針等を踏まえた損害賠償を実施しており、2022年3月末時点で、総額約10兆4,140億円の支払を行っています。

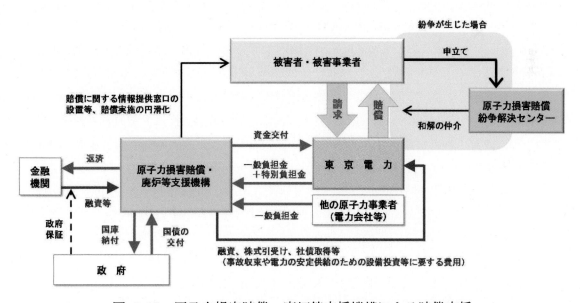

**図 1-13　原子力損害賠償・廃炉等支援機構による賠償支援**

(出典)経済産業省「平成26年度　エネルギー白書」(2015年)に基づき作成

はじめに

特集

第1章

第2章

第3章

第4章

第5章

第6章

第7章

第8章

資料編

用語集

## 1－2 福島事故の教訓を真摯に受け止めた不断の安全性向上

東電福島第一原発事故の教訓を踏まえ、国内外において原子力安全対策の強化が図られています。我が国では、原子力行政体制の見直しが行われ、新規制基準や新たな検査制度の導入が進められてきています。また、従来の日本的組織や国民性の弱点を克服した安全文化醸成の取組や、事業者等による自主的な安全性向上の取組も行われています。

一方で、あらゆる科学技術はリスクとベネフィットの両面を有し、ゼロリスクはあり得ません。原子力についても同様です。常に事故は起きる可能性があるとの認識の下、国、事業者、研究機関を含む原子力関係機関は常に緊張感を持って、安全性向上へ向けた不断の努力を行っています。

### （1）　原子力安全対策に関する基本的枠組み

### ①　国際的な動向

東電福島第一原発事故は国際社会に大きな影響を与えました。事故を受けて、国際機関や諸外国においては、原子力安全を強化するための取組が進められています。

IAEA では 2011 年 9 月に「原子力安全に関する IAEA 行動計画」が策定され、IAEA 加盟国はこの行動計画に従って自国の原子力安全の枠組みを強化するための様々な取組を実施しています。また、IAEA において策定される原子力利用に係る安全基準文書（安全原則、安全要件、安全指針）は、ほとんどの安全要件が東電福島第一原発事故の教訓を踏まえて改訂されました。2021 年 11 月には、東電福島第一原発事故後 10 年の間に各国及び国際機関がとった行動の教訓と経験を振り返り、今後の原子力安全の更なる強化に向けた道筋を確認することを目的として、原子力安全専門家会議が開催されました。

OECD/NEA は、各国の規制機関が今後取り組むべき優先度の高い事項を示しています。特に、原子力の安全確保においては、人的・組織的要素や安全文化の醸成が重要であるとし、OECD/NEA 加盟国による継続的な安全性向上の取組を支援しています。

米国や欧州諸国においても、事故の教訓を踏まえ、より一層の安全性向上に向けた追加の安全対策の検討や導入を進めています。例えば米国では、事故直後に米国原子力規制委員会（NRC[30]）に設置された短期タスクフォースの勧告に基づき、規制の見直しや電気事業者に対する安全性強化措置の要請を進めています。EU では、事故直後に域内の原子力発電所に対してストレステスト（耐性検査）を行うとともに、原子力安全に関する EU 指令が 2014 年7 月に改定され、EU 全体での原子力安全規制に関する規則が強化されました。

### ②　国や事業者等の役割

### 1）　国の役割

IAEAの安全原則では、政府の役割について「独立した規制機関を含む安全のための効果的

---

[30] Nuclear Regulatory Commission

な法令上及び行政上の枠組みが定められ、維持されなければならない」とされています。

　我が国では、東電福島第一原発事故の反省を踏まえて原子力行政体制が見直され、原子力規制委員会が発足しました。原子力規制委員会は、図 1-14 に示す 5 つの活動原則を掲げ、情報公開を徹底し、意思決定プロセスの透明性や中立性の確保を図っています。

　また、原子力規制委員会は、「透明で開かれた組織」の活動原則に沿って、外部とのコミュニケーションにも取り組んでおり、規制活動の状況や改善等に関して原子力事業者や地元関係者等との意見交換[31]を行っています。また、IAEA 及び OECD/NEA 等の国際機関や諸外国の原子力規制機関との連携・協力を通じ、我が国の知見、経験を国際社会と共有することに努めています。

---

**使命**
　原子力に対する確かな規制を通じて、人と環境を守ることが原子力規制委員会の使命である。

**活動原則**
　原子力規制委員会は、事務局である原子力規制庁とともに、その使命を果たすため、以下の原則に沿って、職務を遂行する。
　**（1）独立した意思決定**
　　　何ものにもとらわれず、科学的・技術的な見地から、独立して意思決定を行う。
　**（2）実効ある行動**
　　　形式主義を排し、現場を重視する姿勢を貫き、真に実効ある規制を追求する。
　**（3）透明で開かれた組織**
　　　意思決定のプロセスを含め、規制にかかわる情報の開示を徹底する。また、国内外の多様な意見に耳を傾け、孤立と独善を戒める。
　**（4）向上心と責任感**
　　　常に最新の知見に学び、自らを磨くことに努め、倫理観、使命感、誇りを持って職務を遂行する。
　**（5）緊急時即応**
　　　いかなる事態にも、組織的かつ即座に対応する。また、そのための体制を平時から整える。

**図 1-14　原子力規制委員会の組織理念**
(出典)原子力規制委員会「原子力規制委員会 5 年間の主な取組」(2018 年)

## 2）　原子力事業者等の役割

　IAEAの安全原則では、「安全のための一義的な責任は、放射線リスクを生じる施設と活動に責任を負う個人又は組織が負わなければならない」と規定し、安全確保の一義的な責任は原子力事業者等にあるとしています。

　原子力事業者等は、後述の新規制基準で採用されている「深層防護[32]」の考え方に基づき、安全確保のために複数の防護レベルで様々な措置を講じています。また、新規制基準に対応するだけでなく、最新の知見を踏まえつつ、安全性向上に資する措置を自ら講じる責務を有しています[33]。

---

[31] 原子力事業者との意見交換は第 1 章 1-2(4)②「原子力エネルギー協議会（ATENA）における取組」、地元関係者との意見交換は第 5 章 5-4(1)「国による情報発信やコミュニケーション活動」を参照。
[32] 目的達成に有効な複数の（多層の）対策を用意し、かつ、それぞれの層の対策を考えるとき、他の層での対策に期待しないという考え方。
[33] 第 1 章 1-2(4)「原子力事業者等による自主的安全性向上」を参照。

はじめに

特集

第1章

第2章

第3章

第4章

第5章

第6章

第7章

第8章

資料編

用語集

### ③　原子力安全規制に関する法的枠組みと規制の実施

### 1)　新規制基準の導入

　「核原料物質、核燃料物質及び原子炉の規制に関する法律」（昭和32年法律第166号。以下「原子炉等規制法」という。）は、2012年の改正により、その目的に国民の健康の保護や環境の保全等が追加されました。また、原子力安全規制の強化のため、既に許可を得た原子力施設に対しても最新の規制基準への適合を義務付ける「バックフィット制度」の導入や、運転可能期間を40年とし、認可を受けた場合は1回に限り最大20年延長できる「運転期間延長認可制度」の導入等が新たに規定されました。

　この改正を受け、2013年7月に実用発電用原子炉施設の新規制基準が、同年12月に核燃料施設等の新規制基準が、それぞれ施行されました。新規制基準では、地震や津波等の自然災害や火災等への対策を強化するとともに、万が一重大事故やテロリズムが発生した場合に対処するための規定が新設されました（図 1-15）。テロリズムによって原子炉を冷却する機能が喪失し、炉心が著しく損傷した場合に備えて設置が義務付けられた特定重大事故等対処施設[34]については、2019年10月の審査基準改正により、テロリズム以外による重大事故等発生時にも対処できるように体制を整備することが求められるようになりました。

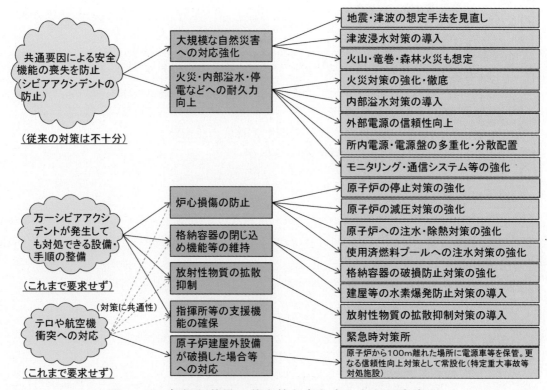

図 1-15　新規制基準の基本的な考え方と主な要求事項

（出典）原子力規制委員会「実用発電用原子炉に係る新規制基準について－概要－」(2013年)

---

[34] 第1章 1-3(1)「過酷事故対策」を参照。

## 2) 新たな検査制度「原子力規制検査」の導入

　原子力規制委員会は、2020年4月から、新たな検査制度である原子力規制検査の運用を開始しました。従来の検査制度では、事業者が安全確保に一義的責任を負うことが不明確であること、事業者全ての安全活動に目が行き届いていないこと、安全上重要なものに焦点を当てにくい体系となっていること、事業者の視点に影響された検査になる可能性が高いこと等が問題点として挙げられていました。これらの課題を踏まえた見直しにより、原子力規制検査は、「いつでも」「どこでも」「何にでも」原子力規制委員会のチェックが行き届く検査の実施により、安全確保の視点から事業者の取組状況を評定することを通じて、事業者が自ら安全確保の水準を向上する取組を促進するという特徴を有しており、リスク情報の活用等を取り入れた体系となっています。

　原子力規制検査では、原子力規制庁による検査、事業者からの安全実績指標の報告、重要度の評価、総合的な評定が行われます（図 1-16）。重要度の評価では、事業者の安全活動の劣化状態を評価し、重要度に応じて複数段階に分類します。総合的な評定では、5段階の対応区分への設定が行われ、監視程度の設定により原子力規制検査等に反映されます。

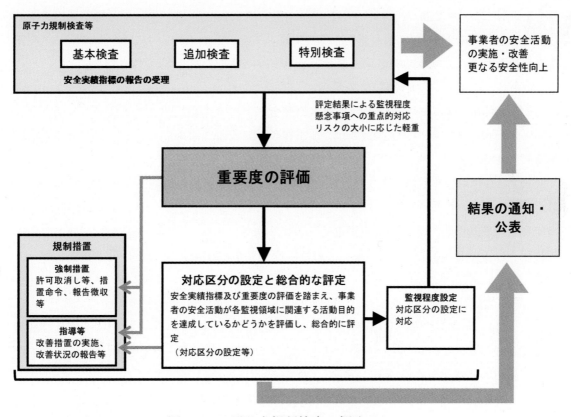

図 1-16　原子力規制検査の概略フロー

(出典)原子力規制庁「原子力規制検査等実施要領」(2021年7月)に基づき作成

はじめに
特集
第1章
第2章
第3章
第4章
第5章
第6章
第7章
第8章
資料編
用語集

## 3) 原子炉等規制法等に基づく規制の実施

### イ) 実用発電用原子炉施設における新規制基準への適合

　実用発電用原子炉施設については、原子力規制委員会が、原子炉等規制法に基づき、設計・建設段階、運転段階の各段階の規制を行っています。設計・建設段階では、原子炉設置（変更）許可、設計及び工事の計画の認可、保安規定（変更）認可の審査等を行います。運転段階では、定期的な原子力規制検査等を通じて、事業者の安全活動におけるパフォーマンスを監視します。新規制基準への適合性審査の結果、2022年3月末時点で17基が設置変更許可を受けており、そのうち10基が再稼働しています[35]。2021年度の審査では、中国電力株式会社島根原子力発電所2号機の設置変更が許可されました。

　発電用原子炉設置者は、原子炉等規制法に基づき、定期的に施設の安全性の向上のための評価（以下「安全性向上評価」という。）を行い、その結果を原子力規制委員会に届け出ることが義務付けられています。2021年度には、関西電力株式会社高浜発電所3号機及び4号機並びに大飯発電所3号機及び4号機、九州電力株式会社玄海原子力発電所3号機及び4号機並びに川内原子力発電所1号機及び2号機の安全性向上評価が届け出されました。

　さらに、新規制基準においてテロ対策として設置することが求められている特定重大事故等対処施設[36]については、2021年10月に四国電力株式会社伊方発電所3号機が運用を開始し、2022年3月末時点で5基が運用しています。また、2021年12月には、日本原子力発電株式会社東海第二発電所の特定重大事故等対処施設に係る設置変更が許可されました。

### ロ) 核燃料施設等における新規制基準への適合

　原子炉等規制法に基づき、製錬施設、加工施設、試験研究用等原子炉施設、使用済燃料貯蔵施設、再処理施設、廃棄物埋設施設、廃棄物管理施設、使用施設等に対する規制が行われています。これらの施設は、取り扱う核燃料物質の形態や施設の構造が多種多様であることから、それぞれの特徴を踏まえた基準を策定する方針が採られています。これらの施設についても新規制基準への適合性審査が進められています。2021年度の審査では、日本原燃株式会社（以下「日本原燃」という。）における廃棄物埋設事業の変更が許可されました。

### ハ) 原子力規制検査の実施

　2021年度に行われた原子力規制検査では、検査対象となった実用発電用原子炉及び核燃料施設等のうち、東京電力柏崎刈羽原子力発電所を除く施設については、事業者の自律的な改善が見込める状態である「第1区分」（表1-6）と評価されました。

　東京電力柏崎刈羽原子力発電所に関しては、2020年度の原子力規制検査において、IDカード不正使用事案が重要度「白」（表1-5）、核物質防護設備の機能一部喪失事案が「赤」（表1-5）と評価されました。これらの個別事案の重要度評価の結果を踏まえ、原子力規制委員

---

[35] 第2章2-1(2)「我が国の原子力発電の状況」を参照。
[36] 第1章1-3(1)「過酷事故対策」を参照。

会は 2021 年 3 月に、東京電力柏崎刈羽原子力発電所の原子力規制検査に係る対応区分を「第 4 区分」（表 1-6）に変更し、約 2,000 人・時間を目安として追加検査を行うことを決定しました。さらに、原子力規制委員会は同年 4 月に、東京電力に対し、対応区分が「第 1 区分」となるまで柏崎刈羽原子力発電所における特定核燃料物質の移動を禁止する是正措置命令を発出しました。追加検査は、同年 4 月から 9 月にかけてフェーズⅠが実施された後、東京電力が提出した改善措置報告書の精査を経て、同年 10 月には、追加的に事実関係の確認を要すべき事項、より的確に分析すべき事項、改善措置計画の実施状況とその効果の 3 点を柱とするフェーズⅡへと移行しました[37]。

また、日本原子力発電株式会社敦賀発電所に関しては、同発電所 2 号機の新規制基準適合性審査においてボーリング柱状図データの書換えが発覚したため、2020 年 10 月に、同社の品質管理について審査とは別に原子力規制検査で確認する方針が示されました。原子力規制委員会は 2021 年 8 月に、審査を行うためには審査資料の信頼性確保が必要であることから、原子力規制検査によって同社のトレーサビリティが確保される業務プロセス等の構築が確認されるまでの間は、審査会合を実施しないこととしました。

表 1-5　実用発電用原子炉施設の個別事案に対する重要度の分類

| 重要度 | 検査指摘事項の重要度及び安全実績指標の活動実績に応じた分類 |
|---|---|
| 緑 ● | 機能又は性能への影響があるが限定的かつ極めて小さなものであり、事業者の改善措置活動により改善が見込める水準 |
| 白 ○ | 機能又は性能への影響があり、安全裕度の低下は小さいものの、規制関与の下で改善を図るべき水準 |
| 黄 ○ | 機能又は性能への影響があり、安全裕度の低下が大きい水準 |
| 赤 ● | 機能又は性能への影響が大きい水準 |

(出典)原子力規制庁「原子力規制検査等実施要領」(2021 年 7 月)に基づき作成

表 1-6　実用発電用原子炉施設及び核燃料施設等の対応区分の分類

| 対応区分 | 施設の状態 |
|---|---|
| 第 1 区分 | 各監視領域における活動目的は満足しており、事業者の自律的な改善が見込める状態 |
| 第 2 区分 | 各監視領域における活動目的は満足しているが、事業者が行う安全活動に軽微な劣化がある状態 |
| 第 3 区分 | 各監視領域における活動目的は満足しているが、事業者が行う安全活動に中程度の劣化がある状態 |
| 第 4 区分 | 各監視領域における活動目的は満足しているが、事業者が行う安全活動に長期間にわたる又は重大な劣化がある状態 |
| 第 5 区分 | 監視領域における活動目的を満足していないため、プラントの運転が許容されない状態 |

(出典)原子力規制庁「原子力規制検査等実施要領」(2021 年 7 月)に基づき作成

---

[37] その後、2022 年 4 月 27 日に原子力規制委員会は、検査結果の中間取りまとめの報告を受け、改善措置計画の実施状況を確認するに当たり、東京電力に対応を求める事項とその評価の視点など、今後の追加検査の進め方を了承。

はじめに

特集

第1章

第2章

第3章

第4章

第5章

第6章

第7章

第8章

資料編

用語集

## (2) 原子力安全対策に関する継続的な取組

### ① 原子力安全規制の継続的な改善

　原子力規制委員会は、国内外における最新の技術的知見や動向を考慮し、規制の継続的な改善に取り組んでいます。2021年4月には基準地震動及び耐震設計方針に係る審査ガイドを改正し、3年間の経過措置期間に、標準応答スペクトル（全国共通に考慮すべき、震源を特定せず策定する地震動）に基づく審査に対応することを電気事業者に求めています。

　また、原子力施設の安全性を向上するための取組を一層円滑かつ効果的なものとするため、2020年8月から2021年7月にかけて「継続的な安全性向上に関する検討チーム」が計13回開催されました。同検討チームでは、原子力に関する規制の在り方、事業者の姿勢と規制機関との関係、信頼の確保、インセンティブ構造、規制手法の選択、リスク情報・費用便益分析の活用についての議論が重ねられました。2021年7月に取りまとめられた報告書「議論の振り返り」では、実行に移していく課題として、バックフィットについての考え方の整理、新知見に関する対応・文書の体系化等が挙げられるとともに、更なる議論が必要と思われる課題として、思考の硬直化や現状維持バイアスを打破するための「ゆらぎ」を与える多様な対話の場の確保、安全目標に関する議論が挙げられています。

　さらに、原子力規制検査の運用に関して確認された課題や検査の実施状況等を踏まえた改善策等を検討するため、「検査制度に関する意見交換会合」が実施されています。2021年度は3回開催され、原子力規制検査の実施状況や運用の改善、ガイド類の見直し、核燃料施設等の重要度評価手法等について、外部有識者や事業者等を交えた幅広い意見交換が行われました。

### ② 原子力安全研究

　原子力規制委員会では、「原子力規制委員会における安全研究の基本方針」（2016年7月原子力規制委員会決定、2019年5月改正）に基づき、「今後推進すべき安全研究の分野及びその実施方針」を原則として毎年度策定し、安全研究を実施しています。2021年7月に策定した同実施方針では、横断的原子力安全、原子炉施設、核燃料サイクル・廃棄物、原子力災害対策・放射線防護等、技術基盤の構築・維持の5つのカテゴリーについて、今後推進すべき安全研究の分野（表 1-7）を選定し、2022年度以降の安全研究プロジェクトの概要を示しています。また、国際的な認識の共有や限られた試験施設を活用した試験データの取得及び最新知見の取得の観点から、IAEAやOECD/NEA等の国際機関、米国の原子力規制委員会（NRC）やフランスの放射線防護原子力安全研究所（IRSN[38]）等の諸外国の規制関係機関との連携を積極的に推進し、安全研究の国際動向や我が国の課題との共通性等を踏まえた上で、共同研究に積極的に参加しています。

---

[38] Institut de radioprotection et de sûreté nucléaire

表 1-7 「今後推進すべき安全研究の分野及びその実施方針」
（令和 4 年度以降の安全研究に向けて）において示された分野

| カテゴリー | 分野 | カテゴリー | 分野 |
|---|---|---|---|
| 横断的<br>原子力安全 | 外部事象（地震、津波、火山等） | 核燃料サイクル<br>・廃棄物 | 核燃料サイクル施設 |
| | 火災防護 | | 放射性廃棄物埋設施設 |
| | 人的組織的要因 | | 廃止措置・クリアランス |
| 原子炉施設 | リスク評価 | 原子力災害対策<br>・放射線防護等 | 原子力災害対策 |
| | シビアアクシデント（軽水炉） | | 放射線防護 |
| | 熱流動・核特性 | | 保障措置・核物質防護 |
| | 核燃料 | 技術基盤の<br>構築・維持 | ― |
| | 材料・構造 | | |
| | 特定原子力施設 | | |

(出典)原子力規制委員会『『今後推進すべき安全研究の分野及びその実施方針』（令和 4 年度以降の安全研究に向けて）の確認結果」(2021 年)に基づき作成

　経済産業省では、「軽水炉安全技術・人材ロードマップ」(2015 年 6 月自主的安全性向上・技術・人材ワーキンググループ決定、2017 年 3 月改訂）において優先度が高いとされた課題の解決等に向けて、「原子力の安全性向上に資する技術開発事業」を推進しています。

　文部科学省では、「原子力システム研究開発事業」において、原子力分野の基盤技術開発の一つとしてプラント安全分野（核特性解析、核データ評価、熱水力解析、構造・機械解析、プラント安全解析等）を挙げ、計算科学技術を活用した知識統合・技術統合を進めています。

　原子力機構や国立研究開発法人量子科学技術研究開発機構（以下「量研」という。）では、原子力規制委員会等と連携し、それぞれの専門領域に応じた安全研究を実施しています。具体的には、原子力機構は原子炉施設、核燃料サイクル施設、廃棄物処理・処分、原子力防災等の分野における先導的・先進的な研究等を、量研は長期間を要する低線量の被ばく等による放射線の人への影響評価を含め、放射線安全・防護及び被ばく医療等に係る分野の研究をそれぞれ推進しています。

　一般財団法人電力中央研究所の原子力リスク研究センター（NRRC[39]）は、原子力事業者等の安全性向上に向けた取組を支援するため、確率論的リスク評価（PRA[40]）手法やリスクマネジメント手法に関する研究を実施しています。また、地震、津波、竜巻、火山噴火等の外部事象に対する原子力施設のフラジリティ（地震動の強さに対する機器、建物・構築物等の損傷確率）評価手法の開発も進めています。

　なお、過酷事故に関する各機関の安全研究については、第 1 章 1-3(2)「過酷事故に関する原子力安全研究」にまとめています。

---

[39] Nuclear Risk Research Center
[40] Probabilistic Risk Assessment

はじめに

特集

第1章

第2章

第3章

第4章

第5章

第6章

第7章

第8章

資料編

用語集

**(3)　安全神話からの脱却と安全文化の醸成**

**①　国民性を踏まえた安全文化の確立**

　IAEA では、安全文化を「全てに優先して原子力施設等の安全と防護の問題が取り扱われ、その重要性に相応しい注意が確実に払われるようになっている組織、個人の備えるべき特性及び態度が組み合わさったもの」としています。

　2016 年に OECD/NEA が取りまとめた規制機関の安全文化に関する報告書においても、安全文化に国民性が影響を及ぼすという指摘があるように、国民性は価値観や社会構造に組み込まれており、個人の仕事の仕方や組織の活動にも影響を及ぼすと考えられます。我が国においては、特有の思い込み（マインドセット）やグループシンク（集団思考や集団浅慮）、同調圧力、現状維持志向が強いことが課題の一つとして考えられます。

　国や原子力関係事業者等の原子力関連機関の関係者は、国民や地方公共団体等のステークホルダーの声に耳を傾け、従来の日本的組織や国民性の良いところは生かしつつ、一方で上記のような弱点を克服した安全文化を確立していくことが不可欠です。

**②　原子力規制委員会における取組**

　原子力規制委員会は、2015 年に決定した「原子力安全文化に関する宣言」（図 1-17）に基づき、IAEA 総合規制評価サービス（IRRS[41]）による指摘等を踏まえながら、マネジメントシステムの継続的改善と安全文化の育成・維持に取り組んでいます。

　2020 年 7 月には、「マネジメントシステム及び原子力安全文化に関する行動計画」を策定しました。同行動計画では、マネジメントシステムの継続的改善について、全ての業務のプロセスとしての整理や、全ての主要プロセスのマニュアル作成等を段階的に進める計画が示されています。また、原子力規制委員会の原子力安全文化の育成・維持に関しては、原子力安全文化に係る PDCA サイクルの実践や、原子力安全文化の「理解」及び自己の役割の「認識」の深化等に段階的に取り組むとしています。2021 年 3 月に公表された「原子力規制委員会令和 3 年度重点計画」においても、安全文化の育成・維持について、同行動計画に基づき取り組むこと等が示されています。

---

1．安全の最優先　　　　　　　　　5．コミュニケーションの充実
2．リスクの程度を考慮した意思決定　6．常に問いかける姿勢
3．安全文化の浸透と維持向上　　　　7．厳格かつ慎重な判断と迅速な行動
4．高度な専門性の保持と組織的な学習　8．核セキュリティとの調和

**図 1-17　原子力規制委員会の「原子力安全文化に関する宣言」に示された行動指針**
(出典)原子力規制委員会「原子力安全文化に関する宣言」(2015 年)に基づき作成

---

[41] Integrated Regulatory Review Service

### ③　原子力事業者等における取組

　原子力発電所においては、原子炉等規制法と「原子力安全のためのマネジメントシステム規程[42]」に基づき、安全文化醸成の活動が行われています。同規程は、2021年3月に、事業者の自主的な改善努力によるパフォーマンスの向上に重点を置いた改定が行われ、同年5月に改定版が発刊されました。

　また、2012年に設置された自主規制組織である一般社団法人原子力安全推進協会[43]（JANSI[44]）は、安全文化に関して7原則を掲げ（図 1-18）、それぞれの原則に対して主な要素とその内容を整理し、具体的な対応のための基礎としています。さらに、JANSIでは、原子力安全及びモラルの向上を図るため、会員組織の経営者、管理者等の各層を対象に、安全文化推進セミナー等の活動を行っています。2021年6月にオンラインで開催された第14回安全文化セミナー（基礎編）では、「組織の活性化と安全文化の確立を目指して」をテーマに、受講者による職場の課題分析や情報交換等が行われました。終了時には受講者が職場で実践する行動目標を設定し、同年10月にオンラインで開催された第14回ワークショップ[45]（フォローアップ編）において、その実践に対する職場の同僚や部下からの評価の分析等が行われました（図 1-19）。

> 1．安全最優先の価値観
> 2．トップのリーダーシップ
> 3．安全確保の仕組み
> 4．円滑なコミュニケーション
> 5．問いかけ・学ぶ姿勢
> 6．リスクの認識
> 7．活気ある職場環境

**図 1-18　JANSI の安全文化の7原則**

(出典)一般社団法人原子力安全推進協会「JANSI の活動と安全文化」(2014 年)に基づき作成

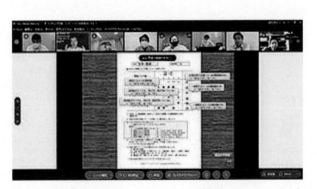

**図 1-19　第14回ワークショップ（フォローアップ編）におけるグループワークの様子**

(出典)一般社団法人原子力安全推進協会「第14回ワークショップ「組織の活性化と安全文化の確立を目指して」(旧名称:安全文化セミナー)フォローアップ編を実施しました。」(2021 年)

---

[42] 一般社団法人日本電気協会原子力規格委員会が制定した民間規格。規格番号は JEAC4111-2021。
[43] 第1章 1-2(4)①「原子力安全推進協会（JANSI）における取組」を参照。
[44] Japan Nuclear Safety Institute
[45] 第14回のフォローアップ編から、名称を「安全文化セミナー」から「ワークショップ」に変更。

## （4）　原子力事業者等による自主的安全性向上

### ①　原子力安全推進協会（JANSI）における取組

　原子力事業者等を含む産業界は、2012 年に、自主規制組織である一般社団法人原子力安全推進協会（JANSI）を設立しました。JANSI は、事業者の安全性向上の活動を評価するとともに、提言や支援を行うことにより事業者の安全性及び信頼性を高める活動を牽引する役割を担っています。

　JANSI は「日本の原子力業界における世界最高水準の安全性（エクセレンス）の追求」をミッションに掲げ、エクセレンスの設定、事業者に対する評価及び支援のサイクルを回しています（図 1-20）。評価や支援の過程における提言や勧告の策定に当たっては、外部専門家や海外機関によるピアレビューを受けることで、客観性を担保しています。また、JANSI は、「最高経営責任者（CEO[46]）の関与」、「原子力安全に重点」、「産業界からの支援」、「責任」、「独立性」の５つを原則としています。JANSI と事業者は、原子力産業界における自主規制の目指す姿の実現に向けて、「共同体」として取り組むとしています（図 1-21）。

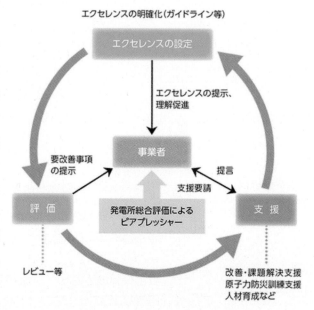

**図 1-20　JANSI の活動サイクル**
(出典)一般社団法人原子力安全推進協会「JANSI について」

●継続的な原子力安全の向上
●産業界一体となった取組み

自主規制

A電力　D電力
B電力　JANSI　E電力
C電力　‥電力

原子力産業界（JANSI会員"共同体"）

**JANSI会員（事業者）**
●自主規制の主体として、共同体としての責務を果たし、一体的な安全性向上への取組みを継続
●原子力施設の安全に対する個別および集団的責任
●自主規制組織がミッションを遂行するための権威の付与

**JANSI（自主規制組織）**
●自主規制を効果的、効率的に進める役割と責任
　・自主規制活動を評価・監視するWatchdog
　・活動を活性化するCatalyst
　・道程を示し、活動を促進するFacilitator
　・確固とした拠りどころとしてのAccountable Agent
●自主規制組織の権威の裏付となる技術力
●規制との適切な関係

**図 1-21　原子力産業界における自主規制の目指す姿　～JANSI と事業者の役割と責任～**
(出典)一般社団法人原子力安全推進協会パンフレット(2020 年)

---

[46] Chief Executive Officer

2021 年 3 月には、東電福島第一原発事故の教訓の一層の活用を促進するために、関連する教訓や事例を整理した「福島第一事故の教訓集」を策定しました。教訓集では、政府事故調の委員長所感を踏まえて整理された 8 つの知見に基づき、23 の教訓、71 の教訓細目とその解説が示されています（表 1-8）。

表 1-8　「福島第一事故の教訓集」に示された知見及び教訓

| 知見 | 教訓の項目名 |
|---|---|
| 1. あり得ることは起こる。あり得ないと思うことも起こる。 | 1-1 前提条件、発生確率、知見の確立 |
| | 1-2 事柄や経験に学ぶ |
| | 1-3 論理的にリスクを評価 |
| 2. 見たくないものは見えない。見たいものが見える。 | 2-1 見たくないものに向き合う姿勢 |
| | 2-2 見落としを減らすための体系化 |
| 3. 可能な限りの想定と十分な準備をする。 | 3-1 設備・システムの信頼度向上 |
| | 3-2 最悪に備えたきめ細かな設備形成 |
| | 3-3 外部の監視および外部設備の固縛・分散管理 |
| | 3-4 不測の事態に対応できる訓練 |
| | 3-5 危機管理を念頭に置いた操作 |
| 4. 形を作っただけでは機能しない。仕組みは作れるが、目的は共有されない。 | 4-1 構成員の自覚 |
| | 4-2 現場本部と支援組織の役割分担 |
| | 4-3 トップの機能 |
| | 4-4 緊急時のコミュニケーション |
| 5. 全ては変わるのであり、変化に柔軟に対応する。 | 5-1 新知見、環境変化への対応姿勢 |
| 6. 危険の存在を認め、危険に正対して議論できる文化を作る。 | 6-1 危険に正対して議論できる文化 |
| 7. 自分の目で見て自分の頭で考え、判断・行動することが重要であることを認識し、そのような能力を涵養することが重要である。 | 7-1 想定外へ対応できる応用力 |
| | 7-2 レジリエンスの強化 |
| | 7-3 緊急時に対する資質・能力の育成 |
| 8. その他：緊急時対応を行う職員の環境整備を図る。対外発表、渉外業務を適切に行い、海外対応にも気を配る。 | 8-1 労働環境の整備 |
| | 8-2 対外発表 |
| | 8-3 渉外対応 |
| | 8-4 国際関係 |

（出典）一般社団法人原子力安全推進協会「福島第一事故の教訓集」(2021 年)

また、JANSI は、活動成果を報告するとともに、活動をより実効性のあるものとするため、国内外の有識者等と意見交換を行う年次会合を開催しています。2022 年 3 月にオンラインで開催された「JANSI Annual Conference 2022」では、安全に寄与する組織文化に焦点を当て、その特性について国内外の有識者による議論を行い理解を深めるとともに、原子力発電所のレジリエンス向上に向けた活動を展望するため、「原子力安全のレジリエンス向上～発電所運営への新たな視点～」をテーマとしたパネルディスカッション等を行いました。

はじめに

特集

第1章

第2章

第3章

第4章

第5章

第6章

第7章

第8章

資料編

用語集

② 原子力エネルギー協議会（ATENA）における取組

　原子力産業界による自律的かつ継続的な安全性向上の取組を定着させていくために、原子力産業界全体の知見・リソースを効果的に活用し、規制当局等とも対話を行いながら、効果ある安全対策を立案し、原子力事業者の現場への導入を促す組織として、2018 年に原子力エネルギー協議会（ATENA[47]）が設立されました（図 1-22）。

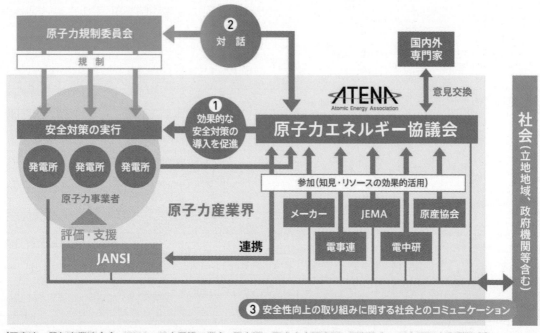

（電事連＝電気事業連合会、JEMA＝日本電機工業会、電中研＝電力中央研究所、原産協会＝日本原子力産業協会）

**図 1-22 原子力エネルギー協議会（ATENA）の役割**

（出典）原子力エネルギー協議会パンフレット

　ATENA は、原子力発電所の安全性を更に高い水準へ引き上げることをミッションとしており、原子力の安全に関する共通的な技術課題として、新知見・新技術の積極活用、外的事象への備え、自主的安全性向上の取組を促進する仕組みの 3 点を自ら特定し、課題解決に取り組んでいます（図 1-23）。さらに、JANSI を含む原子力産業界全体で連携し、国内外の最新の知見や規制当局による検討会等の状況等を踏まえた上で、共通的な技術課題に対して優先的に取り組むテーマを特定しています。特定されたテーマリストについては、ATENA の取組姿勢である「自ら一歩先んじて」「改善余地がないか常に問い直す」に従い、再評価及び更新が毎年行われています。2021 年度は、20 件のテーマについて取組が進められ、1 本の技術レポート「安全な長期運転に向けた経年劣化に関する知見拡充レポート」が公表されました。

---

[47] Atomic Energy Association

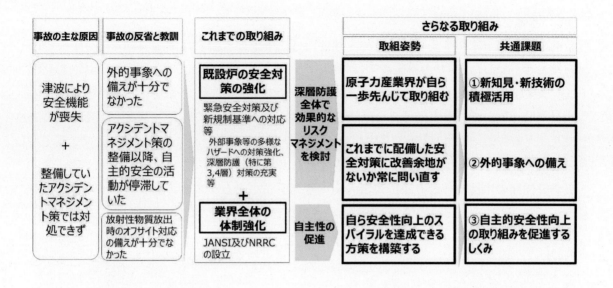

図 1-23　原子力産業界として取り組むべき共通的な技術課題の抽出
(出典)原子力エネルギー協議会「2021 年度事業の概要」(2021 年)

　ATENA は、規制当局と安全性向上という共通の目的の下、対話を行っています。2021 年 6月に公表された「2021 年度事業の概要」では、2021 年度に特に実施する取組として、規制当局との課題の共有についての議論を計画的に実施すること等が挙げられています。原子力規制委員会が開催する「主要原子力施設設置者の原子力部門の責任者との意見交換会」（以下「CNO[48]会議」という。）では、原子力発電の課題や事業者等の取組等について議論が行われています。2021 年度は 6 月と 10 月に CNO 会議が開催され、ATENA や事業者の取組等に加え、規制当局の関心事項についても意見交換が行われました。

　また、ATENA は、原子力産業界の関係者が取り組むべき今後の課題を共有する機会として、毎年フォーラムを開催しています。2022 年 2 月にオンラインで開催された「ATENA フォーラム 2022」では、「規制機関と原子力産業界の信頼関係の構築に向けて」をテーマとしたパネルディスカッションにおいて、規制機関と原子力産業界が信頼関係を築く目的や、それを踏まえて今後どのようにすべきかについて議論が行われました。

---

[48] Chief Nuclear Officer

### ③ リスク情報の活用

　東電福島第一原発事故以前は、発生頻度の低い事象の取扱いに関しては対応が十分ではありませんでした。原子力事業者等は事故の教訓を踏まえ、このような災害のリスクを見逃さず安全性を更に向上させるため、確率論的リスク評価（PRA）手法を活用した安全対策の検討に取り組んでいます（図 1-24）。PRA は、原子力発電所等の施設で起こり得る事故のシナリオを網羅的に抽出し、その発生頻度と影響の大きさを定量的に評価することで、原子力発電所の脆弱箇所を見つけ出すための手法です。PRA 手法及びリスクマネジメント手法に係る研究開発の中核は一般財団法人電力中央研究所の原子力リスク研究センター（NRRC）が担っており、原子力事業者等は NRRC との連携を通じて PRA の高度化に取り組んでいます。

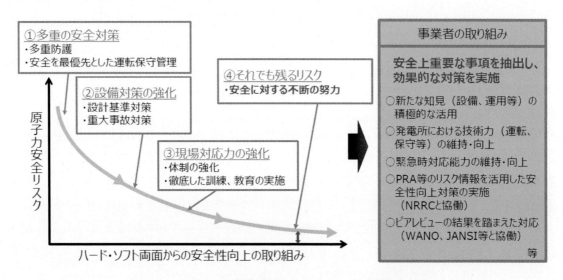

**図 1-24　原子力事業者等によるリスク低減の取組**

(出典)第 5 回原子力委員会資料第 1-1 号 電気事業連合会「原子力発電の安全性向上におけるリスク情報の活用について」(2018 年)

　また、原子力発電事業者は、発電所の取組を適切に評価し、より効果的にリスクを低減し安全性を向上させる仕組みとして、PRA 等から得られるリスク情報を活用した意思決定（RIDM[49]）を発電所のリスクマネジメントに導入することを目指しています。原子力発電事業者は、RIDM の導入に向けて、2020 年 3 月末又はプラント再稼働までの期間をフェーズ 1 と位置付け、RIDM による自律的な安全性向上のマネジメントの仕組みの整備を進めてきました（図 1-25）。具体的には、パフォーマンス監視・評価、リスク評価、意思決定・実施、是正処置プログラム（CAP[50]）、コンフィグレーション管理の各機能について、指標の設定やガイドラインの策定が行われました。

---

[49] Risk-Informed Decision-Making
[50] Corrective Action Program

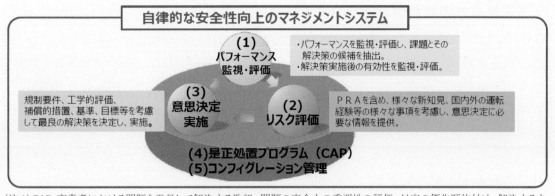

(注1)CAP：事業者における問題を発見して解決する取組。問題の安全上の重要性の評価、対応の優先順位付け、解決するまで管理していくプロセスを含む。
(注2)コンフィグレーション管理：設計要件、施設の物理構成、施設構成情報の3要素の一貫性を維持するための取組。

### 図 1-25　リスク情報を活用した意思決定（RIDM）によるリスクマネジメントの概念図
(出典)第5回原子力委員会資料1-1号 電気事業連合会「原子力発電の安全性向上におけるリスク情報の活用について」(2018年)

　このようなフェーズ1での取組状況を踏まえ、原子力発電事業者は、フェーズ2（2020年4月又はプラント再稼働以降）において継続、拡張、発展させていくべき取組をまとめ、2020年6月に「リスク情報活用の実現に向けた戦略プラン及びアクションプラン」を改訂しました。フェーズ2では、フェーズ1で整備したリスクマネジメントを実践し、2020年4月に導入された原子力規制検査[51]において有効性を示しながら、その改善及び適用範囲の拡大に取り組むとしており、原子力規制検査の制度定着を図るため、産業界の連携が緊密に行われています（図 1-26）。

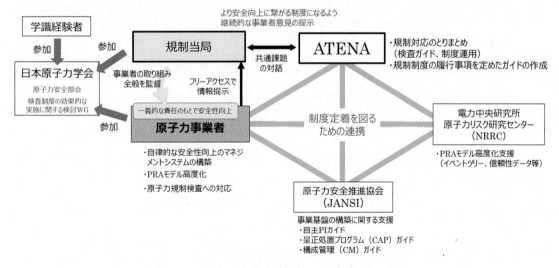

### 図 1-26　原子力規制検査への産業界の対応
(出典)ATENAフォーラム2021 原子力エネルギー協議会「安全性向上に向けたATENAの活動〜現状と課題〜」(2021年)

---

[51] リスク情報の活用や安全実績指標（PI）の反映等を導入。第1章 1-2(1)③2)「新たな検査制度『原子力検査制度』の導入」を参照。

はじめに

特集

第1章

第2章

第3章

第4章

第5章

第6章

第7章

第8章

資料編

用語集

## 1−3 過酷事故の発生防止とその影響低減に関する取組

国民の安全を確保する上で、多量の放射性物質が環境中に放出される事態を招くおそれのある過酷事故の発生を防止すること及び万が一発生してしまった場合の影響を低減することは非常に重要です。現在、原子力事業者等は、新規制基準を踏まえた過酷事故対策を講じるとともに、国や研究開発機関を含む原子力関係機関は、過酷事故に対する理解を深め、更なる安全対策に生かすための研究開発を進めています。

### (1) 過酷事故対策

東電福島第一原発事故の教訓を踏まえ、原子力事業者等は、新規制基準への適合性を含め、過酷事故の発生を防止するための対策や、万が一事故が発生した場合でも事故の影響を低減するための対策を新たに講じています（図 1-27）。

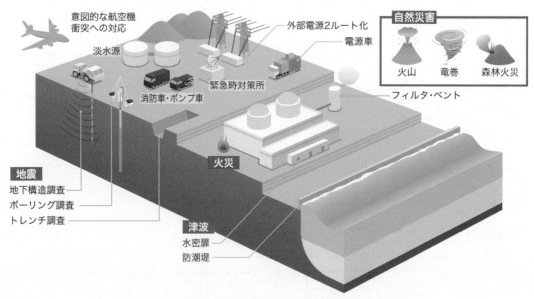

**図 1-27 新規制基準で求められる主な安全対策**

(出典)電気事業連合会「原子力コンセンサス」(2021 年)

津波への対策としては、発電所敷地内への津波の浸入を防ぐための防波壁や防潮堤を設置するとともに、それらを超える高さの津波によって敷地内が浸水した場合でも建物内の重要な機器やエリアの浸水を防止するための防水壁や水密扉を設置しています（図 1-28左・中央）。

また、大規模な地震による送電鉄塔の倒壊や津波による発電所内非常用電源の浸水を想定し、敷地内の高台に配備された発電機車や電源車から発電所に電源を供給する等、電源設備の多重化・多様化も行っています（図 1-28 右）。さらに、全ての電源が失われた場合でも原子炉や使用済燃料プールを冷却し続けるための多様な注水設備や手段を確保しており、非常時には発電所の外から予備タンクや貯水池、海水を水源としたポンプ車による発電所内への注水を行うことができます。

防波壁や防潮堤の設置　　　　扉の水密化　　　　電源車の配備

図 1-28　津波や地震への対策

(出典)電気事業連合会「原子力発電所の安全対策」に基づき作成

　炉心を冷却し続けることができず、燃料が損傷に至った場合を想定した対策も講じられています（図 1-29）。格納容器や原子炉建屋内での水素爆発を防止するための対策として、水素と酸素を結合させて水蒸気にする静的触媒式水素再結合装置や、短時間のうちに多量に発生した水素を計画的に燃焼し除去する電気式水素燃焼装置を設置しています。また、格納容器内の気体を排出し圧力を下げることで格納容器の過圧による破損を防止するフィルタベント設備を設置しています。気体に含まれる放射性物質はフィルタで除去されるため、周辺環境の土壌汚染は大幅に抑制されます。さらに、原子炉建屋や格納容器が破損した場合でも、屋外に配備した放水設備から破損箇所に向けて大量の水を放出することで放射性物質の大気への拡散を抑制します。

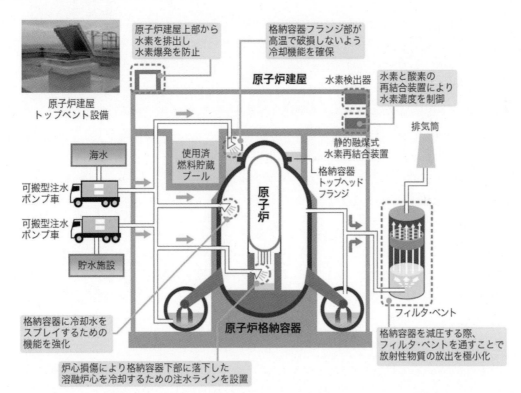

図 1-29　過酷事故への対策例（放射性物質の環境への放出・拡散の抑制）

(出典)電気事業連合会「原子力コンセンサス」(2021 年)

　意図的な航空機の衝突等のテロリズムによって原子炉を冷却する機能が喪失し、炉心が著しく損傷した場合に備えて、原子炉格納容器の破損を防止するための機能を有する特定重大事故等対処施設の設置も進められています（図 1-30）。同施設は、テロ行為によって炉心が損傷した場合でも放射性物質の異常な放出を抑制するため、原子炉建屋とは離れた場所に設置され、炉心や格納容器内への注水設備、電源設備、通信連絡設備を格納するものです。また、これらの設備を制御するための緊急時制御室も備えています。

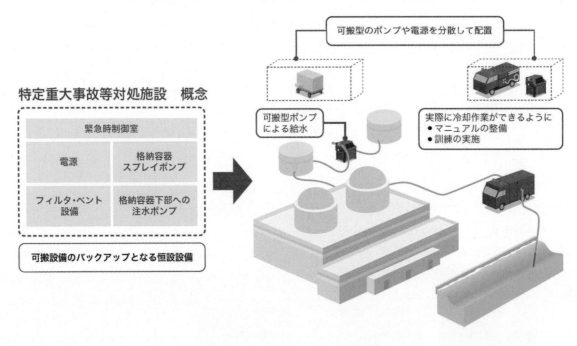

**図 1-30　テロリズムへの対策**

(出典)電気事業連合会「原子力コンセンサス」(2021 年)

### (2)　過酷事故に関する原子力安全研究

### ①　原子力規制委員会における過酷事故に関する安全研究

　原子力規制委員会は、過酷事故研究を通じて、新規制基準に基づき原子力事業者等が策定した過酷事故対策の妥当性を審査する際に必要となる技術的知見や評価手法を整備し、関連する規格基準類に反映しています。

　過酷事故時に発生する物理化学現象の中には、予測や評価に大きな不確実性を伴う現象が存在します。原子力規制委員会は、これらの重要な現象を解明し、最新の知見を拡充するための研究に取り組んでいます。特に、過酷事故時の格納容器内における水素等の気体の挙動、格納容器内に落下した溶融炉心がコンクリートを侵食する反応、溶融炉心の冷却性等について、関係機関と協力し、国内外の施設を用いた実験を行っています。実験で得られた知見は、過酷事故時の安全性を評価するための解析コードの開発や精度向上、確率論的リスク評価（PRA）手法の高度化に活用しています。また、OECD/NEA が行う ARC-F 等の国際共同プロジェクトに参加し、国内外の専門家から最新の情報を収集しています。

## ② 経済産業省における過酷事故に関する安全研究

　経済産業省は、「軽水炉安全技術・人材ロードマップ」の中で優先度が高いとされた課題の解決に向けた技術開発を支援しています。過酷事故が発生した場合でも事故対応のための猶予期間を確保するため、過酷事故条件下でも損傷しにくい新型燃料部材の開発等に取り組んでいます。また、原子力発電所の包括的なリスク評価手法の高度化のため、地震や津波を対象とした確率論的リスク評価（PRA）手法の高度化にも取り組んでいます。

## ③ 文部科学省・原子力機構における過酷事故に関する安全研究

　文部科学省は、原子力機構が所有する研究施設を活用し、過酷事故を回避するために必要となる安全評価用データの取得等に取り組んでいます。原子力機構では、安全研究センター、廃炉環境国際共同研究センター（CLADS[52]）等が過酷事故研究に取り組んでいます。

　安全研究センターは、原子炉安全性研究炉（NSRR[53]）等の多様な施設を活用した実験を通じて、原子力規制委員会への技術的支援や長期的視点から先導的・先進的な安全研究を実施しており、過酷事故の防止や影響緩和に関する評価、放射性物質の環境への放出とその影響に関する研究について重点的に取り組んでいます。

　CLADS は、東電福島第一原発の廃炉に向けた研究の一環として、事故進展解析による炉内状況の把握、燃料の破損・溶融挙動の解明、溶融炉心・コンクリート反応による生成物の特性把握、セシウム等の放射性物質の化学挙動に関する知見の取得に取り組んでいます。これらの成果の一部は、現行の過酷事故用解析コードの高度化や事故対策の高度化等、将来の安全研究に役立てることとなっています。

## ④ 電力中央研究所における過酷事故に関する安全研究

　一般財団法人電力中央研究所の原子力リスク研究センター（NRRC）は、過酷事故状況下における運転員による機器操作等の信頼性評価や過酷事故時に放出される放射性物質による公衆や環境への影響の評価に関する技術開発に取り組んでいます。

## （3）過酷事故プラットフォーム

　「過酷事故プラットフォーム[54]」では、原子力機構を中心とした関係各機関の協力の下で、過酷事故の推移や個別現象、その影響と対策を俯瞰的に理解すること、また、これらを体系的に学習する研修資料とすることを目的とし、SA[55]アーカイブズ（軽水炉過酷事故技術資料）の整備が行われています。2019 年に完成した SA アーカイブズ及び講義資料の初版について、活用方法の検討を行うとともに、公開に向けた手続を進めています。

---

[52] Collaborative Laboratories for Advanced Decommissioning Science
[53] Nuclear Safety Research Reactor
[54] プラットフォームについては、第 8 章 8-1(3)「原子力関係組織の連携による知識基盤の構築」を参照。
[55] Severe Accident

## 1-4 原子力災害対策に関する取組

> 　万が一原子力災害が発生した場合には、原子力施設周辺住民や環境等に対する放射線影響を最小限に留めるとともに、被害に対し応急対策を的確かつ迅速に実施することが不可欠です。そのため、東電福島第一原発事故の教訓を踏まえて、原子力災害対策に関する枠組み及び原子力防災体制が見直されました。これにより、緊急時の体制や機能が強化されるとともに、平時から、防災計画の策定や訓練を始めとした適切な緊急時対応のための準備が図られています。

### （1）　原子力災害対策及び原子力防災の枠組み

　東電福島第一原発事故後、各事故調査報告書の提言等を基に、我が国の原子力災害対策に関する枠組みが抜本的に見直されました。緊急時の対応は「原子力災害対策特別措置法」（平成 11 年法律第 156 号。以下「原災法」という。）に基づく原子力災害対策本部が、平時の対応は「原子力基本法」（昭和 30 年法律第 186 号）に基づく原子力防災会議が、それぞれ総合調整を担う体制となっています（図 1-31）。

**平時**

**内閣に新たに常設**

**原子力防災会議**

議長　：内閣総理大臣
副議長　：内閣官房長官、
　　　　　内閣府特命担当大臣（原子力防災）、
　　　　　原子力規制委員会委員長
議員　：国務大臣、内閣危機管理監、副大臣、
　　　　　大臣政務官等
事務局長　：環境大臣

（役割）
○原子力災害対策指針に基づく施策等の実施を推進　等
○原子力事故が発生した場合の、事故後の長期にわたる
　総合的な施策の実施の推進

**緊急時**

**原子力災害対策本部**
（原子力緊急事態宣言をしたときに臨時に内閣府に設置）

本部長　：内閣総理大臣
副本部長　：内閣官房長官、
　　　　　　内閣府特命担当大臣（原子力防災）、
　　　　　　原子力規制委員会委員長
本部員　：国務大臣、内閣危機管理監、副大臣、
　　　　　　大臣政務官等

（役割）
○原子力緊急事態に対する応急対策及び事後対策の総合調整

**関係省庁**
警察庁、文部科学省、厚生労働省、農林水産省、
国土交通省、海上保安庁、環境省、防衛省　等

**関係省庁**
警察庁、文部科学省、厚生労働省、農林水産省、
国土交通省、海上保安庁、環境省、防衛省　等

図 1-31　平時及び緊急時における原子力防災体制

（出典）原子力規制庁パンフレット（2020 年）

## （2） 緊急時の原子力災害対策の充実に向けた取組

### ① 「原子力災害対策指針」の策定

原子力災害対策を円滑に実施するため、各種事故調査報告書の提言やIAEA安全基準を踏まえ、2012年10月に原子力規制委員会が「原子力災害対策指針」を策定しました。

また、同指針は、新たに得られた知見や防災訓練の結果等を踏まえ、継続的な改定が行われています。2021年7月には、施設敷地緊急事態[56]の段階で避難等を実施すべき対象である施設敷地緊急事態要避難者の明確化に係る改正が行われました[57]。

### ② 緊急時の放射線モニタリングの充実

緊急時には、原子力災害対策指針に基づき、国の指揮の下で、地方公共団体、原子力事業者及び関係機関が連携して緊急時モニタリングを実施します。また、避難や一時移転等の防護措置の実施を判断する基準（運用上の介入レベル）が導入されており、国及び地方公共団体は、緊急時モニタリングの実測値をこの基準に照らして、必要な措置を行うこととされています。さらに、原子力規制庁は、「緊急時モニタリングについて（原子力災害対策指針補足参考資料）」を公表するなど、緊急時モニタリングの体制の整備及び充実・強化を図っています。2021年12月の補足参考資料の改訂では、原子力災害対策指針で定められた廃止措置計画が認可された原子力施設に係る緊急時モニタリングが取りまとめられました。

### ③ 原子力事業者等による緊急時対応の強化

原子力災害対策指針では、原子力事業者が原子力災害対策について大きな責務を有すると明記されています。原子力事業者は、原子力発電所における事故を収束させるために必要な設備等を発電所敷地内に配備するとともに、自治体との協働等を通じて敷地外からの支援を行うための組織・体制も構築しています。

---

[56] 原子力施設において公衆に放射線による影響をもたらす可能性のある事象が生じたため、原子力施設周辺において緊急時に備えた避難等の予防的防護措置の準備を開始する必要がある段階。

[57] さらに、2022年4月6日に、甲状腺被ばく線量モニタリング、原子力災害医療体制に係る改正を実施。

**コラム** 　〜研究開発から実用化へ：緊急時の甲状腺被ばく線量モニタリング〜

　甲状腺被ばく線量モニタリングは、原子力災害対策指針等において、原子力災害発生時の緊急事態応急対策として、放射性ヨウ素の吸入による内部被ばくが懸念される場合に行うこととされ、その測定結果は、個人の被ばく線量の推定等に活用されることになっています。そのため、原子力規制庁の安全研究事業において、原子力機構及び量研が甲状腺被ばく線量測定の精度向上を目的とした装置の研究開発を進め、可搬型であり、高感度かつスペクトル分析が可能な甲状腺モニタを開発しました。

　装置の実用化の見通しが付いたことを踏まえ、緊急時の甲状腺被ばく線量モニタリングに関する基本的事項の検討を行うことを目的として、2021年2月から同年7月にかけて「緊急時の甲状腺被ばく線量モニタリングに関する検討チーム」が計4回開催されました。同検討チームは、同年9月に、甲状腺被ばく線量モニタリングの対象とする者、測定の方法、実施体制等についての検討結果を取りまとめた報告書を公表しました。この報告書を踏まえ、原子力災害対策指針の改正に向けた検討が進められました。

### 原子力機構が開発した機器
- ✧ 遮蔽一体型であり、高バックグラウンド線量率下の環境での測定にも対応が可能
- ✧ 測定はうつぶせ状態が基本であるが、乳児や妊婦等の長時間のうつぶせ測定が困難な者にも、仰向けに横たわった状態での測定により対応が可能

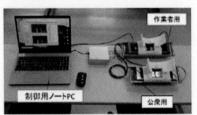

開発した甲状腺モニタシステム

測定のイメージ

### 量研が開発した機器
- ✧ 小児・乳幼児用、成人用の複数のプローブがあるため、年齢に合わせた対応が可能
  - ⇒ 頸部の短い乳幼児の測定にも対応が可能

（左）成人用　（右）小児・乳幼児用

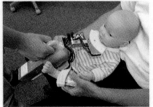

乳児測定のイメージ

**原子力機構及び量研が開発した機器**

（出典）第53回原子力規制委員会資料3　原子力規制委員会「緊急時の甲状腺被ばく線量モニタリングに関する検討チームの設置について」（2021年）に基づき作成

## (3) 原子力防災の充実に向けた平時からの取組

## ① 地域防災計画・避難計画に関する取組

防災基本計画及び原子力災害対策指針に基づき、原子力災害対策重点区域[58]を設定する都道府県及び市町村は、情報提供や防護措置の準備を含めた必要な対応策を地域防災計画（原子力災害対策編）にあらかじめ定めておく必要があります。

地域原子力防災協議会では、関係地方公共団体の地域防災計画・避難計画の具体化・充実化を支援するとともに、地域の避難計画を含む緊急時対応が原子力災害対策指針等に照らし具体的かつ合理的なものであることを確認しています（図 1-32）。また、内閣府は、協議会における確認結果を原子力防災会議に報告し、了承を求めることとしています。2022 年3 月末までに、泊地域、女川地域、大飯地域、高浜地域、美浜地域、島根地域、伊方地域、玄海地域及び川内地域の計 9 地域の緊急時対応について、原子力防災会議でそれらの確認結果が了承されています。さらに、緊急時対応の確認を行った地域については、PDCA サイクルに基づき、原子力防災対策の更なる充実、強化を図っています。2022 年3 月末までに、伊方地域では3 回、泊地域、高浜地域、玄海地域及び川内地域ではそれぞれ2 回、女川地域及び大飯地域ではそれぞれ1 回、緊急時対応が改定されています。

また、新型コロナウイルス感染症流行下での対応として、内閣府が 2020 年 11 月に策定した「新型コロナウイルス感染拡大を踏まえた感染症の流行下での原子力災害時における防護措置の実施ガイドライン」に基づき、各地域の実情に合わせた原子力災害対策について検討及び準備が進められています。

さらに、原子力避難道の整備等、原子力災害時における避難の円滑化は、地域住民の安全・安心の観点からも重要です。関係自治体や関係省庁が参加する地域原子力防災協議会等も活用し、地域の声を聞きながら、避難道の整備が促進されるよう、関係省庁の連携により継続的な取組が行われています。

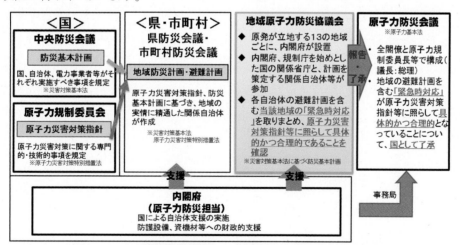

**図 1-32 地域防災計画・避難計画の策定と支援体制**

(出典)内閣府「地域防災計画・避難計画の策定と支援体制」

---

[58] 住民等に対する被ばくの防護措置を短期間で効率的に行うために、重点的に原子力災害に特有な対策が講じられる区域のこと。

はじめに

特集

第1章

第2章

第3章

第4章

第5章

第6章

第7章

第8章

資料編

用語集

## ② 原子力総合防災訓練の実施

原子力災害発生時の対応体制を検証すること等を目的として、原災法に基づき、原子力緊急事態を想定して、国、地方公共団体、原子力事業者等が合同で原子力総合防災訓練を実施しています。

2021年度は、2022年2月に東北電力株式会社女川原子力発電所を対象とし、国、地方公共団体、原子力事業者等の参加の下で実施されました。同訓練では、「女川地域の緊急時対応」に定められた避難計画の検証等を目的として、自然災害及び原子力災害の複合災害を想定し、迅速な初動体制の確立、中央と現地組織の連携による防護措置の実施等に係る意思決定、県内への住民避難、屋内退避等の訓練を実施しました。

## ③ 平常時の環境放射線モニタリングに関する取組

「大気汚染防止法」（昭和43年法律第97号）及び「水質汚濁防止法」（昭和45年法律第138号）に基づき、環境省において放射性物質による大気汚染・水質汚濁の状況を常時監視し、「放射性物質の常時監視[59]」にて公開しています。また、環境放射能水準調査等の各種調査が関係省庁、独立行政法人、地方公共団体等の関係機関によって実施されており、それらにより得られた結果は、原子力規制委員会の「放射線モニタリング情報[60]」のポータルサイトや「日本の環境放射能と放射線[61]」のウェブサイト等に公開されています。

### 1) 原子力施設周辺等の環境モニタリング

原子力規制委員会は、原子力施設の周辺地域等における放射線の影響や全国の放射能水準を調査するため、全国47都道府県における環境放射能水準調査、原子力発電所等周辺海域等（全16海域）における海水等の放射能分析、原子力発電施設等の立地・隣接道府県（24道府県）が実施する放射能調査及び環境放射能水準調査として各都道府県が設置し実施しているモニタリングポストの空間線量率の測定結果を取りまとめ、原子力規制委員会の放射線モニタリング情報のポータルサイトで公表しています。

また、環境省は、2001年1月から、環境放射線等モニタリング調査として、離島等（全国10か所）において、空間線量率及び大気浮遊じんの全α、全β放射能濃度の連続自動モニタリング並びに測定所周辺で採取した環境試料（大気浮遊じん、土壌、陸水等）の放射性核種分析を実施しています。これらの調査で得られたデータは、環境省のウェブサイト「環境放射線等モニタリングデータ公開システム[62]」で公開されています。

---

[59] http://www.env.go.jp/air/rmcm/index.html
[60] https://radioactivity.nsr.go.jp/ja/
[61] https://www.kankyo-hoshano.go.jp/
[62] https://housyasen.env.go.jp/

## 2) 国外における原子力関係事象の発生に伴うモニタリングの強化

「国外における原子力関係事象発生時の対応要領」（2005 年放射能対策連絡会議決定）では、国外で発生する原子力関係事象についてモニタリングの強化等の必要な対応を図ることとしています。原子力規制庁は、国外において原子力関係事象が発生した場合に空間放射線量率の状況をきめ細かく把握できるよう、モニタリングポストの整備等を行っています。

なお、2021 年 6 月に、中国の台山原子力発電所からガス状の放射性物質が当局の規制に従って放出されたと発表された際、47 都道府県に設置されているモニタリングポストの計測値は平常時と有意な変化が見られませんでした。

## 3) 原子力艦の寄港に伴う放射能調査

米国原子力艦の寄港に伴う放射能調査は、海上保安庁、水産庁、関係地方公共団体等の協力を得て、原子力規制委員会が実施しています。2021 年 4 月から 2022 年 3 月末までに横須賀港（神奈川県）、佐世保港（長崎県）、金武中城港（沖縄県）において実施された調査結果では、放射能による周辺環境への影響はありませんでした。

## 4) モニタリング技術の改良

緊急時及び平常時のモニタリングを適切に実施するためには、継続的にモニタリングの技術基盤の整備、実施方法の見直し、技能の維持を図ることが重要です。そのため、原子力規制委員会は、環境放射線モニタリング技術検討チームを開催して、モニタリングに係る技術検討を進めています。2021 年 6 月には同チーム等における技術的な検討結果を踏まえ、「放射能測定法シリーズ No.35 緊急時における環境試料採取法」が制定されました。また、同年 12 月に、平常時モニタリングの基本方針を示した「平常時モニタリングについて（原子力災害対策指針補足参考資料）」に、試験研究用等原子炉施設等を対象とした平常時モニタリングの具体的な実施内容等に関する記載が追加されました。

## ④ 原子力事業者による防災の取組強化

原災法第 3 条には、原子力災害の拡大の防止及び復旧に対する原子力事業者の責務が明記されています。原子力事業者は、原災法の規定に基づき、原子力事業者防災業務計画を原子力規制委員会に提出[63]するとともに、防災訓練を実施し、その結果を原子力規制委員会へ報告しています。原子力規制委員会は、「原子力事業者防災訓練報告会」を開催し、各事業者が実施した訓練の評価結果の説明や良好事例の紹介を行うとともに、同報告会の下で「訓練シナリオ開発ワーキンググループ」を開催し、指揮者の判断能力や現場の対応力の向上につながる訓練シナリオの作成等を行うなど、防災訓練の改善を図っています。

---

[63] 原子力規制委員会のウェブサイトにおいて公表。
https://www.nsr.go.jp/activity/bousai/measure/emergency_action_plan/index.html

はじめに
特集
第1章
第2章
第3章
第4章
第5章
第6章
第7章
第8章
資料編
用語集

## 第2章　地球温暖化問題や国民生活・経済への影響を踏まえた原子力のエネルギー利用の在り方

### 2-1 原子力のエネルギー利用の位置付けと現状

世界では、東電福島第一原発事故以降、脱原子力を進める国もありますが、電力需要の増加への対応と地球温暖化対策を両立する手段として原子力発電を活用していこうとする動きも見られます。また、欧州を中心に、新型コロナウイルス感染症の世界的流行からの経済回復に際して脱炭素化も同時に進めていく「グリーン・リカバリー」が大きな潮流となっており、環境に配慮したグリーン投資を推進する動きが見られます。

一方、我が国では、東電福島第一原発事故により一度全ての原子力発電所の稼働が停止しました。2022年3月末時点で10基の原子炉が再稼働していますが、発電電力量に占める原子力発電比率は事故前に比べて大きく低下しています。このような状況の中、2021年6月に具体化されたグリーン成長戦略では、原子力は大量かつ安定的にカーボンフリーの電力を供給することが可能な上、技術自給率も高く、多様な社会的要請に応えることも可能であるとしています。また、2021年10月に閣議決定された第6次エネルギー基本計画では、原子力は実用段階にある脱炭素化の選択肢であるとしています。このような認識の下で、国民からの信頼確保に努め、安全性の確保を大前提として、原子力エネルギー利用に係る取組が進められています。

### （1）　我が国におけるエネルギー利用の方針

「原子力利用に関する基本的考え方」（2017年7月原子力委員会決定、政府として尊重する旨閣議決定）では、地球温暖化問題に対応しつつ、国民生活と経済活動の基盤であるエネルギーを安定的かつ低廉に供給することを通じて、国民生活の向上と我が国の競争力の強化に資することが求められているとしています。その上で、既に利用可能な技術として、原子力のエネルギー利用は有効な選択肢であり、安全性の確保を大前提に、エネルギー安定供給、地球温暖化問題への対応、国民生活・経済への影響を踏まえながら原子力エネルギー利用を進めるとの基本目標が示されています。

菅内閣総理大臣（当時）は、2020年10月の所信表明演説において、2050年までに温室効果ガスの排出を全体としてゼロにする2050年カーボンニュートラルの実現を目指すことを宣言し、2021年4月に開催された気候サミットの首脳級セッションでは、2050年カーボンニュートラルと整合的で野心的な目標として、2030年度において温室効果ガスを2013年度から46%削減することを目指し、さらに、50%の高みに向けて挑戦を続ける旨を宣言しました。

2021年6月には、2050年カーボンニュートラルへの挑戦を経済と環境の好循環につなげるための産業政策であるグリーン成長戦略が具体化されました。同戦略では、温暖化への対応を経済成長の制約やコストとする時代は終わり、従来の発想を転換し積極的に対策を行

うことが産業構造や社会経済の変革をもたらし、次なる大きな成長につながっていくとの認識の下で、成長が期待される 14 の重要分野を示しています。その一つとして、原子力については、「可能な限り依存度を低減しつつ、原子力規制委員会により世界で最も厳しい水準の規制基準に適合すると認められた場合には、再稼働を進めるとともに、実効性のある原子力規制や原子力防災体制の構築を着実に推進する。安全性等に優れた炉の追求など将来に向けた研究開発・人材育成等を推進する。」としています。

このような動向も踏まえて改訂された「地球温暖化対策計画」（2021 年 10 月閣議決定）では、2050 年カーボンニュートラル実現に向けた我が国の中期目標として、2030 年度の温室効果ガス排出を 2013 年度から 46% 削減することを目指し、さらに、50% の高みに向けて挑戦を続けていくことを定めました。同日に閣議決定された第 6 次エネルギー基本計画は、気候変動問題への対応と我が国のエネルギー需給構造が抱える課題の克服という二つの大きな視点を踏まえて策定されました。同計画では、安全性（Safety）を前提とした上で、エネルギーの安定供給（Energy Security）を第一とし、経済効率性の向上（Economic Efficiency）による低コストでのエネルギー供給を実現し、同時に、環境への適合（Environment）を図る「S＋3E」を、エネルギー政策を進める上での大原則としています。また、現時点で安定的かつ効率的なエネルギー需給構造を一手に支えられるような単独の完璧なエネルギー源は存在せず、多層的な供給構造を実現することが必要であるとしています。原子力発電については、「安全性の確保を大前提に、長期的なエネルギー需給構造の安定性に寄与する重要なベースロード電源」と位置付けており（図 2-1）、2030 年度における電源構成では 20～22% 程度を見込んでいます。

| ①安定供給<br>(Energy Security) | • 優れた安定供給性と効率性（燃料投入量に対するエネルギー出力が圧倒的に大きく、数年にわたって国内保有燃料だけで生産が維持できる準国産エネルギー源）<br>＋ 高い技術自給率（国内にサプライチェーンを維持）<br>＋ レジリエンス向上への貢献（回転電源としての価値、太平洋側・日本海側に分散立地） |
| --- | --- |
| ②経済効率性<br>(Economic Efficiency) | • 運転コストが低廉（安全対策費用や事故費用、サイクル費用が増額してもなお低廉）<br>• 燃料価格変動の影響をうけにくい（数年にわたって国内保有量だけで運転可能） |
| ③環境適合<br>(Environment) | • 運転時に$CO_2$を排出しない<br>• ライフサイクル$CO_2$排出量が少ない |

**図 2-1　原子力エネルギーの 3E の特性**

(出典)資源エネルギー庁「2030 年度におけるエネルギー需給の見通し（関連資料）」(2021 年)に基づき作成

また、岸田内閣総理大臣は、2021 年 10 月の所信表明演説において、2050 年カーボンニュートラルの実現に向け、温暖化対策を成長につなげるクリーンエネルギー戦略を策定する方針を示しました。同年 12 月から、同戦略の策定に向けた検討が進められています[1]。

---

[1] https://www.meti.go.jp/shingikai/sankoshin/sangyo_gijutsu/green_transformation/index.html

はじめに
特集
第1章
第2章
第3章
第4章
第5章
第6章
第7章
第8章
資料編
用語集

## (2) 我が国の原子力発電の状況

　2010年度における我が国の発電設備に占める原子力発電設備容量[2]の割合は20.1%、原子力発電の設備利用率[3]は67.3%、発電量に占める原子力発電電力量の割合は25.1%でした（図 2-2、図 2-3）。しかし、2011年の東電福島第一原発事故により、我が国の原子力利用を取り巻く環境は大きく変化しました。事故後、全国の原子力発電所は順次運転を停止し、2012年5月には、我が国で稼働している原子炉の基数が42年ぶりに0基となりました。

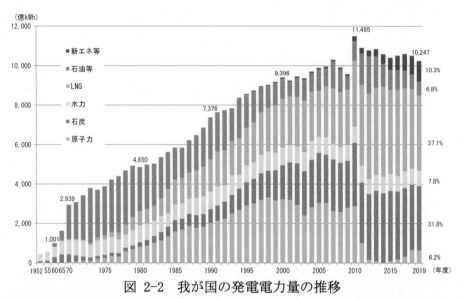

**図 2-2　我が国の発電電力量の推移**

(注)2009年度以前分は「電源開発の概要」、「電力供給計画の概要」を、2010年度以降分は「総合エネルギー統計」を基に作成
(出典)経済産業省「令和2年度　エネルギー白書」(2021年)

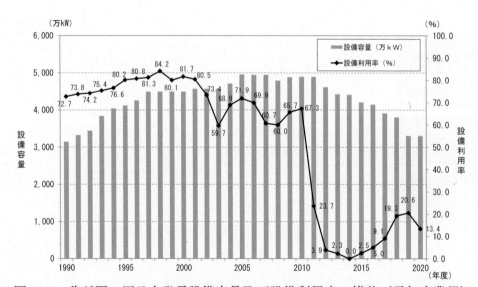

**図 2-3　我が国の原子力発電設備容量及び設備利用率の推移（電気事業用）**

(出典)電気事業連合会「INFOBASE」(2021年)、一般社団法人日本原子力産業協会「2020年度の国内原子力発電所設備利用率は13.4%」、資源エネルギー庁「2020年度電力調査統計表」に基づき作成

---

[2] 発電設備の最大能力で、発電所が単位時間に作ることができる電力量（単位はW、kW）。
[3] 発電所が、ある期間において実際に作り出した電力と、その期間休まずフルパワーで運転したと仮定した時に得られる電力量（定格電気出力とその期間の時間との掛け算）との比率を百分率で表したもの。

2022年3月末時点の原子力発電所の状況は、図 2-4 のとおりです。

2013年の新規制基準の導入以降、17 基の発電所が原子炉設置変更許可を受け、うち 10 基が営業運転を再開（再稼働）しています。関西電力株式会社美浜発電所3号機については、2021 年 2 月に美浜町から、同年 4 月に福井県から再稼働への理解が表明され、同年 7 月に運転を再開しました。なお、新規制基準では特定重大事故等対処施設[4]の設置期限を本体の設計及び工事の計画の認可日から 5 年としており、設置期限に間に合わない再稼働炉は運転停止が求められます。そのため、関西電力株式会社は美浜発電所 3 号機を 2021 年 10 月に停止し、2022 年 9 月頃の特定重大事故等対処施設の運用開始に向けた工事を進めています。

設置変更許可を受けたものの再稼働に至っていない原子力発電所は 7 基です。そのうち、関西電力株式会社高浜発電所 1、2 号機は、2021 年 2 月に高浜町から、同年 4 月に福井県から再稼働への理解が表明されました。また、中国電力株式会社島根原子力発電所 2 号機については、同年 9 月に設置変更許可を受けました[5]。

そのほかに、建設中の原子力発電所も含め、新規制基準への適合性を審査中の炉が 10 基、適合性の審査へ未申請の炉が 9 基あります。一方、廃止措置計画が認可され廃止措置中の原子炉が 18 基となり（第 6 章　表　6-2）、特定原子力施設に係る実施計画を基に廃炉が行われる東電福島第一原発 6 基を合わせて、合計 24 基の実用発電用原子炉が運転を終了しています。

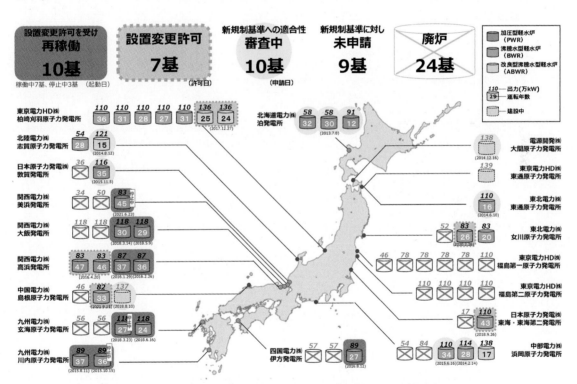

図 2-4　原子力発電所の状況（2022 年 3 月末時点）

(出典)資源エネルギー庁「日本の原子力発電所の状況」(2022 年)に基づき作成

---

[4] 第 1 章 1-2(1)③1)「新規制基準の導入」、第 1 章 1-3(1)「過酷事故対策」を参照。
[5] 2022 年 6 月 2 日に島根県が再稼働への理解を表明し、地元理解手続が完了。

　我が国では、2012 年の原子炉等規制法の改正により、原子炉の運転期間が運転開始から 40 年と規定されました。ただし、運転期間の満了に際し、原子力規制委員会の認可を受けた場合に、1 回に限り運転期間を最大 20 年延長することを認める制度（運転期間延長認可制度）も導入されています。2022 年 3 月末時点で、関西電力株式会社高浜発電所 1、2 号機、美浜発電所 3 号機及び日本原子力発電株式会社東海第二発電所が、運転期間の延長を認められています（図 2-5）。このうち関西電力株式会社の 3 基については、前述のとおり、2021 年 4 月に福井県から再稼働への理解が表明されました。さらに、同年 7 月には美浜発電所 3 号機が運転を再開し、運転期間が 40 年を超えた原子炉としては国内初の運転となりました。

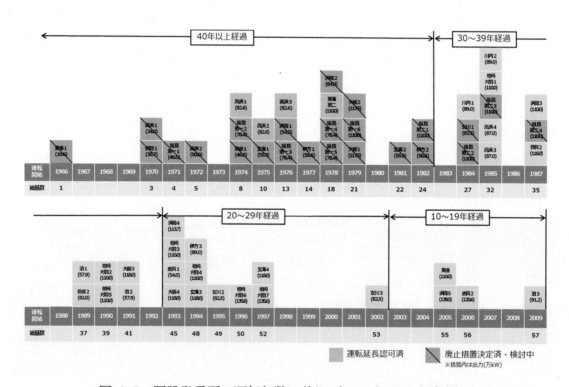

**図 2-5　既設発電所の運転年数の状況（2022 年 3 月末時点）**

(出典)一般社団法人日本原子力産業協会「日本の原子力発電炉（運転中、建設中、建設準備中など）」(2022 年 3 月 7 日)等に基づき、第 3 回総合資源エネルギー調査会電力・ガス事業分科会電気料金審査専門小委員会廃炉に係る会計制度検証ワーキンググループ資料 4 資源エネルギー庁「廃炉を円滑に進めるための会計関連制度の課題」(2014 年)を一部編集

## （3） 電力供給の安定性・エネルギーセキュリティと原子力

3E の構成要素の一つであるエネルギーの安定供給（Energy Security）の確保のため、我が国では 1970 年代のオイルショック以降、原子力を含む電源の多様化を進めてきました。しかし、東電福島第一原発事故後、原子力発電所が運転を停止し、我が国の電源構成は石炭や液化天然ガス（LNG）等の化石燃料に大きく依存する構造となっています（図 2-2）。

エネルギー資源に乏しい我が国にとって、燃料投入量に対するエネルギー出力が圧倒的に大きく、数年にわたって国内保有燃料だけで生産が維持でき、優れた安定供給性を有する原子力発電は、エネルギーセキュリティを確保する重要な手段の一つです。我が国と同様に自国にエネルギー資源を持たない韓国やフランス等は、原子力を除いた場合のエネルギー自給率が低くなっています。例えばフランスでは、原子力を除いた場合のエネルギー自給率は 11％ と我が国より若干高い程度ですが、原子力利用により自給率は 54％ へと大幅に上昇します（図 2-6）。

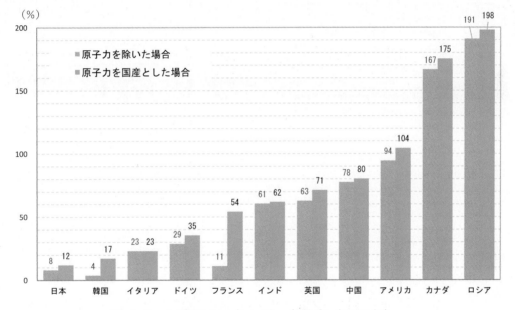

図 2-6　主要国のエネルギー自給率（2019 年）

(出典)IEA「World Energy Balances」(2021 年)に基づき作成

また、大規模災害時の大規模停電回避等により日本全体で電力供給のレジリエンスを向上させていくためには、再生可能エネルギー等の小規模な分散型電源の導入を進める一方で、地域間の電力融通と併せて、大規模電源も日本全体で分散化させていく必要があります。我が国では、首都圏及び近畿圏の火力発電所の大部分が東京湾岸、大阪湾岸、瀬戸内等に集中していますが、仮にこれらの地域で直下型地震等が発生したとしても、日本海側に電源が十分に整備されていれば、供給力不足を回避できる可能性が高まります。原子力発電所は太平洋側、日本海側に分散して立地しており（図 2-4）、災害時のレジリエンス向上に貢献できるという特性を有しています。

はじめに
特集
第1章
第2章
第3章
第4章
第5章
第6章
第7章
第8章
資料編
用語集

**コラム**　　～電力需給ひっ迫への対応～

　我が国では 2020 年末から 2021 年初頭にかけて、断続的な寒波により電力需要が大幅に増加し、電力の需給ひっ迫及び市場価格高騰が生じました。これを受けて、資源エネルギー庁の電力・ガス基本政策小委員会は、データやファクトに基づいた検証を行い、2021 年 6 月に検証結果の中間取りまとめを示しました。

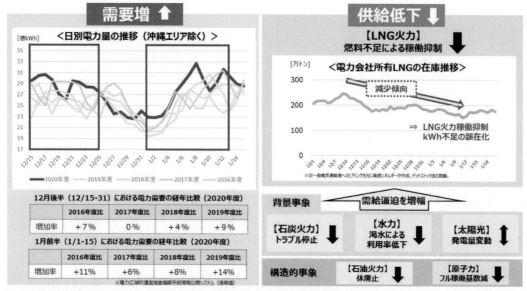

**2020 年度の電力需給ひっ迫に関する要因まとめ**

(出典) 第 36 回総合資源エネルギー調査会電力・ガス事業分科会電力・ガス基本政策小委員会資料 4-3「2020 年度冬期の電力需給ひっ迫・市場価格高騰に係る検証　中間取りまとめ」(2021 年)

　電力需給がひっ迫した背景は、断続的な寒波による電力需要の大幅な増加と LNG 供給設備のトラブル等に起因した LNG 在庫減少による LNG 火力の稼働抑制が主因だったと考えられます。さらに、石炭火力のトラブル停止や渇水による水力の利用率低下、太陽光の発電量変動といった事象が重なったことで、LNG 火力等への依存度が高まり、需給ひっ迫が増幅される結果となりました。このような状況を生み出した構造的な要因としては、石油火力発電所の休廃止や、原子力発電所の稼働数減少により、特に LNG 火力への依存度が増大していることが挙げられています。

　原子力発電所に関しては、2012 年の全炉停止後、2020 年末時点までに 9 基の原子炉が再稼働していましたが、2020 年末から 2021 年 1 月にかけては、定期検査等による稼働停止が多く、フル稼働していた原子炉はわずか 2 基でした。原子力発電所が全基停止していた関西エリアでは、2021 年 1 月中旬に大飯発電所 4 号機が稼働再開し、電力の安定供給の確保に寄与しました。

　同中間取りまとめは、今後必要とされる取組として、電力量不足や市場価格高騰を長期化させないための予防対策、電力量不足の警戒時・緊急時対策、電力自由化の中で脱炭素と安定供給の両立を図るに当たって検討すべき構造的課題への対策を示しています。

## （4）　電力供給の経済性と原子力

　3Eの構成要素である経済効率性の向上（Economic Efficiency）のためには、低コストでのエネルギー供給を実現することが重要です。我が国では、東電福島第一原発事故後、原子力発電所の運転停止に伴い火力発電の焚き増しが行われたため、化石燃料の輸入が増加しました。また、再生可能エネルギーで発電された電気をあらかじめ決められた価格で電力会社が買い取る「固定価格買取（FIT[6]）制度」では、買取費用の一部を「賦課金」として電気料金を通じて国民が負担します。これらの影響により、近年、我が国では電気料金が上昇しています。2015年から2016年にかけては、一部の原子力発電所の再稼働と化石燃料の価格下落により電気料金上昇に歯止めがかかりましたが、以降は再び上昇し、家庭向け電気料金、産業向け電気料金ともに高い水準が続いています（図 2-7）。

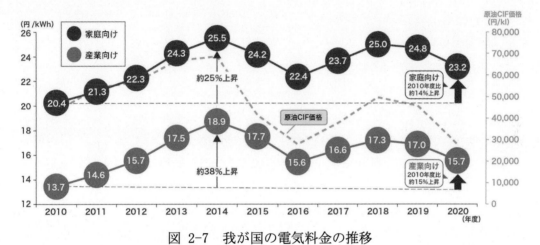

**図 2-7　我が国の電気料金の推移**

（注1）原価CIF価格：輸入額に輸送料、保険料等を加えた貿易取引の価格
（注2）発受電月報、各電力会社決算資料を基に作成
（出典）資源エネルギー庁「日本のエネルギー2021年度版『エネルギーの今を知る10の質問』」（2022年）に基づき作成

　なお、2020年6月に「強靱かつ持続可能な電気供給体制の確立を図るための電気事業法等の一部を改正する法律」（令和2年法律第49号）が成立し、FIT制度に加えて新たに、再生可能エネルギーの市場価格の水準に対して、「賦課金」を原資とする一定の補助額を交付する「フィードインプレミアム（FIP[7]）制度」が定められ、2022年度に制度が開始されます。高い水準の電気料金は、国民生活のみならず、製造業を始めとする産業にも大きな負担となるため、発電に掛かるコストを下げることも重要です。

　原子力発電の経済性に関する特性として、運転コストが低廉であることが挙げられます。資源エネルギー庁の発電コスト検証ワーキンググループが2021年に行った試算では、2020年時点における原子力発電の発電コストは、発電に直接関係する費用だけでなく、廃炉費用、高レベル放射性廃棄物の最終処分を含む核燃料サイクル費用等の将来発生する費用等も全て含めて、11.5〜円/kWhと見積もられています（表 2-1）。

---

[6] Feed in Tariff

[7] Feed in Premium

はじめに
特集
第1章
第2章
第3章
第4章
第5章
第6章
第7章
第8章
資料編
用語集

表 2-1　2020 年時点におけるモデルプラント試算による電源別発電コスト

| 電源 | 原子力 | 火力 | | | 再生可能エネルギー | | | |
|---|---|---|---|---|---|---|---|---|
| | | 石炭火力 | LNG 火力 | 石油火力 | 陸上風力 | 太陽光（事業用） | 小水力 | 地熱 |
| 設備容量（kW） | 120 万 | 70 万 | 85 万 | 40 万 | 3 万 | 250 | 200 | 3 万 |
| 設備利用率（%） | 70 | 70 | 70 | 30 | 25.4 | 17.2 | 60 | 83 |
| 稼働年数（年） | 40 | 40 | 40 | 40 | 25 | 25 | 40 | 40 |
| 発電コスト（円/kWh） | 11.5〜 | 12.5 | 10.7 | 26.7 | 19.8 | 12.9 | 25.3 | 16.7 |

(出典)総合資源エネルギー調査会基本政策分科会発電コスト検証ワーキンググループ「基本政策分科会に対する発電コスト検証に関する報告」(2021 年)に基づき作成

　また、原子力発電に使用されるウランと、液化天然ガス（LNG）、石油、石炭等の化石燃料とでは、発電に必要な燃料の量が大きく異なります。100 万 kW の発電所を 1 年間運転するために、LNG は 95 万 t、石油は 155 万 t、石炭は 235 万 t が必要となる一方で、ウランの必要量は 21t です（図 2-8）。自国にエネルギー資源を持たず輸入に依存している我が国にとって、必要な燃料の量が多いということは、燃料の購入費用だけでなく、燃料の国内への輸送コストの増大にもつながります。化石燃料の場合、燃料価格は産出国の政治情勢や為替レートの変動の影響も受けます。このように、原子力発電には、化石燃料と比較して必要な燃料量が少なく、燃料価格変動の影響を受けにくいという特性もあります。

　再生可能エネルギー導入に伴う賦課金増大や化石燃料の市場価格変動による影響を緩和し、電気料金の上昇を抑えるためにも、安全最優先での原子力発電所の再稼働を進めることは有効です。

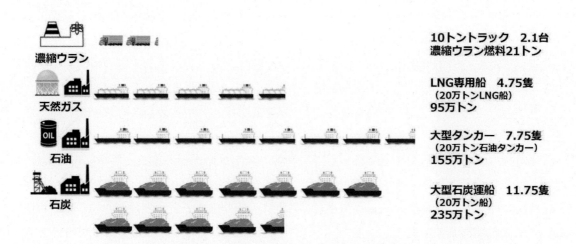

濃縮ウラン　　10トントラック　2.1台
濃縮ウラン燃料21トン

天然ガス　　LNG専用船　4.75隻
（20万トンLNG船）
95万トン

石油　　大型タンカー　7.75隻
（20万トン石油タンカー）
155万トン

石炭　　大型石炭運船　11.75隻
（20万トン船）
235万トン

図 2-8　100 万 kW の発電設備を 1 年間運転するために必要な燃料

(出典)資源エネルギー庁スペシャルコンテンツ「原発のコストを考える」(2017 年)

はじめに

特集

第1章

第2章

第3章

第4章

第5章

第6章

第7章

第8章

資料編

用語集

## コラム　〜電力システム全体のコストの考え方〜

　電源を実際に利用する際には、発電コストだけでなく、各電源を電力システムに受け入れるコスト（統合コスト）も発生します。統合コストの分析手法や結果の示し方は国際的に確立されておらず研究途上ですが、総合資源エネルギー調査会基本政策分科会では、2021 年 8 月に、以下に示す「統合コストの一部を考慮した発電コスト（仮称）」を委員有志による試算結果として公表しました。

### 電力コストの全体像

| | 「統合コストの一部を考慮した発電コスト（仮称）」の試算に含まれる要素 | 今回の試算に含まれない要素 |
|---|---|---|
| 発電コスト | ・資本費（建設費、固定資産税、設備廃棄費用等）<br>・運転維持費（人件費、修繕費等）<br>・燃料費<br>・社会的費用（CO2 対策費等）<br>・政策経費（立地交付金、技術開発予算等） | ・土地造成費（今後、適地の減少に伴い、山地や森林等を造成する際のコストの増加分） |
| 統合コスト | ・他の調整電源（火力等）の設備利用率の低下や発電効率の低下<br>・需要を超えた分の発電量を揚水で蓄電・放電することによる減少分や、再生可能エネルギーの出力抑制<br>・追加した電源自身の設備利用率の変化 | ・電力需給の予測誤差を埋める費用（需要量の予測誤差、太陽光・風力の発電量の予測誤差）<br>・発電設備容量の維持にかかる費用<br>・ディマンド・レスポンスの効果<br>・基幹送電網につなぐ費用（電源が基幹送電網から離れている場合）<br>・基幹送電網の整備費用 |

（出典）第 48 回総合資源エネルギー調査会基本政策分科会資料 1　資源エネルギー庁「発電コスト検証について」（2021 年）に基づき作成

　太陽光や風力は、天候や時間により発電量が変動するため、火力等の出力調整や需要超過分の出力抑制により統合コストが上昇します。原子力は、一定の出力を続ける前提で動かすため、火力等の出力調整により統合コストが上昇します。このように、どの電源を追加しても電力システム全体にコストが生じるため、この統合コストをどのように抑制するかについても考慮していく必要があります。

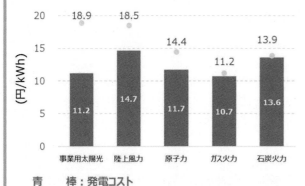

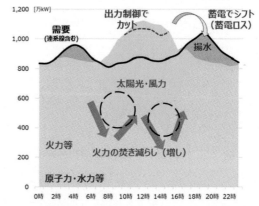

青　棒：発電コスト
黄色ドット：統合コストの一部を考慮した発電コスト（仮称）

### 2030 年のモデルプラントによる試算結果（左）、電力需給の調整のイメージ（右）

（出典）第 48 回総合資源エネルギー調査会基本政策分科会資料 1　資源エネルギー庁「発電コスト検証について」（2021 年）に基づき作成

## （5）　地球温暖化対策と原子力

　3Eの構成要素の一つである環境への適合（Environment）に関しては、もはや、温暖化への対応は経済成長の制約ではありません。積極的に温暖化対策を行うことが、産業構造や経済社会の変革をもたらし、大きな成長につながるという発想の転換が必要です。2020年以降の温暖化対策の国際枠組みを定めた「パリ協定」では、世界共通の目標として、工業化以前からの世界全体の平均気温の上昇を2℃より十分に下回るものに抑えるとともに、1.5℃に抑える努力を継続することとしています。2021年10月から11月にかけて英国で開催された国連気候変動枠組条約第26回締約国会議（COP26）では、世界全体の平均気温の上昇を1.5℃に抑える努力を追求することへの決意が成果文書に盛り込まれました。この目標を達成するためには、温室効果ガスの人為的な発生源による排出量と吸収源による除去量との間の均衡を達成するカーボンニュートラルを目指すことになります。

　我が国では、2050年カーボンニュートラルを目指し、2021年6月にグリーン成長戦略が具体化されました。言葉を並べることは簡単ですが、カーボンニュートラルの実行は並大抵の努力でできることではありません。同戦略では、大胆な投資を行い、イノベーションを起こすといった民間企業の前向きな挑戦を全力で応援することが、政府の役割であるとしています。その上で、予算や税制、金融、規制改革・標準化、国際連携等あらゆる政策ツールを総動員し、関係省庁が一体となって取り組んでいくため、原子力産業を含む14の重要分野（図 2-9）において「実行計画」が策定されました。

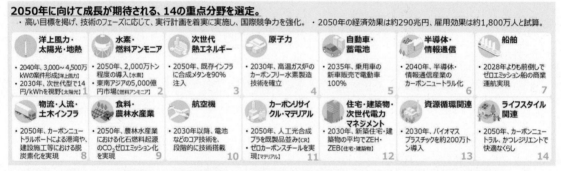

図 2-9　グリーン成長戦略（2021年6月改訂）における14の重要分野
（出典）「2050年カーボンニュートラルに伴うグリーン成長戦略」（広報資料）（2021年）

　原子力産業分野の実行計画では、原子力は大量かつ安定的にカーボンフリーの電力を供給することが可能な上、技術自給率も高いとしており、更なるイノベーションによって、安全性・信頼性・効率性の一層の向上、放射性廃棄物の有害度低減・減容化、資源の有効利用による資源循環性の向上を達成していく方針です。また、再生可能エネルギーとの共存、カーボンフリーな水素製造や熱利用といった多様な社会的要請に応えることも可能であるとしています。軽水炉の更なる安全性向上はもちろんのこと、それへの貢献も見据えた革新的技術の原子力イノベーションに向けた研究開発も進めていくため、4つの目標を掲げ、2050年までの時間軸の工程表を提示しました（図 2-10）。

### ④原子力産業の成長戦略「目標」

- 国際連携を活用した高速炉開発の着実な推進
- 2030年までに国際連携による小型モジュール炉（SMR）技術の実証
- 2030年までに高温ガス炉における水素製造に係る要素技術確立
- ITER（国際熱核融合実験炉）計画等の国際連携を通じた核融合研究開発の着実な推進

### ④原子力産業の成長戦略「工程表」

●導入フェーズ： 1. 開発フェーズ　2. 実証フェーズ　3. 導入拡大・コスト低減フェーズ　4. 自立商用フェーズ

●具体化すべき政策手法： ①目標、②法制度（規制改革等）、③標準、④税、⑤予算、⑥金融、⑦公共調達等

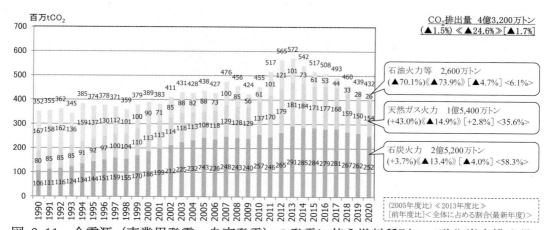

| | 2021年 | 2022年 | 2023年 | 2024年 | 2025年 | ～2030年 | ～2040年 | ～2050年 |
|---|---|---|---|---|---|---|---|---|
| 高速炉 | ○戦略ロードマップに基づく開発　ステップ1・民間によるイノベーションの活用による多様な技術間競争を促進・国際協力を活用した効率的な開発・日仏協力（安全性・経済性の向上）・日米協力（多目的試験炉等） | | | ステップ2・国、JAEA、ユーザーがメーカーの協力を得て技術を絞り込み（常陽等の施設を活用） | | 一定の技術が選択される場合 | ステップ3・工程の具体化 | 例えば21世紀半ば頃の適切なタイミングに、現実的なスケールの高速炉の運転開始を期待 |
| 小型炉（SMR） | 米国・カナダ等で2030年頃までに実用化→日本企業が海外実証プロジェクトに参画 | | | | | 日本企業が主要サプライヤーの地位を獲得 | 販路拡大・量産体制化でコスト低減 | アジア・東欧・アフリカ等にグローバル展開 |
| 高温ガス炉 | HTTR再稼働　世界最高温の950℃を出力可能なHTTRを活用した国際連携の推進　高温熱を利用したカーボンフリー水素製造技術の確立（IS法、メタン熱分解法等）水素コスト：2050年に12円/Nm³の可能性 | HTTRを活用した固有の安全性確認のための試験 | | カーボンフリー水素製造に必要な技術開発 | | | カーボンフリー水素製造設備と高温ガス炉の接続実証　実用化スケールに必要な実証 | 販路拡大・量産体制化でコスト低減 |
| 核融合 | 国際協力の下、核融合実験炉（ITER）の建設・各種機器の製作・JT-60SAを活用したITER補完実験、・原型炉概念設計・要素技術開発　人材育成、学術研究の推進　米国、英国等のベンチャーが2030年頃までに実用化目標　海外プロジェクトに日本のベンチャー等が研究開発・サプライヤーとして参画、機器納入 | | | | | ITER運転開始・核融合反応に向けたプラズマ制御試験　原型炉に向けた工学設計・実規模技術開発 | ITER核融合運転開始・重水素・三重水素燃焼による燃焼制御・工学試験・核融合工学技術の実証　実用化スケールに必要な実証 | |

**図 2-10　グリーン成長戦略（2021年6月改訂）における原子力産業の工程表**

（出典）「2050年カーボンニュートラルに伴うグリーン成長戦略」（2021年）に基づき作成

　我が国における発電に伴う二酸化炭素排出量は、東日本大震災後の原子力発電所の運転停止及び火力発電量の増加に伴い、2011年度から2013年度までは増加傾向でしたが、エネルギー消費量の減少、再生可能エネルギーの導入拡大、原子力発電所の再稼働により、2014年度以降は減少傾向にあります（図 2-11）。原子力発電所の再稼働を進めることは、温室効果ガス排出削減の観点からも重要であると考えられます。

**図 2-11　全電源（事業用発電、自家発電）の発電に伴う燃料種別の二酸化炭素排出量**

（出典）環境省「2020年度（令和2年度）の温室効果ガス排出量（確報値）に関する分析について（資料集）」（2022年）

### (6)　世界の原子力発電の状況と中長期的な将来見通し

　2011 年以降、2021 年までの間に、世界では 66 基の原子炉の営業運転が開始されているとともに、64 基の原子炉の建設が開始され、75 基が閉鎖されています[8]。

　2022 年 3 月末時点で、世界で運転中の原子炉は 439 基、原子力発電設備容量は 3 億 9,228 万 kW に達しており、建設中のものを含めると総計 495 基、4 億 5,399 万 kW となります。また、世界の原子力発電電力量は、2011 年の東電福島第一原発事故後に一旦落ち込みましたが、2013 年以降は順調に回復しています（図 2-12、図 2-13）。

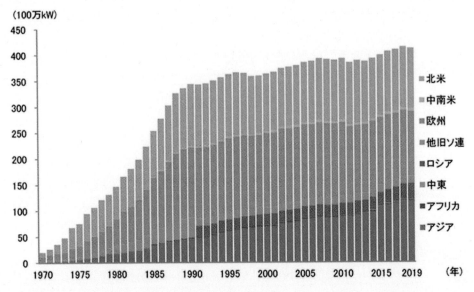

図 2-12　世界の原子力発電設備容量（運転中）の推移（地域別）

(注) 日本原子力産業協会「世界の原子力発電開発の動向 2020 年版」を基に経済産業省が作成。
(出典) 経済産業省「令和 2 年度　エネルギー白書」(2021 年)

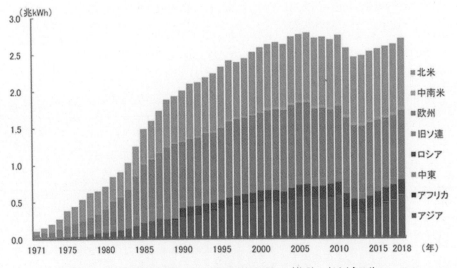

図 2-13　世界の原子力発電電力量の推移（地域別）

(注) IEA「World Energy Balances 2020 Edition」を基に経済産業省が作成。
(出典) 経済産業省「令和 2 年度　エネルギー白書」(2021 年)

---

[8]　資料編 6(2)「世界の原子力発電所の運転開始・着工・閉鎖の推移（2010 年以降）」を参照。

　ウクライナ（旧ソ連）のチョルノービリ原子力発電所の事故[9]、東電福島第一原発事故を経て、西欧諸国の中にはドイツ、イタリア、スイス等のように脱原子力政策に転じる国々が現れました。アジアでも、韓国が脱原子力の方針を示しました。

　しかし、そのほかのアジア、東欧、中近東等では、経済成長に伴う電力需要と電力の低炭素化に対応するため、東電福島第一原発事故後も原子力開発が進展しています。特に中国では原子力開発が積極的に進められ、2020年には発電電力量がフランスを上回り、世界2位となりました（図 2-14 左）。

　また、原子力利用先進国[10]においても、低炭素電源としての原子力発電の重要性が再認識されてきています。世界最大の原子力利用国である米国（図 2-14 左）では、早期に閉鎖する原子力発電所も見られる一方で、80 年運転に向けた取組を行う原子力発電所も増加しています。発電電力量に占める原子力比率が 65％を超え世界首位のフランス（図 2-14 右）では、2021 年 11 月、マクロン大統領が原子炉を新設する方針を発表しました。欧州では、原子力発電を低炭素電源と位置付け、地球温暖化対策とエネルギー安定供給両立の手段として、その価値を再評価し、原子力発電所を新設、維持する機運が高まっています。

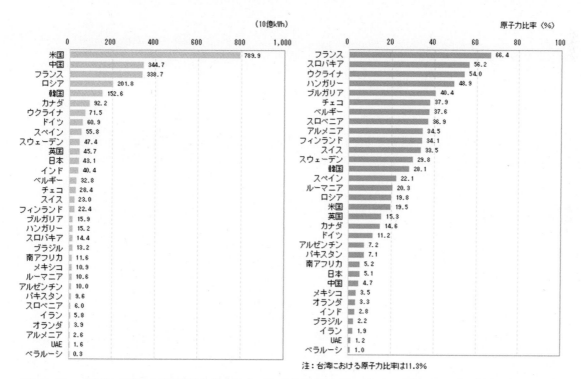

図 2-14　各国の原子力発電電力量（左）及び発電電力量に占める原子力比率（右）（2020 年）
(出典)IAEA「Energy, Electricity and Nuclear Power Estimates for the Period up to 2050」(2021 年)に基づき作成

---

[9] 1986 年 4 月 26 日に、旧ソ連ウクライナ共和国のチョルノービリ原子力発電所 4 号機で発生した事故。急激な出力の上昇による原子炉や建屋の破壊に伴い大量の放射性物質が外部に放出され、ウクライナ、ロシア、ベラルーシや隣接する欧州諸国を中心に広範囲に飛散。
[10] 第 3 章 3-1(2)「海外の原子力発電主要国の動向」を参照。

はじめに
特集
第1章
第2章
第3章
第4章
第5章
第6章
第7章
第8章
資料編
用語集

　国際原子力機関（IAEA）が2021年9月に発表した年次報告書「2050年までのエネルギー、電力、原子力発電の予測2021年版」では、原子力発電の設備容量について、2020年度版の報告書と同様に、①現在の市場や大幅な技術革新等、原子力を取り巻く環境が大きく変化しないと仮定した保守的な「低位ケース」と、②新興国の経済成長や電力需要の増大の継続を仮定し、パリ協定締約国による温室効果ガス排出削減で原子力の果たす役割が拡大することを前提にした「高位ケース」を設定して、それぞれ見通しを示しています（図 2-15）。低位ケースでは、図 2-16左のように閉鎖と新設がほぼ均衡して推移し、中期的には原子力発電設備容量が一時減少するものの、2050年頃には現状並みに回復する傾向が示されています。高位ケースでは、既存炉の運転期間延長等により図 2-16右のように閉鎖が抑えられ、2050年には2020年からほぼ倍増すると予測されています。

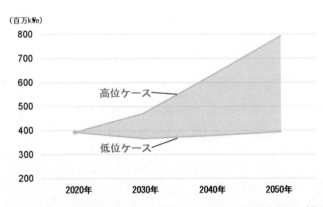

図 2-15　IAEA による 2050 年までの原子力発電設備容量の推移見通し

（出典）IAEA「Energy, Electricity and Nuclear Power Estimates for the Period up to 2050」（2021 年）に基づき作成

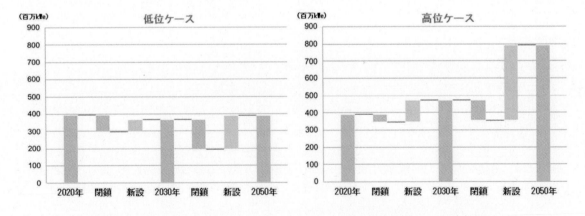

図 2-16　IAEA による 2050 年までの原子力発電所閉鎖・新設見通し

（出典）IAEA「Energy, Electricity and Nuclear Power Estimates for the Period up to 2050」（2021 年）に基づき作成

## 2-2 原子力のエネルギー利用を進めていくための取組

> エネルギーの安定供給、経済効率性、環境適合性等の課題に対し、原子力エネルギーは、地球温暖化対策に貢献しつつ、安価で安定的に電気を供給できる電源の役割を果たすことが期待されます。また、電力小売全面自由化により、原子力発電も電力市場の競争原理の下に置かれています。
>
> このような状況を踏まえ、安全性の確保を大前提に適切に原子力のエネルギー利用を進めていくことが必要です。原子力規制委員会による厳格な審査の下で、使用済燃料の貯蔵・管理を含め、軽水炉を長期的に利用するための取組が行われるとともに、使用済燃料を資源として有効利用する核燃料サイクルの確立に向けた着実な取組が進められています。

### （1） 電力自由化の下での安全かつ安定的な軽水炉利用

　2016年の電力小売全面自由化により、従来の地域独占[11]や総括原価方式[12]による投資回収の保証制度が撤廃され、原子力発電も電力自由競争の枠組みの中に置かれています。一方で、原子力発電には、事故炉廃炉の資金確保や原子力損害賠償のように、市場原理のみに基づく解決が困難な課題があります（図 2-17）。このような課題に対応するため、事故炉の廃炉を行う原子力事業者等に対して、廃炉に必要な資金を原子力損害賠償・廃炉等支援機構に積み立てることが義務付けられています。

　また、電力自由化の下で、火力電源に比べ燃料費が低く電力を安定供給できるといった特性を持つ原子力発電所を長期的に利用するため、原子力事業者等を含む産業界は、安全性向上に係る自律的・継続的な取組を進めています[13]。

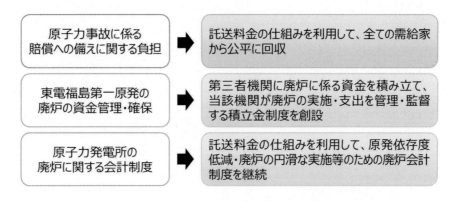

**図 2-17　自由化の下での財務・会計上の課題への対応の基本的な考え方**

（出典）総合資源エネルギー調査会基本政策分科会電力システム改革貫徹のための政策小委員会「電力システム改革貫徹のための政策小委員会　中間とりまとめ」（2017年）に基づき作成

---

[11] 特定地域の電力販売をその地域の電力会社1社が独占できる枠組み。
[12] 総原価を算定し、これを基に販売料金単価を定める枠組み。
[13] 第1章1-2(4)「原子力事業者等による自主的安全性向上」を参照。

## （2）　核燃料サイクルに関する取組

### ①　核燃料サイクルの概念

　「核燃料サイクル」とは、原子力発電所で発生する使用済燃料を再処理し、回収されるプルトニウム等を再び燃料として有効利用することです。核燃料サイクルは、ウラン燃料の生産から発電までの上流側プロセスと、使用済燃料の再利用や放射性廃棄物の適切な処分等からなる下流側プロセスに大別されます（図 2-18）。

　上流側のプロセスは、天然ウランの確保・採掘・製錬、六フッ化ウランへの転換、核分裂しやすいウラン 235 の割合を高めるウラン濃縮、二酸化ウランへの再転換、ウラン燃料の成型加工、ウラン燃料を用いた発電からなります。

　下流側のプロセスは、使用済燃料の中間貯蔵、使用済燃料からウラン及びプルトニウムを分離・回収するとともに残りの核分裂生成物等をガラス固化する再処理、ウラン・プルトニウム混合酸化物（MOX）燃料の成型加工、MOX 燃料を軽水炉で利用するプルサーマル、放射性廃棄物の適切な処理・処分等からなります。なお、再処理を行わない政策を採っている国では、原子炉から取り出した使用済燃料については、冷却後、直接、高レベル放射性廃棄物として処分（直接処分）される方針です。

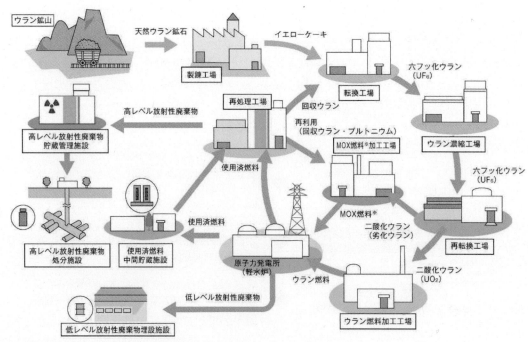

※MOX（Mixed Oxide）燃料：プルトニウムとウランの混合燃料

**図 2-18　核燃料サイクルの概念**

(出典)一般財団法人日本原子力文化財団「原子力・エネルギー図面集」(2016 年)

## ② 核燃料サイクルに関する我が国の基本方針

　エネルギー資源の大部分を輸入に依存している我が国では、資源の有効利用、高レベル放射性廃棄物の減容化・有害度低減等の観点から、核燃料サイクルの推進を基本方針としています。この基本方針に基づき、核燃料サイクル施設や原子力発電所の立地地域を始めとする国民の理解と協力を得つつ、安全の確保を大前提に、国や原子力事業者等による中長期的な取組が進められています（図 2-19）。

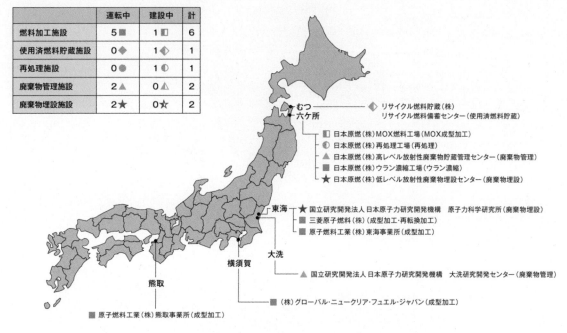

**図 2-19　我が国の核燃料サイクル施設立地地点**

(出典)一般財団法人日本原子力文化財団「原子力・エネルギー図面集」(2017 年)

　このうちウラン濃縮施設や使用済燃料の再処理施設は、核兵器の材料となる高濃縮ウランやプルトニウムを製造するための施設に転用されないことを確保する必要があります。我が国は、原子力基本法において原子力利用を厳に平和の目的に限るとともに、IAEA 保障措置の厳格な適用を受け、原子力の平和利用を担保しています。また、利用目的のないプルトニウムは持たないとの原則を引き続き堅持し、プルトニウムの適切な管理と利用に係る取組を実施しています[14]。

---

[14] 第 4 章 4-1(3)「政策上の平和利用」を参照。

### ③　天然ウランの確保に関する取組

　天然ウランの生産国は、政治情勢が比較的安定している複数の地域に分散しています（図2-20）。また、ウランは国内での燃料備蓄効果が高く、資源の供給安定性に優れています。冷戦構造の崩壊後、高濃縮ウランの希釈による発電用燃料への転用が開始されたことにより生産量は一時落ち込みましたが、需要はほぼ横ばいで推移しており、2011年の東電福島第一原発事故以降も一定量の生産が維持されています（図2-21）。

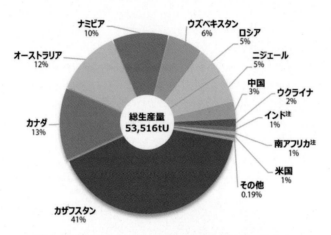

図 2-20　ウラン生産国の内訳（2018年）

(注)インドと南アフリカは、OECD/NEA 及び IAEA による推定値。
(出典)OECD/NEA & IAEA「Uranium 2020: Resources, Production and Demand」(2020 年)に基づき作成

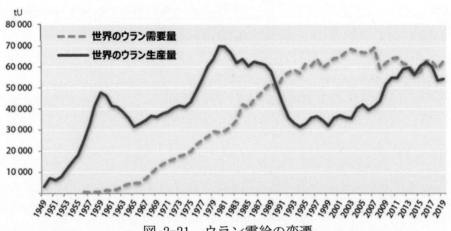

図 2-21　ウラン需給の変遷

(出典)OECD/NEA & IAEA「Uranium 2020: Resources, Production and Demand」(2020 年)に基づき作成

　国際的なウラン価格は、2005年以降、大きく変動しています。スポット契約価格[15]は、2007年から2008年にかけて急上昇した後、2009年には急下落しました。一方で、長期契約価格は2012年頃まで上昇を続けましたが、その後は下降傾向にあります。近年では、スポット契約価格が 75 米ドル／kgU 程度、長期契約価格が 100 米ドル／kgU 程度で推移しています（図 2-22）。

―――――――――――――

[15] 長期契約等で定めた価格ではなく、一回の取引ごとに交渉で取り決めた価格。

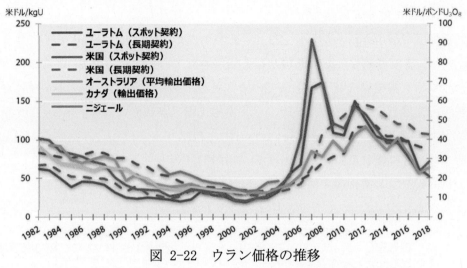

図 2-22　ウラン価格の推移

(出典) OECD/NEA & IAEA「Uranium 2020: Resources, Production and Demand」(2020 年)に基づき作成

　ウラン資源量について、OECD/NEA と IAEA が共同で公表した報告書「Uranium 2020: Resources, Production and Demand」では、2019 年末における既知資源量は 1997 年に比べて増加しており、中長期的に見るとウラン資源量は増加してきたといえます。なお、2017 年から 2019 年にかけて増加した既知資源量の大部分は、既知のウラン鉱床で新たに特定された資源と、既に特定されていたウラン資源の再評価に起因するものであるとされています。

　一方で、今後の見通しについては、中国やインド等、世界的に原子力発電が拡大してウラン需要が高くなるケースでは、中長期的にウラン需給ひっ迫の可能性が高まると予測されています（図 2-23）。天然ウランの全量を海外から輸入している我が国にとって、安定的に天然ウランを調達することは重要な課題です。資源エネルギー庁は、資源国との関係強化に資する探鉱等について、独立行政法人石油天然ガス・金属鉱物資源機構（JOGMEC[16]）への支援を実施し、ウラン調達の多角化や安定供給の確保を図っています。

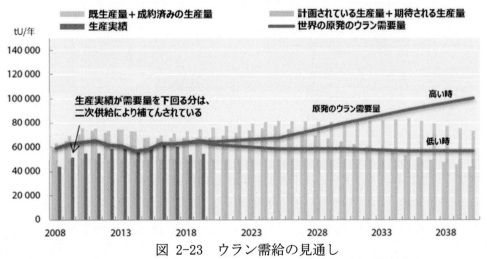

図 2-23　ウラン需給の見通し

(出典) OECD/NEA & IAEA「Uranium 2020: Resources, Production and Demand」(2020 年)に基づき作成

---

[16] Japan Oil, Gas and Metals National Corporation

はじめに

特集

第1章

第2章

第3章

第4章

第5章

第6章

第7章

第8章

資料編

用語集

#### ④ ウラン濃縮に関する取組

　原子力発電所で利用されるウラン235は、天然ウラン中には0.7%程度しか含まれていないため、3〜5%まで濃縮した上で燃料として使用されています（図 2-24）。初期にはガス拡散法というウラン濃縮手法が用いられていましたが、現在は、遠心分離法が主流になっています。我が国では、日本原燃の六ヶ所ウラン濃縮工場（濃縮能力は年間 450tSWU[17]）において、1992年から濃縮ウランが生産されています。2012年からは、日本原燃が開発した、より高性能で経済性に優れた新型遠心分離機が段階的に導入されています。

　なお、世界のウラン濃縮能力は表 2-2 のとおりです。

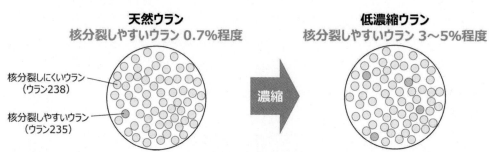

図 2-24　ウラン濃縮のイメージ

（出典）内閣府作成

表 2-2　世界のウラン濃縮能力（2020年）

| 国 | 事業者 | 施設所在地 | 濃縮能力<br>（tSWU/年） |
|---|---|---|---|
| フランス | オラノ社 | ピエールラット | 7,500 |
| ドイツ | ウレンコ社 | グロナウ | 14,900 |
| オランダ | | アルメロ | |
| 英国 | | カーペンハースト | |
| 日本 | 日本原燃 | 青森県六ヶ所村 | 450 |
| 米国 | ウレンコ社 | ニューメキシコ | 4,700 |
| ロシア | テネックス社 | アンガルスク、ノヴォウラリスク、ジェレノゴルスク、セベルスク | 28,663 |
| 中国 | 核工業集団公司（CNNC[18]） | 陝西省漢中、甘粛省蘭州 | 10,700＋ |
| その他 | アルゼンチン、ブラジル、インド、パキスタン、イランの施設 | | 170 |

（出典）日本原燃「濃縮事業の概要」、世界原子力協会(WNA)「Uranium Enrichment」(2020年)等に基づき作成

#### ⑤ 濃縮ウランの再転換・ウラン燃料の成型加工に関する取組

　濃縮ウランから軽水炉用のウラン燃料を製造するためには、六フッ化ウランから粉末状の二酸化ウランにする再転換工程と、粉末状の二酸化ウランを成型、焼結し、ペレット状に

---

[17] 天然ウランから濃縮ウランを製造する際に必要な作業量を表す単位。
[18] China National Nuclear Corporation

加工し、被覆管の中に収納して燃料集合体に組み立てる成型加工工程の 2 つの工程が必要となります。

再転換工程については、国内では三菱原子燃料株式会社のみが実施しています。なお、東電福島第一原発事故前は、海外で濃縮し再転換されたものの輸入も行われていました。

成型加工工程については、国内では三菱原子燃料株式会社、株式会社グローバル・ニュークリア・フュエル・ジャパン及び原子燃料工業株式会社の 3 社が実施しています。なお、東電福島第一原発事故前は、加圧水型軽水炉（PWR[19]）用と沸騰水型軽水炉（BWR[20]）用ともに、国内で必要とされる量の大部分をこの 3 社で賄っていました。

### ⑥　使用済燃料の貯蔵に関する取組

軽水炉でウラン燃料を使用することにより発生する使用済燃料は、再処理されるまでの間、各原子力発電所の貯蔵プールや中間貯蔵施設等で貯蔵・管理されています。

各原子力発電所では、2021 年 3 月末時点で、合計約 16,240tU[21]の使用済燃料が貯蔵・管理されています（表 2-3）。

表 2-3　各原子力発電所（軽水炉）の使用済燃料の貯蔵量及び管理容量（2021 年 3 月末時点）

| 電力会社 | 発電所名 | 2021 年 3 月末時点 | | | | 試算値＜4 サイクル（約5 年）後＞[※1] | | |
| | | 1 炉心<br>（t U） | 1 取替分<br>（t U） | 管理容量<br>※2<br>（t U） | 使用済燃料<br>貯蔵量<br>（t U） | 管理容量<br>※2　(A)<br>（t U） | 使用済燃料<br>貯蔵量(B)<br>（t U） | 貯蔵割合<br>(B)/(A)×100<br>（%） |
|---|---|---|---|---|---|---|---|---|
| 北海道電力 | 泊 | 170 | 50 | 1,020 | 400 | 1,020 | 600 | 59 |
| 東北電力 | 女川 | 200 | 40 | 860 | 480 | 860 | 640 | 74 |
| | 東通 | 130 | 30 | 440 | 100 | 440 | 220 | 50 |
| 東京電力 HD | 福島第一 | 580 | 140 | ※3 2,260 | 2,130 | 2,260 | 2,130 | 94 |
| | 福島第二 | 0 | 0 | 1,880 | 1,650 | 1,880 | 1,650 | 88 |
| | 柏崎刈羽 | 960 | 230 | 2,910 | 2,370 | ※4 2,920 | ※5 2,920 | ※5 100 |
| 中部電力 | 浜岡 | 410 | 100 | ※6 1,300 | 1,130 | ※7 1,700 | 1,530 | 90 |
| 北陸電力 | 志賀 | 210 | 50 | 690 | 150 | 690 | 350 | 51 |
| 関西電力 | 美浜 | 70 | 20 | 620 | 470 | ※8 620 | 550 | 89 |
| | 高浜 | 290 | 100 | 1,730 | 1,340 | 1,730 | ※9 1,730 | ※9 100 |
| | 大飯 | 180 | 60 | 2,100 | 1,740 | 2,100 | 1,980 | 94 |
| 中国電力 | 島根 | 100 | 20 | 680 | 460 | 680 | 540 | 79 |
| 四国電力 | 伊方 | 70 | 20 | ※10 930 | 720 | ※11 1,430 | 800 | 56 |
| 九州電力 | 玄海 | 180 | 60 | 1,190 | 1,080 | ※12 1,920 | 1,320 | 69 |
| | 川内 | 150 | 50 | 1,290 | 1,030 | 1,290 | 1,230 | 95 |
| 日本原子力発電 | 敦賀 | 90 | 30 | 910 | 630 | 910 | 750 | 82 |
| | 東海第二 | 130 | 30 | 440 | 370 | ※13 510 | 490 | 96 |
| 合計 | | 3,920 | 1,030 | 21,250 | 16,240 | 22,960 | 19,430 | |

※1：各社の使用済燃料貯蔵量については、下記仮定の条件により算定した試算値であり、具体的な再稼働を前提としたものではない。
　　○各発電所の全号機を対象。（廃炉を決定した女川1号機、福島第一、福島第二、浜岡1・2号機、美浜1・2号機、大飯1・2号機、伊方1・2号機、島根1号機、玄海1・2号機、敦賀1号機を除く）
　　○貯蔵量は、2021年3月末時点の使用済燃料貯蔵量に、4サイクル運転分の使用済燃料発生量（4取替分）を加えた値。（単純発生量のみを考慮）
　　○1サイクルは、運転期間13ヶ月、定期検査期間3ヶ月と仮定。（この場合、4サイクルは約5年となる）
※2：管理容量は、原則として「貯蔵容量から1炉心＋1取替分を差し引いた容量」。なお、運転を終了したプラントについては、貯蔵容量と同じとしている。
※3：福島第一については、廃炉作業中であり第一回推進協議会時点（2015年9月末値）を参考値とし、その後の廃炉作業に伴う乾式キャスク仮保管設備拡張等は除外している
※4：柏崎刈羽5号機については、使用済燃料貯蔵設備の貯蔵能力の増強（リラッキング）に関する工事未実施であるが、工事完了後の管理容量予定値を記載。
※5：柏崎刈羽については、約2.5サイクル（3年程度）で管理容量に達する。（運転時期は未考慮）
※6：浜岡1、2号炉は廃止措置中であり、燃料プール管理容量から除外している。
※7：浜岡4号機については、乾式貯蔵施設の設置に関する申請中であり、竣工後の管理容量予定値を記載。
※8：美浜3号機については、耐震性向上対策工事後の管理容量を記載。
※9：高浜については、約4サイクル（5年程度）で管理容量に達する。（運転時期は未考慮）
※10：伊方1号機は廃止措置中で、燃料搬出が完了しているため、使用済燃料ピット管理容量から除外している。
※11：伊方3号機については、乾式貯蔵施設の設置に関する申請中であり、竣工後の管理容量予定値を記載。
※12：玄海については、使用済燃料貯蔵設備の貯蔵能力の増強（リラッキング）並びに乾式貯蔵施設の竣工後の管理容量予定値を記載。
※13：東海第二については、乾式貯蔵キャスクを24基（現状＋7基）とした管理容量を記載。
注）　四捨五入の関係で、合計値は、各項目を加算した数値と一致しない部分がある
(出典)電気事業連合会「使用済燃料貯蔵対策の取組強化について（「使用済燃料対策推進計画」）」(2021 年)

---

[19] Pressurized Water Reactor
[20] Boiling Water Reactor
[21] ウランが金属の状態であるときの重量を示す単位。

　一部の原子力発電所では貯蔵容量がひっ迫しており、原子力発電所の再稼働による使用済燃料の発生等が見込まれる中、貯蔵能力の拡大が重要な課題です。このような状況を踏まえ、「使用済燃料対策に関するアクションプラン」（2015年10月最終処分関係閣僚会議）に基づき電気事業者が策定する「使用済燃料対策推進計画」は、2021年5月に改定されました。同計画では、発電所敷地内の使用済燃料貯蔵施設の増容量化（リラッキング[22]、乾式貯蔵施設[23]の設置等）、中間貯蔵施設の建設・活用等により、2020年代半ばに4,000tU程度、2030年頃に2,000tU程度、合わせて6,000tU程度の使用済燃料貯蔵対策を行う方針を示しました。現時点では、約4,600tU相当の貯蔵容量拡大について具体的な進捗が得られている一方で、まだ運用開始に至っておらず、更なる取組を進める必要があるとしています。2021年4月には、原子力規制委員会が九州電力株式会社に対して、玄海原子力発電所における使用済燃料乾式貯蔵施設の設置に係る原子炉設置変更許可を行いました（図 2-25）。

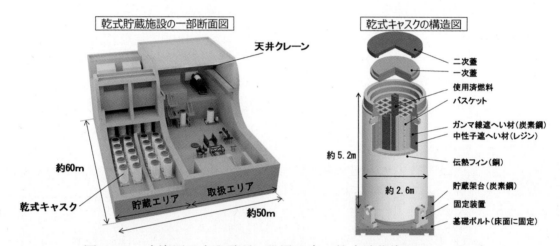

図 2-25　玄海原子力発電所に設置予定の乾式貯蔵施設のイメージ

（出典）第65回原子力規制委員会資料4　原子力規制委員会「九州電力株式会社玄海原子力発電所3号炉及び4号炉の発電用原子炉設置変更許可申請書に関する審査の結果の案の取りまとめについて（案）―使用済燃料乾式貯蔵施設の設置―」（2021年）に基づき作成

　リサイクル燃料貯蔵株式会社のリサイクル燃料備蓄センター（むつ中間貯蔵施設）は、最終的に5,000tの貯蔵容量拡大を計画している中間貯蔵施設です。原子力規制委員会による新規制基準への適合性審査の結果、同施設は2020年11月に使用済燃料の貯蔵事業の変更許可を受けました。安全審査の進捗を踏まえ、追加工事の工程見直しが行われ、事業開始時期は2023年度に延期されています。

　また、使用済燃料対策に関するアクションプランに基づいて設置された使用済燃料対策推進協議会では、使用済燃料対策推進計画を踏まえた電気事業者の取組状況について確認を行っています。2021年5月に開催された第6回協議会では、使用済燃料対策計画の実現に向け、業界全体で最大限の努力を行う必要性等が確認されました。

---

[22] 貯蔵用プール内の使用済燃料の貯蔵ラックの間隔を狭めることにより、貯蔵能力を増やすこと。
[23] 貯蔵用プールで水を循環させる湿式貯蔵によって十分冷却された使用済燃料を、金属製の頑丈な容器（乾式キャスク）に収納し、空気の自然対流によって冷却する貯蔵方法。

### ⑦　使用済燃料の再処理に関する取組

#### 1)　使用済燃料再処理機構の設立

　再処理等が将来にわたって着実に実施されるよう、「原子力発電における使用済燃料の再処理等の実施に関する法律」（平成17年法律第48号。平成28年法律第40号により改正。以下「再処理等拠出金法」という。）に基づき、2016年10月に使用済燃料再処理機構（以下「再処理機構」という。）[24]が設立されました（図 2-26）。原子力事業者は、再処理等に必要な資金を、拠出金として再処理機構に納付しています。

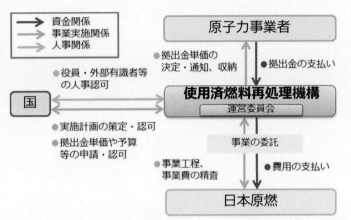

**図 2-26　原子力発電における使用済燃料の再処理等のための拠出金制度の概要**

（出典）第20回総合資源エネルギー調査会基本政策分科会資料2 資源エネルギー庁「使用済燃料の再処理等に係る制度の見直しについて」（2016年）に基づき作成

#### 2)　使用済燃料の再処理の推進

　使用済燃料は、中間貯蔵施設等において貯蔵された後、再処理によりウラン及びプルトニウムが分離・回収されます。

　日本原燃再処理事業所の六ヶ所再処理工場（再処理能力は年間800tU）では、2000年12月から使用済燃料の受入れ・貯蔵が開始され、2022年3月末時点で約3,393tが搬入されています。また、そのうち約425tがアクティブ試験[25]において再処理されています。原子力規制委員会は2020年7月、新規制基準への適合性審査の結果、同事業所における再処理の事業変更許可を行いました。これを受け、安全性向上対策工事の工程見直しが行われ、施設の竣工時期は2022年度上期に延期されています。

　我が国では、原子力機構の東海再処理施設を中心として再処理及び再処理技術に関する研究開発を行い、1977年から2007年まで累積で約1,140tの使用済燃料の再処理を実施しました。この過程を通じて得られた技術は、日本原燃への移転がほぼ完了しています。2018年6月には東海再処理施設の廃止措置計画が原子力規制委員会により認可され、放射性物質に伴うリスクを速やかに低減させるため、高放射性廃液のガラス固化等を最優先で進めることとしています。

　なお、我が国の使用済燃料の一部は、英国及びフランスの再処理施設で再処理されてきました。世界の再処理能力は表 2-4のとおりです。

---

[24] 再処理機構の使用済燃料再処理等実施中期計画の認可に係る原子力委員会の意見聴取については、第4章4-1(3)④「プルトニウム・バランスに関する取組」を参照。

[25] 再処理工場の操業開始に向けて実施される試験運転のうち、最終段階の試験運転として、実際の使用済燃料を用いてプルトニウムを抽出する試験。

表 2-4 世界の主な再処理施設 (2021 年)

| 国名 | 運転者 | 所在地（施設名） | | 再処理能力 (tU/年) | 営業開始時期 |
|---|---|---|---|---|---|
| フランス | オラノ社 | ラ・アーグ | | 1,700 | 1966 年 |
| 英国 | セラフィールド社 | カンブリア・シースケール | （ソープ） | 900 | 1994 年（2018 年閉鎖） |
| | | | （マグノックス） | 1,000 | 1964 年（2022 年閉鎖予定） |
| ロシア | 生産公社マヤーク | チェリャビンスク | | 400 | 1977 年 |
| 日本 | 原子力機構 | 茨城県東海村 | | 120 | 1981 年（廃止措置中） |
| | 日本原燃 | 青森県六ヶ所村 | | 800 | 2022 年度上期竣工予定 |

(出典)一般財団法人日本原子力文化財団「原子力・エネルギー図面集」(2021 年)等に基づき作成

## ⑧ ウラン・プルトニウム混合酸化物（MOX）燃料製造に関する取組

再処理施設で回収されたウラン及びプルトニウムは、MOX 燃料へと成型加工されます。我が国では、日本原燃が商用の軽水炉用 MOX 燃料加工施設（最大加工能力は年間 130tHM[26]）の建設を進めています。原子力規制委員会による新規制基準への適合性審査の結果、同施設は 2020 年 12 月に加工事業の変更許可を受けました。これに伴い、安全性向上対策のために必要な工事工程の精査が行われ、同施設の竣工時期は 2024 年度上期に延期されています。

また、原子力機構を中心として、高速増殖原型炉もんじゅ（以下「もんじゅ」という。）、高速実験炉原子炉施設（以下「常陽」という。）等の高速増殖炉、新型転換炉等に使用するための MOX 燃料製造（成型加工）に関する研究開発の実績があり、2010 年までに累積で約 173tHM の MOX 燃料が製造されました。

なお、海外の再処理施設で回収された我が国のプルトニウムは、MOX 燃料に加工された上で我が国に輸送されています。2021 年 11 月には、フランスから関西電力株式会社高浜発電所に 16 体の MOX 燃料が輸送されました。世界の MOX 燃料加工能力は表 2-5 のとおりです。

表 2-5 世界の主な MOX 燃料加工施設 (2021 年)

| 国名 | 運転者 | 所在地 | MOX 燃料製造能力 (tHM/年) | 営業開始時期 |
|---|---|---|---|---|
| フランス | オラノ社 | バニョルーシュルーセズ | 195 | 1995 年 |
| 日本 | 原子力機構 | 茨城県東海村 | 4.5 | 1988 年 |
| | 日本原燃 | 青森県六ヶ所村 | 130（最大） | 2024 年度上期竣工予定 |
| ベルギー | FBFC インターナショナル社 | デッセル | 200 | 1960 年（2015 年閉鎖） |

(出典)一般財団法人日本原子力文化財団「原子力・エネルギー図面集」(2021 年)等に基づき作成

---

[26] MOX 燃料中のプルトニウムとウラン金属成分の質量。

はじめに

特集

第1章

第2章

第3章

第4章

第5章

第6章

第7章

第8章

資料編

用語集

⑨　軽水炉によるMOX燃料利用（プルサーマル）に関する取組

　MOX燃料を原子力発電所の軽水炉で利用することを、「プルサーマル」といいます。我が国では、第6次エネルギー基本計画において、関係自治体や国際社会の理解を得つつ、プルサーマルを着実に推進することとしています。

　また、2018年7月に改定された原子力委員会の「我が国におけるプルトニウム利用の基本的な考え方」では、プルトニウムの需給バランスを確保し、プルトニウム保有量を必要最小限とする方針が明示されています[27]。これを踏まえ、電気事業連合会は2020年12月に、新たなプルサーマル計画を公表しました。同計画では、プルトニウム保有量の適切な管理のため、自社で保有するプルトニウムを自社の責任で消費することを前提として、2030年度までに少なくとも12基の原子炉でプルサーマルの実施を目指し、引き続きプルサーマルの推進を図るとしています。加えて、電気事業連合会は、2021年2月に新たなプルトニウム利用計画を公表しました（2022年2月改定）[28]。

　海外では、1970年代からプルサーマルの導入が開始され、2021年1月時点で、約7,300体のMOX燃料の利用実績があります。我が国では、表 2-6に示す5基においてプルサーマルを実施した実績があります。このうち東電福島第一原発3号機を除く4基は、新規制基準への適合審査に係る設置変更許可を受けて再稼働しています。また、プルサーマルを行う計画で、中国電力株式会社島根原子力発電所2号機が2021年9月に設置変更許可を受けており、建設中の電源開発株式会社大間原子力発電所を含む3基が原子力規制委員会による審査中です。大間原子力発電所では、運転開始時には全燃料の約3分の1をMOX燃料とし、その後5年から10年をかけてMOX燃料の割合を段階的に増加させ、最終的には全てMOX燃料による発電を行う予定です。

表 2-6　我が国の軽水炉におけるMOX燃料利用実績

| 電力会社名 | 発電所名 | 装荷[注]開始 | MOX燃料の累積装荷数 | 状況 |
|---|---|---|---|---|
| 九州電力（株） | 玄海3 | 2009年 | 36体 | 再稼働 |
| 四国電力（株） | 伊方3 | 2010年 | 16体 | 再稼働 |
| 関西電力（株） | 高浜3 | 2010年 | 28体 | 再稼働 |
| | 高浜4 | 2016年 | 20体 | 再稼働 |
| 東京電力 | 福島第一3 | 2010年 | 32体 | 2012年4月廃止 |

(注)原子炉の炉心に燃料集合体を入れること。
(出典)一般財団法人日本原子力文化財団「原子力・エネルギー図面集」(2021年)に基づき作成

---

[27] 第4章4-1(3)①「我が国におけるプルトニウム利用の基本的な考え方」を参照。
[28] 第4章4-1(3)③「プルトニウム利用目的の確認」を参照。

　持続可能な社会への移行に向けて、環境保全と経済活動の両立が世界中でますます強く求められるようになっています。温室効果ガスの排出抑制を目的とした経済活動の脱炭素化はその代表ですが、資源を再利用、リサイクルし有効活用することで、「ごみ」として廃棄されるものの量を最小限にする循環型経済への移行も、持続可能な社会の実現に不可欠な取組の一つです。

　MOX 燃料を利用する核燃料サイクルは、原子力発電所で発生した使用済燃料をリサイクルすることで、資源を有効活用し、「ごみ」として処分される放射性廃棄物の量や有害度を最小化する手段です。世界では、欧州を中心に、1960 年代から既に MOX 燃料利用に向けた取組が行われてきました。MOX 燃料の利用実績が世界で最も多いのは原子力大国であるフランスですが、これに次ぐ実績を有するのが、2022 年に全原子炉の閉鎖を予定している脱原子力国のドイツです。ドイツでは、2005 年まで行っていた国外再処理によって回収したプルトニウムを、MOX 燃料として国内の原子炉で消費するよう法的に義務付けられており、2016 年までに全て MOX 燃料として国内の軽水炉に装荷済みです。また、近年では、2014 年にオランダが、新たに自国原子炉での MOX 燃料利用を開始しています。

## 世界の MOX 利用の現状（2021 年 1 月時点）

| 国名 | 原子力発電所 | 炉型 | グロス出力(MW) | 装荷開始 | 累積装荷体数(2020年末時点) |
|---|---|---|---|---|---|
| ベルギー | チンアンジュ2号機 | PWR | 1,055 | 1995 to 2003*1 | 0 |
| | ドール3号機 | PWR | 1,056 | 1995 | 96 |
| フランス | フェニックス | FBR | 140 | 1973 | |
| | サンローラン・デノー・B1号機 | PWR | 956 | 1987 | |
| | サンローラン・デノー・B2号機 | PWR | 956 | 1988 | |
| | グラブリーヌ3号機 | PWR | 951 | 1989 | |
| | グラブリーヌ4号機 | PWR | 951 | 1989 | |
| | ダンピエール1号機 | PWR | 937 | 1990 | |
| | ダンピエール2号機 | PWR | 937 | 1993 | |
| | ルブレイエ2号機 | PWR | 951 | 1994 | |
| | トリカスタン2号機 | PWR | 955 | 1996 | |
| | トリカスタン3号機 | PWR | 955 | 1996 | |
| | トリカスタン1号機 | PWR | 955 | 1997 | |
| | トリカスタン4号機 | PWR | 955 | 1997 | 3,500 |
| | グラブリーヌ1号機 | PWR | 951 | 1997 | |
| | ルブレイエ1号機 | PWR | 951 | 1997 | |
| | ダンピエール3号機 | PWR | 937 | 1998 | |
| | グラブリーヌ2号機 | PWR | 951 | 1998 | |
| | ダンピエール4号機 | PWR | 937 | 1998 | |
| | シノンB4号機 | PWR | 954 | 1998 | |
| | シノンB2号機 | PWR | 954 | 1999 | |
| | シノンB3号機 | PWR | 954 | 1999 | |
| | シノンB1号機 | PWR | 954 | 2000 | |
| | グラブリーヌ6号機 | PWR | 951 | 2008 | |
| | グラブリーヌ5号機 | PWR | 951 | (2010) | |
| ドイツ | オブリッヒハイム*2 | PWR | 357 | 1972 | 78 |
| | ネッカー1号機*2 | PWR | 840 | 1982 | 32 |
| | ウンターベーザー*3 | PWR | 1,410 | 1984 | 200 |
| | グラーフェンラインフェルト*4 | PWR | 1,345 | 1985 | 164 |
| | フィリップスブルグ2号機*5 | PWR | 1,458 | 1989 | 228 |
| | グローンデ | PWR | 1,430 | 1988 | 140 |
| | ブロックドルフ | PWR | 1,440 | 1989 | 272 |
| | グンドレミンゲンC号機 | BWR | 1,344 | 1995 | 376 |
| | グンドレミンゲンB号機 | BWR | 1,344 | 1996 | 532 |
| | イザール2号機 | PWR | 1,475 | 1998 | 212 |
| | ネッカー2号機 | PWR | 1,400 | 1998 | 96 |
| | エムスラント | PWR | 1,406 | 2004 | 144 |

| 国名 | 原子力発電所 | 炉型 | グロス出力(MW) | 装荷開始 | 累積装荷体数(2020年末時点) |
|---|---|---|---|---|---|
| インド | カクラパー1号機 | PHWR | 202 | 2003 | 0 |
| | タラプール1号機 | BWR | 160 | 1994 | |
| | タラプール2号機 | BWR | 160 | 1995 | |
| | PFBR | FBR | | | |
| オランダ | ボルセラ | PWR | 512 | 2014 | 48 |
| ロシア | ベロヤルスク3号機(BN-600) | FBR | 600 | 2003 | |
| | ベロヤルスク4号機(BN-800) | FBR | 885 | 2020 | 18 |
| スイス | ベツナウ1号機 | PWR | 380 | 1978 | 124 }232 |
| | ベツナウ2号機 | PWR | 380 | 1984 | 108 |
| | ゲスゲン | PWR | 1,060 | 1997 to 2012 | 48 |
| | ライブシュタット | BWR | 1,200 | 装荷認可 | |
| | ミューレベルク*6 | BWR | 372 | 装荷認可 | |
| スウェーデン | オスカーシャム1号機 | BWR | 465 | 装荷認可 | |
| | オスカーシャム2号機 | BWR | 630 | 装荷認可 | |
| | オスカーシャム3号機 | BWR | 1,205 | 装荷認可 | |
| 米国 | カトーバ1号機 | PWR | 1,205 | 2005*7 | 4 |
| | ロバート・E・ギネイ | PWR | 602 | 1980*8 to 1985 | 4 |
| 日本 | ふげん*9 | ATR | 165 | 1981 | 772 |
| | もんじゅ | FBR | 280 | 1993 | |
| | 玄海3号機 | PWR | 1,180 | 2009 | 36 |
| | 伊方3号機 | PWR | 890 | 2010 | 16 |
| | 高浜3号機 | PWR | 870 | 2010 | 28 |
| | 高浜4号機 | PWR | 870 | 2016*11 | 20 |
| | 福島第一3号機*10 | BWR | 784 | 2010 | 32 |
| | 柏崎刈羽3号機 | BWR | 1,100 | 装荷認可*13 | |
| | 浜岡4号機 | BWR | 1,137 | 装荷認可*13 | |
| | 島根2号機 | BWR | 820 | 装荷認可*13 | |
| | 女川3号機 | BWR | 825 | 装荷認可*13 | |
| | 泊3号機 | PWR | 912 | 装荷認可*13 | |
| | 大間*12 | ABWR | 1,383 | 装荷認可*13 | |

※1：2003年、MOX利用終了
※2：2005年5月11日、閉鎖(CD)
※3：2011年8月7日、閉鎖(CD)
※4：2017年12月31日、閉鎖(CD)
※5：2019年12月31日、閉鎖(CD)
※6：2019年12月20日、閉鎖(CD)
※7：2005年、4体の燃料集合体が装荷された。装荷年数は約4年。
※8：1980年、4体の燃料集合体が装荷された。
※9：2003年3月29日、閉鎖(CD)
※10：2012年4月19日、廃止。
※11：2016年、4体の燃料集合体が装荷され、臨界達成後停止。その後2017年に営業運転再開した。
※12：建設中
※13：日本については旧規制基準での装荷認可
（注）データはアンケート回答による判明分のみを掲載。

（出典）一般財団法人日本原子力文化財団「原子力・エネルギー図面集」（2021 年）

⑩　高速炉による MOX 燃料利用に関する方向性

　我が国では、高速炉開発の推進を含めた核燃料サイクルの推進を基本方針としています。「もんじゅ」は、MOX 燃料を高速炉で利用する「高速炉サイクル」の研究開発の中核として位置付けられていました。しかし、様々な状況変化を経て、2016 年 12 月に開催された第 6 回原子力関係閣僚会議において「『もんじゅ』の取扱いに関する政府方針」及び「高速炉開発の方針」が決定され、「もんじゅ」は廃止措置に移行し、併せて将来の高速炉開発における新たな役割を担うよう位置付けられました。2018 年 12 月には、第 9 回原子力関係閣僚会議において高速炉開発に関する「戦略ロードマップ」が決定され、高速炉の本格利用が期待される時期は 21 世紀後半のいずれかのタイミングとなる可能性があるとされています。また、第 6 次エネルギー基本計画では、高速炉開発の方針及び戦略ロードマップの下で、米国やフランス等と国際協力を進めつつ、高速炉等の研究開発に取り組むとしています。

　なお、原子力委員会は、戦略ロードマップの決定に先立ち、高速炉開発に関する見解を発表しました（図 2-27）。同見解では、原子力技術の可能性の一つとして高速炉開発を支持しつつ、軽水炉の長期利用も念頭に置き、市場で使われてこそ意味のあるものとの意識で常に取り組むことが必要不可欠であるとしています。

---

戦略ロードマップ案について
✧　民間主導のイノベーションを促進することや多様な選択肢、柔軟性を確保するなど、これまでの原子力委員会の考え方を踏まえたものと評価する。

高速炉について
✧　高速炉は原子力技術の可能性の一つであるが、経済性に十分留意することが必要である。
✧　再処理技術が確立していることが前提である以上は、軽水炉核燃料サイクル技術の実用化の知見を十分に生かすことも重要である。国民の利益と負担の観点から、安価な電力を安全かつ安定的に供給するという原点を改めて強く意識し、多様な選択肢と柔軟性を維持しつつ、市場で使われてこそ意味のあるものとの意識で常に取り組むことが必要不可欠であろう。

高速炉と核燃料サイクルの今後の検討について
✧　国民の利益や原子力発電技術の維持、国際市場への対応の観点で検討を進めること、また、これまで得られてきた技術的成果や知見を踏まえて、その在り方や方向性を将来にわたって引き続き検討していくことが必要である。

---

図 2-27　「高速炉開発について（見解）」の概要

(出典)原子力委員会「高速炉開発について(見解)」(2018 年)に基づき作成

　高速炉の研究開発に関しては、第 8 章 8-2(4)「高速炉に関する研究開発」に記載しています。

はじめに

特集

第1章

第2章

第3章

第4章

第5章

第6章

第7章

第8章

資料編

用語集

## 第3章　国際潮流を踏まえた国内外での取組

### 3−1 国際的な原子力の利用と産業の動向

> 　世界では、東電福島第一原発事故後、脱原発に転じる国々が現れた一方で、電力需要増大への対応と地球温暖化対策の両立がグローバルな課題として認識され、英国やフランスのように原子力を継続的に発電に利用する方針を示している国もあります。米国のように、既存の軽水炉の長期運転を進めるとともに、新型炉の導入へ向けた開発を加速している国もあります。また、アジア、中近東、アフリカ等では、新たに原子力開発が進展している国もあります。さらに、中国やロシア等を中心に、これらの新興国に対して積極的に自国の原子力発電技術を輸出する動きも見られます。
>
> 　このように社会・経済全体がグローバル化する中、世界における我が国の原子力利用の在り方が問われています。我が国の原子力関係機関は、国際的な研究開発動向を的確に把握し、国際的な知見や経験を収集・共有・活用し、様々な仕組みを我が国の原子力利用に適用していく必要があります。

### (1)　国際機関等の動向

### ①　国際原子力機関（IAEA）

　IAEA は、原子力の平和的利用を促進すること、原子力の軍事利用への転用を防止することを目的として、1957 年に国連総会決議を経て設置されました。IAEA には 2022 年 3 月末時点で 175 か国が加盟しており、約 40 名の日本人職員が IAEA 事務局で勤務しています。IAEA は発電のほか、がん治療や食糧生産性の向上等、非発電分野も含めた様々な目的のために原子力技術を活用する取組を行っています。

　IAEA では、これまでの放射線や放射性同位元素の利用推進事業において培った研究ネットワークを活用し、新型コロナウイルス感染症等の動物由来の感染症に関する検査・分析能力強化を支援するための統合的人畜共通感染症行動（ZODIAC[1]）事業を含む感染症対策を実施しています。

　また、IAEA は、海洋プラスチック問題に原子力科学技術を応用活用することを目的とした NUTEC Plastics[2]事業を立ち上げました。2021 年を通じて地域ごとのラウンドテーブル会合を開催しており、2021 年 5 月には NUTEC Plastics アジア太平洋地域ラウンドテーブル会合をオンラインで開催しました。IAEA は同事業において、同位体技術を用いた海洋プラスチックの追跡や海洋生物への影響評価、放射線の照射技術等によるリサイクル技術の確立、これら分野における IAEA 加盟国の能力構築等を目的としたプロジェクトを実施する予定です。

---

[1] Zoonotic Disease Integrated Action
[2] NUclear TEChnology for Controlling Plastic Pollution

さらに、IAEA は 2022 年 2 月に、特に放射線治療施設が整備されていない国を対象として、放射線によるがん治療の確立・拡大を支援するため、Rays of Hope 事業を新たに立ち上げました。

## ② 経済協力開発機構/原子力機関（OECD/NEA）

OECD/NEA は、参加国間の協力を促進することにより、安全かつ環境的にも受け入れられる経済的なエネルギー資源としての原子力エネルギーの発展に貢献することを目的として、原子力政策、技術に関する情報・意見交換、行政上・規制上の問題の検討、各国法の調査及び経済的側面の研究等を実施しています。OECD/NEA には 2022 年 3 月末時点で 34 か国[3]が参加しており、加盟各国代表により構成される運営委員会が政策的な決定を行い、具体的な活動は 8 つの常設技術委員会等で実施しています（図 3-1）。また、次長ポストを含め、5 名の日本人職員が勤務しています（その他、コンサルタント 9 名が勤務しています（2021 年末時点））。

OECD/NEA は、原子力安全や放射性廃棄物管理分野を中心に原子力科学や放射線防護、原子力法分野の共同プロジェクトやデータベースプロジェクトを実施・運用しており、加盟各国で知見や経験を共有するとともに、多くの成果を報告書として公表しています。

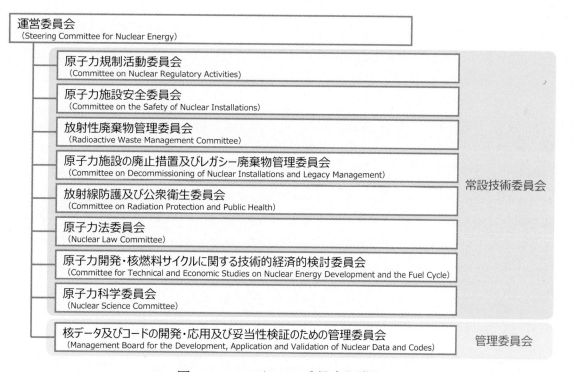

**図 3-1 OECD/NEA の委員会組織図**

(出典)外務省「経済協力開発機構／原子力機関(OECD／NEA)」及び OECD/NEA「NEA Mandates and Structures」に基づき作成

---

[3] 34 か国のうち、ロシアは 2022 年 5 月 11 日から参加停止。

### ③　原子放射線の影響に関する国連科学委員会（UNSCEAR）

　原子放射線の影響に関する国連科学委員会（UNSCEAR）は、1950年代に大気圏核実験が頻繁に行われ、大量に放出された放射性物質による環境や健康への影響についての懸念が増大する中、1955年の国連総会決議により設立されました。UNSCEARには2022年3月末時点で31か国が加盟しており、科学的・中立的な立場から、放射線の人・環境等への影響等について調査・評価等を行い、毎年国連総会へ結果の概要を報告するとともに、数年ごとに詳細な報告書を出版しています。

　2021年3月には、「2011年東日本大震災後の福島第一原子力発電所における事故による放射線被ばくのレベルと影響：UNSCEAR2013年報告書刊行後に発表された知見の影響」（UNSCEAR2020年/2021年報告書）を公表しました。

### ④　世界原子力協会（WNA）

　世界原子力協会（WNA[4]）は、原子力発電を推進し原子力産業を支援する世界的な業界団体であり、情報の提供を通じて原子力発電に対する理解を広めるとともに、原子力産業界として共通の立場を示し、エネルギーをめぐる議論に貢献していくことを使命としています。WNAには、世界の原子炉ベンダー、原子力発電事業者に加え、エンジニアリングや建設、研究開発を行う企業・組織等、産業全体をカバーするメンバーが参加しており、「原子力産業界の相互協力」、「一般向けの原子力基本情報やニュースの提供」、「国際機関やメディア等、エネルギーに関する意思決定や情報伝播に影響を持つステークホルダーとのコミュニケーション」の3つの分野での活動を行っています。

### ⑤　世界原子力発電事業者協会（WANO）

　世界原子力発電事業者協会（WANO[5]）は、チョルノービリ原子力発電所事故を契機に、自社・自国内のみでの取組には限界があると認識した世界の原子力発電所事業者によって1989年に設立されました。WANOは、世界の原子力発電所の運転上の安全性と信頼性を最高レベルに高めるために、共同でアセスメントやベンチマーキングを行い、更に相互支援、情報交換や良好事例の学習を通じて原子力発電所の運転性能（パフォーマンス）の向上を図ることを使命としています。この使命の下で、原子力発電所に対する他国事業者の専門家チームによるピアレビュー、原子力発電所の運転経験・知見の収集分析・共有、各種ガイドライン等の作成、ワークショップやトレーニングプログラムの提供等を実施しています。

---

[4] World Nuclear Association
[5] World Association of Nuclear Operators

## コラム ～IAEA の報告書：気候変動対策における原子力の役割～

　IAEA は、国連気候変動枠組条約第 26 回締約国会議（COP26）を目前に控えた 2021 年 10 月に、報告書「ネットゼロ世界に向けた原子力（Nuclear Energy for a Net Zero World）」を発表しました。この報告書では、原子力が化石燃料に代替し、再生可能エネルギーの拡大に貢献し、クリーンな水素を大量に製造するための経済的な電源となることにより、パリ協定の目標や持続可能な開発目標（SDGs[6]）の達成に向けて重要な役割を果たすとしています。このような役割を踏まえ、IAEA は同報告書において、原子力の拡大を加速するために以下を含む一連の行動を取ることを勧告しています。

- ✧ カーボンプライシングや、低炭素エネルギーを評価するための方策を導入。
- ✧ 低炭素電源への投資に向けて、客観的で技術的に中立な枠組を採用。
- ✧ 市場、規制、政策において、低炭素エネルギーシステムの信頼性及びレジリエンスへの原子力エネルギーの貢献が評価され報われるように保証。
- ✧ 「グリーンディール」や新型コロナウイルス感染症流行後の経済回復の一環として、原子炉の運転寿命延長を含め、原子力に対する公共・民間投資を促進。
- ✧ エネルギーインフラに対する気候変動リスクを軽減するために、電源システムの多様化を促進し、電力の安定供給と質を確保。

## コラム ～UNSCEAR の報告書：東電福島第一原発事故による放射線被ばくの影響～

　UNSCEAR は、2021 年 3 月に表題「福島第一原子力発電所における事故による放射線被ばくのレベルと影響：UNSCEAR2013 年報告書刊行後に発表された情報の影響」の UNSCEAR2020 年/2021 年報告書を取りまとめました。また、2022 年 3 月には同報告書の日本語版も公表されました。同報告書では、下記のように、被ばく線量の推計、健康リスクの評価を行い、放射線被ばくによる住民への健康影響が観察される可能性は低い旨が記載されています。

- ✧ 見直された公衆の線量は当委員会の 2013 年報告書と比較して減少、又は同程度であった。よって当委員会は、放射線被ばくが直接の原因となるような将来的な健康影響は見られそうにないと引き続きみなしている。
- ✧ 放射線被ばくから推測できる甲状腺がん増加のリスクは、検討されたどの年齢層でも識別できなかった可能性が高いことを示唆している。
- ✧ 福島で観測されている小児甲状腺がんは、放射線被ばくに関連しているようには見えず、高感度の超音波スクリーニングを適用した結果であると推測している。

---

[6] Sustainable Development Goals

はじめに
特集
第1章
第2章
第3章
第4章
第5章
第6章
第7章
第8章
資料編
用語集

（2）　海外の原子力発電主要国の動向

①　米国

　米国は、2022年3月末時点で93基の実用発電用原子炉が稼働する、世界第1位の原子力発電利用国であり、ボーグル原子力発電所3、4号機の2基のプラントの建設が進められています。

　原子力発電に対しては、共和・民主両党の超党派的な支持が得られています。バイデン大統領は、気候変動対策の一環として先進的原子力技術等の重要なクリーンエネルギー技術のコストを劇的に低下させ、それらの商用化を速やかに進めるために投資を行っていく方針です。高速炉や小型モジュール炉（SMR）等の開発にも積極的に取り組み、エネルギー省（DOE[7]）が2020年に開始した「革新的原子炉実証プログラム（ARDP[8]）」等を通じて開発支援を行っており、多数の民間企業も参画しています。また、米国内にとどまらず、2021年4月には、気候変動対策の一環として国際支援プログラム「SMR技術の責任ある活用に向けた基本インフラ（FIRST[9]）」を始動することが、同年11月には、国際協力を含め原子力導入を支援する「原子力未来パッケージ」に米国政府が資金拠出することが発表されました。

　米国における原子力安全規制は、原子力規制委員会（NRC）が担っています。NRCは、稼働実績とリスク情報に基づく原子炉監視プロセス（ROP[10]）等を導入することで、合理的な規制の施行に努めています。また、産業界の自主規制機関である原子力発電運転協会（INPO[11]）や、原子力産業界を代表する組織である原子力エネルギー協会（NEI[12]）も、安全性の向上に向けた取組を進めています。

　また、原子力発電所の80年運転に向けて、2度目となる20年間の運転認可更新が進められています。2022年3月末時点で、NRCから2度目の運転許可更新の承認を受けて80年運転が可能となった原子炉が2基、一度は2度目の運転許可更新の承認を得たものの環境影響評価手続上の問題のため2022年2月にNRCが承認を取り下げた原子炉が4基、NRCが2度目の運転認可更新を審査中の原子炉が9基となっています。

　米国では、民生・軍事起源の使用済燃料や高レベル放射性廃棄物を同一の処分場で地層処分する方針に基づき、ネバダ州ユッカマウンテンでの処分場建設が計画されています。2009年に発足したオバマ政権は、同計画を中止する方針でした。2017年に誕生したトランプ政権は一転して計画継続を表明しましたが、2018から2021会計年度にかけて連邦議会は同計画への予算配分を認めませんでした。バイデン政権下で公表された2022会計年度の予算要求でも、ユッカマウンテン計画を進めるための予算は要求されていません。

---

[7] Department of Energy

[8] Advanced Reactor Demonstration Program

[9] Foundational Infrastructure for Responsible Use of Small Modular Reactor Technology

[10] Reactor Oversight Process

[11] Institute of Nuclear Power Operations

[12] Nuclear Energy Institute

## ② フランス

　フランスでは、2022年3月末時点で56基の原子炉が稼働中です。我が国と同様にエネルギー資源の乏しいフランスは、総発電電力量の約7割を原子力で賄う原子力立国であり、その設備容量は米国に次ぐ世界第2位です。また、10年ぶりの新規原子炉となるフラマンビル3号機の建設が、2007年以降進められています。

　2020年4月に政府が公表した改定版多年度エネルギー計画（PPE）では、2035年までに国内の原子力発電の割合を50%に削減する（図 3-2）ため十数基の90万kW級原子炉を閉鎖する一方で、2035年以降の低炭素電源の確保のため原子炉新設の要否を検討する方針が示されました。この方針に基づき送電系統運用会社（RTE[13]）が検討を行い、2050年までに欧州加圧水型原子炉（EPR[14]）14基を建設し、既存炉との合計で40GW以上の原子力発電容量を確保するシナリオの経済性が最も高いとする分析結果を2021年10月に公表しました。この分析結果を受け、マクロン大統領は、同年11月に原子炉を新設する方針を示し、2022年2月には、6基の新設と更に8基の新設検討を行うとともに、90万kW級原子炉の閉鎖を撤回することを発表しました。マクロン大統領は、PPEを改定する意向も示しています。

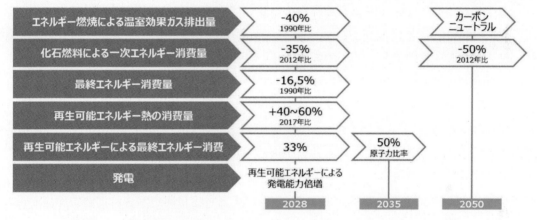

**図 3-2　改訂版多年度エネルギー計画（PPE）における主な目的**

(出典)フランス環境連帯移行省「Programmation pluriannuelle de l'énergie résumée en 4 pages」(2020年)に基づき作成

　フランス政府は原子炉等の輸出を支持しており、燃料サイクル事業はオラノ社、原子炉製造事業はフラマトム社が、それぞれ担っています。フラマトム社が開発したEPRは、既に中国で2基の運転が開始されているほか、フランス及びフィンランドでは1基ずつ、英国では2基の建設が進められています。

　高レベル放射性廃棄物処分に関しては、2006年に制定された「放射性廃棄物等管理計画法」に基づき、「可逆性のある地層処分」を基本方針として、放射性廃棄物管理機関（ANDRA[15]）がフランス東部ビュール近傍で高レベル放射性廃棄物等の地層処分場の設置に向けた準備を進めています。同処分場の操業開始は2030年頃と見込まれています。

---

[13] Réseau de Transport d'Électricité

[14] European Pressurised Water Reactor

[15] Agence nationale pour la gestion des déchets radioactifs

### ③　ロシア

　ロシアでは、2022年3月末時点で37基の原子炉が稼働中です。この中には、SMRかつ世界初の浮揚式原子力発電所であるアカデミック・ロモノソフの2基、ナトリウム冷却型高速炉の原型炉1基と実証炉1基も含まれます。また、3基が建設中です。このうち1基は、鉛冷却高速炉のパイロット実証炉BREST-300で、2021年6月に建設が開始されました。

　ロシアは、2030年までに発電電力量に占める原子力の割合を25%に高め、従来発電に用いていた国内の化石燃料資源を輸出に回す方針です。加えて、2021年10月には、2060年までにカーボンニュートラルを達成する方針を定めた政令が制定されました。原子力行政に関しては、国営企業ロスアトムが民生・軍事両方の原子力利用を担当し、連邦環境・技術・原子力監督局が民生利用に係る安全規制・検査を実施しています。原子力事業の海外展開も積極的に進めており、ロスアトムは旧ソ連圏以外のイラン、中国、インドにおいてロシア型加圧水型原子炉（VVER[16]）を運転開始させているほか、トルコやフィンランド等にも進出しています。原子炉や関連サービスの供給と併せて、建設コストの融資や投資建設（Build）・所有（Own）・運転（Operate）を担うBOO方式での契約も行っており、初期投資費用の確保が大きな課題となっている輸出先国に対するロシアの強みとなっています。

　また、核燃料供給保証[17]を目的として、シベリア南東部のアンガルスクに国際ウラン濃縮センター（IUEC[18]）を設立し、IAEAの監視の下、約120tの低濃縮ウランを備蓄しています。

### ④　中国

　中国では、2022年3月末時点で53基の原子炉が稼働中で、設備容量は合計5,000万kWを超えています。原子力発電の利用拡大が進められており、19基の原子炉が建設中です。2021年3月には、2021年から2025年までを対象とした「第14次五か年計画」が策定され、2025年までに原子力発電の設備容量を7,000万kWとする目標が示されています。

　軽水炉の国産化及び海外展開にも力を入れており、中国核工業集団公司（CNNC）と中国広核集団（CGN[19]）が双方の第3世代炉設計を統合して開発した華龍1号は、中国国内では福清5、6号機が営業運転を開始し、更に10基が建設中です。国外でも、華龍1号を採用したパキスタンのカラチ原子力発電所において、2021年5月に2号機が営業運転を開始し、2022年3月に3号機が送電網に接続されました。また、英国でも華龍1号の建設等が検討されている（表3-1）ほか、中東やアジア、南米においても協力覚書の作成等を進めています。

　さらに、高速炉、高温ガス炉、SMR等の開発も進められており、2021年7月にはSMRである玲龍1号の実証炉の建設が開始されました。また、石島湾発電所の高温ガス炉の実証炉は、2021年9月に初臨界に達しました。

---

[16] Voda Voda Energo Reactor
[17] 第4章4-3(3)④「核燃料供給保証に関する取組」を参照。
[18] International Uranium Enrichment Centre
[19] China General Nuclear Power Corporation

### ⑤　英国

英国では、2022年3月末時点で11基の原子炉が稼働中です。

北海ガス田の枯渇や気候変動が問題となる中、英国政府は2008年以降一貫して原子炉新設を推進していく政策方針を掲げています。2020年11月には、原子力を始めとする地球温暖化対策技術への投資計画である「10-Point Plan」を公表し、SMRの開発等を目指すための革新原子力ファンドの創設を示しました。また、2021年10月に公表された「ネットゼロ戦略」では、「10-Point Plan」を更に進める形で、大型原子炉新設に向けた支援措置を講じることや、SMR等の先進原子力技術を選択肢として維持するための新たなファンドを創設することが示されました。同年11月には、ロールス・ロイスSMR社によるSMR開発に対して革新原子力ファンド等を活用した資金拠出が行われ、2022年3月には同社が開発するSMRの一般設計評価[20]が開始されました。

大型炉については、フランス電力（EDF[21]）と中国広核集団（CGN）の出資により、ヒンクリーポイントC原子力発電所（図 3-3）において建設が、サイズウェルC原子力発電所及びブラッドウェルB原子力発電所において新設計画が進められています（表 3-1）。同年2月には、華龍1号の一般設計評価が完了し、設計が規制基準に適合していることが認証されました。

**図 3-3　建設中のヒンクリーポイントC原子力発電所（2021年11月）**

(出典)EDF「Built 25% faster – Hinkley Point C's Unit 2 and the "replication effect"」(2021年)

**表 3-1　英国での大型原子炉新設プロジェクト（2022年3月末時点）**

| 電力会社・コンソーシアム | サイト | 炉型 | 基数 | 状況 |
|---|---|---|---|---|
| EDFとCGN | ヒンクリーポイントC | EPR | 2 | 建設中 |
| EDFとCGN | サイズウェルC | EPR | 2 | 計画中 |
| EDFとCGN | ブラッドウェルB | 華龍1号 | 2 | 計画中 |

(注)各プロジェクトへのEDFとCGNの出資比率はサイトによって異なる。
(出典)WNA「Nuclear Power in the United Kingdom」に基づき作成

高レベル放射性廃棄物処分に関しては、英国政府は2006年、国内起源の使用済燃料の再処理で生じるガラス固化体について、再処理施設内で貯蔵した後、地層処分する方針を決定しました。2018年に公開した白書「地層処分の実施－地域との協働：放射性廃棄物の長期管理」に基づき、地域との協働に基づくサイト選定プロセスを開始しています。2021年11月には、カンブリア州コープランド市中部において、自治体組織の参加を得ながら地層処分施設の立地可能性を検討するコミュニティパートナーシップが英国内で初めて設立されました。さらに、同年12月には同州コープランド市南部で、2022年1月には同州アラデール市で、新たなコミュニティパートナーシップが設立されました。

---

[20] 英国内で初めて建設される原子炉設計に対して、建設サイトとは無関係に安全性や環境保護の観点から評価し、規制基準への適合を認証する制度。建設には別途許認可の取得が必要。
[21] Électricité de France

はじめに

特集

第1章

第2章

第3章

第4章

第5章

第6章

第7章

第8章

資料編

用語集

⑥　韓国

　韓国では、2022年3月末時点で24基の原子炉が稼働中です。また、4基が建設中です。

　2017年に発足した文在寅（ムン・ジェイン）政権は、原子炉の新増設を認めず、設計寿命を終えた原子炉から閉鎖する漸進的な脱原子力を進める方針を打ち出しました。政府は、同年10月に、設計寿命満了後の原子炉の運転延長を禁止する脱原子力ロードマップを決定しました。2020年から2034年までの15年間を対象とした「第9次電力需給基本計画」では、2034年の原子力発電設備容量を2020年比3.9GW減となる19.4GWとしています。

　国内で脱原子力政策を進める一方で、文政権は、輸出については国益にかなう場合は推進する方針を打ち出しました。韓国電力公社（KEPCO[22]）は、アラブ首長国連邦（UAE）のバラカ原子力発電所において4基の韓国次世代軽水炉APR-1400の建設を進めており（図 3-4）、1号機が2021年4月に、2号機が2022年3月に営業運転を開始しました。韓国政府はそのほかにも、サウジアラビア、チェコ、ポーランド等の原子炉の新設を計画する国に対してアプローチしています。

**図 3-4　バラカ原子力発電所**
(出典)Emirates Nuclear Energy Corporation「Barakah Nuclear Energy Plant」

　なお、韓国では2022年3月に大統領選挙が実施され、脱原子力政策を撤回し、原子力発電所の新設再開及び既存炉の運転期間延長等を行うことを選挙公約として掲げた尹錫悦（ユン・ソンニョル）氏が当選しました[23]。


⑦　カナダ

　カナダでは、2022年3月末時点で19基の原子炉が稼働中です。世界有数のウラン生産国の一つであり、世界全体の生産量の約22%を占めています。原子炉は全てカナダ型重水炉（CANDU[24]炉）で、国内で生産される天然ウランを濃縮せずに燃料として使用しています。

　現在や将来の電力需要に対応するために、州政府や原子力事業者は、原子炉の新増設よりも既存原子炉の改修・寿命延長計画を優先的に進めています。オンタリオ州では10基の既存炉を段階的に改修する計画で、2020年6月にはダーリントン2号機が改修工事を終え、4年ぶりに運転を再開しました。

　一方で、SMRの研究開発に力を入れており、2020年12月には連邦政府が「SMR行動計画」を公表しました。同計画では、2020年代後半にカナダでSMR初号機を運転開始することを想定し、政府に加え産学官、自治体、先住民や市民組織等が参加する「チームカナダ」体制で、SMRを通じた低炭素化や国際的なリーダーシップ獲得、原子力産業における能力やダイ

---

[22] Korea Electric Power Corporation
[23] 2022年5月10日に大統領就任。
[24] Canadian Deuterium Uranium

バーシティ拡大に向けた取組を行う方針です。SMR 行動計画の枠組みで出力 30 万〜40 万 kW の発電用 SMR ベンダーの選定を進めていたオンタリオ・パワー・ジェネレーション社は、2021 年 12 月に、米国 GE 日立ニュークリア・エナジー社の BWRX-300 を選定したことを公表しました。なお、カナダ原子力研究所（CNL[25]）が SMR の実証施設建設・運転プロジェクトを進めているほか、安全規制機関であるカナダ原子力安全委員会（CNSC[26]）が、小型炉や先進炉を対象とした許認可前ベンダー設計審査を進めています。

　使用済燃料の再処理は行わず、高レベル放射性廃棄物として処分する方針をとっており、使用済燃料は原子力発電所サイト内の施設で保管されています。処分の実施主体として設立された核燃料廃棄物管理機関（NWMO[27]）が国民対話等の結果を踏まえて使用済燃料の長期管理アプローチを提案し、政府による承認を経て処分サイト選定プロセスが進められており、2 か所の自治体を対象として現地調査が実施されています。

　上記以外の原子力発電を行っている諸外国の動向については資料編「7. 世界の原子力に係る基本政策」に、低レベル放射性廃棄物の扱いについては第 6 章コラム「〜海外事例：諸外国における低レベル放射性廃棄物の分類と処分方法〜」にまとめています。

### （3）　我が国の原子力産業の国際的動向

　我が国では、2006 年の株式会社東芝による米国ウェスチングハウス社買収を皮切りに、株式会社日立製作所と米国ゼネラル・エレクトリック社がそれぞれの原子力部門に相互に出資する新会社（米国の GE 日立ニュークリア・エナジー社、日本法人である日立 GE ニュークリア・エナジー株式会社）の設立、三菱重工業株式会社とフランス AREVA NP 社[28]による合弁会社 ATMEA の設立など、各社とも国外企業との関係を強化してきました。

　しかし、近年、一部では海外プロジェクトから撤退する動きも見られます。株式会社東芝は、2017 年 3 月のウェスチングハウス社による米国連邦倒産法第 11 章に基づく再生手続の申立てにより、2018 年 8 月に、カナダに本拠を置く投資ファンドのブルックフィールド・ビジネス・パートナーズへのウェスチングハウス社の全株式の譲渡を完了しました。また、株式会社日立製作所は、2020 年 9 月に、英国における原子力発電所建設プロジェクトからの撤退を公表しています。

　一方で、新たに海外事業に参画する事例も見られます。2021 年 4 月には日揮ホールディングス株式会社が、同年 5 月には株式会社 IHI が、米国ニュースケール社に出資し、同社の SMR 事業に参画することを公表しました。また、三菱重工業株式会社及び三菱 FBR システムズ株式会社は、日仏間及び日米間の高速炉開発協力に参画しています[29]。

---

[25] Canadian Nuclear Laboratories
[26] Canadian Nuclear Safety Commission
[27] Nuclear Waste Management Organization
[28] 現在は機能の一部をフラマトム社に移管。
[29] 第 8 章 8-2(4)②「高速炉開発に関する国際協力」を参照。

## 3-2 原子力産業の国際展開における環境社会や安全に関する配慮等

> 東電福島第一原発事故後も、多くの国が原子力を継続的に利用しており、新規導入を検討する国もあります。我が国としても、東電福島第一原発事故の教訓を踏まえ、高い品質を持つ原子力技術等を諸外国に提供することを通じて、国際的な原子力利用に貢献していく必要があります。我が国の原子力産業が国際展開する上で、国や原子力関係事業者等は、国際ルールに従いつつ、厳格かつ適切に対応することが求められます。

### (1)　原子力施設主要資機材の輸出等における環境社会や安全に関する配慮

　我が国の原子炉施設において使用される主要資機材の輸出等を行う際に、公的信用付与実施機関（株式会社日本貿易保険（NEXI[30]）や株式会社国際協力銀行（JBIC[31]））が公的信用（貿易保険、融資等）を付与する場合には、「OECD 環境及び社会への影響に関するコモンアプローチ」（2001 年、以下「コモンアプローチ」という。）[32]遵守の一環として、NEXI 及びJBIC は、対象となるプロジェクトについて、プロジェクト実施者によって環境や地域社会に与える影響[33]を回避又は最小化するような適切な配慮がなされているかについて確認を行うこととしています。

　これに加えて、NEXI 及び JBIC は、公的信用を付与するか否かの決定に際して、国際認識も踏まえ対象となるプロジェクトの実施者が情報公開や住民参加への配慮を適切に行っているかを確認するための指針を策定し、2018 年 4 月から指針の運用を開始しています。

　また、安全に関しては、コモンアプローチ遵守の一環として、国は、輸出相手国において安全確保等に係る国際的取決めが遵守されているか、国内制度が整備されているか等について事実関係の確認を行い、NEXI 及び JBIC に対し情報提供を行う[34]こととしています。

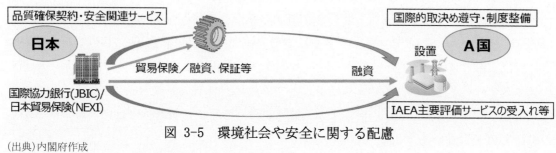

**図 3-5　環境社会や安全に関する配慮**

(出典)内閣府作成

---

[30] Nippon Export and Investment Insurance

[31] Japan Bank for International Cooperation

[32] 途上国等へのインフラ投資において環境や社会への影響に配慮すべきとの問題意識から、輸出国が公的信用付与を行うに当たっては、事前に環境や社会に与える潜在的影響について評価することを求めるもので、OECD 加盟国に対して道義的義務が課されています。

[33] 環境や地域社会に与える影響としては、大気、水、土壌、廃棄物、事故、水利用、生態系及び生物相等を通じた人間の健康と安全への影響及び自然環境への影響、人権の尊重を含む社会的関心事項（非自発的住民移転、先住民族、文化遺産、景観、労働環境、地域社会の衛生・安全・保安等）、越境又は地球規模の環境問題への影響が含まれます。

[34] 国は、「原子力施設主要資機材の輸出等に係る公的信用付与に伴う安全配慮等確認の実施に関する要綱」（2015 年 10 月原子力関係閣僚会議決定）に即して確認を行います。

## 3－3 グローバル化の中での国内外の連携・協力の推進

> 我が国は、グローバル化の中での原子力の平和利用において、国内外での連携や協力を進め、東電福島第一原発事故の経験と教訓を世界と共有しつつ、国際社会における原子力の安全性強化に取り組んでいく必要があります。我が国は、途上国や先進国との間で二国間、多国間の協力を推進するとともに、国際機関の活動にも積極的に関与し、原子力の平和的利用の促進に取り組んでいます。

### (1)　国際機関への参加・協力

IAEA や OECD/NEA においては、原子力施設及び放射性廃棄物処分の安全性、原子力技術の開発や核燃料サイクルにおける経済性、技術面での検討等、技術的側面を中心に、これに政策的側面を併せた活動が行われています。

### ①　IAEA を通じた我が国の国際協力

IAEA は、発電分野及び非発電分野（保健・医療、食糧・農業、環境・水資源管理、産業応用等）に係る原子力技術の平和的利用の促進に取り組んでいます。我が国は、拠出金を通じた支援のほか、専門家の派遣等を通じて人的、技術的、財政的な支援を行っています。

### 1)　拠出金を通じた支援

IAEA は、原子力の平和的利用促進の一環として、途上国を中心とする IAEA 加盟国に対して、原子力技術に係る技術協力活動を実施しています。我が国は、同活動の主要な財源である技術協力基金（TCF[35]）の分担額の全額を 1970 年以降一貫して拠出し、IAEA の同活動を支援しています。

また、我が国は、原子力の平和的利用の促進に係る IAEA の活動を支援するため、2010 年 5 月に開催された核兵器不拡散条約（NPT[36]）運用検討会議にて設立された平和的利用イニシアティブ（PUI[37]）を通じた支援も行っています。PUI に対しては、26 か国及び欧州委員会（EC）が拠出を行っており、我が国もこれまでに合計 4,600 万ユーロ以上（政府開発援助）を拠出しています。IAEA のプロジェクトには国内の大学・研究機関、企業等が参画・協力しており、PUI 拠出により国内組織と IAEA の連携を強化し、我が国の優れた人材・技術の国際展開も支援しています。さらに、新型コロナウイルス感染症の拡大以後、ZODIAC 事業を含む感染症対策に合計 1,100 万ユーロを拠出しているほか、2021 年度には海洋プラスチック問題に対処する NUTEC Plastics 事業及び IAEA サイバースドルフ原子力応用研究所を強化する ReNuAL[38]事業にそれぞれ 100 万ユーロを拠出しました。

---

[35] Technical Cooperation Fund
[36] Treaty on the Non-Proliferation of Nuclear Weapons
[37] Peaceful Uses Initiative
[38] Renovation of the Nuclear Applications Laboratories

**2)　　原子力科学技術に関する研究、開発及び訓練のための地域協力協定（RCA）に係る協力**

「原子力科学技術に関する研究、開発及び訓練のための地域協力協定」（RCA[39]）は、IAEA の活動の一環として、アジア・大洋州地域の IAEA 加盟国を対象に、原子力科学技術分野での共同研究や技術協力を促進・調整することを目的として 1972 年に発効しました。基本的な枠組みは残しつつ一部を改正して 2017 年に発効した新協定の下では、2022 年 3 月末時点で、我が国を含む 22 の締約国が、RCA の下で実施される農業、医療・健康、環境、工業分野の技術協力プロジェクトに参加しています。

我が国は、RCA 総会、RCA 政府代表者会合、ワーキンググループ会合等への出席を通じて、RCA の政策の決定に積極的に関与しているほか、我が国の専門家や研究機関、大学や病院の協力の下、各分野のプロジェクトに参画し、関連会合の開催や専門家派遣等を含む様々な協力を行っています。特に、放射線医療分野において長年主導的な役割を果たしており、アジア・大洋州地域のがん治療の発展に貢献しています。

**3)　　原子力安全の向上に向けた協力**

IAEA を中心として、加盟国の原子力安全の高度化に資するべく国際的な規格基準の検討・策定が行われており、我が国も、原子力施設、放射線防護、放射性廃棄物及び放射性物質の輸送に係る IAEA 安全基準文書[40]の継続的な見直し活動に協力しています。

また、東電福島第一原発事故後、IAEA と我が国は事故対応と国際的な原子力安全強化のため緊密に協力しています。IAEA は、2013 年に福島県内に原子力事故対応等のための緊急時対応援助ネットワーク（RANET[41]）の研修センター（CBC[42]）を指定しました。また、量研は 2017 年に CBC として指定され、2020 年 11 月に CBC として再指定を受けました。CBC では、国内及び IAEA 加盟国の政府関係者等向けに、原子力緊急事態時の準備及び対応の強化を目的とした IAEA ワークショップが 1 年に数回程度開催されています。

さらに、IAEA は 2021 年 11 月に、東電福島第一原発事故後 10 年の間に各国や国際機関が取った行動の教訓・経験を振り返り、今後の原子力安全の更なる強化に向けた道筋を確認することを目的として、原子力安全専門家会議をハイブリッド形式で開催しました。会議には我が国を始め各国から、規制当局を含む政府関係者、電力事業者、原子力専門家、有識者等が参加しました。

---

[39] Regional Cooperative Agreement for Research, Development and Training Related to Nuclear Science and Technology

[40] 安全原則（Safety Fundamentals）、安全要件（Safety Requirements）、安全指針（Safety Guides）の 3 段階の階層構造。各国の上級政府職員で構成される安全基準委員会で承認を経て策定。2022 年 3 月末時点で、約 130 件の安全基準文書が策定済み。

[41] Response and Assistance Network（2000 年に IAEA 事務局により設立された、原子力事故又は放射線緊急事態発生時の国際的な支援の枠組み。2022 年 3 月末時点の参加国は、我が国を含む 37 か国。）

[42] Capacity Building Centre

### 4)　原子力発電の導入に必要な人材育成の支援

　IAEA は、原子力発電新規導入国・拡大国の国内基盤整備のための人材育成の支援を行っており、我が国はその取組に協力しています。その一環として、我が国側のホストを原子力人材育成ネットワークが務め、IAEA との共催により、「IAEA 原子力発電基盤整備訓練コース」や「Japan-IAEA 原子力エネルギーマネジメントスクール」等を開催しています。2021年 9 月から 10 月にかけてオンラインで開催された同マネジメントスクールでは、エネルギー戦略、核不拡散、国際法、経済、環境問題、原子力知識管理等に関する講義や、研修生によるグループワーク等が行われました（図 3-6）。

**図 3-6　Japan-IAEA 原子力エネルギーマネジメントスクール 2021 の開講式の様子**
(出典) 第 37 回原子力委員会資料第 1 号　東京大学　出町和之「Japan-IAEA 原子力エネルギーマネジメントスクール開催報告」(2021 年)

### 5)　革新的原子炉及び燃料サイクルに関する国際プロジェクト（INPRO）

　革新的原子炉及び燃料サイクルに関する国際プロジェクト（INPRO[43]）は、エネルギー需要増加への対応の一環として、2000年にIAEAの呼び掛けにより発足したプロジェクトです。安全性、経済性、核拡散抵抗性等を高いレベルで実現し、原子力エネルギーの持続可能な発展を促進する革新的システムの整備のための国際協力を目的としています。2022年3月末時点で、我が国を含む42か国と1機関（EC）が参加しています。

---

[43] International Project on Innovative Nuclear Reactors and Fuel Cycles

② OECD/NEA を通じた原子力安全研究への参加

　我が国は、OECD/NEA における様々な原子力安全研究等にも参加しています。例えば、2021年4月に開始された「照射試験フレームワーク」（FIDES[44]）には原子力規制庁、原子力機構、その他産業界が参加しており、原子力の安全性向上に役立つ燃料・材料照射データを取得するとともに、この分野の研究開発を国際的に牽引できる人材の育成と原子力機構が保有する照射試験施設の国際活用を図っています。また、我が国は、各国規制機関の協力強化、新設計原子炉の安全性向上のための参考となる規制実務、基準確立を目的として OECD/NEA が2006年に開始した多国間設計評価プログラム（MDEP[45]）にも参加しました。

---

**コラム　〜IAEA 総会〜**

　IAEA 総会は、毎年1回、加盟各国の閣僚級代表等が参加して開催されます。2021年9月に第65回総会が開催され、井上内閣府特命担当大臣（当時）が一般討論演説（ビデオ録画）を行い、以下の我が国の取組等について説明しました。なお、第65回総会には、我が国政府代表として、上坂原子力委員会委員長と引原在ウィーン日本政府代表部大使が出席しました。

- 新型コロナウイルス感染症への対応（グロッシー事務局長のリーダーシップへの敬意表明、IAEA の感染症対策の取組の支援）
- 原子力の平和利用（IAEA の技術協力活動や PUI 活動を通じて、NUTEC Plastics 事業や ReNuAL 事業等を支援）
- ジェンダー平等の実現（マリー・キュリー奨学金事業を立ち上げ段階から継続的に支援）
- 東電福島第一原発の廃炉に向けた取組（ALPS 処理水の処分に関する基本方針、IAEA によるレビュー実施に向けた協力等）
- 保障措置の強化・効率化に向けた IAEA の取組支援
- 北朝鮮の核問題（米朝間での対話の再開を支持、IAEA 事務局による検証能力及び態勢強化の取組を高く評価等）
- イランの核問題（核合意をめぐる前向きな対話の支持、早期の核合意履行復帰に向けたイラン新政権下での対話進展への期待等）
- 核兵器不拡散条約（第10回運用検討会議が意義ある成果を上げること等への期待）

第65回 IAEA 総会で演説する井上内閣府特命担当大臣（当時）
（出典）一般社団法人日本原子力産業協会提供資料

---

[44] Framework for IrraDiation ExperimentS
[45] Multinational Design Evaluation Programme（なお、MDEP は2021年12月に当初枠組みでの活動を終了。）

## （2） 二国間原子力協定及び二国間協力

## ① 二国間原子力協定に関する動向

　我が国は、移転される原子力関連資機材等の平和利用及び核不拡散の確保等を目的とし
て、二国間原子力協定を締結しています。2022 年 3 月末時点で、我が国は、カナダ、オー
ストラリア、中国、米国、フランス、英国、欧州原子力共同体（以下「ユーラトム」という。）、
カザフスタン、韓国、ベトナム、ヨルダン、ロシア、トルコ、UAE 及びインドとの間で二国
間原子力協定を締結しています。なお、我が国を含む主要国（米国、フランス、英国、中国、
ロシア、インド）における、二国間原子力協定に関する最近の主な動向は表 3-2 のとおり
です。

表 3-2　主要国における二国間の原子力協定等に関する最近の主な動向（過去 3 年間）

| 国名・地域名 | | 経緯等 |
|---|---|---|
| 日本－英国 | 2021 年 9 月 | 日英原子力協定改正議定書が発効 |
| 米国－ポーランド | 2019 年 6 月 | 米国とポーランドが原子力協力覚書に署名 |
| 米国－ポーランド | 2020 年 10 月 | 米国とポーランドが原子力開発に関する協力協定に署名 |
| 米国－ブルガリア | 2020 年 10 月 | 米国とブルガリアが原子力協力覚書に署名 |
| 米国－ガーナ | 2021 年 7 月 | 米国とガーナが原子力協力覚書に署名 |
| ロシア－ブルンジ | 2021 年 4 月 | ロシアとブルンジが原子力協力覚書に署名 |
| インド－EU | 2020 年 7 月 | インドとユーラトムが原子力研究開発に関する協力協定に署名 |

(出典)各国関連機関発表に基づき作成

## ② 米国との協力

　我が国と米国は、日米原子力協定を締結し様々な協力を行ってきています。同協定は 2018
年 7 月に当初の有効期間を満了しましたが、6 か月前に日米いずれかが終了通告を行わない
限り存続することとなっており、現在も効力を有しています[46]。同協定は、我が国の原子力
活動の基盤の一つをなすだけでなく、日米関係の観点からも極めて重要です。

　また、2012 年の日米首脳会談を受けて設立された「民生用原子力協力に関する日米二国
間委員会」が定期的に開催されています。同委員会の下には、核セキュリティ、民生用原子
力の研究開発、原子力安全及び規制関連、緊急事態管理、廃炉及び環境管理の 5 項目に関す
るワーキンググループが設置されています。

---

[46]　（日米原子力協定第 16 条 1 及び 2）
1　（略）この協定は、三十年間効力を有するものとし、その後は、2 の規定に従って終了する時まで効力
を存続する。
2　いずれの一方の当事国政府も、六箇月前に他方の当事国政府に対して文書による通告を与えることによ
り、最初の三十年の期間の終わりに又はその後いつでもこの協定を終了させることができる。

### ③　フランスとの協力

　我が国とフランスは、原子力規制、核燃料サイクル、放射性廃棄物管理等の分野において、長年にわたり協力関係を構築してきました。2021年1月にオンラインで「原子力エネルギーに関する日仏委員会」の第10回会合が開催され、両国の原子力エネルギー政策、原子力安全協力、原子力事故の緊急事態対応、核燃料サイクル、放射性廃棄物の管理、研究開発、東電福島第一原発の廃炉、オフサイトの環境回復について意見交換が行われました。

### ④　英国との協力

　2012年の日英首脳会談を受けて開始された「日英原子力年次対話」の第10回会合が、2021年12月にオンラインで開催され、原子力エネルギー政策、原子力安全及び規制、原子力の研究開発、廃炉と環境回復、パブリック・コミュニケーションに関する両国の考え方や取組について意見交換が行われました。

　日英原子力協定は、英国のEU及びユーラトム離脱後も英国に適用されます。しかし、英国のユーラトム離脱に伴い同国において適用される保障措置等に変更が生じるため、両国政府は2020年12月に日・英原子力協定改正議定書（図3-7）に署名しました。同議定書は2021年6月に我が国の国会において承認され、同年8月にはロンドンにおいて同議定書の効力発生のための外交上の公文の交換が行われました。これを受けて、同議定書は同年9月1日に効力を生じ、日英両国間において原子力の平和的利用のための適切な法的枠組みが引き続き確保されることとなりました。

---

**主な内容**

➢ **英国において新たに適用される保障措置について反映する。**
　英・ユーラトム・IAEA保障措置協定、ユーラトム設立条約　→　英・IAEA保障措置協定、追加議定書

➢ **日・ユーラトム原子力協定の内容を加える。**
　核物質防護条約、原子力安全条約等の遵守に関する規定を加える。
　知的財産の保護、情報の交換等に関する規定を加える。

➢ **核不拡散に関する近年の国際的な慣行を反映する。**
　協定の対象に原子力関連技術を加える。

**図 3-7　日・英原子力協定改正議定書の主な内容**

(出典)外務省「日・英原子力協定改正議定書概要」(2021年)

### ⑤　その他
#### 1)　文部科学省による放射線利用技術等国際交流（研究者育成事業・講師育成事業）

　文部科学省は1985年から原子力分野での研究交流制度を実施しており、近隣アジア諸国の原子力研究者や技術者を我が国の研究機関や大学へ招へいし、放射線利用技術や原子力基盤技術等に関する研究、研修活動を実施しています。

また、講師育成事業では、アジア諸国から講師候補者を我が国に招へいし、専門家による講義や各種実験装置等を使用した実習、原子力関連施設への訪問等を通じて、母国において技術指導ができる原子力分野の講師を育成しています。加えて、講師育成研修の修了生が中心となり、母国で研修を運営し、講師を務めます。我が国から相手機関に専門家を派遣し、講義を行うとともに、各国の研修の自立化に向けたアドバイスを行っています（図　3-8）。2021年度は、オンライン形式で研修等を実施しました。

図　3-8　招へい者の研修の様子

(出典)原子力機構提供資料

## 2)　経済産業省による原子力発電導入支援に関する取組

　経済産業省資源エネルギー庁は、原子力発電を新たに導入・拡大しようとする国に対し、我が国の原子力事故から得られた教訓等を共有する取組を行っています。2021年度はインドネシア、ポーランド、チェコ、UAE等の原子力発電導入国等について、オンライン形式のセミナー開催や我が国専門家等の派遣等を通じて、原子力発電導入に必要な法制度整備や人材育成等を中心とした基盤整備の支援を行いました。

## 3)　外務省による各国に対する非核化協力

　旧ソ連時代に核兵器が配備されていたウクライナ、カザフスタン、ベラルーシの3か国は、独立後、非核兵器国としてIAEAの保障措置を受けることとなりました。しかし、技術的基盤を欠いていたため、我が国は3か国に対して国内計量管理制度確立支援や機材供与等の協力を実施し、非核化への取組を支援してきました。

## 4)　革新炉等の研究開発における協力

　高温ガス炉や高速炉等の革新的な原子炉等に関する研究開発に当たっては、政府間や研究機関間で協力覚書等を作成し、取組を進めています[47]。

---

[47] 第8章8-2「研究開発・イノベーションの推進」を参照。

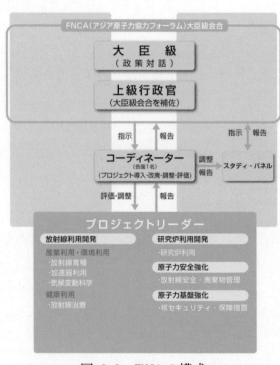

## （3）　多国間協力

### ①　　国際原子力エネルギー協力フレームワーク（IFNEC）における協力

2010 年に発足した国際原子力エネルギー協力フレームワーク（IFNEC[48]）は、原子力安全、核セキュリティ、核不拡散を確保しつつ、原子力の平和利用を促進するための互恵的なアプローチを目指し、参加国間の協力の場を提供することを目的としています。我が国も、原子力の平和利用の拡大に向けて、我が国の経験と知見を生かしながら各国と協力する方針を表明しています。

IFNEC は、2022 年 3 月末時点で、参加国 34 か国、オブザーバー国 31 か国、オブザーバー機関 4 機関で組織されています。各参加国、機関の閣僚級メンバーで構成される閣僚級会合、米国、アルゼンチン、中国、我が国、ケニア、ロシアの 6 か国の局長級メンバーにより構成され、活動を実施する主体である運営グループ、特定分野での活動を実施するワーキンググループの 3 階層で構成されており、我が国は運営グループの副議長を務めています[49]。

### ②　アジア原子力協力フォーラム（FNCA）における協力

地理的に我が国に近い近隣アジア諸国は、経済的にも我が国と密接な関わりがあり、農業・工業・医療・環境の各分野での放射線の利用、研究用原子炉（以下「研究炉」という。）の利用、原子力発電所建設や安全な運転体制の確立等、多くの課題を共有しています。

アジア原子力協力フォーラム（FNCA[50]）は、原子力技術の平和的で安全な利用を進め、社会・経済的発展を促進することを目的とした、我が国主導の地域協力枠組みで、我が国、オーストラリア、バングラデシュ、中国、インドネシア、カザフスタン、韓国、マレーシア、モンゴル、フィリピン、タイ及びベトナムの 12 か国が参加しています（IAEA がオブザーバー参加）。毎年 1 回、大臣級会合、スタディ・パネル、コーディネーター会合の 3 つの会合と、それらの準備会合である上級行政官会合を内閣府主催で開催しています（図 3-9）。また、文部科学省が中心となって、放射線利用等の分野のプロジェクトを実施しています。

**図 3-9　FNCA の構成**

（出典）公益財団法人原子力安全研究協会「アジア原子力協力フォーラムニュースレター第 31 号」（2022 年）

---

[48] International Framework for Nuclear Energy Cooperation
[49] 参加国 34 か国、6 か国の局長級メンバーのうち、ロシアは 2022 年 5 月 6 日から参加停止。
[50] Forum for Nuclear Cooperation in Asia

### 1）　大臣級会合

大臣級会合では、FNCA 参加国の原子力科学担当の大臣級代表が、原子力技術の平和利用に関する地域協力推進を目的として政策対話を行っています。

2021 年 12 月には、第 22 回 FNCA 大臣級会合がオンラインで開催されました（図 3-10）。同会合では、「研究炉、加速器とその関連技術の利用拡大」をテーマとした政策対話（円卓会議）が行われ、新型コロナウイルスにより停滞を余儀なくされている FNCA プロジェクト活動の正常化への努力、加盟国間での研究炉、加速器と関連技術についての関連情報の共有と利用拡大等に言及した共同コミュニケが採択されました。

図 3-10　第 22 回 FNCA 大臣級会合の様子

（出典）内閣府作成

### 2）　スタディ・パネル

FNCA は従来、放射線利用等の非発電分野での協力が主でしたが、参加国におけるエネルギー安定供給及び地球温暖化防止の意識の高まりを受け、原子力発電の役割や原子力発電の導入に伴う課題等を討議する場として、スタディ・パネルを開催しています。2022 年 3 月にオンラインで開催されたスタディ・パネルでは、「原子力科学・技術に対する国民信頼の構築」をテーマとして、各国からの発表や議論が行われました。

### 3）　コーディネーター会合

FNCA の協力活動に関する参加国相互の連絡調整を行い、協力プロジェクト等の実施状況評価や計画討議等を行う場として、コーディネーター会合を年 1 回開催しています。

2021 年 6 月には第 21 回コーディネーター会合が開催され、各プロジェクトの活動報告や、今後の活動についての討議が行われました。

### 4）　プロジェクト

FNCA では、図 3-9 に示す 4 分野で 7 件のプロジェクトが実施されています。プロジェクトごとに、通常年 1 回のワークショップ等が開催されており、それぞれの国の進捗状況と成果が発表・討議され、次期実施計画が策定されます。2021 年度は、オンライン形式でワークショップ等を開催しました。

③　東南アジア諸国連合（ASEAN）、ASEAN+3、東アジア首脳会議（EAS）における協力

　アジアの新興国の中には原子力発電の新規導入を検討している国もあり、東南アジア諸国連合（ASEAN[51]）、ASEAN+3（日中韓）及び東アジアサミット（EAS[52]：ASEAN+8（日中韓、オーストラリア、インド、ニュージーランド、ロシア、米国））の枠組みにおける原子力協力に我が国も貢献しています。

　2021年9月には、ASEAN+3及びEASのエネルギー大臣会合がオンラインで開催されました（図 3-11）。ASEAN+3エネルギー大臣会合の共同声明では、第4世代原子力システムやSMRを含む、新しく、よりクリーンで代替的な先進エネルギー技術の可能性を認識し、技術革新を進め、安価な低炭素技術や先進技術の導入を確保するための協力を強化することを奨励しました。また、原子力科学技術の人材育成に関する継続した協力を確認するとともに、原子力発電の導入において国民受容と核セキュリティ及び安全性が重要であることに留意し、原子力政策、科学技術、国民の受容に関する人材育成、能力開発プログラム、奨学金の機会を通じた、日中韓3か国からの支援を歓迎しました。

**図 3-11　ASEAN+3 エネルギー大臣会合において発言する江島経済産業副大臣**
(出典)経済産業省「ASEAN+3及び東アジアサミットのエネルギー大臣会合が開催されました」(2021年)

④　アジア原子力安全ネットワーク（ANSN）における協力

　アジア原子力安全ネットワーク（ANSN[53]）は2002年に開始したIAEAの活動の一つで、東南アジア・太平洋・極東諸国地域における原子力安全基盤の整備を促進し、原子力安全パフォーマンスを向上させ、地域における原子力の安全を確保することを目的としています。ANSNには我が国、バングラデシュ、中国、インドネシア、カザフスタン、韓国、マレーシア、フィリピン、シンガポール、タイ及びベトナムが加盟しているほか、準加盟国としてパキスタン、協力国としてオーストラリア、フランス、ドイツ、米国が参加しています。我が国は設立当初から活動資金を拠出し、積極的に活動を支援しています。

---

[51] Association of Southeast Asian Nations
[52] East Asia Summit
[53] Asian Nuclear Safety Network

はじめに

特集

第1章

第2章

第3章

第4章

第5章

第6章

第7章

第8章

資料編

用語集

はじめに
特集
第1章
第2章
第3章
第4章
第5章
第6章
第7章
第8章
資料編
用語集

## 第4章 平和利用と核不拡散・核セキュリティの確保

### 4-1 平和利用の担保

　1957年に、原子力の平和的利用の促進を目的に、国際連合傘下の自治機関として国際原子力機関（IAEA）が設立されました。さらに、1970年には、国際的な核軍縮・不拡散を実現する基礎となる「核兵器不拡散条約」（NPT）が発効しました。NPTは核兵器国を含む全締約国に対して誠実な核軍縮交渉の義務を課すとともに、平和的利用の権利を認め、我が国を含む非核兵器国に対しては、原子力活動をIAEAの保障措置の下に置く義務を課しています。

　我が国は、原子力基本法で原子力の研究、開発及び利用を厳に平和の目的に限るとともに、原子炉等規制法に基づき、IAEA保障措置の厳格な適用等により、原子力の平和利用を担保しています。加えて、「利用目的のないプルトニウムを持たない」との原則を堅持し、プルトニウムの管理状況の公表や利用目的の確認等を通じて、プルトニウム利用の透明性を向上し国内外の理解を得る取組を継続しています。これらの取組を通じて、国際社会における原子力の平和利用への信用の堅持に務めています。

### （1）　我が国における原子力の平和利用

　我が国では、1955年に原子力基本法が制定され、原子力の研究、開発及び利用を厳に平和目的に限ることが定められました。同法の下で、平和利用を担保する体制を整えています（図 4-1）。

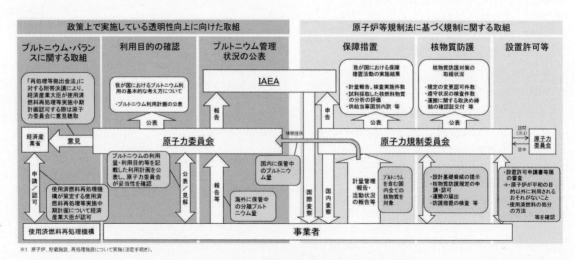

**図 4-1　原子力の平和利用を担保する体制**

（出典）第27回原子力委員会資料第3-1号 原子力委員会「我が国のプルトニウム利用について」（2018年）

原子力規制委員会では、IAEA 保障措置の厳格な適用、核物質防護、原子炉等施設の設置許可審査等を通じ、平和利用を担保しています（「原子炉等規制法に基づく平和利用」の担保）。また、我が国はエネルギー資源に乏しいことから、使用済燃料を再処理してプルトニウムを利用する核燃料サイクル政策を採用しています。国内外に対する透明性向上の観点から、「利用目的のないプルトニウムを持たない」との原則を堅持し、原子力委員会において、プルトニウム管理状況の公表、プルトニウム利用計画の妥当性の確認、プルトニウム需給バランスの確保等の取組を行っています（「政策上の平和利用」の担保）。

## (2) 原子炉等規制法に基づく平和利用

### ① IAEA による保障措置

NPT 締約国である非核兵器国は、IAEA との間で保障措置協定を締結して、国内の平和的な原子力活動に係る全ての核物質を申告して保障措置の下に置くことが義務付けられており、このような保障措置を「包括的保障措置」といいます。2022 年 3 月末時点で、NPT 締約国191 か国のうち、我が国も含め非核兵器国 178 か国が IAEA との協定に基づき包括的保障措置を受け入れています。

IAEA は、締約国が申告する核物質の計量情報や原子力関連活動に関する情報について、申告された核物質の平和利用からの転用や未申告の活動がないかを査察等により確認し、その評価結果を毎年取りまとめています。IAEA は、当該国で「申告された核物質の平和的活動からの転用の兆候が認められないこと」及び「未申告の核物質及び原子力活動が存在する兆候が認められないこと」が確認された場合、全ての核物質が平和的活動にとどまっているとの「拡大結論」を下すことができます。拡大結論を下した場合、IAEA は当該国に対して「統合保障措置」と呼ばれる制度を適用することができます。統合保障措置の適用により、IAEA の検認能力を維持しつつ、査察回数を削減することによる効率化が期待されます。

### ② 我が国における保障措置活動の実施

我が国では、1976 年に NPT を批准し、1977 年に IAEA と「包括的保障措置協定」を締結してIAEA 保障措置を受け入れ、原子炉等規制法等に基づく国内保障措置制度を整備しています（図 4-2）。さらに、1999 年には、保障措置を強化するための「追加議定書」を IAEA と締結しました。

我が国は、IAEA から 2003 年以降連続して拡大結論を得ており、2004 年 9 月から統合保障措置が段階的に適用されています。この適用が今後も継続されるよう努めており、原子力規制委員会は、原子力施設等が保有する全ての核物質の在庫量等を IAEA に報告し、その報告内容が正確かつ完全であることを IAEA が現場で確認する査察等への対応を行っています。

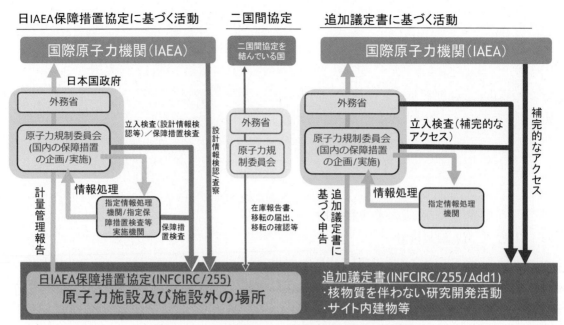

**図 4-2　我が国における保障措置実施体制**

(出典)原子力規制委員会「令和2年度年次報告」(2021年)

　2021年には、原子炉等規制法に基づき、2,137事業者から4,801件の計量管理に関する報告が原子力規制委員会に提出され、IAEAに提供されました。IAEAは我が国からの報告を基に原子力規制委員会等の立会いの下に査察等を行いました。また、我が国も2,020人・日の保障措置検査等を実施しました。東電福島第一原発の1～3号機に対して、カメラと放射線モニターによる常時監視や、同発電所のサイト内のみに適用される特別な追加的検認活動により、未申告の核物質の移動がないことが確認されました。3号機の使用済燃料プールから使用済燃料共用プールに移動した燃料集合体の再検認活動が完了するなど、IAEAとの継続的な協議を通して必要な検認活動を実施しました。1～3号機以外にある全ての核物質については、通常の軽水炉と同等の検認活動が行われました。

　2021年中に原子力規制委員会が実施した保障措置検査等により、国際規制物資使用者等による国際規制物資の計量及び管理が適切に行われていることが確認されました。

　2021年の我が国における主要な核燃料物質の移動量及び施設別在庫量は、図4-3に示すとおりです。

　なお、我が国は、IAEAネットワーク分析所として認定されている原子力機構安全研究センターの高度環境分析研究棟において、IAEAが査察等の際に採取した環境試料の分析への協力を行うなど、IAEAの保障措置活動へ貢献するとともに、我が国としての核燃料物質の分析技術の維持・高度化を図っています。また、「IAEA保障措置技術支援計画」(JASPAS[1])を通じ、我が国の保障措置技術を活用して、IAEA保障措置を強化・効率化するための技術開発への支援を行うなど、保障措置に関する国際協力を実施しています。

---

[1] Japan Support Programme for Agency Safeguards

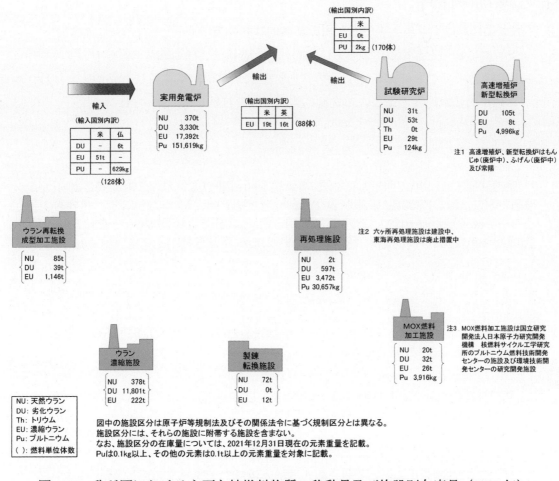

**図 4-3　我が国における主要な核燃料物質の移動量及び施設別在庫量（2021 年）**

(出典) 第 10 回原子力規制委員会資料 5 原子力規制庁「我が国における 2021 年の保障措置活動の実施結果」(2022 年)に基づき作成

### ③　原子炉等施設の設置許可等の審査における利用目的の確認

　原子炉等規制法に基づき、原子力規制委員会は、原子炉施設等の設置（変更）の許可の段階で原子炉施設等が平和の目的以外に利用されるおそれがないことに関し、原子力委員会の意見を聴かなければならないと定められています。2021 年度には、九州電力株式会社玄海原子力発電所 3、4 号機の設置変更許可等 7 件について、原子力規制委員会より意見を求められた原子力委員会は、平和の目的以外に利用されるおそれがないものと認められるとする原子力規制委員会の判断は妥当であるとの答申を行いました[2]。

### ④　核物質防護

　原子炉等規制法に基づく核物質防護の取組については、第 4 章 4-2(2)① 「核物質及び原子力施設の防護」に記載しています。

---

[2] 資料編 3(2) 「原子炉等規制法等に係る諮問・答申（2021 年 4 月〜2022 年 3 月）」を参照。

**（3）　政策上の平和利用**

**①　我が国におけるプルトニウム利用の基本的な考え方**

　プルトニウム利用を進めるに当たり、国際社会と連携し、核不拡散に貢献し、平和利用に係る透明性を高めることが重要です。原子力委員会は、2018年7月に我が国におけるプルトニウム利用の基本的な考え方の和文及び英文を公表しました（図 4-4）。

---

　我が国の原子力利用は、原子力基本法にのっとり、「利用目的のないプルトニウムは持たない」という原則を堅持し、厳に平和の目的に限り行われてきた。我が国は、我が国のみならず最近の世界的な原子力利用をめぐる状況を俯瞰し、プルトニウム利用を進めるに当たっては、国際社会と連携し、核不拡散の観点も重要視し、平和利用に係る透明性を高めるため、下記方針に沿って取り組むこととする。

記

　我が国は、上記の考え方に基づき、プルトニウム保有量を減少させる。プルトニウム保有量は、以下の措置の実現に基づき、現在の水準を超えることはない。

1. 再処理等の計画の認可（再処理等拠出金法）に当たっては、六ヶ所再処理工場、MOX 燃料加工工場及びプルサーマルの稼働状況に応じて、プルサーマルの着実な実施に必要な量だけ再処理が実施されるよう認可を行う。その上で、生産された MOX 燃料については、事業者により時宜を失わずに確実に消費されるよう指導し、それを確認する。

2. プルトニウムの需給バランスを確保し、再処理から照射までのプルトニウム保有量を必要最小限とし、再処理工場等の適切な運転に必要な水準まで減少させるため、事業者に必要な指導を行い、実現に取り組む。

3. 事業者間の連携・協力を促すこと等により、海外保有分のプルトニウムの着実な削減に取り組む。

4. 研究開発に利用されるプルトニウムについては、情勢の変化によって機動的に対応することとしつつ、当面の使用方針が明確でない場合には、その利用又は処分等の在り方について全てのオプションを検討する。

5. 使用済燃料の貯蔵能力の拡大に向けた取組を着実に実施する。

　加えて、透明性を高める観点から、今後、電気事業者及び原子力機構は、プルトニウムの所有者、所有量及び利用目的を記載した利用計画を改めて策定した上で、毎年度公表していくこととする。

---

図 4-4　「我が国におけるプルトニウム利用の基本的な考え方」

（出典）原子力委員会「我が国におけるプルトニウム利用の基本的な考え方」(2018 年)に基づき作成

## ②　プルトニウム管理状況の公表及び IAEA へのプルトニウム保有量の報告

　我が国は、プルトニウム国際管理指針[3]に基づき、我が国のプルトニウム管理状況を IAEA に対して報告しています。2022 年 7 月、我が国は、2021 年末における我が国のプルトニウム管理状況を公表しました。また、IAEA に管理状況を報告する予定です。

　2021 年末時点で、国内外において管理されている我が国の分離プルトニウム総量は約 45.8t で、その内訳は国内保管分が約 9.3t、海外保管分が約 36.5t（うち、英国保管分が約 21.8t、フランス保管分が約 14.8t）となっています（表 4-1）。我が国の原子力施設等における分離プルトニウムの保管等の内訳等は資料編に示します。また、IAEA から公表されている、各国が 2020 年末において自国内に保有するプルトニウムの量は、表 4-2 のとおりです。

### 表 4-1　分離プルトニウムの管理状況

| | | | | 2021 年末時点 |
|---|---|---|---|---|
| 総量（国内＋海外） | | | | 約 45.8t |
| 内訳 | 国内 | | | 約 9.3t |
| | 海外 | （総量） | | 約 36.5t |
| | | 内訳 | 英国 | 約 21.8t |
| | | | フランス | 約 14.8t |

(注)四捨五入の関係で合計が合わない場合がある。
(出典)第 27 回原子力委員会資料第 2 号　内閣府「令和 3 年における我が国のプルトニウム管理状況」(2022 年)

### 表 4-2　プルトニウム国際管理指針に基づき IAEA から公表されている
### 2020 年末における各国の自国内のプルトニウム保有量を合計した値

(単位：tPu)

| | 未照射プルトニウム[注1] | 使用済燃料中のプルトニウム[注2] |
|---|---|---|
| 米国 | 49.4 | 765 |
| ロシア | 63.3 | 185 |
| 英国 | 140.2 | 26 |
| フランス | 95.0 | 299.7 |
| 中国 | 未報告 | 未報告 |
| 日本 | 8.9 | 176 |
| ドイツ | 0.0 | 126.3 |
| ベルギー | (50kg 未満[注3]) | 45 |
| スイス | 2kg 未満 | 22 |

(注1)100kg 単位で四捨五入した値。ただし、50kg 未満の報告がなされている項目は合計しない。
(注2)1,000kg 単位で四捨五入した値。ただし、500kg 未満の報告がなされている項目は合計しない。
(注3)燃料加工中、MOX 燃料等製品及びその他の場所のプルトニウム保管量（各項目 50kg 未満）。
(出典) IAEA、INFCIRC/549「Communication Received from Certain Member States Concerning Their Policies Regarding the Management of Plutonium」、第27回原子力委員会資料第2号　内閣府「令和 3 年における我が国のプルトニウム管理状況」(2022年)に基づき作成

---

[3] 米国、ロシア、英国、フランス、中国、我が国、ドイツ、ベルギー、スイスの 9 か国が参加し、プルトニウム管理に係る基本的な原則を示すとともに、その透明性の向上のため、保有するプルトニウム量を毎年公表することとした指針。1998 年 3 月に IAEA が発表。

はじめに

特集

第1章

第2章

第3章

第4章

第5章

第6章

第7章

第8章

資料編

用語集

### ③　プルトニウム利用目的の確認

　使用済燃料再処理工場及び MOX 燃料加工工場が操業を開始すれば、プルトニウムが分離、回収され、MOX 燃料へと加工されることになります。そのため、プルトニウム利用の一層の透明性向上を図る観点から、我が国におけるプルトニウム利用の基本的な考え方に基づき、電気事業者はプルトニウムを分離する前にその利用目的等を記載した利用計画を公表し、原子力委員会がその妥当性を確認しています。

　我が国初の商業用再処理工場である日本原燃六ヶ所再処理施設[4]は 2022 年度上期に、我が国初の商業用 MOX 燃料加工工場である日本原燃六ヶ所 MOX 燃料加工施設[5]は 2024 年度上期に、竣工予定です。日本原燃は 2022 年 2 月に暫定的な操業計画を公表しました（表 4-3）。

表 4-3　日本原燃による再処理施設及び MOX 燃料加工施設の暫定操業計画（2022 年 2 月）

|  | 2022 年度 | 2023 年度 | 2024 年度 | 2025 年度 | 2026 年度 |
|---|---|---|---|---|---|
| 再処理可能量（$tU_{Pr}$） | 0 | 70 | 170 | 140 | 240 |
| プルトニウム回収見込量（tPut） | 0 | 0.6 | 1.4 | 1.1 | 2.0 |
| MOX 燃料加工可能量（tPut） | — | — | 0 | 0.6 | 1.4 |

（出典）日本原燃「六ヶ所再処理施設および MOX 燃料加工施設　操業計画」（2022 年）に基づき作成

　電気事業連合会は 2020 年 12 月に新たなプルサーマル計画[6]を公表し、2030 年度までに少なくとも 12 基の原子炉でプルサーマルの実施を目指すことを明らかにしました。さらに、電気事業連合会及び原子力機構は、2021 年 2 月にプルトニウム利用計画を策定し、プルトニウムの所有者、利用目的、利用場所、利用量等を明示しました（2022 年 2 月改定）。電気事業連合会による利用計画では、軽水炉燃料として利用するという目的の下、関西電力株式会社高浜発電所 3、4 号機における利用計画等が示されています（表 4-4）。また、原子力機構による利用計画では、高速炉を活用した研究開発を目的とし、「常陽」における利用計画を示していますが、「常陽」の新規制基準への適合性確認の終了時期が未定のため、年度ごとの利用量は未定としています（表 4-5）。

　これらの利用計画の公表を受けて、原子力委員会は 2022 年 3 月 1 日に見解を公表しました。同見解では、2022 年度の我が国全体のプルトニウム保有量が約 45.2t[7]となる見込みであること等を踏まえ、2022 年度のプルトニウム利用計画について「現時点においては妥当である」としました。また、今後、様々な取組の進捗に応じて状況が大きく変わり得ることから、2023 年度及び 2024 年度のプルトニウム利用計画については、見解公表時点での情報を基に暫定的なコメントを行いました。

　なお、2021 年 12 月末時点の電力各社のプルトニウム所有量は、表 4-6 のとおりです。

---

[4] 第 2 章 2-2(2)⑦「使用済燃料の再処理に関する取組」を参照。

[5] 第 2 章 2-2(2)⑧「ウラン・プルトニウム混合酸化物（MOX）燃料製造に関する取組」を参照。

[6] 第 2 章 2-2(2)⑨「軽水炉における MOX 燃料利用（プルサーマル）に関する取組」を参照。

[7] 2021 年度末の我が国全体の保有見込量約 45.9t から、2022 年度に関西電力株式会社高浜発電所 4 号機で消費見込みの約 0.7t を差し引いた保有見込量。

## 表 4-4　電気事業連合会によるプルトニウム利用計画（2022 年 2 月）

| 所有者 | 所有量(トンPut)*1 (2021年度末予想) | プルサーマルを実施する原子炉 及び これまでの調整も踏まえ、地元の理解を前提として、各社がプルサーマルを実施することを想定している原子炉 *2 | 利用量(トンPut)*1,*3,*4 2022年度 | 2023年度 | 2024年度 | 年間利用目安量*5 (トンPut/年) | (参考) 現在貯蔵する使用済燃料の量(トンU) (2020年度末実績) |
|---|---|---|---|---|---|---|---|
| 北海道電力 | 0.3 | 泊発電所3号機 | ― | ― | ― | 約0.5 | 510 |
| 東北電力 | 0.7 | 女川原子力発電所3号機 | ― | ― | ― | 約0.4 | 680 |
| 東京電力HD | 13.6 | 立地地域の皆さまからの信頼回復に努めること、及び確実なプルトニウム消費を基本に、東京電力HDのいずれかの原子炉で実施 | ― | ― | ― | ― | 7,040 |
| 中部電力 | 4.0 | 浜岡原子力発電所4号機 | ― | ― | ― | 約0.6 | 1,380 |
| 北陸電力 | 0.3 | 志賀原子力発電所1号機 | ― | ― | ― | 約0.1 | 170 |
| 関西電力 | 12.6 | 高浜発電所3, 4号機 | 0.7 | 0.7 | 0.7 | 約1.1 | 4,260 |
| | | 大飯発電所1～2基 | ― | ― | ― | 約0.5～1.1 | |
| 中国電力 | 1.4 | 島根原子力発電所2号機 *7 | ― | ― | ― | 約0.4 | 590 |
| 四国電力 | 1.3 | 伊方発電所3号機 | 0.0 | 0.0 | 0.0 | 約0.5 | 890 |
| 九州電力 | 2.2 | 玄海原子力発電所3号機 | 0.0 | 0.0 | 0.0 | 約0.5 | 2,510 |
| 日本原子力発電 | 5.0 | 敦賀発電所2号機 | ― | ― | ― | 約0.5 | 1,180 |
| | | 東海第二発電所 | ― | ― | ― | 約0.3 | |
| 電源開発 | 他電力より必要量を譲受*6 | 大間原子力発電所 | ― | ― | ― | 約1.7 | |
| 合計 | 41.5 | | 0.7 | 0.7 | 0.7 | | 19,210 |
| 再処理による回収見込みプルトニウム量(トンPut)*8 | | | 0 | 0.6 | 1.4 | | |
| 所有量合計値(トンPut) | | | 40.8 | 40.7 | 41.4 | | |

本計画は、今後、再稼働やプルサーマル計画の進展、MOX燃料工場の操業開始などを踏まえ、順次、詳細なものとしていく。
2022～2024年度の利用量は各社の運転計画に基づく（2022年1月時点）。
2025年度以降の運転計画は未定であるが、六ヶ所再処理工場の操業開始後におけるプルトニウムの利用見通しを示す観点から、現時点での2025年度以降の利用量見通しを以下に記載。

2025年度以降のプルトニウムの利用量の見通し（全社合計）
・2025年度：1.0トンPut
・2026年度：2.1トンPut　*9
・2027～2030年度：～約6.6トンPut/年　*10

*1　全プルトニウム(Put)量を記載。（所有量は小数点第2位を四捨五入の関係で、合計が合わない場合がある）
*2　従来から計画している利用場所。なお、利用場所は今後の検討により変わる可能性がある。
*3　国内MOX燃料の利用開始時期は、2026年度以降となる見込み。
*4　「0.0」：プルサーマルが実施できる状態の場合
　　「―」：プルサーマルが実施できる状態にない場合
*5　「年間利用目安量」は、各電気事業者の計画しているプルサーマルにおいて、利用場所に装荷するMOX燃料に含まれるプルトニウムの1年当りに換算した量を記載している。
*6　仏国回収分のプルトニウムの一部が電気事業者より電源開発に譲渡される予定。（核分裂性プルトニウム量で東北電力　約0.1トン、東京電力HD約0.7トン、中部電力　約0.1トン、北陸電力　約0.1トン、中国電力　約0.2トン、四国電力　約0.0トン、九州電力　約0.1トンの合計約1.3トン）
*7　島根2号機は現状運転計画が未定のためプルサーマル導入時期も未定であるが、再稼働後、地域の皆さまのご理解を頂きながら、プルサーマルを実施することとしている。（約0.3トンPut）
*8　「六ヶ所再処理施設およびMOX燃料加工施設　操業計画」（2022年2月10日、日本原燃株式会社）に示されるプルトニウム回収見込量。
*9　自社で保有するプルトニウムを自社のプルサーマル炉で消費することを前提に、事業者間の連携・協力等を含めて、海外に保有するプルトニウムを消費する計画である。
*10　2027年度以降、2030年度までに、800トンU再処理時に回収される約6.6トンPutを消費できるよう年間利用量を段階的に引き上げていく。

（出典）電気事業連合会「プルトニウム利用計画について」（2022 年）

表 4-5　原子力機構による研究開発用プルトニウム利用計画（2022年2月）

| 所有者 | 所有量(トンPut)[*1]<br>(2021年度末予想) | 利用目的(高速炉を活用した研究開発)[*2] | | | | 年間利用目安量<br>(トンPut/年)[*4] |
|---|---|---|---|---|---|---|
| | | 利用場所 | 利用量(トンPut)[*3] | | | |
| | | | 2022年度 | 2023年度 | 2024年度 | |
| 日本原子力研究開発機構 | 3.6[*5] | 高速実験炉「常陽」 | – | – | – | 0.1 |
| 再処理による回収見込みプルトニウム量(トンPut)[*6] | | | 0 | 0 | 0 | |
| 所有量(トンPut) | | | 3.6 | 3.6 | 3.6 | |

今後、高速実験炉「常陽」が操業を始める段階など進捗に従って順次より詳細なものとしていく。

2025年度以降のプルトニウムの利用量の見通しを以下に記載。
・2025年度：未定
・2026年度：未定
・2027～2030年度：未定

*1　全プルトニウム(Put)量を記載している。
*2　原子力機構では、「常陽」の燃料として利用する他、研究開発施設において許可された目的・量の範囲内で再処理技術基盤研究やプルトニウム安定化等の研究開発に供する。
*3　「常陽」の新規制基準への適合性確認の終了時期が未定のため、年度毎の利用量は未定として、「–」と記載している。
*4　「年間利用目安量」は、標準的な運転において、炉に新たに装荷するMOX燃料に含まれるプルトニウム量の1年あたりに換算した量を記載している。
*5　原子力機構が管理するプルトニウムのうち、東海再処理施設にて、電気事業者との役務契約に基づき回収したプルトニウム約1.0トンPutについては、上記の所有量に含めていない。
*6　東海再処理施設は運転を終了し、廃止措置に移行したため、今後再処理により分離されるプルトニウムはない。

(出典)原子力機構「令和4年度研究開発用プルトニウム利用計画の公表について」(2022年)

表 4-6　各社のプルトニウム所有量（2021年12月末時点）

(全プルトニウム量、kgPu)

| 所有者 | 国内所有量 | | | | 海外所有量 | | | 合計 |
|---|---|---|---|---|---|---|---|---|
| | JAEA<br>※1 | 日本原燃<br>※2 | 発電所<br>※3 | 小計 | 仏国<br>※4 | 英国 | 小計 | |
| 北海道電力 | – | 91 | – | 91 | 106※5 | 138 | 243 | 334 |
| 東北電力 | 17 | 98 | – | 115 | 317 | 311 | 628 | 743 |
| 東京電力HD | 198 | 953 | 205 | 1,356 | 3,162※5 | 9,132 | 12,293 | 13,650 |
| 中部電力 | 119 | 230 | 213 | 562 | 2,323 | 1,076 | 3,399 | 3,961 |
| 北陸電力 | – | 11 | – | 11 | 144 | 118 | 263 | 274 |
| 関西電力 | 268 | 700 | 629 | 1,596 | 7,053 | 3,946 | 10,999 | 12,595 |
| 中国電力 | 29 | 107 | – | 136 | 650 | 644 | 1,293 | 1,429 |
| 四国電力 | 93 | 168 | – | 261 | 96 | 973 | 1,069 | 1,330 |
| 九州電力 | 112 | 402 | – | 514 | 167 | 1,538 | 1,705 | 2,219 |
| 日本原子力発電 | 149 | 178 | – | 327 | 741 | 3,905※6 | 4,646 | 4,974 |
| (電源開発)※4 | | | | | | | | |
| 合計 | 985 | 2,938 | 1,046 | 4,969 | 14,760 | 21,780 | 36,540 | 41,509 |

※　端数処理(小数点第一位四捨五入)の関係で、合計が合わない箇所がある。また、「－」はプルトニウムを所有していないことを示す。

※1　日本原子力研究開発機構(JAEA)にて既に研究開発の用に供したものは除く。
※2　各電気事業者に引渡し済のプルトニウム量を記載している。(上記のほか、未引渡し分が全プルトニウム量で約0.5トン保管されている)
※3　MOX燃料が原子炉に装荷され、原子炉での照射が開始されると、相当量が所有量から減じられる。
※4　仏国回収分のプルトニウムの一部が電気事業者より電源開発に譲渡される予定。(核分裂性プルトニウム量で東北電力　約0.1トン、東京電力HD　約0.7トン、中部電力　約0.1トン、北陸電力　約0.1トン、中国電力　約0.2トン、四国電力　約0.0トン、九州電力　約0.1トンの合計約1.3トン)
※5　東京電力HDが仏国に保有しているプルトニウムの一部(核分裂性プルトニウム量で約40kg)が北海道電力に譲渡される予定。
※6　日本原子力発電の英国での所有量は一部推定値を含む。

(出典)電気事業連合会「各社のプルトニウム所有量(2021年12月末時点)」

はじめに

特集

第1章

第2章

第3章

第4章

第5章

第6章

第7章

第8章

資料編

用語集

④　プルトニウム・バランスに関する取組

　2016年5月に成立した再処理等拠出金法に対する附帯決議において、再処理機構[8]が策定する使用済燃料再処理等実施中期計画（以下「実施中期計画」という。）を経済産業大臣が認可する際には、原子力の平和利用やプルトニウムの需給バランス確保の観点から、原子力委員会の意見を聴取することとされています。

　また、我が国におけるプルトニウム利用の基本的な考え方においても、再処理等の計画の認可に当たっては、六ヶ所再処理工場、MOX燃料加工工場及びプルサーマルの稼働状況に応じて、プルサーマルの着実な実施に必要な量だけ再処理が実施されるよう認可を行い、生産されたMOX燃料が、事業者によって時宜を失わずに確実に消費されるよう指導・確認するとしています。

　2022年2月に公表された日本原燃による六ヶ所再処理施設及びMOX燃料加工施設の暫定操業計画、電気事業者によるプルトニウム利用計画を踏まえ、再処理機構は同年3月に、具体的な再処理量等を実施中期計画に記載し（表 4-7）、経済産業大臣に対して変更の認可申請を行いました。当該申請の認可に当たり経済産業大臣から意見を求められた原子力委員会は、同年3月22日に見解を取りまとめ、同計画[9]について「現時点での状況を踏まえれば、理解できるものである」とした上で、2024年度以降のMOX燃料加工施設の稼働状況やプルサーマル炉での消費状況は不確定要素を含むものであり、今後の進捗状況によっては変わり得るものとの認識を示しました。そのため、原子力委員会は、国内施設で回収するプルトニウムの確実な利用の実現と、プルサーマルの着実な実施に必要な量だけの再処理の実施等プルトニウムの需給バランスを踏まえた再処理施設等の適切な運転の実現に向けて最大限の努力を行うこと、具体的な取組の進捗に応じて実施中期計画の見直しが必要になった場合には適宜・適切に行うこと等について、経済産業大臣が関係事業者に対して必要かつ適切な指導を行うよう求めました。この原子力委員会の意見を踏まえ、同年3月29日に経済産業大臣は実施中期計画の変更を認可しました。

表 4-7　再処理機構による実施中期計画（2022年3月）において示された再処理量等

| | 計画 | | | （参考）見通し | |
|---|---|---|---|---|---|
| | 2022年度 | 2023年度 | 2024年度 | 2025年度 | 2026年度 |
| 再処理を行う使用済燃料の量（tU） | 0 | 70 | 170 | 140 | 240 |
| （参考）プルトニウム回収見込量（tPut） | 0 | 0.6 | 1.4 | 1.1 | 2.0 |
| 再処理関連加工[注]を行うプルトニウムの量（tPut） | 0 | 0 | 0 | 0.6 | 1.4 |

（注）ウラン及びプルトニウムの混合酸化物燃料加工（MOX燃料加工）
（出典）再処理機構「使用済燃料再処理等実施中期計画」(2021年)に基づき作成

---

[8] 第2章 2-2(2)⑦1)「使用済燃料再処理機構の設立」を参照。
[9] 2022年度から2024年度までの3年間における再処理及び再処理関連加工の実施場所、実施時期及び量を記載。

## 4-2 核セキュリティの確保

> 核セキュリティとは、「核物質、その他の放射性物質、その関連施設及びその輸送を含む関連活動を対象にした犯罪行為又は故意の違反行為の防止、探知及び対応」のことをいいます。
>
> 2001年9月11日の米国同時多発テロ事件以降、国際社会は新たな緊急性を持ってテロ対策を見直し、取組を強化してきました。放射性物質の発散装置（いわゆる「汚い爆弾」）の脅威も懸念されるようになり、核爆発装置に用いられる核燃料物質だけでなく、あらゆる放射性物質へと防護の対象が広がっています。
>
> 我が国では、原子炉等規制法により、原子力事業者等に対して核物質防護措置を講じることを義務付け、その措置の実効性を国が定期的に確認する体制を整備しています。また、関連諸条約の締結を始めとして、人材育成や技術開発を含む様々な国際協力や情報交換を行いつつ、核セキュリティに関する取組を推進しています。

### (1)　核セキュリティに関する国際的な枠組み

　1987年2月に発効した「核物質の防護に関する条約」は、核物質の不法な取得及び使用の防止を主目的とした条約であり、2022年3月末時点の締約国は164か国と1機関（ユーラトム）です。2005年の改正（2016年5月発効）により、適用の対象が国内で使用、貯蔵、輸送されている核物質又は原子力施設へと拡大されるとともに、処罰対象の犯罪が拡大され、題名が「核物質及び原子力施設の防護に関する条約」（以下「改正核物質防護条約」という。）へと改められました。改正核物質防護条約の2022年3月末時点の締約国は128か国と1機関（ユーラトム）です。

　2001年9月11日の米国同時多発テロ事件を契機として、原子力施設自体に対するテロ攻撃や、核物質やその他の放射性物質を用いたテロ活動（いわゆる「核テロ活動」）の脅威等に対処するための対策強化が求められるようになりました。2007年7月に発効した「核によるテロリズムの行為の防止に関する国際条約」（以下「核テロリズム防止条約」という。）は、核によるテロリズムの行為の防止並びに、同行為の容疑者の訴追及び処罰のための効果的かつ実行可能な措置を取るための国際協力を強化することを目的とした条約であり、2022年3月末時点の締約国数は118か国です。

IAEA は、核物質や放射性物質の悪用が想定される脅威を、核兵器の盗取、盗取された核物質を用いた核爆発装置の製造、放射性物質の発散装置（いわゆる「汚い爆弾」）の製造、原子力施設や放射性物質の輸送等に対する妨害破壊行為の 4 種類に分類しています（図4-5）。

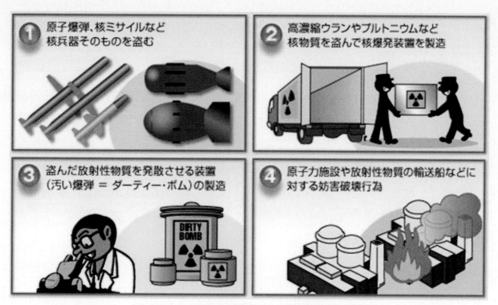

図 4-5　IAEA が想定する核テロリズム

(出典)外務省「核セキュリティ」

　また、IAEA は、各国が原子力施設等の防護措置を定める際の指針となる文書（IAEA 核セキュリティ・シリーズ文書）について、体系的な整備を実施しています。最上位文書である基本文書[10]及び 3 つの勧告文書[11]に加えて、実施指針 22 冊、技術指針 17 冊が刊行されています（2022 年 3 月末時点）。さらに、IAEA が加盟各国の核セキュリティ体制強化を支援する国際核物質防護諮問サービス（IPPAS[12]）も、改正核物質防護条約等の枠組みへの準拠と措置の実効性の向上を図る上で重要な取組の一つです。IAEA は、IPPAS を通じて、核物質及びその他の放射性物質と関連施設の防護に関する国際条約、IAEA のガイダンスの実施に関する助言を行っています。

　我が国は、テロ対策のための国際的な取組に積極的に参画しており、改正核物質防護条約や核テロリズム防止条約を含め、国連その他の国際機関で採択されたテロ防止関連諸条約のうち 13 の国際約束を締結しています。

---

[10] 2013 年 2 月発刊の「国の核セキュリティ体制の基本：目的及び不可欠な要素」。

[11] 2011 年 1 月に発刊された「核物質及び原子力施設の物理的防護に関する核セキュリティ勧告改訂第 5 版」、「放射性物質及び関連施設に関する核セキュリティ勧告」及び「規制上の管理を外れた核物質及びその他の放射性物質に関する核セキュリティ勧告」。

[12] International Physical Protection Advisory Service

### (2) 我が国における核セキュリティに関する取組

### ① 核物質及び原子力施設の防護

　我が国では、原子炉等規制法により、原子力施設に対する妨害破壊行為や、特定核燃料物質[13]の輸送・貯蔵・使用時等の核物質の盗取等を防止するための対策を講じることを原子力事業者等に義務付けています（図 4-6）。原子力事業者等は、原子力施設において防護区域を定め、当該施設を鉄筋コンクリート造りの障壁等によって区画するとともに、出入管理、監視装置の設置、巡視、情報管理等を行っています。また、核物質防護管理者を選任し、核物質防護に関する業務を統一的に管理しています（図 4-7）。

　原子力規制委員会は、IAEA による勧告文書[14]を踏まえて導入した個人の信頼性確認制度の運用状況を含め、原子力事業者等が講じる防護措置の実施状況及び核物質防護規定の遵守状況について、検査（原子力規制検査）において定期的に確認しています。2020 年度には、東京電力柏崎刈羽原子力発電所における ID カード不正使用事案及び核物質防護設備の機能の一部喪失事案を踏まえ、同発電所の原子力規制検査における対応区分が「第 4 区分」とされました。原子力規制委員会は、2021 年 4 月に東京電力に対して是正措置命令を発出し、追加検査を実施しています[15]。

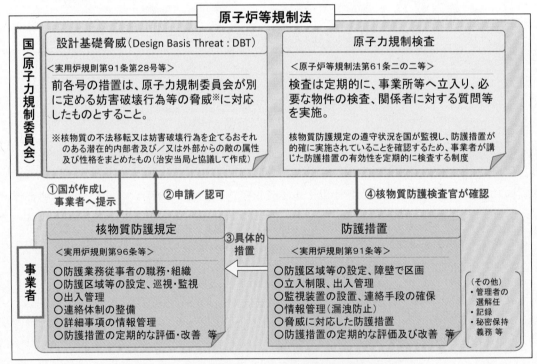

図 4-6　原子力施設における核物質防護の仕組み

(出典)原子力規制委員会作成

---

[13] プルトニウム（プルトニウム 238 の同位体濃度が 100 分の 80 を超えるものを除く）、ウラン 233、ウラン 235 のウラン 238 に対する比率が天然の混合率を超えるウランその他の政令で定める核燃料物質。

[14] 「核物質及び原子力施設の物理的防護に関する核セキュリティ勧告改訂第 5 版」。

[15] 第 1 章 1-2(1)③3)ハ)「原子力規制検査の実施」を参照。

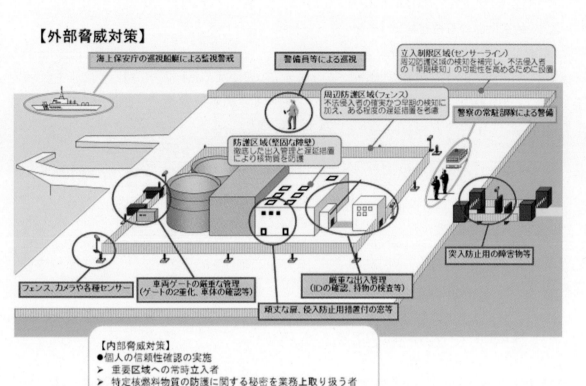

【外部脅威対策】

図 4-7　原子力施設における核物質防護措置の例

(出典)原子力規制委員会「令和 2 年度年次報告」(2021年)

## ②　核セキュリティ文化の醸成

　核セキュリティ文化とは、原子力組織に携わる人々が核セキュリティを確保するための信念、理解、習慣について話し合い、その結果を実施し根付かせていくものです。核セキュリティ文化の醸成及び維持は、原子力に携わる者全ての務めです。2012 年の法令改正により、核物質防護規定において「核セキュリティ文化を醸成するための体制（経営責任者の関与を含む。）に関すること」を定めることが原子力事業者等に義務付けられました。

　原子力規制委員会は、原子力事業者等との間で、経営層との面談等を通じてセキュリティに対する関与意識の強化を図っています。2021 年 6 月に開催された第 12 回 CNO 会議[16]では、原子力規制委員会と事業者の原子力部門責任者等との間で、東京電力の核物質防護事案を踏まえた業界大の取組についての意見交換が行われました。

　また、原子力規制委員会は、2015 年に「核セキュリティ文化に関する行動指針」を策定しました。同指針では、脅威に対する認識、安全との調和、幹部職員の務め、教育と自己研鑽、情報の保護と意思疎通の 5 点について、原子力規制委員会として自らの核セキュリティ文化を醸成するための行動指針を示しています。

---

[16] 第 1 章 1-2(4)②「原子力エネルギー協議会（ATENA）における取組」を参照。

### ③　輸送における核セキュリティ

輸送時の核セキュリティは、輸送の種類によって所管する規制行政機関及び治安当局が異なります（表 4-8）。特定核燃料物質の輸送時の要件は、陸上輸送に関しては原子炉等規制法で、海上輸送に関しては「船舶安全法」（昭和8年法律第11号）で定められています。

**表 4-8　特定核燃料物質の輸送を所管する関係省庁**

| | 輸送物 | 輸送方法 | 輸送経路・日時 |
|---|---|---|---|
| 陸上輸送 | 原子力規制委員会 | 【所外輸送】国土交通省 | 都道府県公安委員会 |
| | | 【所内輸送】原子力規制委員会 | |
| 海上輸送 | 国土交通省 | 国土交通省 | 海上保安庁 |

(注)特定核燃料物質の航空輸送は実施されない。
(出典)第 2 回核セキュリティに関する検討会資料 4 国土交通省・原子力規制庁「輸送における核セキュリティの検討について」(2013 年)

### ④　核セキュリティ対策強化の取組

我が国は、2010 年の核セキュリティ・サミットにおいて、主にアジア諸国の核セキュリティ強化を支援するセンターの設立を表明し、同年12月に原子力機構に「核不拡散・核セキュリティ総合支援センター」（ISCN[17]）を設置しました。ISCN は人材育成支援、技術開発等の活動を積極的に進めています。

人材育成支援では、原子力平和利用のセミナー、バーチャルリアリティ（VR）技術や核物質防護の実習施設を活用したトレーニング、保障措置の体制整備の実務者トレーニング等を実施し、各国から高い評価を受けています（図 4-8）。また、IAEA 査察官向けに、原子力機構の施設を活用した我が国でしか実施できないトレーニングを提供し、IAEA からも高く評価されています。2021 年度は、IAEA 等と連携して海外向けオンライントレーニングの開発・実施を継続しました。これらを含め、トレーニングコースは 2022 年 3 月までに 101 か国、6 国際機関から累計 5,286 名が受講しています。

技術開発では、欧米と協力して、押収・採取された核物質を分析して出所等を割り出す核鑑識技術、中性子線を照射して対象物を非破壊分析するアクティブ法等の技術開発を進めています。また、大規模イベント等におけるテロ活動を抑止するための核・放射性物質を検知する技術開発、核爆発装置や放射性物質を飛散させる装置等に核物質・放射性物質が用いられるリスクを低減するための評価研究も進めています。

また、原子力機構は、2021 年 10 月に IAEA から、核セキュリティ及び廃止措置・廃棄物管理の 2 分野において IAEA 協働センターの指定を受けました。核セキュリティ分野については、ISCN の活動を通じ、オンラインを含むトレーニングコースや教材の開発、先進的な核セキュリティシステムに係る技術開発協力等を進展させることにより、核セキュリティの確保に関する国際協力に一層貢献するとしています。

---

[17] Integrated Support Center for Nuclear Nonproliferation and Nuclear Security

そのほか、ISCN では原子力平和利用と核不拡散・核セキュリティに係る国際フォーラムを毎年開催しています。2021 年 12 月にオンラインで開催されたフォーラムでは、「ポストコロナ時代の核不拡散・核セキュリティ」をテーマに、国内外の有識者による講演や議論が行われました（図 4-9）。同フォーラムの前日には、前夜祭として、学生セッション「ポストコロナ時代に向けて学生からの提言」もオンラインで開催されました。

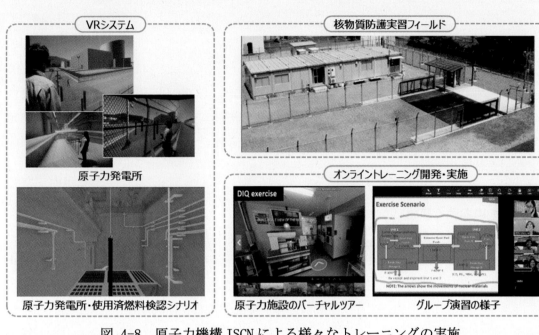

**図 4-8　原子力機構 ISCN による様々なトレーニングの実施**

(出典)原子力機構核不拡散・核セキュリティ総合支援センター「ISCNニューズレターNo.0281」(2020年)、原子力機構核不拡散・核セキュリティ総合支援センター「トレーニング、教育等を含む人材育成などを通じたキャパシティ・ビルディング強化」、M. Sekine et al.「Proceedings of 2021 INMM/ESARDA Joint Annual Meeting」、Y. Kawakubo et al.「Proceedings of 2021 INMM/ESARDA Joint Annual Meeting」に基づき作成

**図 4-9　原子力平和利用と核不拡散・核セキュリティに係る国際フォーラム 2021 におけるパネルディスカッションの様子**

(出典)原子力機構核不拡散・核セキュリティ総合支援センター「ISCN ニューズレターNo.0301」(2022 年)

### (3) 核セキュリティに関する国際的な取組

### ① 核セキュリティ・サミット

　米国のオバマ大統領（当時）が提唱した核セキュリティ・サミットは、2010年4月から2016年4月にかけて合計4回開催され、核テロ対策に関する基本姿勢や取組状況、国際協力の在り方について、首脳レベルでの議論が行われました。最終回となった第4回では、サミット終了後の核セキュリティ強化の取組に向けた行動計画等が採択されました。

### ② 国連の行動計画

　国連総会と国連安全保障理事会（以下「安保理」という。）は、グローバルな核セキュリティを強化する上で重要な役割を果たしています。2016年の第4回核セキュリティ・サミットで発表された国連の行動計画では、国連総会及び国連安保理の関連する全ての決議に定められた、核セキュリティ関連のコミットメントと義務を完全に履行すること等を目指す方針が示されました。

### ③ IAEA における取組

　IAEAは2002年3月、核テロ対策を支援するために、核物質及び原子力施設の防護等8つの活動分野で構成される核セキュリティ第1次活動計画を策定し、核物質等テロ行為防止特別基金を設立しました。2021年9月には、2022年から2025年までを対象とした第6次行動計画が承認されました。第6次行動計画は、優先的かつ横断的事項、情報管理、核物質及び原子力施設の防護、規制上の管理を外れた核物質の防護、プログラム開発及び国際協力の5つの分野で構成されており、2020年2月に開催されたIAEA主催の閣僚級会議「核セキュリティに関する国際会議」における閣僚宣言の内容も反映されています。

　また、IAEAは2021年7月に、オーストリアのサイバースドルフにおいて核セキュリティ訓練センターを着工したことを発表しました。同センターでは、各国が有する核セキュリティ支援センターの機能を補完する位置付けで、核セキュリティ対応者への訓練や演習を提供することを目的としており、デモンストレーション用システムやVR環境等を構築し、2023年内に運用を開始する予定です。

### ④ その他の国際枠組み

　上記のほか、我が国も参加する、核セキュリティの向上を目的とした代表的な国際取組として、「大量破壊兵器及び物質の拡散に対するグローバル・パートナーシップ」（GP[18]）、「核テロリズムに対抗するためのグローバル・イニシアティブ」（GICNT[19]）、「核セキュリティ・コンタクトグループ」（NSCG[20]）等が挙げられます。これらは2002年、2006年のG8を機に設置され

---

[18] Global Partnership
[19] Global Initiative to Combat Nuclear Terrorism
[20] Nuclear Security Contact Group

ましたが、その後 G8 の枠を超えて、多くの国や国際機関が参加する取組へと拡大しています。

また、2008 年の第 52 回 IAEA 年次総会の際に設立された「世界核セキュリティ協会」（WINS[21]）は、核物質及び放射性物質がテロ目的に使用されないように、これらの物質の管理を徹底することを目的として活動を行っています。WINS は、核セキュリティ管理に関する WINS アカデミーをオンラインで提供しているほか、世界各地で核セキュリティに関わるワークショップを開催しています。2022 年 2 月には、原子力機構 ISCN と WINS の共催により、「核セキュリティ文化を考え直す－人的要因と組織文化－」をテーマとしたワークショップがオンラインで開催されました。

### ⑤　ロシアによるウクライナ侵略問題への対応

ロシアは、2022 年 2 月 24 日にウクライナに対する侵略を開始しました。3 月にかけて、ロシア軍は、チョルノービリ原子力発電所やウクライナ最大のザポリッジャ原子力発電所を攻撃し占拠するとともに、放射性廃棄物処分場へのミサイル攻撃や核物質を扱う研究施設への砲撃も行いました。

これら事態に対し、IAEA は累次にわたり重大な懸念を表明し、3 月 2 日に開催された IAEA 特別理事会ではグロッシーIAEA 事務局長が 7 つの柱を提示しました（図 4-10）。また、3 月 4 日には日・ウクライナ首脳電話会談が行われ、岸田内閣総理大臣は、国際社会がワンボイスでロシアに対し、ウクライナが原子力施設の安全な操業を確保できるよう、また、ウクライナ国内の原子力発電施設に対する攻撃を含む全ての戦闘行為を即座に停止するよう強く要求すること等が重要であり、我が国も積極的に訴えていく旨述べました。さらに、G7 は、3 月 10 日に G7 臨時エネルギー大臣会合共同声明を、3 月 15 日に G7 不拡散局長級会合（NPDG[22]）声明を発出し、ウクライナにおける原子力施設の安全と核セキュリティに関する合意枠組みを確立するための IAEA 事務局長の取組を歓迎すること等を表明しました。

---

1. 原子炉、燃料貯蔵プール、放射線廃棄物貯蔵・処理施設にかかわらず、原子力施設の物理的一体性が維持されなければならない。
2. 原子力安全と核セキュリティに係る全てのシステムと装備が常に完全に機能しなければならない。
3. 施設の職員が適切な輪番で各々の原子力安全及び核セキュリティに係る職務を遂行できなければならず、不当な圧力なく原子力安全と核セキュリティに関して、決定する能力を保持していなければならない。
4. 全ての原子力サイトに対して、サイト外から配電網を通じた電力供給が確保されていなければならない。
5. サイトへの及びサイトからの物流のサプライチェーン網及び輸送が中断されてはならない。
6. 効果的なサイト内外の放射線監視システム及び緊急事態への準備・対応措置がなければならない。
7. 必要に応じて、規制当局とサイトとの間で信頼できるコミュニケーションがなければならない。

図 4-10　グロッシーIAEA 事務局長が提示した 7 つの柱

（出典）IAEA「Director General's Statement to IAEA Board of Governors on Situation in Ukraine」(2022 年)、外務省「(仮訳)ウクライナにおける原子力安全と核セキュリティの枠組みに関する G7 不拡散局長級会合(NPDG)声明」(2022 年)に基づき作成

---

[21] World Institute for Nuclear Security
[22] Non-Proliferation Directors Group

## 4−3 核軍縮・核不拡散体制の維持・強化

> 我が国は、世界で唯一の戦争被爆国として、核兵器のない世界の実現に向けて、国際社会の核軍縮・核不拡散の取組を引き続き主導していく使命を有しています。そのため、国際的な核不拡散体制を維持・強化するための議論に積極的に参加するとともに、人材の育成に努め、「核不拡散と原子力の平和利用の両立を目指す趣旨で制定された国際約束・規範の遵守が、原子力利用による利益を享受するための大前提」とする国際的な共通認識の醸成に国際社会と協力して取り組むことが重要です。核兵器不拡散条約（NPT）を中心とした様々な国際枠組みの下で、核軍縮・核不拡散に向けた取組を積極的に推進しています。

### (1)　国際的な核軍縮・核不拡散体制の礎石としての核兵器不拡散条約（NPT）

　NPT は、米国、ロシア、英国、フランス及び中国を核兵器国と定め、これらの核兵器国には核不拡散の義務に加え、核兵器国を含む全締約国に対して誠実に核軍縮交渉を行う義務を課す一方、非核兵器国には原子力の平和的利用を奪い得ない権利として認めて、IAEA の保障措置を受託する義務を課すもので、国際的な核軍縮・核不拡散を実現し、国際安全保障を確保するための最も重要な基礎となる普遍性の高い条約として位置付けられています（図 4-11）。我が国は同条約を 1976 年 6 月に批准しており、2022 年 3 月末時点の同条約の締約国数は 191 か国・地域[23]です。

　NPT 運用検討会議は、条約の目的の実現及び条約の規定の遵守を確保することを目的として、5 年に 1 度開催される国際会議です。条約が発効した 1970 年以来、その時々の国際情勢を反映した議論が展開されてきましたが、近年、NPT 体制は深刻な課題に直面しており、我が国も第 10 回 NPT 運用検討会議の意義ある成果に向けた様々な取組を行ってきました。第 10 回 NPT 運用検討会議に向けて各国の閣僚レベルが積極的に関与し行動することが必要との立場から立ち上げられた「核軍縮と NPT に関するストックホルム・イニシアチブ」は、2021 年 12 月に第 5 回閣僚会合が開催され、各国が引き続き協力して取組を進めることで一致し、閣僚級共同プレスステートメントが採択されました。なお、当初 2020 年に開催予定であった第 10 回 NPT 運用検討会議は、新型コロナウイルス感染症の影響により延期されています。

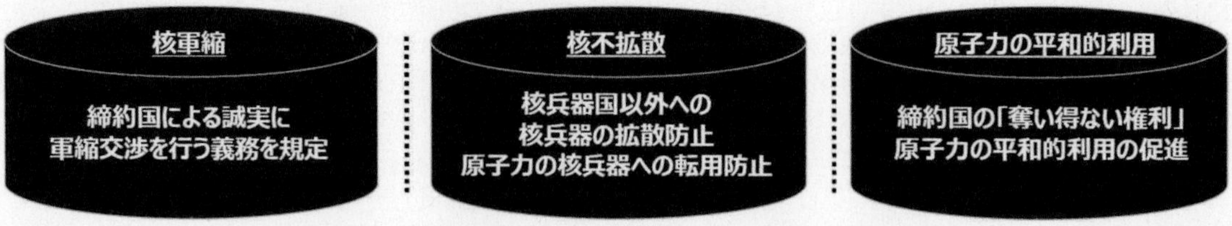

図 4-11　核兵器不拡散条約（NPT）の 3 つの柱

（出典）第 9 回原子力委員会資料第 1 号　外務省「不拡散政策及び原子力の平和的利用と国際協力」（2022 年）

---

[23] 国連加盟国では、インド、パキスタン、イスラエル及び南スーダンが未加入。

## （2） 核軍縮に向けた取組

## ① 核軍縮の推進に向けた我が国の取組

　我が国は、唯一の戦争被爆国として、核兵器のない世界を実現するため、核軍縮・核不拡散外交を積極的に行っています。1994年以降、毎年国連総会に核兵器廃絶決議案を提出し、幅広い国々の支持を得て採択されてきています。

　核軍縮の進め方をめぐり様々なアプローチを有する国々の信頼関係を再構築し、実質的な進展に資する提案を得ることを目的として、我が国は「核軍縮の実質的な進展のための賢人会議」を2017年から2019年にかけて全5回開催しました。その後、我が国は、賢人会議における議論の成果のフォローアップ及び更なる発展を図るため「核軍縮の実質的な進展のための1.5トラック会合」を立ち上げ、2021年12月にオンラインで第3回会合を開催しました。第3回会合では、第10回NPT運用検討会議のあり得べき成果、特に、NPTの3つの柱のバランスの取れた成果の在り方や、NPT第6条に基づく核軍縮分野における前進の在り方等について議論が行われました（図4-12）。さらに、岸田内閣総理大臣は2022年1月の施政方針演説において、賢人会議の議論を更に発展させるため、「核兵器のない世界に向けた国際賢人会議」を立ち上げることを宣言しました。

**図 4-12　第3回「核軍縮の実質的な進展のための1.5トラック会合」の様子**
(出典) 外務省「第3回『核軍縮の実質的な進展のための1.5トラック会合』の開催（結果）」（2021年）

　また、我が国は、2010年に我が国とオーストラリアが中心となって立ち上げた「軍縮・不拡散イニシアティブ」（NPDI[24]）を通じて、核兵器国と非核兵器国の橋渡し役となることを目指した活動を行っています。

　さらに、我が国は、様々な国との間で二国間の協議や取組も行っています。2021年7月にオンラインで開催された日英軍縮・不拡散協議では、核軍縮・不拡散分野における幅広い主要課題について意見交換が行われ、今後も連携を深めていくことで一致しました。2022年1月には、我が国の外務省と米国国務省が、日米両国間でNPTへのコミットメントを再確認する「核兵器不拡散条約（NPT）に関する日米共同声明」を発出しました。

---

[24] Non-proliferation and Disarmament Initiative

## ②　包括的核実験禁止条約（CTBT）

「包括的核実験禁止条約」（CTBT[25]）は、全ての核兵器の実験的爆発又は他の核爆発を禁止するもので、核軍縮・核不拡散を進める上で極めて重要な条約であり、我が国は1997年に批准しました。2022年3月末時点で、批准国は172か国ですが、CTBTの発効に必要な特定の44か国のうち批准は36か国[26]にとどまり、条約は発効していません。

我が国は、CTBTの発効を重視しており、CTBT発効促進会議、CTBTフレンズ外相会合等を通じて未批准国への働きかけに積極的に取り組んでいます。2021年9月には第12回CTBT発効促進会議が開催され、各国政府代表等によるビデオメッセージが放映されました。我が国からは茂木外務大臣（当時）が、CTBTの検証体制の目覚ましい発展を歓迎するとともに、CTBTの発効に向けた我が国の決意を表明しました。

条約の遵守状況の検証体制については、我が国は、国内に国際監視制度（IMS[27]）の10か所の監視施設及び実験施設を維持・運営しているほか（図4-13）、世界各国の将来のIMSステーションオペレーター（観測点の運営者）の能力開発支援や包括的核実験禁止条約機関（CTBTO[28]）への任意拠出の提供を通じて、その強化に貢献しています。

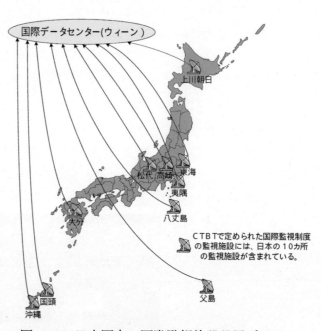

図 4-13　日本国内の国際監視施設設置ポイント

（出典）外務省「CTBT 国内運用体制の概要　日本国内の国際監視施設設置ポイント」に基づき作成

## ③　核兵器用核分裂性物質生産禁止条約（「カットオフ条約」（FMCT））

1993年にクリントン米大統領（当時）が提案した「核兵器用核分裂性物質生産禁止条約」（「カットオフ条約」（FMCT[29]））は、兵器用の核分裂性物質（高濃縮ウラン及びプルトニウム等）の生産を禁止することにより、新たな核兵器保有国の出現を防ぎ、かつ核兵器国における核兵器の生産を制限する条約で、核軍縮・不拡散の双方の観点から大きな意義を有します。

これまで、ジュネーブ軍縮会議（CD[30]）において、条約交渉を開始するための議論が行われてきているものの、実質的な交渉は開始されていません。そのため、2017年と2018年に

---

[25] Comprehensive Nuclear Test Ban Treaty
[26] 未批准の発効要件国は、インド、パキスタン、北朝鮮、中国、エジプト、イラン、イスラエル及び米国。
[27] International Monitoring System
[28] Comprehensive Nuclear Test Ban Treaty Organization
[29] Fissile Material Cut-off Treaty
[30] Conference on Disarmament

はじめに

特集

第1章

第2章

第3章

第4章

第5章

第6章

第7章

第8章

資料編

用語集

ハイレベル FMCT 専門家準備グループを開催し、条約の実質的な要素と勧告を盛り込んだ報告書を採択しました。

我が国としては、FMCT 早期交渉開始を実現すること、また、交渉妥結までの間、核兵器保有国が核兵器用核分裂性物質の生産モラトリアムを宣言することは、核兵器廃絶の実現に向けた次の論理的なステップであり、核軍縮分野での最優先事項の一つと考えています。

### ④　核兵器禁止条約

2021 年 1 月に発効した「核兵器禁止条約」は、核兵器その他の核爆発装置の開発、実験、生産、製造、その他の方法による取得、所有又は貯蔵等を禁止するとともに、核兵器その他の核爆発装置の所有、占有又は管理の有無等について締約国が申告すること等について規定しています。

核兵器禁止条約は、「核兵器のない世界」への出口とも言える重要な条約です。しかし、現実を変えるためには、核兵器国の協力が必要ですが、同条約には核兵器国は 1 か国も参加していません。そのため、同条約の署名・批准といった対応よりも、我が国は唯一の戦争被爆国として、核兵器国を関与させるよう努力していかなければならず、そのためにもまずは「核兵器のない世界」の実現に向けて、唯一の同盟国である米国との信頼関係を基礎としつつ、現実的な取組を進めていく考えです。

### ⑤　軍備管理枠組み

2021 年 2 月、米国及びロシアは、「新戦略兵器削減条約」（新 START[31]）を 5 年間延長することを発表しました。我が国としては、新 START は米露両国の核軍縮における重要な進展を示すものであると考えており、その延長を歓迎しました。また、2021 年 6 月の米露首脳会談を受けて、戦略的安定性に関する対話が開始され、軍備管理を含めて対話が継続して行われることとなりましたが、ロシアによるウクライナ侵略を受け、対話は一時中断している状態です。

また、核兵器をめぐる昨今の情勢を踏まえると、米露を超えたより広範な国家、より広範な兵器システムを含む新たな軍備管理枠組みを構築していくことも重要であり、例えば、我が国は中国とも様々なレベルでこの問題についてやり取りを行っています。2021 年 8 月に開催された ASEAN 地域フォーラム（ARF[32]）閣僚会合では、茂木外務大臣（当時）から、中国が核兵器国として、また国際社会の重要なプレーヤーとしての責任を果たし、米中二国間で軍備管理に関する対話を行うことを関係各国と共に後押ししたいと表明しました。

さらに、2021 年の国連総会本会議で採択された我が国提出の核兵器廃絶決議案においても、核兵器国間の更なる透明性のための具体的な行動の重要性を強調し、軍備管理対話を開始する核兵器国の特別な責任について再確認することが盛り込まれています。

---

[31] Strategic Arms Reduction Treaty
[32] ASEAN Regional Forum

はじめに

特集

第1章

第2章

第3章

第4章

第5章

第6章

第7章

第8章

資料編

用語集

### （3）　核不拡散に向けた取組

### ①　原子力供給国グループ（NSG)

　1974 年のインドの核実験を契機として、原子力関連の資機材を供給する能力のある国の間で「原子力供給国グループ」（NSG[33]）が設立され、2022 年 3 月末時点で我が国を含む 48 か国が参加しています。NSG 参加国は、核物質や原子力活動に使用するために設計又は製造された品目及び関連技術の輸出条件を定めた「NSG ガイドライン・パート 1[34]」を 1978 年に選定し、これに基づいた輸出管理を行っています。さらに、その後策定された「NSG ガイドライン・パート 2[35]」は、通常の産業等に用いられる一方で原子力活動にも使用し得る資機材（汎用品）及び関連技術も輸出管理の対象としています。

　2021 年 6 月には、ブリュッセル（ベルギー）において第 30 回 NSG 総会が開催されました。総会では、国際的な不拡散環境の発展並びに原子力及びその関連産業の急速なペースに遅れを取らないよう NSG ガイドラインを改訂することの重要性が再確認されています。

### ②　北朝鮮の核開発問題

　2018 年 6 月に史上初となる米朝首脳会談が行われ、北朝鮮は朝鮮半島の「完全な非核化」について約束しましたが、北朝鮮は、累次の国連安保理決議に従った、全ての大量破壊兵器及びあらゆる射程の弾道ミサイルの完全な、検証可能な、かつ、不可逆的な廃棄を依然として行っていません。北朝鮮は、2021 年 3 月から 10 月にかけて、新型の弾道ミサイル等の発射を繰り返しました。さらに、2022 年 1 月から 3 月までの間にも、巡航ミサイルの発射発表も含めて 10 回以上に及ぶ、極めて高い頻度で、かつ新たな態様での弾道ミサイル等の発射を繰り返しました。

　引き続き、北朝鮮による全ての大量破壊兵器及びあらゆる射程の弾道ミサイルの完全な、検証可能な、かつ不可逆的な廃棄に向け、国際社会が一致結束して、安保理決議を完全に履行することが重要です。

### ③　イランの核開発問題

　イランの核開発問題は、国際的な核不拡散体制への重大な挑戦となっていましたが、2015 年 7 月に、EU3+3（英国、フランス、ドイツ、米国、中国、ロシア及び EU）とイランとの間で「包括的共同作業計画」（JCPOA[36]）が合意され、JCPOA を支持する安保理決議第 2231 号が採択されました。JCPOA は、イランの原子力活動に制約をかけつつ、それが平和的である

---

[33] Nuclear Suppliers Group

[34] 主な対象品目は、①核物質、②原子炉とその付属装置、③重水、原子炉級黒鉛等、④ウラン濃縮、再処理、燃料加工、重水製造、転換等に係るプラントとその関連資機材。

[35] 主な対象品目は、①産業用機械（数値制御装置、測定装置等）、②材料（アルミニウム合金、ベリリウム等）、③ウラン同位元素分離装置及び部分品、④重水製造プラント関連装置、⑤核爆発装置開発のための試験及び計測装置、⑥核爆発装置用部分品。

[36] Joint Comprehensive Plan of Action

ことを確保し、これまでに課された制裁を解除していく手順を詳細に明記したものです。

しかし、2018年には米国がJCPOAから離脱し、イランに対する制裁措置を再適用しました。これに対してイランは、2019年5月にJCPOA上の義務の段階的停止を発表し、低濃縮ウラン貯蔵量の上限超過、濃縮レベルの上限超過、フォルドにある燃料濃縮施設での濃縮再開等の措置を順次講じました。イランは2021年に入ってからも、1月にフォルドの施設において20%の濃縮ウランの製造を開始したこと等を発表し、2月にはJCPOA上の透明性措置を停止することをIAEAに通告し、さらに、4月には60%までの濃縮ウランの製造を開始する旨をIAEAに通報しました。一方で、2021年4月以降、米国及びイラン双方によるJCPOAへの復帰に向けた協議が、EU等の仲介によりウィーン（オーストリア）で断続的に行われています。なお、IAEA事務局長報告書によると、2022年2月19日時点におけるイランの濃縮ウラン保有量は推定で3197.1kg（JCPOAで定めた上限202.8kgの約16倍）に達しており、60%までの濃縮ウランの保有量は33.2kgに達しています。

我が国は、国際的な不拡散体制の強化と中東地域の安定に資するJCPOAを一貫して支持しており、引き続きイランに対し、核合意を遵守するよう働きかけるとともに、中東における緊張緩和と情勢の安定化に向け、関係国と連携していく方針です。2021年8月の茂木外務大臣（当時）のイラン訪問、12月及び2022年2月の林外務大臣とアミール・アブドラヒアン外相との電話会談及び2月の岸田内閣総理大臣とライースィ・イラン大統領との電話会談等のあらゆる機会を捉え、イランと緊密な意思疎通を図っています。

### ④ 核燃料供給保証に関する取組

ウラン濃縮や使用済燃料再処理等の機微な技術の不拡散と、原子力の平和利用との両立を目指す上で、政治的な理由による核燃料の供給途絶を回避する供給保証が重視されています。

ロシアが主導するアンガルスクの国際ウラン濃縮センター（IUEC）については、ロシアの国営企業ロスアトムがIAEAと備蓄の構築に関する協定を交わし、2011年2月から燃料供給保証として120tの低濃縮ウラン備蓄の利用が可能となりました。

また、カザフスタンの低濃縮ウラン備蓄バンクについては、同国とIAEAが協定に署名し、2017年8月に開所しました。2019年にはフランスのオラノ社及びカザフスタン国営原子力企業のカザトムプロム社から低濃縮ウランが納入され、同バンクの操業に必要な低濃縮ウランの備蓄が完了しました。

## 第5章　原子力利用の前提となる国民からの信頼回復

> 東電福島第一原発事故の政府事故調報告書では、事故の状況や放射線の人体への影響等についての政府や東京電力から国民に対する情報提供の方法や内容に多くの課題があったことが指摘されました。また、事故が発生した際の緊急時だけでなく、平時の情報提供の在り方についても課題が指摘されています。これらの課題は、国民の原子力に対する不信・不安を招く主原因の一つとなったと考えられます。
>
> 失われた信頼を回復するため、原子力に携わる関係者は、国民の声に謙虚に耳を傾け、必要なあらゆる取組を一層充実していくことが不可欠です。このような認識の下で、国や事業者を始めとする原子力関係機関は、情報提供やコミュニケーション活動等の取組を進めています。

### 5－1 理解の深化に向けた方向性

東電福島第一原発事故は、福島県民を始め多くの国民に多大な被害を及ぼしました。事故から既に11年が経過した現在でも、依然として国民の原子力への不信・不安が根強く残っています。さらに、事故を契機に、我が国における原子力利用は、原子力発電施設等立地地域に限らず、電力供給の恩恵を受けてきた国民全体の問題として捉えられるようになりました。

事故により失われた原子力利用に対する信頼を回復するために、原子力に携わる関係者は、立地地域を始めとする国民の声に謙虚に耳を傾けるとともに、原子力利用に関する透明性を確保し、国民の不信・不安に対して真摯に向き合うことが不可欠です。そのためにまず、科学の不確実性やリスクにも十分留意しながら、双方向の対話や広聴等のコミュニケーション活動をより一層進め、国民の関心に応え、取組や活動を強化していくことが必要です。また、国民が自らの関心に応じて自ら見つけた情報を自ら取捨選択し、納得すると、「腑に落ちる」状態になると考えられます。このような状態を実現するためには、科学的に正確な情報や客観的な事実（根拠）に基づく情報体系を整えることにより、このような情報に基づいて国民一人一人が理解を深めた上で自らの意見を形成していけるような環境の整備を進めることが求められます。

IT技術の進化に伴いコミュニケーション方法が多様化している中、インターネットやソーシャル・ネットワーキング・サービス（SNS）を始めとした情報入手手段の急速な変化に柔軟に対応し、各種媒体を活用した情報整備について常に改善を図っていくことも必要です。

## 5−2 科学的に正確な情報や客観的な事実（根拠）に基づく情報体系の整備と国民への提供

　原子力委員会は 2016 年 12 月、理解の深化に向けた根拠に基づく情報体系の構築についての見解を取りまとめました。同見解では、国民が自らの関心や疑問に応じて自ら検索し、必要に応じて専門的な情報までたどれるように、一般向け情報、橋渡し情報、専門家向け情報、根拠等の各階層をつなぐ情報体系を整備することの必要性を指摘しています。

　また、同見解では、国民の関心が大きく、原子力政策の観点でも重要な分野から着手するべきとしており、特に「地球環境・経済性・エネルギーセキュリティ（3E）」及び「安全・防災（S）」については、原子力関係機関による情報体系の具体化が進められています。例えば、電気事業連合会を中心に、関係機関が保有する情報の階層構造を整理し、関連する情報のリンク付けを行っています（図 5-1）。

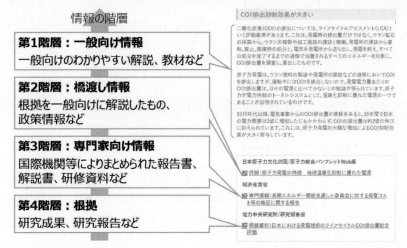

**図 5-1　電気事業連合会ウェブサイトにおける各階層の情報のリンク付け例**
(出典)電気事業連合会ウェブサイト「原子力発電の特徴：CO2 を排出しない」に基づき作成

　原子力機構は、原子力に関連した科学的かつ客観的な情報提供を行う「原子力百科事典 ATOMICA[1]」の再構築を行っており、情報更新の必要度が高いものから順次更新を進めています。2021 年度には、「ガス冷却型原子炉の技術的進展」等の一部の記事が更新されました。また、2021 年 10 月にサイトがリニューアルされ、モバイル端末等に対応した解説記事表示機能、数式を読みやすい形式で表示する機能、資料のダウンロード機能等が導入されました。

　一般財団法人日本原子力文化財団は、エネルギーや原子力に関する網羅的な情報を提供するウェブサイト「エネ百科[2]」を運営しています。エネ百科では、原子力やエネルギーに関する説明資料の作成等に利用可能な図面集、原子力や放射線等に関する電子パンフレット、原子力に関する専門用語や時事ネタに関する解説記事、子ども向けも含めたコラム等、多数のコンテンツが提供されています。

---

[1] https://atomica.jaea.go.jp/

[2] https://www.ene100.jp/

## 5-3 コミュニケーション活動の強化

　以前は、我が国の原子力分野におけるコミュニケーション活動では、情報や決定事項を一方的に提供し、それを理解・支持してもらうことに主眼が置かれてきました。しかし、現代では、そのような枠組みが有効であった時代とは異なり、個々人が様々な情報に容易にアクセスすることが可能になりました。今後、我が国のコミュニケーション活動を考える上で、従前の枠組みでは見落としがちであった図 5-2 のような視点が必要と考えられています。

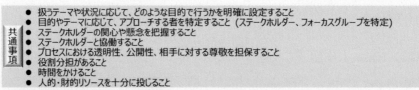

* ❖ どのような者が政策や事業の影響を受けるかの把握（様々なステークホルダーの特定）
* ❖ ステークホルダーが何を知りたいかの把握
* ❖ ステークホルダーの関心やニーズを踏まえたコミュニケーション活動の実施

**図 5-2　原子力に係るコミュニケーションにおいて我が国で見落としがちな視点**

(出典)第 9 回原子力委員会資料第 1-1 号 原子力政策担当室「ステークホルダー・インボルブメントに関する取組について」(2018 年)に基づき作成

　このような状況を踏まえ、原子力委員会は、原子力分野におけるステークホルダーと関わる取組全体を「ステークホルダー・インボルブメント」と定義し、2018 年 3 月にその基本的な考え方を取りまとめました（図 5-3）。ステークホルダー・インボルブメントを進める上では、情報環境の整備、双方向の対話、ステークホルダー・エンゲージメント（参画）のような目的を明確に設定し、状況やテーマに応じて最適な方法を選択・組み合わせることが必要です。コミュニケーション活動には画一的な方法はなく、ステークホルダーの関心や不安に真摯に向き合い対応していくことが重要であり、関係機関で目的に応じたコミュニケーションの在り方を考え、ステークホルダーとの間での信頼関係構築につなげていくことが求められます。

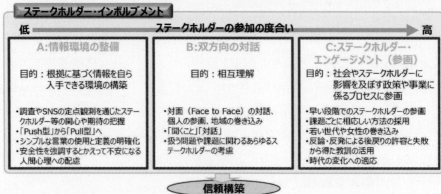

**図 5-3　ステークホルダー・インボルブメントの要点**

(出典)第 9 回原子力委員会資料第 1-1 号 原子力政策担当室「ステークホルダー・インボルブメントに関する取組について」(2018 年)

## コラム　〜OECD/NEA の報告書：リスクに関するコミュニケーションについての指摘〜

　東電福島第一原発事故の経験を契機として、我が国や世界各国は、自治体や国民等のステークホルダーが政策決定にどのように関与すべきかについての見直しを進めてきました。かつては、国等が方針を決定し、ステークホルダーには事後報告をするだけという流れが主流でしたが、それが徐々に変化してきています。

　経済協力開発機構/原子力機関（OECD/NEA）が 2021 年 3 月に公表した報告書「福島第一原子力発電所事故から 10 年：進展と教訓、課題（Fukushima Daiichi Nuclear Power Plant Accident, Ten Years On: Progress, Lessons and Challenges）」では、事故の経験から学べる知識の開発努力を継続するため、9 つの分野について、我が国に対する助言及び提言が行われています。これらの分野において我が国が国際的に重要なリーダーシップを発揮でき得るとも評価されており、そのうちの 1 分野として、「ステークホルダーの関与とリスクに関するコミュニケーション」についても指摘されています。

Fukushima Daiichi Nuclear Power Plant Accident, Ten Years On

Progress, Lessons and Challenges

OECD　NEA

　同報告書では、ステークホルダーによる政策決定への関与について、我が国における顕著な前進を示すいくつかの例を認めています。一方で、ステークホルダーの意見を政策決定プロセスに取り入れる機会を増やすためのアプローチにはまだ改善の余地があり、「原子力セクターを規制・管理するための団結した国家的努力につながるような、十分な情報を得たパブリック・エンゲージメントの手段を継続的に開発することが強く推奨される」と指摘しています。具体的には、東電福島第一原発の廃炉作業、環境回復、被災地の復興に関与する機関が、開放性、透明性、パブリック・エンゲージメントの確保に向けて行っている努力を継続することの必要性が指摘されています。

　また、同報告書では、東電福島第一原発事故に関してだけではなく、今後の原子力災害に備えた緊急事態管理計画の決定におけるステークホルダーの関与にも言及されています。事象が発生する前の一般市民とのコミュニケーションは、放射線事象が発生した場合に生じる不安や恐怖感の軽減に寄与する可能性があるとして、「日本でも世界全体でも、特に事象が発生する前にリスクについて一般市民とコミュニケーションを図り、議論を行うためのよりよい方法を開発することが必要とされている」と指摘しています。

## 5－4 原子力関係機関における取組

### (1) 国による情報発信やコミュニケーション活動

　原子力の利用に当たっては、その重要性や安全対策、原子力防災対策等について、様々な機会を利用して、丁寧に説明することが重要です。資源エネルギー庁では、東電福島第一原発事故の反省を踏まえ、国民や立地地域との信頼関係を再構築するために、エネルギー、原子力政策等に関する広報・広聴活動を実施しています。この活動では、立地地域はもちろん、電力消費地域や次世代層を始めとした国民全体に対して、シンポジウムや説明会等においてエネルギー政策に関する説明を2016年から累計740回以上実施し、多様な機会を捉えてエネルギー政策等の理解促進活動に取り組んでいます。

　近時ではウェブサイトを通じた活動等の充実に努めています。例えば、エネルギーに関する話題を分かりやすく発信するスペシャルコンテンツをウェブサイトに掲載しています（図 5-4）。同コンテンツでは、2017年6月の開始から、これまで約310本の記事を配信しており、うち原子力や福島復興関連の記事は60本以上配信し、原子力の基礎的な情報からイノベーションの動向などタイムリーな話題についても展開しています。

**図 5-4　資源エネルギー庁ウェブサイトの「スペシャルコンテンツ」**

(出典)資源エネルギー庁「スペシャルコンテンツ[3]」より作成

　「広報・調査等交付金」事業では、立地地域の住民の理解促進を図るため、地方公共団体が行う原子力発電に係る対話や知識の普及等の原子力広報の各種取組への支援を行っています。なお、過年度に同交付金を活用して実施された広報事業等の概要と評価をまとめた報告書は、資源エネルギー庁のウェブサイトにて公開されています。

---

[3] https://www.enecho.meti.go.jp/about/special/

高レベル放射性廃棄物の最終処分（地層処分）[4]に関しては、科学的特性マップ等を活用して国民理解・地域理解を深めていくための取組として、資源エネルギー庁、原環機構により、対話型全国説明会を始めとするコミュニケーション活動が全国各地で行われています（図 5-5）。また、2020 年 11 月から北海道の寿都町及び神恵内村で文献調査が開始されたことを受けて、原環機構は 2021 年 3 月に、住民からの様々な質問や問合せにきめ細かく対応するため、職員が常駐するコミュニケーションの拠点として「NUMO 寿都交流センター」及び「NUMO 神恵内交流センター」を開設しました。2021 年 4 月からは、住民、経済産業省、原環機構等が参加し、高レベル放射性廃棄物の地層処分事業の仕組みや安全確保の考え方、文献調査の進捗状況、地域の将来ビジョン等に関する意見交換を行う場として、「対話の場」が開催されています。2021 年度は、寿都町における「対話の場」が合計 8 回、神恵内村における「対話の場」が合計 6 回、それぞれ開催されました。

**図 5-5　対話型全国説明会の様子**
(出典)原環機構「高レベル放射性廃棄物の最終処分に関する対話型全国説明会」

　原子力規制委員会では、2017 年 11 月に行った 2012 年の発足以降 5 年間の活動に関する振り返りの議論の中で、立地地域の地方公共団体とのコミュニケーションの向上の必要性を確認したことを踏まえ、委員による現地視察及び地元関係者との意見交換を実施しています。具体的には、委員が分担して国内の原子力施設を視察するとともに、当該原子力施設に関する規制上の諸問題について、被規制者だけでなく希望する地元関係者を交えた意見交換を継続的に行っています。

　そのほか、福島の復興・再生に向けた風評払拭のための取組については第 1 章 1-1(2)⑤4)「風評払拭・リスクコミュニケーションの強化」に記載しています。

---

[4] 第 6 章 6-3(2)③「高レベル放射性廃棄物の最終処分事業を推進するための取組」を参照。

**コラム** ～北海道寿都町、神恵内村における「対話の場」～

　北海道の寿都町、神恵内村における高レベル放射性廃棄物の最終処分に関する文献調査の実施に伴い、2021年4月から両町村においてそれぞれ「対話の場」が実施されています。

　「対話の場」は、各町村との相談の上で選定された町村内在住者それぞれ20名程度のメンバーにより構成されています。地層処分事業の賛否にかかわらず、立場を超えた自由で率直な意見交換ができるよう、中立的な立場のファシリテーターが進行役となり、経済産業省や原環機構の職員も参加して、ワークショップ等が開催されています。ワークショップでは、「地層処分について思うこと」や「対話の場に期待すること」等のテーマが設定され、それぞれが自身の不安や期待、疑問等を付箋に記入した上で、それを参加者間で共有しつつ意見交換を行うといった手法がとられています。

　また、地層処分事業の安全性を確保するための対策や文献調査の進捗状況等について、原環機構からの説明を受けた上で、質疑応答を行う機会も設けられています。2021年11月から12月にかけて、メンバーによる原子力機構幌延深地層研究センター[5]や日本原燃高レベル放射性廃棄物貯蔵管理センター[6]の視察も実施され、視察後には、「対話の場」において視察報告を踏まえた意見交換が行われました。

　「対話の場」は、住民を何らかの結論に誘導するためのものではありません。原環機構は、「対話の場」における意見交換等を通じて住民の意見を今後の調査等に反映していくことが重要であるという認識の下で、対話活動に取り組んでいます。

「対話の場」の様子

(出典)左:原環機構「寿都町対話の場通信 vol.6」(2022年)、右:原環機構「第2回神恵内村『対話の場』が開催されました」(2021年)

---

5 第6章6-3(2)④「高レベル放射性廃棄物の処理・処分に関する研究開発」を参照。
6 第6章6-3(2)①「高レベル放射性廃棄物の発生・処理・保管」を参照。

はじめに

特集

第1章

第2章

第3章

第4章

第5章

第6章

第7章

第8章

資料編

用語集

## コラム　〜原環機構による小中高校生向けの体験型の広報活動〜

　原環機構は、高レベル放射性廃棄物の地層処分事業への関心を深めるため、小中高校生向けに様々な体験型の広報活動を実施しています。

　2021年10月に完成した地層処分展示車「ジオ・ラボ号」は、地表から300m以上深い場所に作られる最終処分施設のイメージを大型ディスプレイでリアルに体感できるデジタル映像や、地下深くの地層の特性を説明した壁面展示を備えています。同年11月以降、全国各地への出展を実施しています。

地層処分展示車「ジオ・ラボ号」の概観（左）及び内部（右）

(出典)原環機構「地層処分展示車『ジオ・ラボ号』の概要について」(2021年)

　最終処分施設や深地層にいるかのような疑似体験ができるVRコンテンツも作成されています。「オンカロバーチャルツアー」ではフィンランドで建設が進められている地下特性調査施設「オンカロ」の内部を、「幌延深地層研究センターVRツアー」では地層処分の研究開発が進められている地下350メートルの調査坑道を、それぞれ疑似体験できます。

　原環機構ウェブサイトで公表されている「地層処分って何だろう？ジオ・サーチゲーム」は、架空の自治体の議員となり、議論を行いながら、どの市町村で地層処分を受け入れるかを議会として決定するボードゲームです。ゲームを通して、高レベル放射性廃棄物の地層処分をめぐる問題を知るとともに、自分事として考えるきっかけとなることが期待されます。

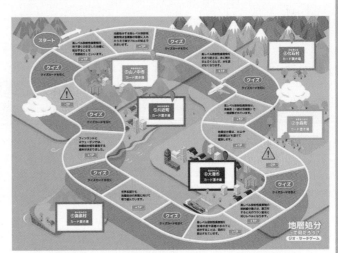

「地層処分って何だろう？ジオ・サーチゲーム」

(出典)原環機構「ボードゲーム教材」

**（2）　原子力関係事業者による情報発信やコミュニケーション活動**

　各原子力関係事業者は、原子力発電所の周辺地域において地方公共団体や住民等とのコミュニケーションを行っています。例えば、原子力総合防災訓練に参加し、防災体制や関係機関における協力体制の実効性の確認を行うことや、発電所立地県内全自治体へ毎月訪問して原子力に係る情報提供や問合せ対応等を行っています。また、一般市民への説明においては、原子力発電所やその安全対策の取組についてより理解を深められるよう、投影装置、映像、ジオラマ、VR スコープを活用した説明等が実施されています。

　また、原子力発電所の立地地域や周辺地域だけでなく、広く国民全体やメディアに向けて、ツイッター等の SNS を含む様々な媒体を活用し、報道会見、プレスリリースや広報誌の発行、動画やマンガ等のコンテンツの公表等を通じて、原子力発電所の安全性向上や再稼働に向けた取組、放射線に関する情報等の発信も行っています。

　今後も、これらの原子力関係事業者による取組を継続するとともに、より一層強化していくことが求められています。

**（3）　東電福島第一原発の廃炉に関する情報発信やコミュニケーション活動**

　東電福島第一原発の廃炉については、福島県や国民の理解を得ながら進めていく必要があります。そのため、正確な情報の発信やコミュニケーションの充実が図られており、事業者や資源エネルギー庁は様々な取組を進めてきています。例えば、廃炉・汚染水・処理水対策に関して、進捗状況を分かりやすく伝えるためのパンフレットや解説動画を作成し、情報発信を行っています（図 5-6）。また、原子力損害賠償・廃炉等支援機構は、2016 年から「福島第一廃炉国際フォーラム」を実施し、廃炉の最新の進捗、技術的成果を国内外の専門家が広く共有するとともに、地元住民との双方向のコミュニケーションを実施しています。

解説動画「一歩ずつ、福島の未来へ」　　　　パンフレット　　　　パンフレット
「廃炉の大切な話2021」　「HAIRONeeA」

**図 5-6　東電福島第一原発の廃炉・汚染水・処理水対策に関する広報資料**
(出典)資源エネルギー庁「廃炉・汚染水・処理水対策ポータルサイト」より作成

　汚染水・処理水対策に関しては、ALPS 処理水の海洋放出に伴い風評影響を受け得る方々の状況や課題を随時把握するため、ALPS 処理水の処分に関する基本方針の着実な実行に向けた関係閣僚会議の下にワーキンググループが新設されました。同ワーキンググループは、2021 年 5 月から 7 月にかけて福島県、宮城県、茨城県、東京都内で計 6 回開催され、書面での意見提出も含め、自治体、農林漁業者、観光業者、消費者団体等の 46 団体との意見交

換を実施しました（図 5-7）。この意見交換の内容等を踏まえ、2021 年 8 月に「東京電力ホールディングス株式会社福島第一原子力発電所における ALPS 処理水の処分に伴う当面の対策の取りまとめ」が公表されました[7]。

| 安全性 | 風評対策 |
|---|---|
| ・確実に浄化処理し、東電任せにせず、国際機関等外部の目で、複層的に測定・監視すべき。<br>・海水・水産物モニタリングを拡充、わかりやすく情報発信すべき。 等 | 【総論】<br>・被災地間で、支援策に差をつけないようにするべき。<br>・過去の風評対策の検証が必要。<br><br>【水産業・農林業・観光業など】<br>・生産者に加え、サプライチェーン全体を強くする支援が必要。<br>・出荷前、市場など複層的な検査が必要。<br>・農林水産物の販売フェア、飲食店の応援が必要。<br>・観光メニューをつくる人の招致。地域コンテンツの磨上げ支援 等 |

| 国民・国際社会の理解醸成 | セーフティネット・賠償 |
|---|---|
| 【基本方針への意見等】<br>・風評の懸念がある中、海洋放出に反対。別の方法を検討すべき。<br>・「理解を得るまで放出しない」とした福島県漁連への回答と、基本方針の決定との関係を説明すべき。<br>【説明内容】<br>・科学的・客観的なデータに基づく、正確な情報発信をすべき。<br>・放出は、基本方針の発表から約 2 年後と強調すべき。もう放出しているとの誤解もある。<br>【説明先】<br>・生産者、取引先、販売者などに広く説明すべき。<br>・学校の放射線教育を充実すべき。<br>・輸入規制を回避するため、海外向け説明を強化すべき。 等 | ・政府が前面に立ち、最後まで責任を持つべき。<br>・立証責任を被害者に寄せない仕組みが必要。<br>・魚の一時的買取り等、安心して漁業を継続できる仕組みが必要。 |
| | 将来技術ほか |
| | ・トリチウム分離技術の開発に取り組むべき。<br>・東電の管理体制を厳しく指導すべき。信頼回復に努めるべき。 等 |

図 5-7 ワーキンググループ等でいただいた主な意見

（出典）第 2 回 ALPS 処理水の処分に関する基本方針の着実な実行に向けた関係閣僚等会議資料 1 廃炉・汚染水・処理水対策チーム事務局「ALPS 処理水の処分に伴う当面の対策の取りまとめ」（2021 年）

---

### コラム ～東電福島第一原発の廃炉の現状を伝えるオンラインツアー～

東電福島第一原発の廃炉の現状をより多くの方に知っていただくため、オンラインツアーの取組が行われています。

復興庁は、2022 年 2 月に「廃炉の『今』を知る。東京電力福島第一原発オンラインツアー」を開催しました。東電福島第一原発の現地レポート映像を交えて廃炉作業の状況を紹介するとともに、参加者からリアルタイムで質問や意見を募り、意見交換を実施しました。

また、東京電力は、ウェブサイトにおいて「INSIDE FUKUSHIMA DAIICHI～廃炉の現場をめぐるバーチャルツアー～[8]」を公開しています。発電所構内を実際に視察しているような臨場感で疑似体験することができ、施設の一部は 360 度映像で公開されています。

INSIDE FUKUSHIMA DAIICHI
～廃炉の現場をめぐるバーチャルツアー～
（出典）東京電力ウェブサイトより作成

---

[7] 第 6 章 6-1(2)① 「汚染水・処理水対策」を参照。

[8] https://www.tepco.co.jp/insidefukushimadaiichi/

### 5−5 立地地域との共生

　我が国の原子力利用には、原子力関係施設の立地自治体や住民等関係者の理解と協力が必要であり、関係者のエネルギー安定供給への貢献を再認識していくことが重要です。また、立地地域においては、地域経済の持続的な発展につながる地域資源の開発・観光客の誘致等の地域振興策、地域経済への影響の緩和、防災体制の充実等、地域ごとに様々な課題を抱えており、政府は真摯に向き合い、それに対する取組を進めることが必要です。

　立地地域との共生を図る観点から、国は、電源三法（「電源開発促進税法」（昭和 49 年法律第 79 号）、「特別会計に関する法律」（平成 19 年法律第 23 号）、「発電用施設周辺地域整備法」（昭和 49 年法律第 78 号））に基づく地方公共団体への交付金の交付（図 5-8）等を行っています。

　2022 年度予算では、「電源立地地域対策交付金」として 811.9 億円が計上されており、道路、水道、教育文化施設等の整備や維持補修等の公共用施設整備事業や、地域の観光情報の発信や地場産業支援等の地域活性化事業等に活用されます。

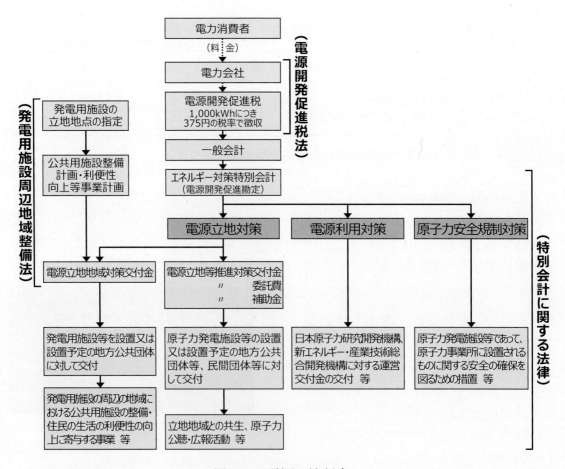

図 5-8　電源三法制度

（出典）電気事業連合会「INFOBASE」に基づき作成

原子力発電施設等の立地地域について、防災に配慮しつつ、地域振興を図ることを目的として、2000 年 12 月に 10 年間の時限を設けて成立した「原子力発電施設等立地地域の振興に関する特別措置法」（平成 12 年法律第 148 号。以下「原子力立地地域特措法」という。）は、2010 年 12 月の法改正により 10 年間延長され、2021 年 3 月の法改正により更に 10 年間延長されました。原子力立地地域特措法に基づき、避難道路や避難所等の防災インフラ整備への支援等の措置が講じられています（図 5-9）。

---

**（1）防災インフラ整備への支援**
【対象】
住民生活の安全の確保に資する道路、港湾、漁港、消防施設、義務教育施設
【支援内容】
①国の補助率のかさ上げ（50%→55%）
②地方債への交付税措置（70%）　｝地方負担は実質13.5%

**（2）企業投資・誘致への支援　（不均一課税による地方団体の減収額を交付税で補てん）**
【対象事業】
製造業、道路貨物運送業、倉庫業、こん包業、卸売業
【対象税目】
設備の新増設に係る事業税、不動産取得税、固定資産税
【支援内容】
地方公共団体が、不均一課税を行い、地方税を減額した場合、その減収分の一定割合（75%）を交付税で補てん

**図 5-9　原子力立地地域特措法による立地地域に対する支援措置**

(出典)第 42 回原子力委員会資料第 1-1 号　原子力政策担当室「原子力発電施設等立地地域の振興に関する特別措置法について」(2020 年)に基づき作成

また、原子力発電所の長期停止、再稼働、廃炉等による地域への影響を緩和するため、中長期的な視点に立った地域振興に国と立地地域が一体となって取り組んでいます。原子力発電施設等立地地域基盤整備支援事業による地方公共団体への交付金の交付や、地域資源の活用とブランド力の強化を図る産品・サービスの開発、販路拡大、PR 活動等の地域の取組に対する支援も実施しています。

さらに、原子力発電所立地地域の産業の複線化や新産業・雇用の創出も含め、各地域の要望に応じて立地地域の「将来像」を共に描く枠組み等を設け、各地域の実態に即した支援を進めることとしています。例えば、我が国初の 40 年超となる原子力発電所の運転が進む福井県嶺南地域においては、「福井県・原子力発電所の立地地域の将来像に関する共創会議」が開催されました。同会議では、福井県及び県内の原子力発電所立地自治体、国、原子力事業者が、目指すべき「地域の将来像」を共有するとともに、その実現に向けた国や事業者の取組を充実、深化させていくことを目的としており、2021 年度は 3 回開催され、将来像の実現に向けた基本方針の策定等に向けた議論が行われました。

## 第6章　廃止措置及び放射性廃棄物への対応

### 6-1　東電福島第一原発の廃止措置

> 　東電福島第一原発の廃炉は、汚染水・処理水対策、使用済燃料プールからの燃料取り出し、燃料デブリ取り出し等の作業からなり、「東京電力ホールディングス（株）福島第一原子力発電所の廃止措置等に向けた中長期ロードマップ」（以下「中長期ロードマップ」という。）に基づいて進められています。汚染水を浄化した処理水については、地元や全国の関係者からの意見を伺うなどしながら、処分方針を決定しました。
>
> 　また、中長期にわたる廃止措置を遂行するためには、廃炉を支える技術の向上や、それらを担う人材の確保・育成を行うことも重要です。国や原子力関係機関は、国際社会に開かれた形で情報発信や協力を行いながら、廃炉に関する技術開発、研究開発、研究者や技術者等の人材育成、研究施設の整備等を進めています。

### （1）　東電福島第一原発の廃止措置等の実施に向けた基本方針等

　中長期ロードマップでは、東電福島第一原発の具体的な廃止措置の工程・作業内容、作業の着実な実施に向けた、研究開発から実際の廃炉作業までの実施体制の強化や、人材育成・国際協力の方針等が示されています。また、現場の状況等を踏まえて継続的に見直すこととされており、2019年12月に5回目の改訂が行われました（図 6-1）。これに基づき、「復興と廃炉の両立」を大原則とし、国も前面に立ち、安全かつ着実に取組が進められています。

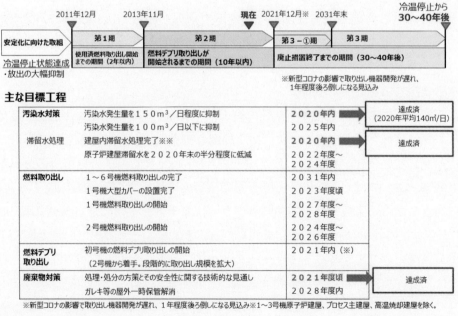

図 6-1　中長期ロードマップ（2019年12月27日改訂）の目標工程及び進捗

（出典）資源エネルギー庁提供資料

原子力損害賠償・廃炉等支援機構は、中長期ロードマップに技術的根拠を与え、その円滑・着実な実行や改訂の検討に資することを目的として、2015年以降毎年「東京電力ホールディングス（株）福島第一原子力発電所の廃炉のための技術戦略プラン」（以下「戦略プラン」という。）を策定しています。2021年10月に公表された戦略プラン2021では、特に、固体廃棄物の処理・処分方策とその安全性に関する技術的な見通しの提示、新型コロナウイルス感染症の影響を最小限にするための試験的取り出しに向けた課題、取り出し規模の更なる拡大の工法選定に向けた論点整理、ALPS処理水に係る取組の4点をポイントとして、中長期的な視点での技術戦略を提示しています。

　原子力規制委員会は、特定原子力施設監視・評価検討会を開催し、東電福島第一原発の監視・評価や同原発における放射性物質の安定的な管理に係る課題について検討を行っています。また、東電福島第一原発のリスク低減に関する目標を示すため、「東京電力福島第一原子力発電所の中期的リスクの低減目標マップ」（2015年2月策定、2022年3月最終改定。以下「リスク低減目標マップ」という。）を策定し、リスク低減目標マップに従って廃炉に向けた措置が着実に実施されていることを確認しています。

　東京電力は2022年3月、中長期ロードマップやリスク低減目標マップに掲げられた目標を達成するため、廃炉全体の主要な作業プロセスを示す「廃炉中長期実行プラン2022」を策定しました。廃炉作業の今後の見通しについて地元住民や国民に丁寧に分かりやすく伝えるとともに、作業の進捗や課題に応じて同実行プランを定期的に見直しながら、廃炉を安全・着実かつ計画的に進めていくとしています。

　なお、東電福島第一原発の廃炉・汚染水・処理水対策に関する体制は、図 6-2 のとおりです。

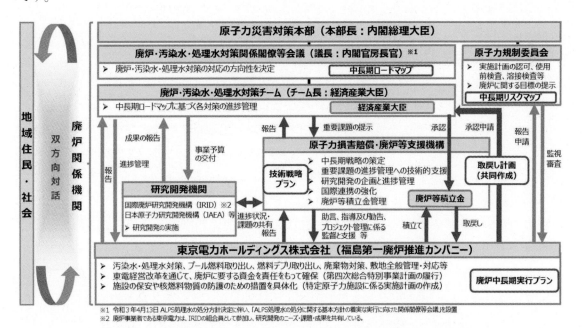

**図 6-2　東電福島第一原発の廃炉に係る関係機関等の役割分担**

(出典)原子力損害賠償・廃炉等支援機構「東京電力ホールディングス(株)福島第一原子力発電所の廃炉のための技術戦略プラン2021」(2021年)

はじめに

特集

第1章

第2章

第3章

第4章

第5章

第6章

第7章

第8章

資料編

用語集

## (2) 東電福島第一原発の状況と廃炉に向けた取組

### ① 汚染水・処理水対策

　東電福島第一原発では、燃料デブリが冷却用の水と触れることや、原子炉建屋内に流入した地下水や雨水が汚染水と混ざること等により、新たな汚染水が発生しています。そのため、「東京電力（株）福島第一原子力発電所における汚染水問題に関する基本方針」（2013年9月原子力災害対策本部決定）に基づき、「汚染源を取り除く」、「汚染源に水を近づけない」、「汚染水を漏らさない」という三つの基本方針に沿って、様々な汚染水対策が複合的に進められています（図 6-3）。

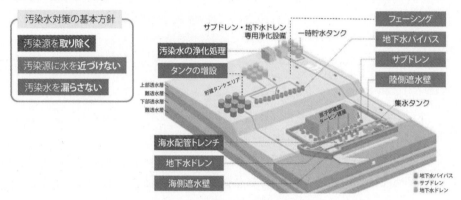

**図 6-3　様々な汚染水対策**

(出典)資源エネルギー庁スペシャルコンテンツ「汚染水との戦い、発生量は着実に減少、約3分の1に」(2019年)

　「汚染源を取り除く」対策として、ストロンチウム除去装置や多核種除去設備（ALPS）等の複数の浄化設備により、日々発生する汚染水の浄化を行っています。浄化処理を経た処理水の量は日々増え続けており、処理水の貯蔵用タンクの数は2022年3月末時点で計1,000基を超えています。

　2021年4月には、廃炉・汚染水・処理水対策関係閣僚等会議においてALPS処理水の処分に関する基本方針が決定され、各種法令等を厳格に遵守するとともに、風評影響を最大限抑制する対応を徹底することを前提に、2年程度後にALPS処理水の海洋放出を行う方針が示されました。この決定を機に、風評被害の防止を目的としてALPS処理水の定義が変更され、「ALPS等の浄化装置の処理により、トリチウム以外の核種について、環境放出の際の規制基準を満たす水」のみをALPS処理水と呼称することとされました。また、同基本方針に定められた対策を、政府が一丸となって、スピード感を持って着実に実行していくため、ALPS処理水の処分に関する基本方針の着実な実行に向けた関係閣僚等会議が新設されました。同年8月には、同会議の下に設置されたワーキンググループにおける意見交換[1]の内容等を踏まえ、「東京電力ホールディングス株式会社福島第一原子力発電所におけるALPS処理水の処分に伴う当面の対策の取りまとめ」が公表されました。この取りまとめに沿って、風評を生じさせない仕組みと、風評に打ち勝ち、安心して事業を継続・拡大できる仕組みの構築

---

[1] 第5章 5-4(3)「東電福島第一原発の廃炉に関する情報発信やコミュニケーション活動」を参照。

を目指し、今回盛り込んだ施策を着実に実行することとしています。当面の対策の取りまとめ以降、政府は対策を順次実施してきました。同年12月には、更に取組を加速させるため、対策ごとに今後1年の取組や中長期的な方向性を整理する「ALPS処理水の処分に関する基本方針の着実な実行に向けた行動計画」を策定し、今後も対策の実施状況を継続的に確認して、状況に応じ随時、追加・見直しを行うこととしています（図6-4）。

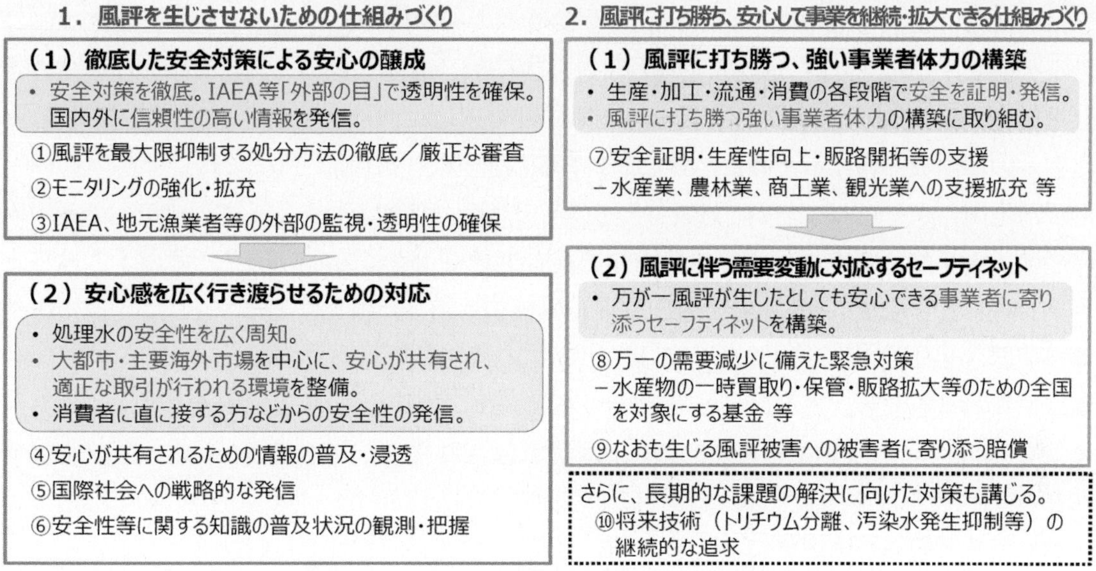

**1. 風評を生じさせないための仕組みづくり**

**（1）徹底した安全対策による安心の醸成**
- 安全対策を徹底。IAEA等「外部の目」で透明性を確保。国内外に信頼性の高い情報を発信。
①風評を最大限抑制する処分方法の徹底／厳正な審査
②モニタリングの強化・拡充
③IAEA、地元漁業者等の外部の監視・透明性の確保

**（2）安心感を広く行き渡らせるための対応**
- 処理水の安全性を広く周知。
- 大都市・主要海外市場を中心に、安心が共有され、適正な取引が行われる環境を整備。
- 消費者に直に接する方などからの安全性の発信。
④安心が共有されるための情報の普及・浸透
⑤国際社会への戦略的な発信
⑥安全性等に関する知識の普及状況の観測・把握

**2. 風評に打ち勝ち、安心して事業を継続・拡大できる仕組みづくり**

**（1）風評に打ち勝つ、強い事業者体力の構築**
- 生産・加工・流通・消費の各段階で安全を証明・発信。
- 風評に打ち勝つ強い事業者体力の構築に取り組む。
⑦安全証明・生産性向上・販路開拓等の支援
－水産業、農林業、商工業、観光業への支援拡充 等

**（2）風評に伴う需要変動に対応するセーフティネット**
- 万が一風評が生じたとしても安心できる事業者に寄り添うセーフティネットを構築。
⑧万一の需要減少に備えた緊急対策
－水産物の一時買取り・保管・販路拡大等のための全国を対象にする基金 等
⑨なおも生じる風評被害への被害者に寄り添う賠償

さらに、長期的な課題の解決に向けた対策も講じる。
⑩将来技術（トリチウム分離、汚染水発生抑制等）の継続的な追求

**図 6-4　ALPS処理水の処分に係る対策**

(出典)第11回原子力委員会資料第3号　経済産業省「廃炉・汚染水・処理水対策及び福島の産業復興について」(2022年)に基づき作成

　上記の行動計画等に沿った取組が、政府において、着実に進められています。例えば、安全対策については、原子力規制委員会において、東京電力から提出されたALPS処理水の処分に係る実施計画に対する審査が、公開の場で行われています。この審査と並行して、国際原子力機関（IAEA）の国際専門家が繰り返し来日し、東京電力の計画及び日本政府の対応について科学的根拠に基づき厳しく確認するとともに、その結果について国内外に高い透明性をもって発信しています。また、理解醸成の取組としては、漁業者を始めとする生産者や、その取引相手となる流通・小売事業者から消費者に至るまでサプライチェーン全体に係る皆様に対して、ALPS処理水の安全性や処分の必要性に関する説明を行うとともに、国内外の消費者等に対して、新聞広告やパンフレット、動画、SNS等を活用した広報を行うなどの取組が進められています。風評対策としては、2021年度補正予算及び2022年度予算において、事業者が安心して事業を継続・拡大できるよう生産性向上や販路拡大に対する支援など様々な施策を講じるために必要な予算が計上されました。さらに、放出に伴う風評影響を最大限抑制しつつ、仮に風評影響が生じた場合にも、水産物の需要減少への対応を機動的・効率的に実施し、漁業者が安心して漁業を続けていくことができるよう、水産物の一時的買取り・保管、販路拡大等を行うための基金が創設されています。

　また、東京電力は、ALPS 処理水の処分に関する基本方針を踏まえて、実施主体として着実に履行するための対応を 2021 年 4 月に取りまとめるとともに、同年 8 月には、取水・放水設備や海域モニタリング等も含め、安全確保のための設備の具体的な設計及び運用等の検討状況、風評影響及び風評被害への対策を取りまとめました。さらに、東京電力は、国際的に認知された手法に従って定めた評価手法を用いて、ALPS 処理水の海洋放出に係る放射線の影響評価（設計段階）を実施し、線量限度や線量目標値、国際機関が提唱する生物種ごとに定められた値を大幅に下回り、人及び環境への影響は極めて軽微であるとする評価結果を公表しました。ALPS 処理水を含む海水環境における海洋生物の飼育試験の開始に向けた準備や、取水・放水設備の詳細検討や工事の安全確保に向けた海域での地質調査等、ALPS 処理水の海洋放出開始のために必要な取組を順次進めています。

　「汚染源に水を近づけない」対策は、汚染水発生量の低減を目的として、建屋への地下水等の流入を抑制するものです。建屋山側の高台で地下水をくみ上げ海洋に排水する地下水バイパス、建屋周辺で地下水をくみ上げ浄化処理後に海洋へ排水するサブドレン、周辺の地盤を凍結させて壁を作る陸側遮水壁（凍土壁）等の取組が行われています。こうした予防的・重層的な対策を進めたことにより、汚染水の発生量は、対策前の約 540 ㎥/日（2014 年 5 月）に対し、2021 度の実績では約 130 ㎥/日まで低減されました。中長期ロードマップでは、2025 年内に汚染水発生量を 100 ㎥/日以下に抑制するとされています。また、近年国内で頻発している大規模な降雨に備え、2022 年の台風シーズン前までに豪雨リスクの解消を図るため、新たな排水路整備に向けた工事を実施しています。

　「汚染水を漏らさない」対策としては、海洋への流出をせき止める海側遮水壁、護岸エリアで地下水をくみ上げる地下水ドレン、信頼性の高い溶接型の貯水タンクへの置き換え等の取組が実施されています。また、建屋滞留水の漏えいリスクを低減するため、1〜4 号機建屋水位を順次引き下げています。1〜3 号機原子炉建屋、プロセス主建屋、高温焼却炉建屋を除く建屋内滞留水については、2020 年 12 月以降、最下階床面より低い水位を維持する運用を継続しています。1〜3 号機原子炉建屋については、2022 年度から 2024 年度内までに建屋滞留水を 2020 年末の半分程度（約 3,000 ㎥程度）に低減する計画です。プロセス主建屋及び高温焼却炉建屋については、建屋滞留水の中に高線量の土嚢が残置されているため、まずは土嚢を回収した後で滞留水を処理する方針です。2021 年 5 月から 8 月にかけて、エリアの線量測定や土嚢の詳細な位置の特定等を目的として、遠隔操作型の水中ロボットを用いた建屋地下階調査が実施されました。

　「汚染源に水を近づけない」と「汚染水を漏らさない」の両面から、津波の建屋流入に伴う建屋滞留水の増加と流出を防止すること等を目的に、防潮堤の設置が進められています。日本海溝津波防潮堤については、2020 年 4 月に内閣府の検討会で新たに日本海溝津波の切迫性があると評価されたことを踏まえ、2023 年度下期の完成に向け、2021 年 6 月に設置工事が開始されました。

## ② 使用済燃料プールからの燃料取り出し

事故当時に1〜4号機の使用済燃料プール内に保管されていた燃料は、リスク低減のため、各号機の使用済燃料プールから取り出しを行い、敷地内の共用プール等において適切に保管することとしています。

1号機は、燃料取り出しプランについて工法の見直しも含め検討が進められた結果、オペレーティングフロア作業中のダスト対策の更なる信頼性向上や雨水の建屋流入抑制の観点から、原子炉建屋を覆う大型カバーを設置し、カバー内でガレキ撤去を行う案が選択されました（図 6-5 左）。2021 年 6 月には残置されていた建屋カバーの解体工事が完了し、同年 4 月から大型カバー設置に向けた鉄鋼等の地組作業等が進められています。今後、2027 年度から 2028 年度に燃料取り出しを開始し、2 年程度をかけて取り出し完了を目指すとされています。

2号機では、空間線量が一定程度低減していると判明していることや燃料取扱設備の小型化検討を踏まえ、ダスト飛散をより抑制するため、建屋を解体せず建屋南側に構台を設置してアクセスする工法が採用されています（図 6-5 右）。建屋内では 2021 年 12 月にオペレーティングフロア内の除染作業（その 1）が完了し、建屋外では同年 10 月から燃料取り出し用構台設置に向けた地盤改良工事が実施されています。今後、2024 年度から 2026 年度に燃料取り出しを開始し、2 年程度をかけて取り出し完了を目指すとされています。

3号機使用済燃料プールからの燃料取り出しは 2021 年 2 月に、4 号機使用済燃料プールからの燃料取り出しは 2014 年 12 月に、それぞれ完了しました。また、6 号機使用済燃料プールに貯蔵されている 4 号機の新燃料（180 体）については、放射性物質が付着しているガレキの混入量を極力減らすことにより燃料の表面線量率を下げるため、2022 年 1 月から水流を用いた洗浄作業を開始し、同年 3 月に完了しました。

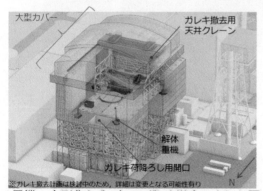

**図 6-5　1 号機（左）及び 2 号機（右）における燃料取り出し工法の概要**

（出典）第 86 回廃炉・汚染水対策チーム会合／事務局会議資料 3-2　東京電力「1 号機使用済燃料取り出しに向けた大型カバーの検討状況について」(2021 年)、第 98 回廃炉・汚染水・処理水対策チーム会合／事務局会議資料 3-3　東京電力「2 号機燃料取り出しに向けた工事の進捗について」(2022 年)に基づき作成

### ③　燃料デブリ取り出し

　1〜3 号機では、事故により溶融した燃料や原子炉内構造物等が冷えて固まった「燃料デブリ」が、原子炉格納容器内の広範囲に存在していると推測されています。燃料デブリ取り出しに向け、遠隔操作機器・装置等を用いた原子炉格納容器内部の調査により、燃料デブリの分布、堆積物の性状や分布、線量等の状況把握が進められています。また、廃炉の進捗とともに、1〜3 号機原子炉格納容器内の堆積物等のサンプル取得が徐々に可能となっており、サンプル中の微粒子の化学的特性の分析や粒子形成時の炉内環境の推定が行われています。

　1 号機では、原子炉格納容器内部の堆積物の回収手段や設備の検討等に係る情報を収集するため、2022 年 2 月に、遠隔操作型の水中ロボットを用いた調査が開始されました。2 号機では、将来の燃料デブリ取り出し工法検討や事故解明に活用するため、2021 年 8 月から、シールドプラグ（原子炉格納容器上部のふたに当たる部分）の穿孔箇所を用いた線量調査を実施しています。

　中長期ロードマップでは 2021 年内に 2 号機で燃料デブリの試験的取り出しに着手するとされていましたが、新型コロナウイルス感染症の影響を踏まえた作業工程の見直しを行い、2022 年内を目標に試験的取り出しに着手する予定です。英国との協力により開発を進めていた試験的取り出し装置（ロボットアーム等）は、2021 年 7 月に英国から我が国に到着し、性能確認試験やモックアップ試験、操作訓練等が進められています（図 6-6）。

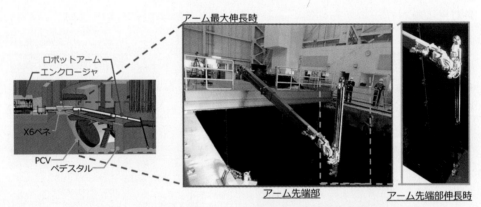

**図 6-6　ロボットアームの性能確認試験の様子**

（出典）第 98 回廃炉・汚染水・処理水対策チーム会合／事務局会議資料 3-4　技術研究組合国際廃炉研究開発機構、東京電力「2 号機 PCV 内部調査・試験的取り出し作業の準備状況」(2022 年)

### ④　廃棄物対策

　事故により、ガレキや水処理二次廃棄物等の固体廃棄物が発生しています。また、今後の燃料デブリ取り出しに伴い、燃料デブリ周辺の撤去物、機器等が廃棄物として発生します。これらは、破損した燃料に由来する放射性物質を含むこと、海水成分を含む場合があること、対象となる物量が多く汚染レベルや性状の情報が十分でないこと等、既往の原子力発電所の廃炉作業で発生する放射性廃棄物と異なる特徴があります。

　中長期ロードマップでは、2021 年度頃までに、固体廃棄物の処理・処分方策とその安全性に関する技術的な見通しを示すとされています。これを受け、戦略プラン 2021 において、

物量低減に向けた進め方、性状把握を効率的に実施するための分析・評価手法の開発、処理・処分方法を合理的に選定するための手法の構築について、技術的な見通しが示されました。また、中長期ロードマップでは、2028 年度内までに、水処理二次廃棄物及び再利用・再使用対象を除く全ての固体廃棄物の屋外での保管を解消するとされています。東京電力は、2021 年 7 月に「固体廃棄物の保管管理計画」の 5 回目の改訂を行い、当面 10 年程度に発生すると想定される固体廃棄物の量を念頭に、遮へい・飛散抑制機能を備えた保管施設や減容施設を導入して屋外での一時保管を解消する計画や、継続的なモニタリングにより適正に固体廃棄物を保管していく計画を示しました。

### ⑤ 作業等環境改善

　長期に及ぶ廃炉作業の達成に向けて、高度な技術、豊富な経験を持つ人材を中長期的に確保するため、モチベーションを維持しながら安心して働ける作業環境を整備することが重要です。作業環境の改善に向けて、法定被ばく線量限度の遵守に加え、可能な限りの被ばく線量の低減、労働安全衛生水準の不断の向上等の取組が行われています。2021 年 10 月には、高放射線環境下での作業における被ばくリスクを更に減らすため、全面マスクを覆うことができる放射線防護装備が導入されました。また、多くの作業員が作業するエリアから順次、表土除去、天地返し、遮へい等の線量低減対策を実施しており、2021 年度の線量状況確認では、1～4 号機周辺（図 6-7）や固体廃棄物貯蔵庫周辺等の線量低下が確認されています。

**■平均線量率**　　　　　　　　　単位：[μSv/h]

| | 海抜2.5mの地盤<br>（2.5m盤） | 海抜8.5mの地盤<br>（8.5m盤） |
|---|---|---|
| 2018年度<br>（2019.2） | 17 | 122 |
| 2019年度<br>（2019.12） | 15 | 110 |
| 2020年度<br>（2021.1） | 9.8 | 102 |
| 2021年度<br>（2022.1） | <u>7.1</u> | <u>99</u> |

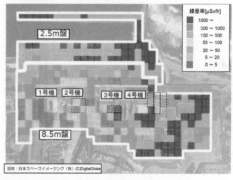

■線量分布（2022.1）

**図 6-7　1～4 号機周辺の平均線量率の推移及び線量分布**

(注) 平均線量率、線量分布ともに、胸元高さ(地表面から 1m の高さ)の測定値。線量分布は 30m メッシュ。
(出典) 第 101 回廃炉・汚染水・処理水対策チーム会合／事務局会議資料 3-6　東京電力「福島第一原子力発電所構内の線量状況について」(2022 年)に基づき作成

　さらに、定期的に、東電福島第一原発の全作業員（東京電力の社員を除く）を対象とした、労働環境の改善に向けたアンケートが実施されています。2021 年 8 月から 9 月にかけて実施された第 12 回アンケートについては、新型コロナウイルス感染拡大防止対策を含む労働環境に対する評価、放射線に対する不安、東電福島第一原発で働くことに対するやりがい等の様々な項目に関する要望や意見を踏まえ、2022 年 1 月に改善の方向性やスケジュールが取りまとめられました。

### (3) 廃炉に向けた研究開発、人材育成及び国際協力

### ① 廃炉に向けた研究開発

　国、民間企業、研究開発機関、大学等が実施主体となり、廃炉研究開発連携会議の下で連携強化を図りつつ、基礎・基盤から実用化に至る様々な研究開発が行われています（図 6-8）。

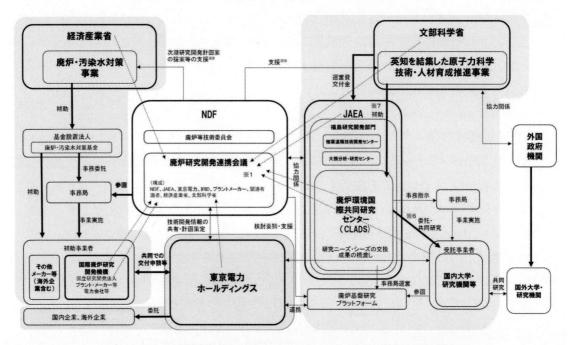

**図 6-8　東電福島第一原発の廃炉に係る研究開発実施体制**

（出典）原子力損害賠償・廃炉等支援機構「東京電力ホールディングス(株)福島第一原子力発電所の廃炉のための技術戦略プラン 2021」（2021 年）

　経済産業省は、東電福島第一原発の廃炉・汚染水・処理水対策に係る技術的難度の高い研究開発のうち、国が支援するものについて研究開発を補助する「廃炉・汚染水・処理水対策事業」を実施しており、原子炉格納容器内の内部調査技術や、燃料デブリ取り出しに関する基盤技術、取り出した燃料デブリの収納・移送・保管に関する技術等の開発を進めています。

　文部科学省は、「英知を結集した原子力科学技術・人材育成推進事業」（以下「英知事業」という。）を実施しており、原子力機構の廃炉環境国際共同研究センター（CLADS）を中核とし、国内外の多様な分野の知見を融合・連携させることにより、中長期的な廃炉現場のニーズに対応する基礎的・基盤的研究及び人材育成を推進しています。

　原子力機構は、CLADS を中心として、国内外の研究機関等との共同による基礎的・基盤的研究を進めています。また、廃炉に関する技術基盤を確立するための拠点整備も進めており、遠隔操作機器・装置の開発実証施設（モックアップ施設）として「楢葉遠隔技術開発センター」を運用しています。燃料デブリや放射性廃棄物等の分析手法、性状把握、処理・処分技術の開発等を行う「大熊分析・研究センター」は、2018 年 3 月に一部施設の運用を開始しており、分析実施体制の構築に向けて、低・中線量のガレキ類等の廃棄物や ALPS 処理水の分析を実施予定の第 1 棟、燃料デブリ等の分析を実施予定の第 2 棟の整備を進めています。

## ② 廃炉に向けた人材育成

東電福島第一原発の廃炉には 30 年から 40 年を要すると見込まれており、中長期的かつ計画的に、廃炉を担う人材を育成していく必要があります。

東京電力は、廃炉事業に必要な技術者養成の拠点として「福島廃炉技術者研修センター」を設置し、地元人材の育成に取り組んでいます。

文部科学省は、英知事業の一部として「研究人材育成型廃炉研究プログラム」を実施し、原子力機構を中核として大学や民間企業と緊密に連携し、将来の廃炉を支える研究人材育成の取組を推進しています。

原子力機構は、学生の受入制度の活用等を通じた人材育成を実施しています。また、CLADSを中心に、国内外の大学、研究機関、産業界等の人材交流ネットワークを形成しつつ、研究開発と人材育成を一体的に進める体制を構築しています。

技術研究組合国際廃炉研究開発機構は、同機構の研究開発成果を報告するとともに、若手研究者や技術者を育成することを目的として、シンポジウムを開催しています。

---

**コラム** 　〜廃炉現場の汚染分布の 3 次元的な「見える化」〜

2021 年 5 月に原子力機構は、複数のセンサーを統合し、汚染箇所や空間線量率を見える化した 3 次元マップを描写することができる統合型放射線イメージングシステム「iRIS」を開発したことを公表しました。機器やガレキ等の複雑な構造物が存在する東電福島第一原発の廃炉現場で、高濃度汚染箇所に近づくことなく短時間の計測を行い、汚染状況を詳細に見える化することができます。今後、iRIS の 3 次元マップを活用することにより、作業者の事前トレーニング、効率的・効果的な除染の計画、作業時の被ばく低減等に貢献することが期待されます。

**東電福島第一原発 1、2 号機排気筒付近における空間線量率と高濃度汚染箇所を可視化した 3 次元マップ**

(出典) 原子力機構「未来へげんき vol.59」(2021 年)

### ③　国際社会との協力

東電福島第一原発事故を起こした我が国としては、国際社会に対して透明性を確保する形で情報発信を行い、事故の経験と教訓を共有するとともに、国際機関や海外研究機関等と連携して知見・経験を結集し、国際社会に開かれた形で廃炉等を進め、国際社会に対する責任を果たしていかなければなりません。また、廃炉作業の進捗や得られたデータ等を積極的に発信することは、福島の状況に関する国際社会の正確な理解の形成に不可欠です。

我が国は、IAEA に対して定期的に東電福島第一原発に関する包括的な情報を提供し、IAEAとの協力関係を構築しています。2021 年 4 月には、ALPS 処理水の処分に関する基本方針の公表を受けてグロッシーIAEA 事務局長がビデオメッセージを発表し、我が国が選択した方法は技術的に実現可能であり国際慣行にも沿っているとの認識を改めて述べました。廃炉に向けた取組の進捗については、同年 6 月から 8 月にかけて 5 回目となる IAEA の廃炉レビューを受けました（図 6-9）。また、我が国は、同年 9 月の IAEA 第 65 回総会[2]において、東電福島第一原発の状況について国際社会に対して科学的根拠に基づき透明性を持って説明を継続するとともに、ALPS 処理水の安全性や規制面及び海洋モニタリングに関するレビューの実施に向けて IAEA と協力していく旨を示しました。さらに、2022 年 2 月には ALPS処理水の処分の安全性について、同年 3 月には ALPS 処理水に関する規制について、IAEA によるレビューが実施されました[3]。

---

ALPS 処理水関連
- ✧　前回レビューの指摘事項に対する日本側の努力を評価。特に ALPS 処理水の処分に関して、日本政府が基本方針を決定したことは、廃炉計画全体の実行を促進するものとして評価。
- ✧　今後の ALPS 処理水の処分に向けて、東京電力が、将来の新たな ALPS 処理水を含む多量の処理と浄水の全体バランスと放出スケジュールの分析を行うことを推奨。

その他廃炉関連
- ✧　次の 10 年は、取り出された燃料デブリの管理オプションの特定や固体廃棄物の保管管理の次の段階といった課題に包括的にアプローチしていくべき。
- ✧　東京電力福島第一廃炉推進カンパニーが、エンジニアリング組織としてプロジェクト管理機能等の強化や人材育成に焦点を当てて、改善を続けることを推奨。
- ✧　経済産業省と東京電力に、廃炉作業への信頼向上に対する広報事業の貢献を評価する調査の実施を推奨。

**図 6-9　IAEA 廃炉レビューによる評価報告書の主なポイント**

(出典)経済産業省「IAEA 廃炉レビューミッションが来日し、評価レポートを江島経済産業副大臣が受領しました」(2021 年)に基づき作成

---

IAEA を通じた取組に加え、原子力発電施設を有する国の政府や産業界等の各層との協力関係を構築しており、廃炉・汚染水・処理水対策の現状について継続的に情報交換を行っています。各国の在京大使館向けには累次にわたってブリーフィングを行っており、2021 年度は合計 7 回ブリーフィングを実施しました。さらに、英語版動画やパンフレット等の説明

---

[2] 第 3 章コラム「〜IAEA 総会〜」を参照。
[3] ALPS 処理水の安全性に関するレビューについては、2022 年 4 月 29 日に IAEA が報告書を公表。

資料を作成し、IAEA 総会サイドイベントや要人往訪の機会等、様々なルートで海外に向けて情報を発信するとともに、経済産業省のウェブサイト[4]にも掲載しています。

　また、廃炉作業に伴い得られたデータも活用し、必要な技術開発等を進めるため、様々な国際共同研究が行われています。経済産業省の廃炉・汚染水対策事業や文部科学省の英知事業では、海外の企業や研究機関等との協力による取組が実施されています。また、原子力機構の CLADS では、海外からの研究者招へい、海外研究機関との共同研究を実施しており、国際的な研究開発拠点の構築を目指しています。

---

**コラム**　　～身の回りのトリチウムの存在と取扱い～

　トリチウムとは、水素の放射性同位体で、一般的な水素と同様に酸素と結合して水分子（トリチウム水）を構成します。トリチウムは、宇宙から地球へ降り注いでいる放射線（宇宙線）と地球上の大気が反応することにより自然に発生するため、トリチウム水の形で自然界にも広く存在し、大気中の水蒸気、雨水、海水、水道水、人の体内等にも含まれます。

　トリチウムは、原子力発電所の運転や使用済燃料の再処理でも発生します。トリチウム水は普通の水と同じ性質を持つため、トリチウム水だけを分離・除去することは非常に困難です。そのため、原子力発電所や再処理施設で発生したトリチウムは、過去 40 年以上にわたり、各国の規制基準を遵守して海洋や大気等に排出されています。我が国では、国際放射線防護委員会（ICRP[5]）の勧告に沿って規制基準が定められています。

　東電福島第一原発の汚染水の浄化により発生する ALPS 処理水にも、トリチウムが含まれます。ALPS 処理水の処分に関する基本方針では、規制基準等の科学的な観点だけでなく、風評影響等の社会的な観点も含めた対応が示されています。同時に、トリチウム分離に関する技術動向を注視し、現実的に実用化可能な技術があれば積極的に取り入れる方針です。

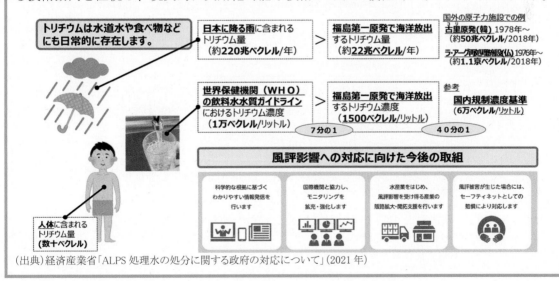

（出典）経済産業省「ALPS 処理水の処分に関する政府の対応について」（2021 年）

---

[4] https://www.meti.go.jp/english/earthquake/nuclear/decommissioning/index.html
[5] International Commission on Radiological Protection

## 6-2 原子力発電所及び研究開発施設等の廃止措置

東電福島第一原発事故後、原子力発電所や研究開発機関、大学等の研究開発施設等のうち、運転期間を終えた施設等の多くが廃止措置に移行することを決定しました。廃止措置は、安全を旨として計画的に進めるとともに、施設の解体や除染等により発生する放射性廃棄物の処理・処分と一体的に進めることが必要です。事業者や研究機関等は、廃止に伴う実施方針をあらかじめ公表するとともに、廃止が決定された施設については原子力規制委員会による廃止措置計画の認可を得て廃止措置を開始するなど、着実な取組を進めています。

### (1) 廃止措置の概要と安全確保

### ① 廃止措置の概要

通常の実用発電用原子炉施設等の原子力施設の廃止措置では、まず、運転を終了した施設に存在する核燃料物質等を搬出し、運転中に発生した放射性物質等による汚染の除去を行った後、設備を解体・撤去します。加えて、廃止措置で生じる放射性廃棄物は、放射能のレベルに応じて適切に処理・処分されます。

IAEAは、各国の廃止措置経験等に基づき、廃止措置の方式は「即時解体」と「遅延解体」の二つに分類されるとしています（表 6-1）。以前は「密閉管理」も廃止措置の方法の一つとされていましたが、現在では、廃止措置の方法の一つというよりも、事故を経験した原子力施設等の過酷な状況にある施設の例外的な措置と捉えられています[6]。

**表 6-1 IAEAによる廃止措置等の方式の分類**

| | 方式 | 概要 |
|---|---|---|
| 廃止措置 | 即時解体 | 施設の無制限利用あるいは規制機関による制限付き利用ができるレベルまで、放射性汚染物を含む施設の機器、構造物、部材を撤去又は除染する方法。施設の操業を完全に停止した直後に、廃止措置を開始。 |
| | 遅延解体 | 安全貯蔵や安全格納とも呼ばれ、施設の無制限利用あるいは規制機関による制限付き利用ができるレベルまで、放射性汚染物質を含む施設の一部を処理又は保管しておく方法。一定期間後、必要に応じ除染して解体。 |
| 例外的な措置 | 密閉管理 | 長期間にわたり、放射性汚染物質を耐久性のある構造物に封入しておく方法。 |

(出典)IAEA安全要件「GSR Part 6 Decommissioning of Facilities」(2014年)等に基づき作成

---

[6] 米国では、事故炉ではない核開発用原子炉に適用した廃止措置を密閉管理と呼んでいる例があります。

## ② 廃止措置の安全確保

　我が国では、廃止措置に当たって、原子力事業者等は原子炉等規制法に基づき、「廃止措置計画」を定め、原子力規制委員会の認可を受けます。原子力規制委員会による審査においては、廃止措置中の安全確保のため、施設の維持管理方法、放射線被ばくの低減策、放射性廃棄物の処理等の方法が適切なものであるかが確認されます。

　また、施設の稼働停止から廃止へのより円滑な移行を図るため、事業の許可等を受けた事業者は、廃棄する核燃料物質によって汚染されたものの発生量の見込み、廃止措置に要する費用の見積り及びその資金調達方法等、廃止措置の実施に関し必要な事項を定める「廃止措置実施方針」をあらかじめ作成し公表することが義務付けられています。廃止措置実施方針は、記載内容に変更があった場合には遅滞なく公表するとともに、公表後5年ごとに全体の見直しを行うこととされており、各原子力事業者はウェブサイトにおいて廃止措置実施方針を公表しています。

　原子力施設は、運転中と廃止措置の各段階によって、あるいは施設の規模や使用形態等によって、内在するリスクの種類や程度が大きく異なります（図 6-10）。そのため、IAEAの安全指針では、安全性を確保しつつ円滑かつ着実に廃止措置を実施するため、作業の進展に応じて変化するリスクレベルに応じて最適な安全対策を講じていく考え方（グレーデッドアプローチ）を提唱しています。原子力規制委員会においても、2021年度に取り組む重点計画の一つとして、「施設の特徴・安全上の重要度を踏まえ、グレーデッドアプローチを考慮して核燃料施設等の審査を行う」ことを挙げています。また、欧米諸国では、グレーデッドアプローチを広く採用し、放射線安全の確保を前提に適切なリスク管理を行い、合理的な廃止措置を進めています。

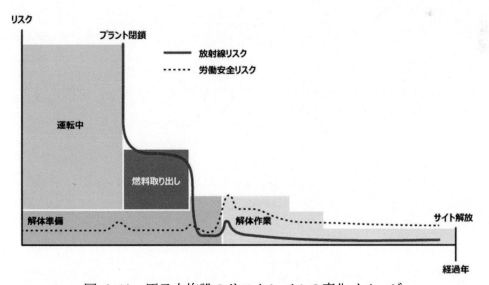

**図 6-10　原子力施設のリスクレベルの変化イメージ**

（注）IAEA「Safety Reports Series No. 77 Safety Assessment for Decommissioning, Annex I, Part A Safety Assessment for Decommissioning of a Nuclear Power Plant」に基づき株式会社三菱総合研究所が作成。
（出典）株式会社三菱総合研究所「廃止措置プラントのリスク管理『グレーデッドアプローチ』導入に向けて」（2020年）

はじめに
特集
第1章
第2章
第3章
第4章
第5章
第6章
第7章
第8章
資料編
用語集

## (2) 廃止措置の状況

### ① 原子力発電所の廃止措置

　我が国では、2022 年 3 月末時点で、実用発電用原子炉施設のうち 18 基の廃止措置計画が認可されています（表 6-2）。このうち東京電力福島第二原子力発電所 1～4 号機については、2021 年 4 月に廃止措置計画が原子力規制委員会により認可されました。

表 6-2　原子力発電所の廃止措置の状況（2022 年 3 月末時点）

| | 施設等 | 炉型[注] | 運転終了時期 | 廃止措置<br>完了予定時期 | 備考 |
|---|---|---|---|---|---|
| 日本原子力発電（株） | 東海 | GCR | 1998 年 3 月 | 2030 年度 | 廃止措置中 |
| | 敦賀 1 | BWR | 2015 年 4 月 | 2040 年度 | 廃止措置中 |
| 東北電力（株） | 女川 1 | BWR | 2018 年 12 月 | 2053 年度 | 廃止措置中 |
| 東京電力 | 福島第二 1 | BWR | 2019 年 9 月 | 2064 年度 | 廃止措置中 |
| | 福島第二 2 | BWR | 2019 年 9 月 | 2064 年度 | 廃止措置中 |
| | 福島第二 3 | BWR | 2019 年 9 月 | 2064 年度 | 廃止措置中 |
| | 福島第二 4 | BWR | 2019 年 9 月 | 2064 年度 | 廃止措置中 |
| 中部電力（株） | 浜岡 1 | BWR | 2009 年 1 月 | 2036 年度 | 廃止措置中 |
| | 浜岡 2 | BWR | 2009 年 1 月 | 2036 年度 | 廃止措置中 |
| 関西電力（株） | 美浜 1 | PWR | 2015 年 4 月 | 2045 年度 | 廃止措置中 |
| | 美浜 2 | PWR | 2015 年 4 月 | 2045 年度 | 廃止措置中 |
| | 大飯 1 | PWR | 2018 年 3 月 | 2048 年度 | 廃止措置中 |
| | 大飯 2 | PWR | 2018 年 3 月 | 2048 年度 | 廃止措置中 |
| 中国電力（株） | 島根 1 | BWR | 2015 年 4 月 | 2045 年度 | 廃止措置中 |
| 四国電力（株） | 伊方 1 | PWR | 2016 年 5 月 | 2056 年度 | 廃止措置中 |
| | 伊方 2 | PWR | 2018 年 5 月 | 2059 年度 | 廃止措置中 |
| 九州電力（株） | 玄海 1 | PWR | 2015 年 4 月 | 2054 年度 | 廃止措置中 |
| | 玄海 2 | PWR | 2019 年 4 月 | 2054 年度 | 廃止措置中 |

(注)GCR：黒鉛減速ガス冷却炉、BWR：沸騰水型軽水炉、PWR：加圧水型軽水炉
(出典)原子力規制委員会「廃止措置中の実用発電用原子炉」、一般社団法人日本原子力産業協会「日本の原子力発電炉（運転中、建設中、建設準備中など）」、東京電力ホールディングス「廃止措置実施方針」等に基づき作成

### ② 研究開発施設等の廃止措置

　原子力機構の様々な種類の施設や、東京大学や立教大学等の大学の研究炉、民間企業の研究炉において、廃止措置が進められています（表 6-3）。

　原子力機構は 2018 年 12 月に、バックエンド対策（廃止措置、廃棄物処理・処分等）の長期にわたる見通しと方針を取りまとめた「バックエンドロードマップ」を公表しました。バックエンドロードマップでは、今後約 70 年間を第 1 期、第 2 期、第 3 期に分け、現存する原子炉等規制法の許可施設を対象に、廃止措置、廃棄物処理・処分及び核燃料物質の管理の方針が示され、必要な費用の試算も行われています（図 6-11）。

表 6-3　主な研究開発施設等の廃止措置の状況（2022 年 3 月末時点）

| | 施設等[注1] | 運転終了時期等 | 炉型等[注1] | 備考 |
|---|---|---|---|---|
| 原子力機構 | JPDR | 1976 年 3 月 | BWR | 1996 年 3 月解体撤去 2002 年 10 月廃止届 |
| | 原子力第 1 船むつ | 1992 年 2 月 | 加圧軽水冷却型 | 廃止措置中 |
| | JRR-2 | 1996 年 12 月 | 重水減速冷却型 | 廃止措置中 |
| | DCA | 2001 年 9 月 | 重水臨界実験装置 | 廃止措置中 |
| | ふげん | 2003 年 3 月 | 新型転換炉原型炉 | 廃止措置中 |
| | JMTR | 2006 年 8 月 | 材料試験炉 | 廃止措置中 |
| | TCA | 2010 年 11 月 | 軽水臨界実験装置 | 廃止措置中 |
| | JRR-4 | 2010 年 12 月 | 濃縮ウラン軽水減速冷却スイミングプール型 | 廃止措置中 |
| | TRACY | 2011 年 3 月 | 過渡臨界実験装置 | 廃止措置中 |
| | FCA | 2011 年 3 月 | 高速炉臨界実験装置 | 廃止措置中 |
| | もんじゅ | 2018 年 3 月[注2] | 高速増殖原型炉 | 廃止措置中 |
| | 東海再処理施設 | 2018 年 6 月[注2] | 再処理施設 | 廃止措置中 |
| （株）東芝 | TTR-1 | 2001 年 3 月 | 教育訓練用原子炉 | 廃止措置中 |
| | NCA | 2013 年 12 月 | 臨界実験装置 | 廃止措置中 |
| 日立製作所（株） | HTR | 1975 年 | 濃縮ウラン軽水減速冷却型 | 廃止措置中 |
| 東京大学 | 弥生 | 2011 年 3 月 | 高速中性子源炉 | 廃止措置中 |
| 立教大学 | 立教大学炉 | 2001 年 | TRIGA-II | 廃止措置中 |
| 東京都市大学原子力研究所 | 武蔵工大炉 | 1989 年 12 月 | TRIGA-II | 廃止措置中 |

(注1)略称の正式名称は、用語集を参照。
(注2)廃止措置計画認可時期。
(出典)原子力規制委員会「廃止措置中の試験研究用等原子炉」、原子力規制委員会等「使用済燃料管理及び放射性廃棄物管理の安全に関する条約日本国第七回国別報告」(2020 年)等に基づき作成

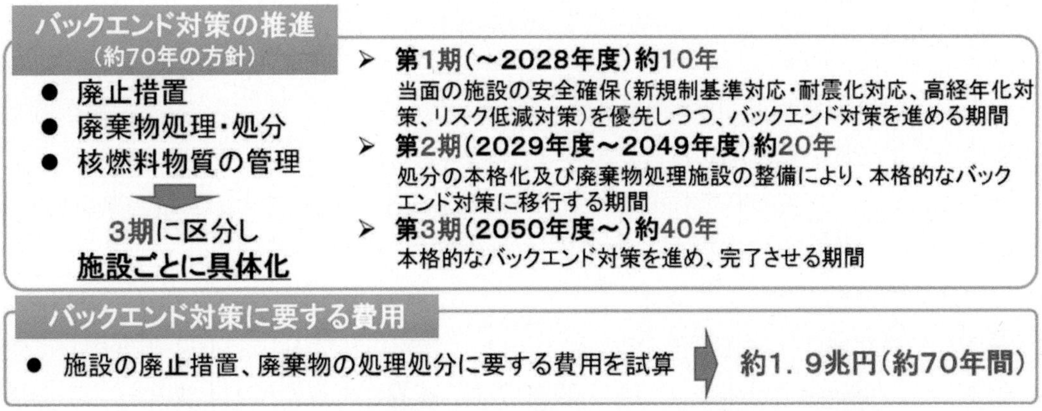

バックエンド対策の推進
（約70年の方針）
● 廃止措置
● 廃棄物処理・処分
● 核燃料物質の管理

→ 3期に区分し施設ごとに具体化

➢ 第1期（〜2028年度）約10年
当面の施設の安全確保（新規制基準対応・耐震化対応、高経年化対策、リスク低減対策）を優先しつつ、バックエンド対策を進める期間
➢ 第2期（2029年度〜2049年度）約20年
処分の本格化及び廃棄物処理施設の整備により、本格的なバックエンド対策に移行する期間
➢ 第3期（2050年度〜）約40年
本格的なバックエンド対策を進め、完了させる期間

バックエンド対策に要する費用
● 施設の廃止措置、廃棄物の処理処分に要する費用を試算　➡ 約1.9兆円（約70年間）

図 6-11　原子力機構「バックエンドロードマップ」の概要
(出典)原子力機構「バックエンドロードマップの概要」

　文部科学省及び原子力機構は、今後のバックエンド対策や費用の試算精度の向上に関する助言を受けること等を目的として、2021年4月にIAEAによるARTEMIS[7]レビューミッションを受け入れました。ARTEMISレビューは、原子力施設の廃止措置や放射性廃棄物に関する総合的レビューサービスで、2014年の開始以来、我が国で実施されるのは初めてです。同レビューの報告書は、原子力機構が将来にわたる廃止措置の方向性を確立するとともに、直面している課題もはっきり示したロードマップを作成したことを評価した上で、原子力機構に対し、廃止措置の更なる改善のための提言と助言を示しました（図 6-12）。

> ✧　研究開発と廃止措置に係る組織と資源（人員と予算）の責任をより明確に分離し、それぞれのミッションの重点強化のための様々なオプションを検討する必要がある。
> ✧　処分施設の整備が遅れる可能性を考慮し、全ての廃棄物区分について、計画している処分施設の利用可能性と廃棄物貯蔵能力を合わせて評価した明確な戦略を示すべきである。
> ✧　使用済燃料やその他の核燃料物質の管理を考慮し、恒久的に停止している施設についても定期的に安全レビューを実施し、安全が長期にわたって維持されることを保証するとともに、安全性を更に高めるための可能な行動を見出していく必要がある。
> ✧　不確実性とリスクを考慮しつつ、施設の解体に必要な総費用を包括的に理解するために、廃止措置費用の評価方法を更に発展させる必要がある。
> ✧　廃止措置と廃棄物管理に関する教育・訓練プログラムを開発し、プログラムの実施に必要なスキル、能力、要員数に対応するための枠組みを確立する必要がある。

**図 6-12　ARTEMISレビュー報告書における、原子力機構に対する主な提言と助言**

(出典)文部科学省「日本原子力研究開発機構のバックエンド対策に関する国際的なレビューの実施結果について」(2021年)に基づき作成

　原子力機構のバックエンドロードマップを具体化した「施設中長期計画」（2021年4月改定）では、全施設が継続利用施設46施設と廃止施設44施設に選別[8]されており、廃止施設44施設のうち16施設は2028年度までに廃止措置を終了し、その他の施設は2029年度以降も廃止措置を継続するとしています。原子力機構の施設は、大規模で廃止措置に長期間を要する施設があること、数や種類が多いこと、扱う放射性核種が原子力発電所で発生するものとは異なること等の特徴があるため、各施設に応じた廃止措置が実施されます。特に規模の大きなものとして、「もんじゅ」、「ふげん」及び東海再処理施設の廃止措置が挙げられます。

　「もんじゅ」については、2016年12月に開催された原子力関係閣僚会議において、原子炉としての運転は再開せず、廃止措置に移行することとされました。現在、廃止措置計画に基づき原子力機構において廃止措置に取り組んでおり、第一段階として、安全確保を最優先に2022年末までに炉心から燃料池までの燃料体取出し作業を終了することとしています。今後も「もんじゅ」の廃止措置については、立地地域の声に向き合いつつ、安全、着実かつ計画的に進めていくこととしています。

　「ふげん」の廃止措置は4段階の期間に区分して進められており、2033年度までに完了する予定です。廃止措置計画に基づき、原子炉周辺機器等の解体撤去を進めるとともに、

---

[7] Integrated Review Service for Radioactive Waste and Spent Fuel Management, Decommissioning and Remediation
[8] 第8章 8-3(3)「原子力機構の研究開発施設の集約化・重点化」を参照。

2026 年夏頃の使用済燃料の搬出完了に向けて必要な取組を計画的に進めています。

　東海再処理施設の廃止措置には 70 年を要する見通しで、まずは、高レベル放射性廃液の
ガラス固化処理等が最優先で進められています。ガラス固化作業は、機器の不具合により
2019 年 7 月から中断されていましたが、装置交換を経て 2021 年 8 月に再開した後、同年 9
月までガラス固化体の製造を行い、メンテナンス作業に移行しています。

　原子力委員会は 2019 年 1 月に、原子力機構における廃止措置についての見解を取りまと
めました。その中で、原子力委員会は、全体像の俯瞰的な把握、規制機関との対話、合理的
な安全確保、廃止措置にかかる経験や知識の継承、人材育成、廃棄物の処理計画と廃止措置
との一体的な検討等の取組の必要性を指摘した上で、今後の原子力機構の廃止措置に係る
進捗状況や対応状況について適宜フォローアップしていくこととしています。

## (3)　廃止措置の費用措置

### ①　原子力発電所等の廃止措置費用

　通常の実用発電用原子炉施設の廃止措置は、長期間にわたること、多額の費用を要するこ
と、発電と費用発生の時期が異なること等の特徴を有することに加え、合理的に見積もるこ
とが可能と考えられます。そのため、解体時点で費用を計上するのではなく、費用収益対応
の原則に基づいて発電利用中の費用として計上することが、世代間負担の公平を図る上で
適切であるとの考え方に立ち、電気事業者が「電気事業法」（昭和 39 年法律第 170 号）に基
づいて廃止措置費用の積立てを行っています（表 6-4）。

表 6-4　原子力発電所と火力発電所の廃止措置費用の比較

| | 原子力発電所 | 火力発電所等 |
|---|---|---|
| 解体撤去への着手時期 | 安全貯蔵期間の後 | 運転終了後、直ちに着手可能 |
| 廃止措置の期間 | 20〜30 年程度 | 1〜2 年程度 |
| 廃止措置の費用 | 小型炉（50 万 kW 級）：360〜490 億円程度<br>中型炉（80 万 kW 級）：440〜620 億円程度<br>大型炉（110 万 kW 級）：570〜770 億円程度 | 〜30 億円程度<br>（50 万 kW 級以下） |
| 廃止に必要な費用の扱い | 原子力発電施設解体引当金省令に基づき、運転期間中、発電量に応じて引当を行い、料金回収。 | 固定資産除却費として廃止の際に当期費用計上し、料金回収。 |

（出典）総合資源エネルギー調査会電力・ガス事業部会電気料金審査専門小委員会廃炉に係る会計制度検証ワーキンググルー
プ「原子力発電所の廃炉に係る料金・会計制度の検証結果と対応策」（2013 年）

### ②　研究開発施設等の廃止措置費用

　原子力機構は、バックエンドロードマップにおいて、廃止措置を含むバックエンド対策に
要する費用の合計額を約 1 兆 9,100 億円と見積もっています（図 6-11）。廃止措置の実施
に当たり、原子力機構の本部組織に廃止措置や廃棄物処分等を担う「バックエンド統括本部」
が設置され、同本部のマネジメントの下で、拠点・施設ごとの具体的な廃止措置が実施され
ています。主務大臣から交付される運営費交付金について、理事長裁量により原子力機構内
における配分を決定し、廃止措置費用に充てています。

## 6－3 現世代の責任による放射性廃棄物処分の着実な実施

全ての人間の活動は廃棄物を生み出します。原子力発電所、核燃料サイクル施設、大学、研究施設、医療機関等における原子力のエネルギー利用や放射線利用、施設の廃止措置等においても、廃棄物が発生します。これらの廃棄物には放射性物質を含むものがあり、放射性廃棄物と呼ばれます。人間の生活環境に有意な影響を与えないように放射性廃棄物を処分することは、原子力利用に関する活動の一部として重要です。原子力利用による便益を享受し放射性廃棄物を発生させた現世代の責任として、将来世代に負担を先送りしないという認識の下で、放射性廃棄物の処分が着実に進められています。

### （1）　放射性廃棄物の処分の概要と安全確保

### ①　放射性廃棄物の処分の概要

放射性廃棄物の処分に当たっては、原子力利用による便益を享受し放射性廃棄物を発生させた現世代の責任として、その処分を確実に進め、将来世代に負担を先送りしないとの認識を持つことが必要です。IAEA の安全要件では、放射性廃棄物の発生は可能な限り抑制することとされており、廃棄物発生の低減、当初意図されたとおりの品目の再使用、材料のリサイクル、そして最終的に放射性廃棄物として処分する、という順序で検討されます。

我が国でも、最終的に処分する放射性廃棄物について、含まれる放射性核種の種類と量に応じて適切に区分した上で処分するという方針の下で、必要な安全規制等の枠組みの整備を進めています（図 6-13）。放射性廃棄物は、高レベル放射性廃棄物と低レベル放射性廃棄物に大別され、それぞれの性質に応じた取組が進められています。また、放射線による障害の防止のための措置を必要としない放射能濃度のものについては、再利用又は一般の産業廃棄物として取り扱うことができる「クリアランス制度」の運用も行われています。

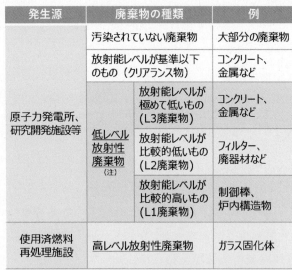
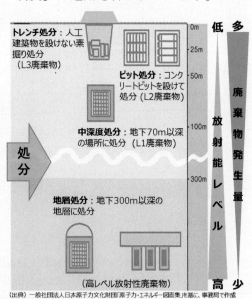
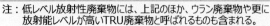

注：低レベル放射性廃棄物には、上記のほか、ウラン廃棄物や更に放射能レベルが高いTRU廃棄物と呼ばれるものも含まれる。

（出典）一般社団法人日本原子力文化財団「原子力・エネルギー図面集」を基に、事務局で作成

**図 6-13　放射性廃棄物の種類と処分方法**

（出典）第 43 回原子力委員会資料第 2 号　内閣府「低レベル放射性廃棄物等の処理・処分を巡る動向等について」（2021 年）に基づき作成

② 放射性廃棄物の処分の安全確保

　我が国では、放射性廃棄物の処分事業を行おうとする者は、埋設の種類（表 6-5）ごとに原子力規制委員会の許可を受ける必要があります。許可を受けるに当たり、廃棄する核燃料物質又は核燃料物質によって汚染されたものの性状及び量、廃棄物埋設施設の位置、構造及び設備並びに廃棄の方法を記載した申請書を原子力規制委員会に提出しなければならないとされています。

　原子力規制委員会は、許可を与えるに当たり、①その事業を適確に遂行するに足りる技術的能力及び経理的基礎があること、②廃棄物埋設施設の位置、構造及び設備が核燃料物質又は核燃料物質によって汚染されたものによる災害の防止上支障がないものとして原子力規制委員会規則で定める基準に適合するもの及び廃棄物埋設施設の保安のための業務に係る品質管理に必要な体制が原子力規制委員会規則で定める基準に適合するものであることを審査します。

表 6-5　放射性廃棄物の埋設の種類

| 埋設の区分 | 概要 | 具体的な処分方法 |
|---|---|---|
| 第一種 廃棄物埋設 | 人の健康に重大な影響を及ぼすおそれがあるものとして政令で定める基準を超える放射性廃棄物を、埋設の方法により最終処分すること | 地層処分 |
| 第二種 廃棄物埋設 | 第一種廃棄物埋設に該当しない放射性廃棄物を、埋設の方法により最終処分すること | 中深度処分、ピット処分、トレンチ処分 |

(出典)「原子炉等規制法」等に基づき作成

## （2）　高レベル放射性廃棄物の処理・処分に関する取組と現状

### ①　高レベル放射性廃棄物の発生・処理・保管

　原子炉を稼働させると使用済燃料が発生します。この使用済燃料を再処理することで生じる放射能レベルの非常に高い廃液は、ガラス原料と混ぜて溶融し、キャニスタと呼ばれるステンレス製の容器に注入した後、冷却し固体化します。出来上がったガラス固化体と呼ばれる高レベル放射性廃棄物（図 6-14）は、製造直後の表面温度が200℃を超えるため、発熱量が十分小さくなるまで地上の貯蔵施設で30年から50年間程度保管されます。

図 6-14　ガラス固化体の例

(出典)資源エネルギー庁「高レベル放射性廃棄物」に基づき作成

　2022年3月末時点で、国内に保管されているガラス固化体は合計2,492本です（表 6-6）。このうち、日本原燃の高レベル放射性廃棄物貯蔵管理センターで保管されているガラス固化体は、我が国の原子力発電により生じた使用済燃料がフランス及び英国の施設において再処理された際に発生し、我が国に返還されたものです。2016年10月末までに両国から合計1,830本が返還されており、今後、更に英国から約380本の返還が予定されています。

表 6-6　高レベル放射性廃棄物（ガラス固化体）の保管量（2022 年 3 月末時点）

| 施設名 | | 2021 年<br>3 月末時点の<br>保管量（本） | 2021 年度内の<br>発生量又は<br>受入量（本） | 2022 年<br>3 月末時点の<br>総保管量（本） | 備考 |
|---|---|---|---|---|---|
| 原子力機構<br>東海再処理施設 | | 316 | 13 | 329 | 廃止措置の過程で、施設に貯蔵されている廃液の固化を順次実施中 |
| 日本原燃<br>再処理<br>事業所 | 再処理施設 | 346 | 0 | 346 | アクティブ試験の過程で製造されたもの |
| | 高レベル放射性廃棄物貯蔵管理センター | 1,830 | 0 | 1,830 | （内訳）<br>フランスから返還：1,310 本<br>英国から返還：520 本 |
| 合計 | | 2,492 | 13 | 2,505 | ― |

（出典）原子力機構「再処理廃止措置技術開発センター（週報）」、日本原燃「再処理工場の運転情報（月報）」、日本原燃「高レベル放射性廃棄物貯蔵管理センターの運転情報（月報）」に基づき作成

## ②　高レベル放射性廃棄物の最終処分に向けた取組方針

　「特定放射性廃棄物の最終処分に関する法律」（平成 12 年法律第 117 号。以下「最終処分法」という。）により、高レベル放射性廃棄物及び一部の低レベル放射性廃棄物（地層処分対象 TRU 廃棄物[9]）は、地下 300m 以上深い安定した地層中に最終処分（地層処分、図 6-15）することとされています。同法に基づき、最終処分事業の実施主体である原環機構が設立されるとともに、処分地の選定プロセスが定められました。また、2015 年 5 月に「特定放射性廃棄物の最終処分に関する基本方針」の改定が閣議決定され、国、原環機構、事業者、研究機関が適切な役割分担と相互の連携の下、国民の理解と協力を得ながら、責務を果たしていく方針が改めて示されました。

　最終処分に必要な費用については、2000 年以降、廃棄物発生者である電気事業者等から処分実施主体である原環機構へ納付され、その拠出金は、公益財団法人原子力環境整備促進・資金管理センターにより資金管理・運用されています。

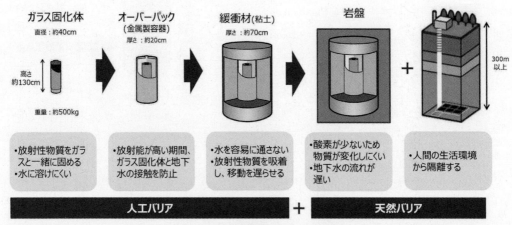

図 6-15　地層処分の仕組み

（出典）原環機構「高レベル放射性廃棄物の最終処分に関する対話型全国説明会説明資料」（2022 年）

---

[9] 超ウラン核種（原子番号 92 のウランよりも原子番号が大きい元素）を含む放射性廃棄物。

### ③　高レベル放射性廃棄物の最終処分事業を推進するための取組

　高レベル放射性廃棄物の処分地選定に当たっては、既存の文献により過去の火山活動の履歴等を調査する「文献調査」、ボーリング等により地上から地下の状況を調査する「概要調査」、地上からに加え地下施設を設置した上で地下環境を詳細に調査する「精密調査」といった段階的な調査を行うことが最終処分法により定められています（図 6-16）。

図 6-16　処分地選定のプロセス

(出典)第 21 回総合資源エネルギー調査会電力・ガス事業分科会原子力小委員会資料3 資源エネルギー庁「原子力政策の課題と対応について」(2021 年)

　経済産業省は 2017 年 7 月に、地層処分の仕組みや日本の地質環境等について理解を深めていただくため、客観的なデータに基づいて、火山や断層といった地層処分に関して考慮すべき科学的特性を 4 色の色で塗り分けた「科学的特性マップ」（図 6-17）を公表しました。

科学的特性マップの公表以降、経済産業省及び原環機構によって対話型全国説明会が実施されています。こうした活動の結果、地層処分に関心を持ち、自主的に勉強や情報発信に取り組むグループ（NPO や経済団体等）が、2021 年 12 月末時点で、全国で約 110 団体にまで増えてきています。このような中、北海道の寿都町、神恵内村において、文献調査を 2020 年 11 月から実施しており、原環機構は 2021 年 3 月に「NUMO 寿都交流センター」及び「NUMO 神恵内交流センター」を開設するとともに、同年 4 月から神恵内村と寿都町でそれぞれ「対話の場」を開催しています。引き続き、対話活動を通じて、地域理解に取り組むとともに、全国のできるだけ多くの地域で事業について関心を持っていただき、調査を実施できるよう、全国での対話活動を継続しています[10]。

図 6-17　科学的特性マップ

(出典)資源エネルギー庁「科学的特性マップ公表サイト」

---

[10] 第 5 章 5-4(1)「国による情報発信やコミュニケーション活動」を参照。

はじめに

特集

第1章

第2章

第3章

第4章

第5章

第6章

第7章

第8章

資料編

用語集

　また、原環機構は、2021年2月に「包括的技術報告：我が国における安全な地層処分の実現－適切なサイトの選定に向けたセーフティケースの構築－」の改訂版を公表しました。同報告は、サイト調査の進め方、安全な処分場の設計・建設・操業・閉鎖、さらに、閉鎖後の長期間にわたる安全性確保に関し、これまで蓄積されてきた科学的知見や技術を統合し、サイトを特定しない一般的なセーフティケース[11]として説明したものであり、事業の進展に応じて作成するサイト固有のセーフティケースの基盤として活用していくとされています。

　最終処分の実現に向けた各国の取組を加速するため、国際協力の強化も進められています。2019年6月に、世界の主要な原子力利用国の政府が参加する「最終処分国際ラウンドテーブル」が立ち上げられました。2020年8月には、ラウンドテーブルを共催した経済協力開発機構/原子力機関（OECD/NEA）が、政府の役割や各国の対話活動の知見・経験・ベストプラクティス、研究開発協力の方向性等を盛り込んだ報告書を公表しました。我が国は、ラウンドテーブルで挙げられた研究開発で国際協力を強化すべき分野の具体化に向けて、専門家間で議論するためのワークショップをOECD/NEAとともに開催する意向を示すとともに、ラウンドテーブル参加国との知見の共有や各国の進捗のフォローアップを継続しながら、国内の取組に随時反映させ、日本における最終処分の実現に向けた道筋がつけられるよう、一歩ずつ取り組んでいくこととしています。

#### ④　高レベル放射性廃棄物の処理・処分に関する研究開発

　高レベル放射性廃棄物の処理に関しては、原子力機構や日本原燃において研究開発が行われています。原子力機構では、高レベル放射性廃液のガラス固化施設の開発、運転を行い、ガラス溶融炉の改良等の技術開発を進め、運転技術、保守技術等を蓄積しています。また、日本原燃は、現行のガラス溶融炉でのトラブル対処で得た情報や知見を反映させた新型ガラス溶融炉の開発を進め、実機への導入判断に向けた検討を行っています。

　高レベル放射性廃棄物等の地層処分に関しては、原環機構において、処分事業の安全な実施、経済性及び効率性の向上等を目的とする技術開発が行われています。また、原子力機構等の関係機関により、基盤的な研究開発が行われています。原子力機構では、深地層に整備した研究施設において、地下坑道の掘削とそれに伴う深部地質環境変化の把握等の調査研究等を行っており、深地層を体験・理解するための貴重な場として見学会等も実施しています。北海道幌延町（堆積岩）の研究施設では、「令和2年度以降の幌延深地層研究計画」に基づき研究開発を進めています。岐阜県瑞浪市（結晶質岩）の研究施設は2019年度末で調査研究を終了し、2022年1月に坑道の埋め戻し及び地上施設の撤去が完了しました。また、茨城県東海村の核燃料サイクル工学研究所において、設計・評価に活用する評価モデルやデータベース等の技術基盤整備に関する研究開発を実施しています。

　高レベル放射性廃棄物等の地層処分に関する研究は、地質環境調査・評価技術、工学・設計技術、処分場閉鎖後の長期安全性を確認するための安全評価技術等の多岐にわたる分野の技

---

11　処分場の安全性が確かなものであることを科学技術的な論拠や証拠を多面的に駆使して説明した一連の文書。

術を統合し、重複を避け効率的かつ効果的に実施する必要があります。そのため、原環機構や原子力機構を始めとする関係機関で構成される「地層処分研究開発調整会議」において、「地層処分研究開発に関する全体計画（平成30年度〜令和4年度）」が策定されました。これらの機関が緊密に連携を図りつつ、地層処分に関する研究開発が計画的に進められています。

---

**コラム** ～海外事例：スウェーデンの最終処分地決定・建設承認に至る取組～

　スウェーデン政府は、2022年1月に、エストハンマル自治体のフォルスマルクにおける使用済燃料の最終処分施設の建設計画を承認しました。建設が開始されると、最終処分施設を建設中のフィンランドに続き、世界2例目となります。

　スウェーデンでは、1970年代から高レベル放射性廃棄物の処分に向けた調査研究が開始されており、1984年に制定された「原子力活動法」により、放射性廃棄物を安全に最終処分すること等が原子力発電事業者の責務として規定されました。この責務を果たすために、事業者は同年、共同出資により処分実施主体としてスウェーデン核燃料・廃棄物管理会社（SKB社）を設立しました。

　SKB社は、1993年から約2年間かけて、2つの自治体においてフィージビリティ調査（我が国の文献調査に相当）を実施しました。しかし、いずれの自治体も住民投票の結果が反対多数となったため、以降の調査は打ち切られました。その後、SKB社は、全国マッピング（我が国の科学的特性マップに近いもの）の作成を含め、地層処分場の立地方法に関する文献ベースの研究である総合立地調査を進めました。この成果を活用してSKB社が申し入れを行い、1995年以降に新たに6つの自治体がフィージビリティ調査を受け入れました。

　さらに、6自治体のうち2つの自治体は、2002年からサイト調査（我が国の概要調査に相当）を受け入れ、2009年に処分地としてフォルスマルクが選定されました。2011年にはSKB社がフォルスマルクにおける最終処分施設の建設許可申請を行い、様々な審査や地元議会の承認を経て、2022年1月に建設計画の承認に至りました。今後、まずは施設の詳細な建設・操業条件の検討が予定されており、最終処分施設が完成し高レベル放射性廃棄物の搬入が完了するまでには約70年かかると見込まれています。

　このように長い時間をかけたプロセスにおいて、SKB社は、研究所や調査現場を積極的に公開し、国民が情報を入手して意見を表明できる場を様々な形で設けてきました。地道な対話等の結果、エストハンマル自治体で2020年に行われた意識調査では、約82%の住民が地元での処分場建設を支持するという結果が得られています。

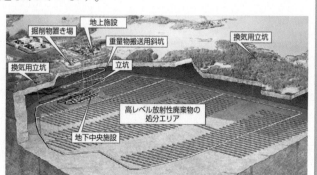

**フォルスマルクの最終処分場のイメージ図**

（出典）資源エネルギー庁「諸外国における高レベル放射性廃棄物の処分について」（2022年）

はじめに

特集

第1章

第2章

第3章

第4章

第5章

第6章

第7章

第8章

資料編

用語集

### (3) 低レベル放射性廃棄物の処理・処分に関する取組と現状

### ① 低レベル放射性廃棄物の発生・処理

低レベル放射性廃棄物は、発生源別に分類されています。具体的には、原子力発電所から発生するもの（発電所廃棄物）、再処理施設、MOX燃料加工施設から発生するもの（TRU廃棄物）、ウラン濃縮施設、ウラン燃料加工施設から発生するもの（ウラン廃棄物）、大学、研究所、医療機関等における原子力のエネルギー利用、放射線利用、関連する研究開発から発生するもの（研究施設等廃棄物）に分類されています。

原子力施設等の運転、廃止措置に伴い、様々な廃棄物が気体状、液体状、固体状で発生します。気体状の廃棄物（放射性気体廃棄物）は、放射性物質の濃度に応じて、減衰、洗浄等により処理し、高性能フィルターで放射性物質を取り除いた後、排気中の放射性物質濃度が規制基準値以下であることを確認した上で、大気中に放出します。液体状の廃棄物（放射性液体廃棄物）は、ろ過、脱塩、あるいは蒸発濃縮処理を行います。濃縮廃液はセメントやアスファルト等で固化処理し、放射性固体廃棄物としてドラム缶に詰めます。蒸発分や放射性物質の濃度が極めて低いものについては、再利用、あるいは放射性物質濃度が規制基準値以下であることを確認した上で施設外に放出します。固体状の廃棄物（放射性固体廃棄物）は、可燃性、難燃性、不燃性に仕分をしてドラム缶等の容器に入れます。廃棄物の性状によっては、焼却処理、圧縮処理、溶融処理、セメント充填固化処理等の減容・安定化処理を施した後で、ドラム缶等に詰めます。

一方で、廃止措置等によって発生する蒸気発生器や給水加熱器等の大型金属は、現状、国内では専用の施設や設備を有さず、処理が困難な状況となっています。そのため、第6次エネルギー基本計画では、関連する国際条約や再利用に係る海外の実例等を踏まえ、相手国の同意を前提に有用資源として安全に再利用される等の一定の基準を満たす場合に限り例外的に輸出することが可能となるよう、必要な輸出規制の見直しを進めることとしています。

### ② 低レベル放射性固体廃棄物の保管

ドラム缶等に詰められた放射性固体廃棄物は、各原子力施設等で保管されます。2021年3月末時点の、我が国における低レベル放射性固体廃棄物の保管状況は、表 6-7 のとおりです。

原子力発電所等については、原子力発電所で約707,300本（200リットルドラム缶換算値、以下同様）、加工施設（ウラン濃縮施設、ウラン燃料加工施設）で約62,500本、再処理施設で約50,400本、廃棄物管理施設では1,100本、それぞれ保管されています。

研究開発施設等については、原子炉等規制法施設で約357,700本、「放射性同位元素等の規制に関する法律」（昭和32年法律第167号。以下「放射性同位元素等規制法」という。）による規制を受ける施設では約271,200本、それぞれ保管されています[12]。

---

[12] 法令で届出を義務付けられていない医療法等廃棄物は含まれていません。

表 6-7 低レベル放射性固体廃棄物の保管量

（地層処分相当低レベル放射性廃棄物と想定されるものを含む）

（2021年3月末時点）

| 規制法 | 発生施設区分 | 廃棄物発生施設 | 事業者 | 事業所数 | 低レベル放射性固体廃棄物保管量*1 | |
|---|---|---|---|---|---|---|
| | | | | | 本数*4 | 備考 |
| 原子炉等規制法*2 | 原子力発電所等 | 実用発電用原子炉施設 | 北海道電力、東北電力、東京電力、中部電力、北陸電力、関西電力、中国電力、四国電力、九州電力、日本原子力発電 | 18 | 707,300 | ・東日本大震災前の東電福島第一原発の保管量、約188,200本を含む。<br>・このほか、蒸気発生器保管庫、給水加熱器保管庫、使用済燃料プール、サイトバンカ、タンク等に保管されている。 |
| | | 加工施設 | 日本原燃等民間企業 | 5 | 62,500 | ・このほか、使用済金属胴遠心機が保管されている。 |
| | | 再処理施設 | 日本原燃 | 1 | 50,400 | ・このほか、せん断被覆片等が約221本（1,000リットルドラム缶換算）保管されている。 |
| | | 廃棄物管理施設 | 日本原燃 | 1 | 1,100 | |
| | 研究開発施設等 | 研究開発段階発電用原子炉施設 | 原子力機構（ふげん、もんじゅ） | 2 | 27,100 | ・このほか、使用済燃料プール、タンク等に保管されている。 |
| | | 試験研究用等原子炉施設 | 原子力機構、研究機関、教育機関、民間機関 | 12 | 134,400 | ・試験研究用等原子炉施設、核燃料物質使用施設及び放射性同位元素使用施設の多重規制施設についてはその合計値。 |
| | | 加工施設 | 原子力機構 | 1 | 630 | |
| | | 再処理施設 | 原子力機構 | 1 | 76,800 | ・このほか、高レベル放射性固体廃棄物が約6,800本保管されている。 |
| | | 核燃料物質使用施設 | 原子力機構、大学等 | 6 | 87,500 | ・核燃料物質使用施設の単独規制施設だけの合計値。 |
| | | 廃棄物管理施設 | 原子力機構 | 1 | 31,300 | |
| 放射性同位元素等規制法*3 | | 使用事業所 | 許可事業所合計（2,120）、届出事業所合計（5,388） | 7,508 | | |
| | | | 教育機関 | 474 | 1,810 | |
| | | | 研究機関 | 408 | 6,977 | |
| | | | 医療機関 | 1,141 | 578 | |
| | | | 民間企業 | 4,471 | 3,299 | |
| | | | その他の機関 | 1,014 | 56 | |
| | | 廃棄業者 | 原子力機構、日本アイソトープ協会*5等 | 7 | 258,472 | ・原子力機構は、原子炉施設、核燃料物質使用施設及び放射性同位元素使用施設にも該当しており、本表の値は両施設を含む合算値である。 |

*1 固体廃棄物貯蔵庫の保管量を示す。このほかの保管は施設毎に注記した。
*2 実用発電用原子炉等が原子力規制委員会に提出した「令和2年度下期放射線管理等報告書」（2021年）により整理。
*3 原子力規制委員会「規制の現状」参照。
*4 200リットルドラム缶本数あるいは200リットルドラム缶換算本数の合計概算値。
*5 日本アイソトープ協会は放射性同位元素等規制法の許可廃棄業者及び医療法等の指定を受けて放射性同位元素等規制法単独規制施設及び医療法等（医療法、臨床検査技師等に関する法律、医薬品、医療機器等の品質、有効性及び安全性の確保等に関する法律）規制施設から放射性廃棄物を集荷し処理・保管を行っている。

（出典）実用発電用原子炉設置者等が原子力規制委員会に提出した「令和2年度下期放射線管理等報告書」（2021年）、原子力規制委員会「規制の現状」に基づき作成

はじめに
特集
第1章
第2章
第3章
第4章
第5章
第6章
第7章
第8章
資料編
用語集

はじめに

特集

第1章

第2章

第3章

第4章

第5章

第6章

第7章

第8章

資料編

用語集

### ③　　低レベル放射性固体廃棄物の処分

　低レベル放射性廃棄物の発生源、性状等は幅広く、含まれる放射性核種の種類と量に応じて、主にトレンチ処分、ピット処分、中深度処分に適切に区分して処分されます（図 6-13）。地層処分の実施主体は原環機構、地層処分以外については、発電所廃棄物等の処分実施主体は原子力事業者等[13]、研究施設等廃棄物の処分実施主体は原子力機構となっています。

　トレンチ処分とは、放射能レベルが極めて低い廃棄物を、浅地中に定置して覆土する処分方法です。原子力機構は、動力試験炉（JPDR[14]）の解体で発生した極低レベルのコンクリート廃棄物を対象に、敷地内でトレンチ処分の埋設実地試験を行っています。1997 年までの埋設段階終了後、埋設地の巡視点検等を行う保全段階の管理を 2025 年まで継続する予定です（図 6-18）。また、日本原子力発電株式会社は、東海発電所の解体に伴い発生する極低レベル放射性廃棄物を発電所敷地内でトレンチ処分する計画で、原子力規制委員会による審査が進められています。

**図 6-18　原子力機構の埋設実地試験における埋設段階（左）及び保全段階（右）の様子**
(出典)原子力機構「埋設実地試験」

　ピット処分とは、放射能レベルの比較的低い廃棄物を、浅地中にコンクリートピット等の人工構築物を設置して埋設する処分方法です。原子力発電所の運転に伴い発生するものは、各原子力発電所で固化処理された後、青森県六ヶ所村の日本原燃低レベル放射性廃棄物埋設センターに運ばれます。同センターの 1 号埋設施設では、濃縮廃液、使用済樹脂、焼却灰等をドラム缶に収納し、セメント等で固めた廃棄体（均質固化体）を、2 号埋設施設では、雑固体廃棄物（金属、プラスチック類、保温材、フィルター類等）をドラム缶に収納し、モルタルで固めた廃棄体（充填固化体）を対象として受け入れており、2022 年 3 月末時点で、ドラム缶換算で合計約 34 万本の廃棄体を埋設しています（表 6-8）。また、3 号埋設施設の増設（対象は充填固化体）、1 号埋設施設の対象への充填固化体の追加等を行う変更申請について、2021 年 7 月に原子力規制委員会から許可されました。

---

[13] 一部の発電所廃棄物の処分については、日本原燃がピット処分を実施中。
[14] Japan Power Demonstration Reactor

表 6-8　日本原燃における低レベル放射性廃棄物のピット処分量（2022 年 3 月末時点）

| | 2021 年 3 月末時点の<br>延べ埋設量（本） | 2021 年度の<br>受入量（本） | 2021 年度の<br>埋設量（本） | 2022 年 3 月末時点の<br>延べ埋設量（本） |
|---|---|---|---|---|
| 1 号埋設施設 | 149,435 | 512 | 0 | 149,435 |
| 2 号埋設施設 | 174,232 | 11,137 | 11,880 | 186,112 |
| 合計 | 323,667 | 11,649 | 11,880 | 335,547 |

（出典）日本原燃「低レベル放射性廃棄物埋設センターの運転情報（日報）」に基づき作成

　中深度処分とは、放射能レベルの比較的高い廃棄物を、地表から深さ 70m 以上の地下に設置された人工構造物の中に埋設する処分方法です。我が国ではまだ実施されておらず、具体的な管理の内容については、今後検討することとされています。

　研究開発施設等の廃棄物については、国が 2008 年に策定した「埋設処分業務の実施に関する基本方針」に基づき、原子力機構は、「埋設処分業務の実施に関する計画」（2009 年 11 月策定、2019 年 11 月最終変更）において、埋設処分業務の対象とする放射性廃棄物の種類及びその量の見込み等を示しています。また、原子力機構は、2018 年 12 月に取りまとめたバックエンドロードマップ（図 6-11）において、研究施設等廃棄物の埋設事業は放射能レベルの低いトレンチ処分及びピット処分から優先的に進め、第 2 期（2029 年度から 2049 年度まで）での本格化を目指すとしています。この方針に基づき、処分場所の立地対応を進めるとともに、様々な種類の放射性核種が含まれる研究炉廃棄物中の放射能評価手法の確立に向けた検討等が進められています。

　また、原子力委員会は 2021 年 12 月に見解を取りまとめ、低レベル放射性廃棄物の処理・処分に当たっての基本的な考え方や、低レベル放射性廃棄物等の処理・処分に当たって留意すべき事項等を示しました（図 6-19）。

低レベル放射性廃棄物等の処理・処分に当たっての基本的な考え方
✧　現世代の責任との認識の共有
✧　国際的な考え方（管理及び処分の責任主体は発生者、廃棄物発生の最小限化等）の再認識
✧　前提とすべき 4 つの原則（発生者責任、廃棄物最小化、合理的な処理・処分、発生者と国民や地元との相互理解に基づく実施）の共有

低レベル放射性廃棄物等の処理・処分に当たって留意すべき事項（横断的事項）
✧　処分事業者による安全性評価の公開
✧　放射性物質による汚染状況に応じた廃棄物の適切な処理・処分の実施
✧　発生者等による処分場の確保のための取組の着実な推進
✧　処理・処分に関する知識継承、技術開発及び人材育成
✧　国による低レベル放射性廃棄物の国内保有量と将来発生量の把握及び関係者間の情報共有

研究施設から発生する放射性廃棄物に関する課題
✧　予算の確保、保管施設の確保、合理的な処分等

図 6-19　「低レベル放射性廃棄物等の処理・処分に関する考え方について（見解）」の概要

（出典）原子力委員会「低レベル放射性廃棄物等の処理・処分に関する考え方について（見解）」(2021 年)に基づき作成

④　低レベル放射性廃棄物処分の規制

　浅地中処分（ピット処分及びトレンチ処分）については、2019年12月に、第二種廃棄物埋設の事業規則[15]や第二種廃棄物埋設の許可基準規則[16]等が改正され、ピット処分施設や廃棄体に対する要求性能の明確化、規制期間終了後の被ばく評価シナリオの整理と線量基準の変更等が行われるとともに、原子炉施設以外の施設から発生する放射性廃棄物（ただしウラン廃棄物を除く）についてもピット処分及びトレンチ処分の対象に拡張されました。さらに、2021年10月に行われた第二種廃棄物埋設の事業規則の改正により、ウラン廃棄物についてもピット処分及びトレンチ処分の対象に追加されました。

　中深度処分については、2017年4月の原子炉等規制法の改正により、中深度処分における坑道の閉鎖措置計画の認可や規制期間終了後の廃棄物埋設地の掘削制限の制度が定められました。これを踏まえ、2021年10月に第二種廃棄物埋設の事業規則が改正され、中深度処分について、坑道の閉鎖措置計画に関する申請、認可基準及び閉鎖措置の確認に関する申請に必要な事項等が追加されるとともに、ウラン廃棄物が中深度処分の対象に追加されました。また、併せて第二種廃棄物埋設の許可基準規則等も改正され、中深度処分の廃棄物埋設地について、断層運動、火山現象その他の自然現象による人工バリアの著しい損傷の防止、侵食を考慮した深度の確保等の事項が追加されました。

　研究開発施設等の廃棄物については、発生源は多岐にわたることから、発生する放射性廃棄物の処分事業を規制する法律も原子炉等規制法、放射性同位元素等規制法、医療法等[17]にまたがり、複数の許可が必要となります。2017年4月の放射性同位元素等規制法の改正により、廃棄に係る特例として、許可届出使用者及び許可廃棄業者は、放射性同位元素等の廃棄を原子炉等規制法に基づく廃棄事業者に委託できることとされ、原子炉等規制法と放射性同位元素等規制法の間で処理・処分の合理化が図られました。また、原子力機構が保管している放射性廃棄物の中には、放射性物質で汚染された鉛等が混入しているものがあり、放射性廃棄物に含まれる重金属等の有害物質は、現時点ではどのような法令に基づき規制を行うか明確になっていないことから、安全規制の在り方について検討が行われています。

---

[15] 「核燃料物質又は核燃料物質によって汚染された物の第二種廃棄物埋設の事業に関する規則」。

[16] 「第二種廃棄物埋設施設の位置、構造及び設備の基準に関する規則」。

[17] 「医療法」（昭和23年法律第205号）、「臨床検査技師等に関する法律」（昭和33年法律第76号）、「医薬品、医療機器等の品質、有効性及び安全性の確保等に関する法律」（昭和35年法律第145号）及び「獣医療法」（平成4年法律第46号）。

## コラム ～海外事例：諸外国における低レベル放射性廃棄物の分類と処分方法～

*2022年3月末時点*

| IAEA分類／国名 | 中レベル放射性廃棄物[注1] | 低レベル放射性廃棄物 | 極低レベル放射性廃棄物 | 極短寿命廃棄物 | 規制免除・クリアランス |
|---|---|---|---|---|---|
| 英国 | 低レベル放射性廃棄物：浅地中処分 | | サイト内埋立処分[注2]　一般埋立処分[注3] | 有 | 有 |
| フランス | 長寿命低レベル放射性廃棄物：浅地中処分（検討中）<br><br>短寿命低中レベル放射性廃棄物：浅地中処分 | | 特定埋立処分[注4] | 有 | 制度なし。限定的免除有り。基本は極低レベル放射性廃棄物として処分。 |
| ドイツ | 非発熱性放射性廃棄物：地層処分（建設中） | | 条件付きクリアランスによる一般埋立処分[注5] | 有 | 有 |
| フィンランド | 中レベル廃棄物、低レベル廃棄物：岩盤空洞内処分 | | サイト内埋立処分[注2]（環境影響評価手続中） | 有 | 有 |
| スウェーデン | 短寿命低中レベル廃棄物：岩盤空洞内処分 | | 短寿命極低レベル廃棄物：サイト内埋立処分[注2] | 有 | 有 |
| スイス | 低中レベル廃棄物：地層処分（サイト選定中） | | 認可機関の承認による一般埋立処分[注5] | 有 | 有 |
| カナダ[注6] | 原子力発電の中低レベル放射性廃棄物：オンタリオ・パワー・ジェネレーション社による地層処分（計画中止）<br><br>原子力研究開発（遺産、事業継続中、医療・大学等を含む）の中レベル放射性廃棄物：未定<br><br>同上の低レベル放射性廃棄物：浅地中処分（申請段階）<br><br>歴史的低レベル放射性廃棄物：地上長期廃棄物管理（建設中） | | | 有 | 有 |
| 米国 | クラスC超：処分方法検討中<br><br>クラスC：浅地中処分<br><br>クラスB：浅地中処分<br><br>クラスA：浅地中処分<br><br>クラスAの低いレベル：一般埋立処分[注3]等（枠組み見直し中） | | | 有 | 制度なし。個別審査を実施。 |

（注1）地層処分対象を除く
（注2）原子力施設サイトの許可された埋立処分場
（注3）認可された一般の埋立処分場
（注4）原子力施設から発生した廃棄物に限定する環境保護指定施設
（注5）一般の埋立処分場
（注6）このほか、ウラン採鉱・製錬廃棄物がある
免除・クリアランスされた廃棄物は規制上の放射性廃棄物としての管理は受けない。
網掛けは、操業中あるいは実施中であることを示す。網掛けなしは、建設中、サイト選定中、検討中、見直し中のいずれかである。

（出典）内閣府作成

はじめに

特集

第1章

第2章

第3章

第4章

第5章

第6章

第7章

第8章

資料編

用語集

**（4）　クリアランス**

**①　クリアランス制度**

　原子力施設等の廃止措置に伴って発生する廃材等の大部分は、放射性物質によって汚染されていない廃棄物や、放射能濃度が極めて低く、人の健康への影響が無視できることから「放射性物質として扱う必要がないもの」です（図 6-13）。このうち、後者については「クリアランス制度」が適用されます。クリアランス制度とは、放射能濃度が基準値以下であることを原子力規制委員会が確認したものを、原子炉等規制法による規制から外し、再利用又は一般の産業廃棄物として処分することができる制度です。2020 年 8 月にクリアランスに係る規則が改正され、施設ごとに分かれていた規則が廃止され、全ての原子力施設から発生する資材及び廃棄物（ウラン廃棄物については金属くずのみ）がクリアランスの対象となりました。さらに、2021 年 10 月に行われたクリアランスに係る規則の改正により、金属くず以外のウラン廃棄物についてもクリアランスの対象に追加されました。

**②　クリアランスの実績**

　我が国では、これまで、原子炉等規制法に基づく原子力発電所、加工施設、一部の核燃料物質使用施設等の原子力施設の運転及び廃止措置・解体により発生した金属くず、コンクリート破片等にクリアランス制度が適用されています。2022 年 3 月時点で、原子力施設から発生した金属 2,160.4t とコンクリート 3,866t がクリアランスされており、その一部は再利用されています（図 6-20、表 6-9）。これまでのところ、我が国では、クリアランス制度が社会に定着するまでの間は、電気事業施設や発電所内の施設で再利用するなど、電気事業者等が自主的に再利用先を限定することで、市場に流通することがないよう運用されています。今後、廃止措置の本格化に伴いクリアランス物の発生量の増加が見込まれる中、廃止措置の円滑な推進や資源の有効利用のため、再利用先の拡大とともに、クリアランス制度が社会に定着することが必要です。原子力規制庁は、2020 年 3 月から「クリアランスの測定及び評価の不確かさに関する事業者との意見交換会」を開催しており、不確かさの取扱いについて理解を深め規制上の検討に役立てるための具体的な議論を行っています。

　なお、放射性同位元素の使用施設等から発生する放射性廃棄物についてもクリアランス制度が導入されていますが、実績はありません。

**図 6-20　クリアランスされた金属等の再利用実績例**

(出典)第 22 回総合資源エネルギー調査会電力・ガス事業分科会原子力小委員会　資源エネルギー庁「着実な廃止措置に向けた取組」(2021 年)

表 6-9　クリアランスされた金属等の再利用実績例

| 原子力施設 | 再利用された廃棄物 | 再利用先等 |
|---|---|---|
| 日本原子力発電（株） | 東海発電所の廃止措置工事から発生した金属 | 遮へい体、ブロック、車両進入防止ブロック、ベンチ、テーブル、埋込金物、クレーン荷重試験用ウェイト等の加工品を製作し、関連場所で使用又は展示 |
| | | 中深度処分用容器（内容器）を試験製作[18] |
| 原子力機構原子力科学研究所 | 研究炉 JRR-3 の改造工事により発生し保管廃棄されていたコンクリート | 同研究所内の路盤材等に再利用 |
| 原子力機構人形峠環境技術センター | 解体、除染した使用済遠心分離機から発生したアルミ材 | 構内等の花壇の構造物及び土留め、同センター正門前広場に設置したテーブルとベンチに再利用 |

(出典)原子力規制委員会「クリアランス制度の実績」、電気事業連合会「クリアランス制度に関する国内外の状況」に基づき作成

## (5)　廃止措置・放射性廃棄物連携プラットフォーム（仮称）

　「廃止措置・放射性廃棄物連携プラットフォーム（仮称）[19]」では、国内の様々な関係機関の連携により、当該分野における情報体系の整備（図 6-21）や、海外情報を含む各関係機関の取組の紹介による情報共有等を実施しています。また、2022 年 3 月からは、2021 年 12 月に原子力委員会が取りまとめた見解（図 6-19）を踏まえ、低レベル放射性廃棄物の国内保有量と将来発生量の把握及び関係者間の情報共有や、安全性評価のひな形の整備についても同プラットフォームで実施することとしています。

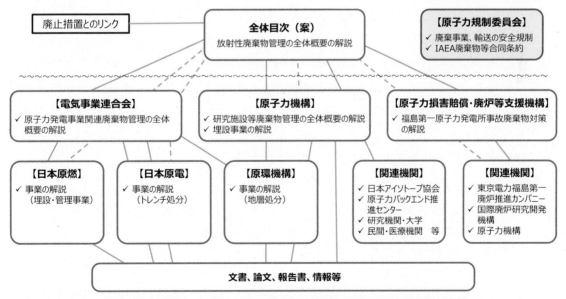

図 6-21　放射性廃棄物に関する根拠情報の整備に係る関連機関の連携イメージ
(出典)内閣府作成

---

[18] 経済産業省委託事業「原子力発電所等金属廃棄物利用技術開発」（2015 年度から 2017 年度まで）にて実施。
[19] プラットフォームについては、第 8 章 8-1(3)「原子力関係組織の連携による知識基盤の構築」を参照。

## 第7章 放射線・放射性同位元素の利用の展開

### 7-1 放射線利用に関する基本的考え方と全体概要

放射線・放射性同位元素（RI[1]）の利用（以下「放射線利用」という。）は、原子力エネルギー利用と共通の科学的基盤を持ち、工業、医療、農業を始めとした幅広い分野において社会を支える重要な技術となっています。

放射線には、アルファ線（α線）、ベータ線（β線）、エックス線（X線）、中性子線、重粒子線等の様々な種類があり、それぞれ異なる性質を持ちます。また、放射線を発生する機器やものにも、RI、加速器、原子炉等の様々なタイプがあります。医療機関、研究機関、教育機関、民間企業等では、利用目的や手段に応じてこれらを適切に使い分けています。

放射線発生装置等の研究開発の進展により放射線・RI の活用範囲は広がりをみせており、分野間連携を促進し、国や大学、研究機関、民間企業が連携してオールジャパン体制で取り組んでいくことが今後更に求められています。

### （1）　放射線利用に関する基本的考え方

放射線は生体組織に対して過度に照射すると障害をもたらしますが、図 7-1 に示すような特性を有しています。これらの性質を産業や医療、学術研究等に幅広く活用することにより、国民生活の水準向上等に大きく貢献しています。

原子力利用に関する基本的考え方では、放射線・RI の活用の発展により、これまで想定されていなかった領域を含め、イノベーションが創出されることへの期待が示されています。また、2021 年 6 月に閣議決定された「成長戦略フォローアップ」では、最先端技術の研究開発を加速するため、試験研究炉等を使用した RI の製造に取り組むことが示されました。このような状況を踏まえ、2021 年 11 月から、原子力委員会の下で「医療用等ラジオアイソトープ製造・利用専門部会」が開催されました。同部会では、アクションプランの策定に向けて、医療用を始めとする RI の製造・利用推進に係る検討を進めました[2]。

> ✧ 物質を透過するため、物質や生体の内部を細部まで調べることができる。
> ✧ 局所的にエネルギーを集中させ、材料の加工や特殊な機能の付与ができる。
> ✧ 細菌やがん細胞等に損傷を与えて、不活性化することができる。
> ✧ 化学物質等に照射して別の物質に変えることができる。

図 7-1　放射線の特性

（出典）内閣府作成

---

[1] Radio Isotope
[2] 2022 年 5 月 31 日、「医療用等ラジオアイソトープ製造・利用推進アクションプラン」を原子力委員会決定。

## （2）　放射線の種類

　放射線には、電離放射線と非電離放射線の二種類があります。電離放射線は、原子や分子から電子を引き離しイオン化（電離）する能力を持ちます。電離放射線には、α線、β線及び陽子線のように電荷を持った粒子線や、中性子線のような電荷を持たない粒子線、X線やガンマ線（γ線）のような電磁波等、様々な種類があります。一方、非電離放射線は、電離放射線のような相互作用をしない可視光線やマイクロ波等です。一般的に、放射線というと電離放射線を指します（図 7-2）。

　多くの放射線は、物質に当たるときや物質中を透過するとき、物質の分子や原子と相互作用します。その相互作用は放射線の種類によって異なり、例えば、X線は物質を通り抜ける能力が高い、α線は物質内部で止まる際に局所的・集中的にエネルギーを与える、といった特徴があります。このような特徴を生かし、様々な放射線利用が行われています。

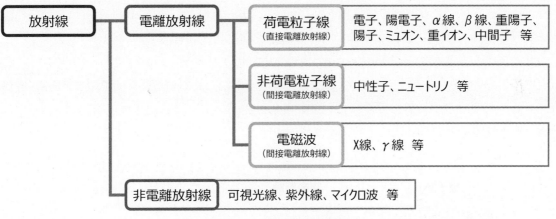

**図 7-2　放射線の種類**

(出典) 地人書館　中村尚司著「放射線物理と加速器安全の工学」(1995 年)、環境省「放射線による健康影響等に関する統一的な基礎資料 令和 2 年度版」(2021 年) 等に基づき作成

## （3）　放射線源とその供給

　放射線を発生する機器やものには、RI、加速器、原子炉等、様々なタイプがあり、それぞれから得られる放射線の種類にも特徴があります。これらを目的や手段に応じて使い分けて、効果的に放射線利用が行われています。

はじめに
特集
第1章
第2章
第3章
第4章
第5章
第6章
第7章
第8章
資料編
用語集

### ① 放射性同位元素（RI）

　RI は、それ自体が放射線源となります。RI は原子核が不安定であるため、より安定な状態に移行しようとして別の原子に変わる放射性崩壊を起こすことがあり、その際に放出される放射線（α線、β線、γ線、中性子線）が利用されています。天然に存在する RI の利用は効率が低いため、原子炉や加速器を用いて RI を人工的に製造しています。

　原子炉での RI 製造は、原子核の核分裂反応あるいは中性子を吸収する反応により行われます。我が国で RI 製造・供給を行うことのできる原子炉（研究炉）は、過去に JRR-3[3]、材料試験炉（JMTR[4]）、京都大学研究用原子炉（KUR[5]）の 3 基ありました。このうち、JMTR は新規制基準対応のための耐震工事費用等を勘案し廃止が決定されましたが、KUR は 2017 年に、JRR-3 は 2021 年 2 月にそれぞれ運転再開しました[6]。

　加速器での RI 製造は、加速された荷電粒子（陽子、α線等）をいろいろな試料に照射することにより行われます。国立研究開発法人理化学研究所（以下「理化学研究所」という。）の RI ビームファクトリーでは、様々な加速器を用いた RI 製造が行われており、公益社団法人日本アイソトープ協会を通じて国内の大学や研究機関に頒布されています。

　我が国では、主要な RI 医薬品のテクネチウム 99m（Tc-99m）の原料であるモリブデン 99（Mo-99）の全量を海外から輸入しており、製造に用いられる研究炉の老朽化や故障、供給元からの輸送トラブル等の課題を抱えており、供給が不安定な状況です（図 7-3）。そのため、研究機関や民間企業において、原子炉や加速器による Mo-99 の国内製造に向けた取組が進められています。

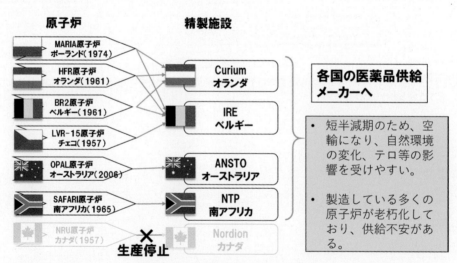

（※）カナダNRU炉は、2016年10月末で⁹⁹Moの生産を停止

**図 7-3　Mo-99 のサプライチェーン**

（出典）第 18 回原子力委員会資料第 1 号　公益社団法人日本アイソトープ協会　北岡 麻美「医療用 RI の需要と供給をめぐる状況について」（2021 年）

---

[3] Japan Research Reactor No.3

[4] Japan Materials Testing Reactor

[5] Kyoto University Research Reactor

[6] 2022 年 4 月 5 日、京都大学は、2026 年 5 月までに KUR の運転を終了すると発表。

供給される RI の形態には、容器に密封された RI（密封 RI）と、密封されていない RI（非密封 RI）の二つがあります。密封 RI は民間企業への供給量が特に多く、非破壊検査や計測等の装置、医療機器や衛生材料の滅菌等に使用されています。また、非密封 RI は教育機関を中心に供給されており、分子生物学等の研究分野において、地表の物質の移動現象や動植物等の生体内における元素の移動現象を追跡できる、感度の高いトレーサーとして利用されています。

　RI を使用する事業所は 2021 年 3 月末時点で 7,508 か所あり、機関別に見ると、民間企業が 4,471 か所、医療機関が 1,141 か所、研究機関が 408 か所、教育機関が 474 か所、その他の機関が 1,014 か所です（図 7-4）。民間企業では、化学工業、パルプ・紙製造業、鉄鋼業、電気機器製造業を始めとして、幅広い業種において使用されています（図 7-5）。

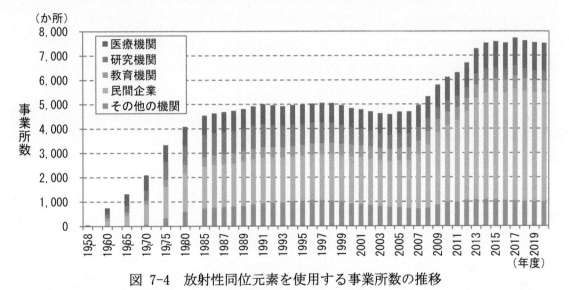

図 7-4　放射性同位元素を使用する事業所数の推移

(出典)原子力規制委員会「規制の現状　表2機関別使用事業所数の推移」に基づき作成

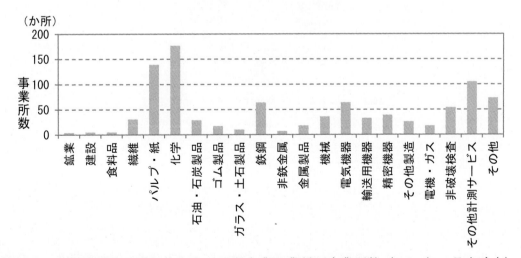

図 7-5　放射性同位元素を使用する民間企業の業種別事業所数（2019 年 3 月末時点）

(出典)公益社団法人日本アイソトープ協会「放射線利用統計 2019(第 3 版)」に基づき作成

② 原子炉

　原子炉では、RI 製造以外にも、核分裂の際に放出される中性子が利用されています。核分裂により放出されるエネルギーを熱として取り出し動力源に用いるのが原子力発電であり、核分裂により放出される中性子を利用するのが研究炉です。研究炉では、中性子をビームとして炉心から取り出し、学術研究等に利用しています。

③ 加速器

　加速器は、RI 製造以外にも、陽子、電子、炭素原子核等の粒子を光の速度近くまで加速して、エネルギーの高い電子線、陽子線、重粒子線の状態で取り出すことができます。粒子を加速する形状により、直線的に加速する線形加速器と、円軌道を描かせながら次第に加速する円形加速器の 2 種類に大別されます。例えば、円形加速器では、電子の加速により、様々な波長の電磁波が含まれる放射光を発生させることができます。放射光から、目的に応じて特定の波長の電磁波を取り出し、タンパク質の構造解析等に利用されています。

　放射性同位元素等規制法の許可を受けて使用されている加速器（放射線発生装置）は、2019 年 3 月末時点で 1,747 台です（図 7-6）。このうち 1,310 台は医療機関に設置され、がん治療等に利用されています。また、教育機関、研究機関、民間企業等でも利用されています。そのほか、放射性同位元素等規制法の規制対象とならない低エネルギー電子加速器、イオン注入装置等も民間企業等に多数導入され、幅広く利用されています。

　なお、中性子源として用いる加速器には持ち運び不可能な大規模な装置が必要ですが、X 線や電子線を発生する加速器は小型化・軽量化が進められ、利用対象が広がっています。

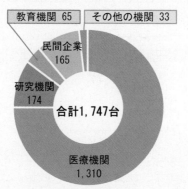

図 7-6　放射線発生装置の使用許可台数（2019 年 3 月末時点）
(出典)公益社団法人日本アイソトープ協会「放射線利用統計 2019(第 3 版)」に基づき作成

④ その他（X 線発生装置、レーザー発振器）

　X 線発生装置では、陰極と陽極の間に高電圧をかけ、陰極から出た熱電子が高速で陽極とぶつかったときに X 線が発生します。X 線は、レントゲンや非破壊検査等に利用されています。

　レーザー発振器は、気体や固体の原子の電子エネルギーを変化させて取り出した光を増幅し、ほぼ単一の波長の電磁波であるレーザー光として発振します。指向性が優れている、エネルギー密度が高いなどの理由から、レーザー溶接や歯の治療等に利用されています。

## コラム ～JRR-3を用いた医療用RI製造の現状と今後の可能性～

　JRR-3は世界トップレベルの高性能研究炉として中性子ビーム実験や中性子照射（RI製造）に利用されており、隣接するRI製造棟では大量のRI製造が可能です。RI製造棟に設置されている詰替用ホットセル[7]はJRR-3と輸送管で直結しており、JRR-3で照射した試料を遠隔操作によってセル内に転送することができます。

　JRR-3では、密封小線源治療[8]用のRIとして、金198（Au-198）とイリジウム192（Ir-192）を製造しています。東電福島第一原発事故後にJRR-3が停止していた期間は、代替炉として海外の研究炉で照射した線源を輸入していました。しかし、輸送コストや照射料金の違いにより製造費が照射する炉によって大きく変動することや、事前に年間利用申込みを行う必要があり需要と供給のバランスを取りにくいこと等の影響がありました。JRR-3が2021年2月に運転再開し、同年7月に供用運転を再開した後は、直ちに国内製造を再開しており、Au-198は70%、Ir-192は100%の国内製造率を目指しています。

　また、JRR-3は、現在では我が国でMo-99を製造可能な唯一の研究炉であることから、JRR-3を使用した照射実験を実施し、照射手法の確立等の検討が進められています。今後、Mo-99の国内安定供給を実現するためには、現在のJRR-3の製造能力では国内需要の20%から30%にとどまること、高品質かつ大量のMo-99を扱うための設備が不足していること、RI製造に携わったことのある研究者や技術者が減少していること等の中長期的課題の解決に向けた取組を進めていくことも重要です。

　なお、2021年11月に原子力機構はJRR-3バーチャルツアー[9]を公開しました。JRR-3の建屋内を、360度パノラマVRにより見学することができます。

建家外観　　炉室　　ビームホール

JRR-3

(出典)第22回原子力委員会資料第1号　日本原子力研究開発機構「JRR-3を用いたRI製造」(2021年)

---

[7] 強い放射性物質を取り扱えるように十分な遮蔽を施した実験室等の一区画。

[8] RIが封入された小さなカプセルを、腫瘍治療する臓器に直接挿入し、内部から放射線を照射する治療法。

[9] https://sv2.panocreator.net/viewerController?u=u8128980541&p=p6001226554

## 7-2 様々な分野における放射線利用

> RI、加速器、原子炉から取り出される放射線は、その特性を生かして先端的な科学技術、工業、農業、医療、環境保全、核セキュリティ等の様々な分野で利用されており、技術インフラとして国民の福祉や生活水準向上等に大きく貢献しています。加えて、物質の構造解析や機能理解、新元素の探索、重粒子線や α 線放出 RI 等による腫瘍治療を始めとして、今後ますます発展していくことが見込まれる利用もあります。国や大学、研究機関、民間企業が連携して、先端的な利用技術の研究開発や、そのための装置の開発が進められています。

### (1)　放射線の利用分野の概要

　放射線は、私たちの身近なところから広く社会の様々な分野で有効に利用されています（図 7-8）。我が国における 2015 年度の放射線利用（工業分野、医療・医学分野、農業分野）の経済規模は約 4 兆 3,700 億円と評価されており、医療・医学分野を中心に増加傾向にあります（図 7-7）。この経済規模は、放射線を利用したサービスの価格や放射線照射の割合を考慮した製品の市場価格等から推計したもので、放射線が国民の生活にどの程度貢献しているかを示す指標の一つと捉えることができます。

　国際原子力機関（IAEA）が 2021 年 9 月に公表した原子力関連技術の動向に関する報告書「Nuclear Technology Review 2021」においても、放射線利用の技術動向が紹介されています。医療分野では、新型コロナウイルス感染症を始めとする感染症の検出や診断における放射性医薬品の役割や、治療時の線量評価等が挙げられています。また、農業分野では食品中の残留農薬測定が、環境保全分野では気候変動の影響に対処するための RI を用いた有機炭素測定等が取り上げられています。

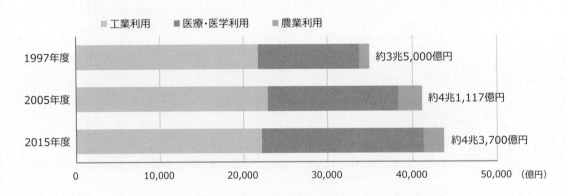

図 7-7　我が国における放射線利用の経済規模の推移

（出典）第 29 回原子力委員会資料第 1-1 号　内閣府「放射線利用の経済規模調査」(2017 年)等に基づき作成

## 【科学技術】

- ○X線・中性子・量子ビームによる構造解析や材料開発等
- ○RIイメージングによる追跡解析

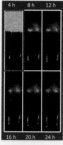

RIイメージング
による追跡実験

大強度陽子加速器施設
J-PARC
（出典）日本原子力研究開発機構

## 【医療】

### ＜放射線による診断＞
- ○レントゲン
- ○X線CT
- ○PET
- ○シンチグラフィ
　（SPECT）

### ＜放射線による治療＞
- ○X線治療
- ○ガンマナイフ
- ○粒子線治療
- ○ホウ素中性子捕捉療法（BNCT）
- ○核医学治療（RI内用療法）

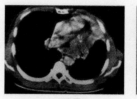

CT画像

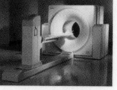

PET-CT装置

## 【工業】

- ○材料の改良・機能性材料の創製
　（自動車タイヤ、半導体素子加工プロセス等）
- ○精密計測
- ○非破壊検査
- ○滅菌・殺菌等（医療器具等）

### 半導体の製造
微細加工、不純物導入等、放射線による加工技術を利用して半導体を製造。

半導体

### ラジアルタイヤの製造
電子線照射により、ゴムの粘着性の制御を容易にできることを利用。

## 【農業】

- ○品種改良
- ○食品照射
- ○害虫防除

### 耐病性イネの作出
放射線照射による突然変異を利用して新品種を開発

### ジャガイモ芽止め
放射線照射によってジャガイモ発芽を防止

（未照射）　（照射済み）

### ウリミバエの根絶
放射線を照射し不妊化したオスを大量に放ち、孵化しない卵を産ませ、害虫を根絶

## 【環境保全】

- ○窒素酸化物、硫黄酸化物等の分解、除去
- ○ダイオキシンの要因となる揮発性有機化合物の分解等

## 【核セキュリティ】

- ○核鑑識技術（核物質等の出所、履歴、輸送経路、目的等を分析・解析）
- ○隠匿された核物質の検出

図 7-8　様々な分野における放射線利用の具体例

（出典）第 25 回原子力委員会資料第 1-3 号 原子力委員会「原子力利用に関する基本的考え方　参考資料」(2017 年)に基づき作成

## （2）　工業分野での利用

### ①　材料加工

　放射線の照射により、強度、耐熱性、耐摩耗性等の機能性向上のための材料改質が行われています。例えば、自動車用タイヤの製造では、ゴムに電子線を照射することにより、強度を増しつつ精度よく成形した高品質なラジアルタイヤが製造されています。特に利用規模が大きい半導体加工においても、電子線や中性子線等を照射することにより、特性の向上が行われています。また、宝石にγ線等を照射し色合いを変える改質処理も実施されています。

### ②　測定・検査

　部材や製品の厚さ、密度、水分含有量等の精密な測定や非破壊検査等において、放射線が利用されています。例えば、老朽化した社会インフラの保全において、コンクリート構造物の内部損傷や劣化状態を調べるため、放射線を用いた非破壊検査が行われています。製造工程管理、プラントの設備診断、エンジンの摩耗検査、航空機等の溶接部検査等にも広く利用されています。このような測定や検査に用いられる RI 装備機器は、2019 年 3 月時点で、厚さ計が 2,357 台、レベル計が 1,235 台、非破壊検査装置が 971 台設置されています。

### ③　滅菌

　製品や材料にγ線や電子線を照射することにより、残留物や副生成物を残すことなく、確実に滅菌を行うことができます。そのため、注射針等の医療機器、化粧品の原料や容器、マスク等の衛生用品等の滅菌に広く利用されています。

---

**コラム　〜電子線の照射による抗ウイルス効果の高いマスク素材の開発〜**

　2021 年 7 月に、量研等の研究グループは、電子線の照射等により、抗ウイルス効果の高い銀をマスク等の素材の表面に結合させ、付着した新型コロナウイルスの 99.9％以上を接触後 1 時間以内に不活化できる繊維の開発に成功したと発表しました。

　開発に用いられた「放射線グラフト重合」技術は、素材に放射線を照射し、その素材の元の性質を維持しつつ、接ぎ木のように新たな機能を導入する技術です。銀が安定せずはがれやすかった従来技術に対して、放射線グラフト重合技術では銀が強く固定されており、水中で 24 時間攪拌してもはがれにくいという結果が得られました。この技術は不織布だけでなくガーゼやプラスチック等にも適用できるため、マスク、防護服、フェイスシールド、アクリル製パーティション等の幅広い製品への展開が期待されます。

電子線照射　　グラフト重合　　銀の固定化

銀
リン酸基
高分子鎖

**放射線グラフト重合による銀固定のイメージ**

（出典）量研「素材から「銀」が剥がれない、効果長持ち！抗ウイルスグラフト材料の開発に成功」（2021 年）

### （3） 農業分野での利用

### ① 品種改良

　植物にγ線等を照射することにより多様な突然変異体を作り出し、その中から有用な性質を持つものを選抜することにより、効率的に品種改良を行うことができます（図 7-9）。これまでに、大粒でデンプン質が多く日本酒醸造に適した米、黒斑病に強いナシ、斑点落葉病に強いリンゴ、花の色や形が多彩なキクやバラ、冬でも枯れにくい芝等、多数の新品種が作り出されてきました。新品種は、農薬使用量の削減により環境保全や農業関係者の負担軽減につながるとともに、消費者の多様なニーズに合った商品開発にも貢献しています。

　国立研究開発法人農業・食品産業技術総合研究機構では、多様な突然変異体を利用して有用遺伝子の探索や機能解析を進めるとともに、放射線育種場において、外部からの依頼による花きや農作物等への照射も行っています。また、理化学研究所では、重イオンビームの照射による突然変異誘発技術を用いて、品種改良ユーザーと連携した新品種育成や遺伝子の機能解析等を行っています。

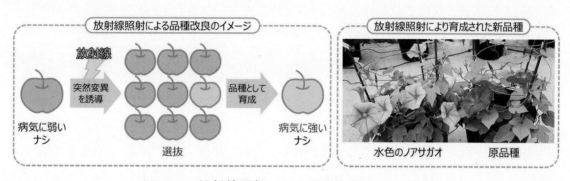

**図 7-9　放射線照射による品種改良のイメージ**

（出典）バイオステーション「さまざまな品種改良の方法」及び国立研究開発法人農業・食品産業技術総合研究機構「放射線育種場」に基づき作成

### ② 食品照射

　食品や農畜産物にγ線や電子線等を照射することにより、発芽防止、殺菌、殺虫等の効果が得られ、食品の保存期間を延長することが可能です。我が国では、ばれいしょ（じゃがいも）の発芽防止のための照射が実用化されています。

### ③ 害虫防除

　害虫駆除の例として、不妊虫放飼法があります。これは、γ線照射によって不妊化した害虫を大量に野外に放つことにより、交尾しても子孫が生まれない確率を上げ、数世代かけて害虫の数を減少させ最終的に根絶させるという方法です。放飼法を実施している地域と実施していない地域との間で対象となる害虫の行き来がないこと等、成功させるための条件もありますが、大量の殺虫剤散布による駆除で懸念される人や環境への影響がないという優れた特徴を持ちます。我が国では、沖縄県と奄美群島において、キュウリやゴーヤ等のウリ類に寄生するウリミバエの根絶が行われました。

### （4）　医療分野での利用

　医療分野では、診断と治療の両方に放射線が活用されています。診断では、レントゲン検査、X線CT[10]検査、PET[11]検査や骨シンチグラフィ等の核医学検査（RI検査）等が広く実施されています。治療では、高エネルギーX線・電子線治療、陽子線治療、重粒子線治療、ホウ素中性子捕捉療法、小線源治療、核医学治療（RI内用療法）等、腫瘍の効果的な治療に利用されており、今後の更なる進展が期待される領域の一つです。また、特に放射線治療分野では、医学、薬学、生物学、物理学、放射化学、工学等の多数の専門領域が関与しており、医師、診療放射線技師、看護師、医学物理士[12]等がそれぞれの専門性を生かして密接に連携することが求められます。

### ①　放射性同位元素（RI）による核医学検査・核医学治療

　核医学検査（RI検査）とは、対象となる臓器や組織に集まりやすい性質を持つ化合物にγ線を放出するRIを組み合わせた医薬品を、経口や静脈注射により投与し、RI医薬品が放出するγ線をガンマカメラやPETカメラを用いて体外から検出し、画像化する検査方法です。γ線の分布や集積量等の情報から、病巣部の位置、大きさ、臓器の変化状態等を精度よく知り、様々な病態や機能を診断することができます。核医学検査では、内部被ばく量を極力抑えるために、表 7-1 に示すような半減期の短いRIが選択されます。

　核医学治療（RI内用療法、標的アイソトープ治療）とは、対象となる腫瘍組織に集まりやすい性質を持つ化合物にα線やβ線を放出するRIを組み合わせた医薬品を、経口や静脈注射により投与し、体内で放射線を直接照射して腫瘍を治療する方法です。核医学治療では、周囲の正常な細胞に影響を与えないようにするために、放出される粒子の飛ぶ距離が短いRIが選択されます。2021年6月には、ルテチウム177（Lu-177）を用いた治療用のRI医薬品が新たに薬事承認されました。表 7-1 に示す治療用のRIを用いた医薬品は保険適用[13]されており、その実績は増加傾向にあります（図 7-10）。また、アクチニウム225（Ac-225）やアスタチン211（At-211）のようなα線放出RIを用いたがん治療の研究等も進められています。

　一方で、全国的に放射線治療病室が不足しているなど体制面に課題があることから、「第3期がん対策推進基本計画」（2018年3月閣議決定）では、国が関係団体等と連携し、必要な施設数や人材等を考慮した上で、核医学治療を推進するための体制整備について総合的に検討を進めるとしています。

---

[10] Computed Tomography（コンピュータ断層撮影）

[11] Positron Emission Tomography（陽電子放出断層撮影）

[12] 放射線医学における物理的及び技術的課題の解決に先導的役割を担う者。一般財団法人医学物理士認定機構による認定資格。

[13] I-131、Y-90、Ra-223、Lu-177を用いた医薬品は、医療機関等で保険診療に用いられる医療用医薬品として、薬価基準に収載されている品目リスト（2022年2月1日時点）に掲載。なお、ストロンチウム89（Sr-89）を用いた医薬品「メタストロン注」については、2007年に薬価基準に収載されたものの、製造販売終了に伴い2020年4月1日以降は除外。

表 7-1 核医学検査や核医学治療に使用される主な RI

| 利用目的 | | RI の種類 | 半減期 | 主な製造装置 | 国産/輸入 |
|---|---|---|---|---|---|
| 検査 | PET | フッ素 18（F-18） | 約 1.8 時間 | 加速器 | 国産 |
| | SPECT | テクネチウム 99m（Tc-99m） | 約 6 時間 | 原子炉、加速器 | 輸入 |
| | | ヨウ素 123（I-123） | 約 13.2 時間 | 加速器 | 国産 |
| 治療 | β 線 | ヨウ素 131（I-131） | 約 8 日 | 原子炉 | 輸入 |
| | | イットリウム 90（Y-90） | 約 2.7 日 | 原子炉 | 輸入 |
| | | ルテチウム 177（Lu-177） | 約 6.6 日 | 原子炉 | 輸入 |
| | α 線 | ラジウム 223（Ra-223） | 約 11.4 日 | 原子炉 | 輸入 |

（出典）第 18 回原子力委員会資料第 1 号 公益社団法人日本アイソトープ協会 北岡 麻美「医療用 RI の需要と供給をめぐる状況について」（2021 年）等に基づき作成

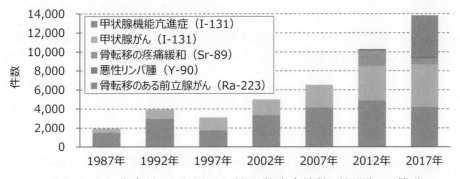

図 7-10 非密封 RI を用いた核医学治療件数（年間）の推移

（出典）第 12 回原子力委員会 公益社団法人日本アイソトープ協会「核医学診療の現状と課題」（2021 年）、公益社団法人日本アイソトープ協会「第 8 回全国核医学診療実態調査報告書」（2018 年）に基づき作成

---

**コラム** ～Ac-225 に係る国際協力に向けた IAEA 総会サイドイベント～

　2021 年 10 月に、原子力委員会の主催により、第 65 回 IAEA 総会サイドイベント「α 線薬剤の開発とアイソトープの供給－アクチニウム 225 と国際機関における役割の可能性－」がハイブリッド形式で開催されました。各国・地域及び国際機関から計約 200 名が参加し、IAEA、メガファーマ、我が国（量研及び原子力機構）、米国、カナダ、EU、南アフリカ共和国から、Ac-225 の製造・供給に関する取組状況等の共有が行われました。

　サイドイベントの総評として、IAEA 物理化学部門のジョアオ・オッソ課長は、今回のサイドイベントに参加した我が国の機関と IAEA との協力関係の構築への期待を表明するとともに、社会のために放射線技術を適用することへの支援を行うことが IAEA の使命であると述べました。これを契機に、Ac-225 を始めとする α 線放出 RI を用いた医薬品の研究や医療応用について、国際連携が進展することが期待されます。

上坂原子力委員長による開会挨拶

（出典）第 35 回原子力委員会資料第 1 号 内閣府「サイドイベント開催結果報告」（2021 年）

## ②　中性子線ビームを利用したホウ素中性子捕捉療法（BNCT）

　ホウ素中性子捕捉療法（BNCT[14]）は、中性子線を利用して腫瘍を治療する方法です（図7-11）。BNCTではまず、中性子と核反応（捕獲）しやすいホウ素を含み悪性腫瘍に集まる性質を持つ医薬品を、点滴により投与します。その後、患部にエネルギーの低い中性子線を照射すると、中性子は医薬品の集積していない正常な細胞を透過しますが、医薬品の集積した悪性腫瘍の細胞では医薬品中のホウ素により中性子が捕獲されます。中性子を捕獲したホウ素はリチウム7（Li-7）とα線を放出し、これらが悪性腫瘍の細胞を攻撃します。Li-7とα線が放出される際に飛ぶ距離はごく短く、一般的な細胞の直径を超えないため、悪性腫瘍の細胞のみを選択的に破壊することができます。

　以前は中性子源を原子炉に依存していたため普及に制限がありましたが、病院内に設置できる加速器を用いた小型BNCTシステムの開発が進められ、医療機器として実用化されています（図7-12）。臨床試験も数多く実施されており、2020年6月には、一部の腫瘍[15]を対象として保険適用が開始されました。

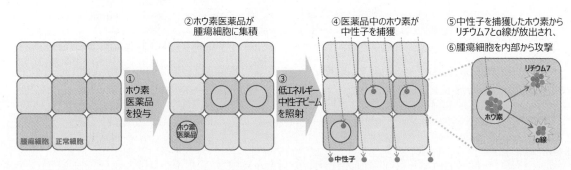

図 7-11　BNCT のイメージ

（出典）内閣府作成

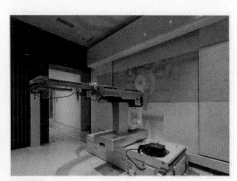

南東北BNCT研究センター陽子ビーム加速器と輸送装置　　同治療室

図 7-12　BNCT 治療システム　（南東北 BNCT 研究センターの例）

（出典）総合南東北病院　広報誌 SOUTHERN CROSS Vol.87「究極のがん治療　ホウ素中性子補足療法（BNCT）」

---

[14] Boron Neutron Capture Therapy
[15] 切除不能な局所進行又は局所再発の頭頸部がん。

### ③ 粒子線治療（陽子線治療、重粒子線治療）

　粒子線の照射による腫瘍の治療として、水素原子核を加速した陽子線を利用する陽子線治療と、ヘリウムよりも重い原子核（一般に治療に利用されているのは炭素原子核）を加速した重粒子線を利用する重粒子線治療が行われています。照射された粒子線は、体内組織にあまりエネルギーを与えず高速で駆け抜け、ある深さで急に速度を落とし、停止する直前に周囲へ与えるエネルギーがピークになる性質があります。そのため、ピークになる深さをコントロールすることにより、がん細胞を集中的に攻撃することができます。また、重粒子線には生物効果（殺細胞効果）や直進性が高いという優れた特性がありますが、治療装置が大型であるため、量研では「量子メス[16]」と呼ばれる小型治療装置の研究開発を進めています。2021年7月、量研は、量子メスに関する研究成果を紹介し将来構想について検討するシンポジウムを開催しました。

　陽子線治療、重粒子線治療ともに、一部[17]は保険適用されており、それ以外は先進医療として実施されています。粒子線治療を実施している医療機関は、図 7-13 のとおりです。

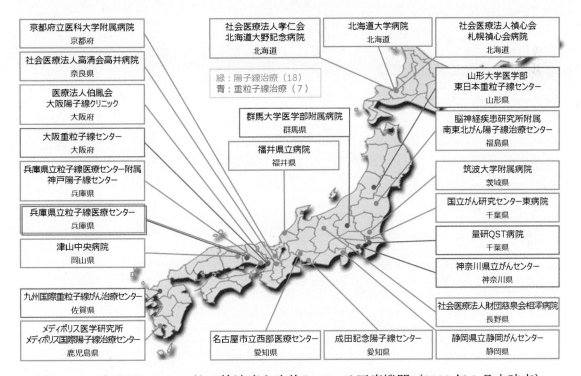

**図 7-13　我が国において粒子線治療を実施している医療機関（2022年3月末時点）**
(出典)厚生労働省「先進医療を実施している医療機関の一覧」等に基づき作成

---

[16] https://www.qst.go.jp/site/qst-kakushin/39695.html
[17] 2021年4月1日時点における保険適用の範囲は以下のとおり。
重粒子線治療：手術による根治的な治療法が困難である限局性の骨軟部腫瘍、頭頸部悪性腫瘍（口腔・咽喉頭の扁平上皮がんを除く。）又は限局性及び局所進行性前立腺がん（転移を有するものを除く。）に対して根治的な治療法として行った場合。
陽子線治療：小児腫瘍（限局性の固形悪性腫瘍に限る。）、手術による根治的な治療法が困難である限局性の骨軟部腫瘍、頭頸部悪性腫瘍（口腔・咽喉頭の扁平上皮がんを除く。）又は限局性及び局所進行性前立腺がん（転移を有するものを除く。）に対して根治的な治療法として行った場合。

はじめに
特集
第1章
第2章
第3章
第4章
第5章
第6章
第7章
第8章
資料編
用語集

## （5） 科学技術分野での利用

　科学技術分野では、構造解析、材料開発、追跡解析、年代測定等に放射線が利用されており、物質科学、宇宙科学、地球科学、考古学、環境科学、生命科学等とも接点があり、境界領域や融合領域の発展が期待されます。また、高エネルギー物理、原子核物理、中性子科学等における新たな発見のためにも、放射線（特に量子ビーム）が利用されています。

　量子ビームは、電子、中性子、陽子、重粒子、光子、ミュオン、陽電子等を細くて強いビームに整えたものの総称です。それぞれの線源と物質との相互作用の特徴を生かして、物質の構造や反応のメカニズムの解析等が行われています。これにより物質科学や生命科学が発展し、様々な分野へ応用され、イノベーションを生み出しています。量子ビームを取り出すことができる加速器施設や原子炉施設（量子ビーム施設）は、図 7-14 のとおりです。

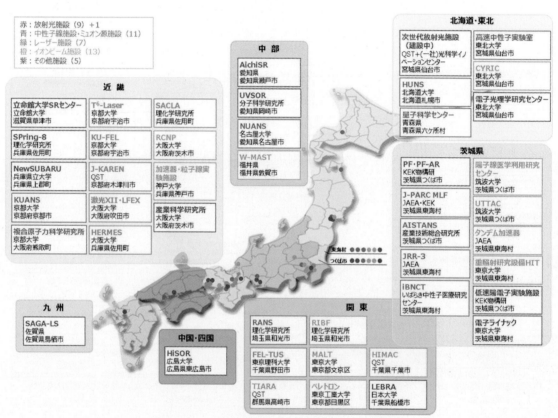

**図 7-14　我が国の主な量子ビーム施設**

（出典）文部科学省提供資料

　また、文部科学省の量子ビーム利用推進小委員会では、2021 年 2 月に公表した「我が国全体を俯瞰した量子ビーム施設の在り方（とりまとめ）」を踏まえ、量子ビーム連携プラットフォームの構築・推進、各施設における DX の推進、人材育成等の政策の具体化等について検討を進めることとしています。

## ① 中性子線ビームの利用

　大強度パルス中性子源[18]を使ったビーム利用実験が可能な代表的な施設に、大強度陽子加速器施設 J-PARC[19]の物質・生命科学実験施設（MLF[20]）があります。

　MLF には、中性子線を利用する装置だけでなく、ミュオンを取り出して利用する装置もあります。ミュオンは電子と同じ仲間の素粒子で、電磁的な相互作用をします。ミュオンの特性を利用した研究手法[21]は、物質の磁気的な性質や物質中に存在する微量の水素原子の存在状態の探索等の物質研究において非常に有効なツールとなっています（図 7-15）。

　MLF を利用した研究の一例として、中性子やミュオンの特長を生かしたリチウムイオン電池の研究開発があります。電池の大容量化、劣化、安全性に関する研究開発は、電気自動車や再生可能エネルギーの普及のために重要な役割を果たします。

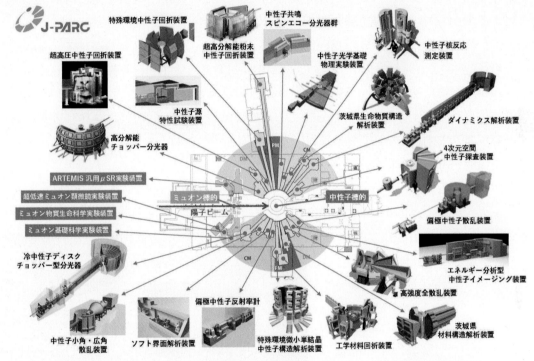

**図 7-15　J-PARC 物質・生命科学実験施設（MLF）の実験装置配置概要**

（出典）J-PARC センター提供資料

　また、中性子ビーム利用を主目的とした施設として、「もんじゅ」サイトを活用した新たな試験研究炉の検討が進められています[22]。

---

[18] 100 万分の 1 秒等の短い時間（パルス）に極めて大きなエネルギーを持った（大強度）中性子を繰り返し発生させる装置。
[19] Japan Proton Accelerator Research Complex
[20] Materials and Life Science Experimental Facility
[21] ミュオンスピン回転・緩和・共鳴法（μSR）。
[22] 第 8 章 8-2(4)②「高速増殖原型炉もんじゅ」を参照。

はじめに

特集

第1章

第2章

第3章

第4章

第5章

第6章

第7章

第8章

資料編

用語集

## ② 放射光の利用

　大型放射光源を使ったビーム利用実験が可能な代表的な施設に、大型放射光施設 SPring-8[23]があります。SPring-8 は、微細な物質の構造や状態の解析が可能な世界最高性能の放射光施設であり、生命科学、環境・エネルギーから新材料開発まで広範な分野において、先端的・革新的な研究開発に貢献しています。SPring-8 の研究成果として、比較的波長の長い X 線（軟 X 線）ナノビームを用いた磁石の結晶構造解析があります。資源が中国等に偏在する貴重な希土類元素を用いない高性能永久磁石の開発に向けて、成果を上げています。また、極めて短い時間間隔での分析が可能な X 線吸収微細構造（XAFS[24]）測定により、粘土鉱物へのセシウム取り込み過程を追跡する福島環境回復研究も行われています。燃料デブリの形成過程を詳細に解明するためにも放射光が用いられており、東電福島第一原発の安全な廃炉作業を支援しています。なお、理化学研究所では、現行の SPring-8 の 100 倍以上の輝度を実現する SPring-8-II の概念設計書を策定し、ウェブサイトに公開しています。

　また、X 線自由電子レーザー[25]（XFEL[26]）施設 SACLA[27]は、非常に高速のパルス光を利用できるため、X 線による試料損傷の影響の低減が期待できるとともに、物質を原子レベルの大きさで、かつ非常に速く変化する様子をコマ送りのように観察することが可能です。SACLA の研究成果として、光合成による水分解反応を触媒する光化学系 II 複合体（PSII[28]）の構造解明研究があります。この研究成果は人工光合成開発への糸口となるもので、エネルギー、環境、食糧問題解決への貢献が期待されています。

　さらに、次世代放射光施設（軟 X 線向け高輝度 3GeV 級放射光源）の整備に向け、官民地域パートナーシップにより、2023 年度の運転開始を目指して建屋工事や機器の製作、線量評価が行われています（図 7-16）。同施設は、物質の構造解析に加え、機能に影響を与える電子状態等の詳細な解析が可能であるという特徴を持ちます。創薬、新たな高活性触媒、磁石やスピントロニクス素子等の研究開発への利用が期待されています。

**図 7-16　次世代放射光施設の完成イメージ**
(出典)一般財団法人光科学イノベーションセンター提供資料

---

[23] Super Photon ring-8 GeV

[24] X-ray Absorption Fine Structure

[25] X 線でのレーザーを作る方式の一つ。従来の物質中での発光現象を使う方式ではなく、電子を高エネルギー加速器の中で制御して運動させ、それから出る光を利用する方式で、原子からはぎ取られた自由な電子を用いて X 線レーザーを作ることが X 線自由電子レーザーと呼ばれる由来。

[26] X-ray Free Electron Laser

[27] SPring-8 Angstrom Compact free electron LAser

[28] Photosystem II

### ③ RI ビームの利用

RI ビームを使ったビーム利用実験が可能な代表的な施設に、理化学研究所の RI ビームファクトリーがあります。RI ビームファクトリーは、水素からウランまでの全元素のRI を、世界最大の強度でビームとして発生させる加速器施設です (図 7-17)。宇宙における元素の起源や生成、素粒子の振る舞いの解明等の学術的、基礎的な研究から、植物の遺伝子解析による品種改良技術への適用、RI 製造技術の高度化研究等の応用・開発研究まで、幅広い領域での活用が進められています。

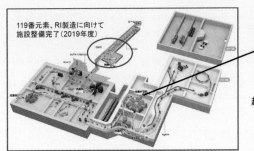

超伝導リングサイクロトロン加速器

**図 7-17　RI ビームファクトリー**

(出典)第 24 回原子力委員会資料第 2 号 理化学研究所仁科加速器科学研究センター櫻井博儀「理化学研究所での RI 製造の取り組み」(2021 年)

RI ビームファクトリーを利用した大きな研究成果として、新元素「ニホニウム」の発見があります。これは、RI ビームファクトリーで合成に成功した原子番号 113 の元素であり、理化学研究所を中心とする研究グループが新元素の命名権を獲得したものです。

---

**コラム　〜放射光施設を活用した小惑星リュウグウ試料の分析〜**

2021 年 6 月から、SPring-8 において、小惑星探査機「はやぶさ 2」が採取した小惑星リュウグウ試料の粒子分析が進められています。水や有機物を含むと考えられるリュウグウ試料を分析するために、新たに開発された放射光 X 線を用いた複数の CT 法を組み合わせた「統合 CT 環境」によって、リュウグウ試料の 3 次元形状、内部構造、鉱物分布等の非破壊解析が実施されました。また、ナノメートルオーダーの空間分解能を持つ CT 分析法を利用し、リュウグウ試料中の有機物分布の高解像度 3 次元可視化も進められます。得られた 3 次元内部構造データを基に、リュウグウ試料の持つ鉱物学的情報、有機物の科学的情報を効率的に取り出す計画です。

これらの分析データを統合することにより、岩石・鉱物と水や有機物が共存する小惑星リュウグウ上での有機物の化学進化や既知の始原的隕石との関連性、地球の水の起源など、宇宙科学における諸問題をひもとくことが期待されています。

平板状粒子

凹凸のある粒子

**リュウグウを代表する粒子の回収 ©JAXA**

**リュウグウ試料**

(出典)国立研究開発法人宇宙航空研究開発機構「小惑星探査機『はやぶさ 2』記者説明会」(2022 年)

## 7-3 放射線利用環境の整備

様々な分野で利用され、私たちの生活や社会に便益をもたらす放射線ですが、取扱いを誤れば、環境を汚染したり人体に悪影響を与えたりする可能性があります。放射線・RIを安全かつ適切に利用するために、廃棄物の処理・処分を含め、様々な規則が定められています。これらの規則は、国際的に合意された放射線防護体系の考え方を取り入れており、科学的知見に基づき策定される国際基準等に照らし、必要な改正が行われます。

また、放射線防護や線量評価等を実施する際に根拠となるデータを得るための調査・研究や、原子力災害に備えた専門的な被ばく医療人材の育成も進められています。

### (1) 放射線利用に関する規則

放射性同位元素等規制法は、RIや放射線発生装置の使用等を規制することにより、放射線障害を防止し、公共の安全を確保するとともに、セキュリティ対策の観点から、特に危険性の高いRI（特定RI）の防護を図ることを目的としています。ほかにも、放射線利用は、放射線障害等から労働者を保護する「労働安全衛生法」（昭和47年法律第57号）、放射線やRI等を診断や治療の目的で用いる際の基準等を定める医療法、医薬品等の安全性等の確保のために必要な規制を行う医薬品、医療機器等の品質、有効性及び安全性の確保等に関する法律等に基づいて、厳格な安全管理体制の下で進められています。なお、我が国の放射線利用に関する規則は、国際的に合意された放射線防護体系（図7-18）の考え方を尊重し取り入れています。

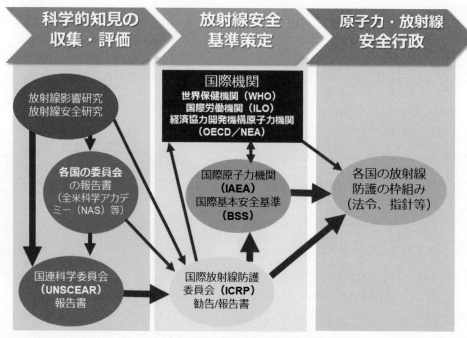

**図 7-18　放射線防護体系**

(出典) 環境省「放射線による健康影響等に関する統一的な基礎資料 令和2年度版」（2021年）

放射線利用を進める上では、それに伴い発生する放射性廃棄物を適切に取り扱うことも重要です。研究開発施設等から発生する RI 廃棄物の処理・処分については、放射性同位元素等規制法における廃棄に係る特例により、原子炉等規制法と放射性同位元素等規制法の間で処理・処分の合理化が図られました[29]。また、医療機関等から発生する医療用 RI 廃棄物についても、処理・処分の合理化を図るための検討が進められています。

## （2）　放射線防護に関する研究と原子力災害医療体制の整備

　原子力規制委員会では、放射線源規制・放射線防護による安全確保のための根拠となる調査・研究を推進するため、「放射線安全規制研究戦略的推進事業」を実施しています。同事業では、原子力規制委員会が実施する規制活動におけるニーズ、国内外の動向や放射線審議会等の動向を踏まえ、年度ごとに重点テーマが設定されます。2021 年度の公募では、「放射線防護に係る中長期的課題への対応に向けたフィジビリティ研究」及び「原子力災害時の放射線モニタリング技術・分析技術に関するフィジビリティ研究」という重点テーマが設定されました。

　原子力機構は、外部被ばくや内部被ばくの線量評価に関する研究や関連する基礎データの整備等を進めており、核医学検査・治療に伴う患者の被ばく線量評価のための米国核医学会の線量計算用放射性核種データ集の改訂に貢献する等の成果も上げています。

　量研は、原子力災害時の医療体制で高度専門的な被ばく医療を行う高度被ばく医療支援センターにおいて中心的、先導的な役割を担う「基幹高度被ばく医療支援センター」の指定を受け、内部被ばくの個人線量評価、高度被ばく医療支援センター及び原子力災害医療・総合支援センターの医療従事者や専門技術者等を対象とした高度専門的な教育研修、原子力災害医療に関する研修情報等の一元管理等を行っています。2021 年 5 月には、新たな拠点となる「高度被ばく医療線量評価棟」が完成し、最新の計測機器や分析装置が導入されました。

---

[29] 第 6 章 6-3(3)④「低レベル放射性廃棄物処分の規制」を参照。

## 第8章 原子力利用の基盤強化

### 8−1 研究開発に関する基本的考え方と関係機関の役割・連携

> 　原子力エネルギーが安定的な電力供給や 2050 年カーボンニュートラル実現に貢献するためにも、事故炉の廃炉や放射性廃棄物の処理・処分等の困難な課題を解決していくためにも、研究開発を推進することは重要です。東電福島第一原発事故の反省・教訓、原子力を取り巻く環境の変化、国際動向等を踏まえ、政府や研究開発機関は研究開発計画を策定・推進するとともに、適切なマネジメント体制の構築に向けた取組を行っています。
>
> 　また、科学的知見や知識の収集・体系化・共有により、知識基盤の構築を進めるため、原子力関係組織における分野横断的・組織横断的な連携・協働に向けた取組も進められています。

### （1）　研究開発に関する基本的考え方

　「第 6 期科学技術・イノベーション基本計画」（2021 年 3 月閣議決定）では、カーボンニュートラルの実現に向けて、多様なエネルギー源の活用等のための研究開発・実証等を推進するため、エネルギー基本計画等を踏まえ、原子力、核融合等に関する必要な研究開発や実証、国際協力を進めるとしています。文部科学省は、第 6 期科学技術・イノベーション基本計画等の下で文部科学省として行うべき研究及び開発の計画等について検討を行っており、原子力科学技術分野や核融合科学技術分野を含む「分野別研究開発プラン」（仮称）として 2022 年 8 月に取りまとめる予定です。

　第 6 次エネルギー基本計画では、「原子力については、引き続き、万が一の事故のリスクを下げていくため、過酷事故対策を含めた軽水炉の一層の安全性・信頼性・効率性の向上に資する技術の開発を進めると同時に、放射性廃棄物の有害度低減・減容化、資源の有効利用による資源循環性の向上、再生可能エネルギーとの共存、カーボンフリーな水素製造や熱利用といった多様な社会的要請に応えていく。」としています。

　原子力利用に関する基本的考え方では、知識基盤や技術基盤、人材といった基盤的な力は原子力利用を支えるものであり、その強化を図るとともに、原子力関連機関の自らの役割に応じた人材育成や基礎研究を推進することを、原子力利用のための基盤強化に関する基本目標として位置付けています。

　「技術開発・研究開発に対する考え方」（2018 年 6 月原子力委員会決定）では、原子力エネルギーは、地球温暖化防止に貢献しつつ、安価で安定的に電気を供給できる電源として役割を果たすことが期待できるとした上で、軽水炉の再稼働を進め、長期に安定、安全に利用できるように努力すること、多様な選択肢と戦略的な柔軟性を維持しつつ、技術開発・研究開発の実施に際しては実用化される市場や投資環境を考慮することが重要であるとしていま

す。このような考え方を踏まえ、政府、国立研究開発機関及び産業界の各ステークホルダーの果たすべき役割を示しています（表 8-1）。

表 8-1　技術開発・研究開発に対する考え方において示された関係機関の役割

| | |
|---|---|
| 政府の役割 | 政府は長期的なビジョンを示し、その基盤となる技術開発・研究開発のサポートをする役割を担うべきであり、新たな「補助スキーム」の構築が必要である。このスキームは、新たな炉型の研究開発との位置付けではなく、民間が技術開発・研究開発を経て原子力発電方式を決定・選択するための支援をするものと位置付ける必要がある。予算補助の在り方も技術の成熟度や利用目的等に応じて補助の割合を考えるべきである。 |
| 国立研究開発機関のあるべき役割 | 国立研究開発機関が行う研究開発とは、本来、知識基盤を整備するための取組であり、今後は一層、民間による技術開発・研究開発の努力を支援する役割が期待される。知識基盤を企業等関係者ともしっかり共有することによって、ニーズに対応した研究開発が可能になり、効率化がもたらされるだけでなく、イノベーションの基盤が構築でき、重層的な我が国の原子力の競争力強化につながると考えられる。 |
| 産業界のあるべき役割 | 産業界は、電力市場が自由化された中で国民の便益と負担を考え、安価な電力を安全かつ安定的に供給するという原点を考える必要がある。こうした視点から、今後何を研究開発し、どの技術を磨いていくべきかの判断を自ら真剣に行い、相応のコスト負担を担い、民間主導のイノベーションを達成すべきである。 |

(出典)原子力委員会「技術開発・研究開発に対する考え方」(2018 年)に基づき作成

### （2）　原子力機構の在り方

　原子力機構は、2019 年 10 月に将来ビジョン「JAEA 2050 +」を公表し、原子力機構が将来にわたって社会に貢献し続けるために、2050 年に向けて何を目指し、そのために何をすべきかを取りまとめました。2020 年 11 月には「イノベーション創出戦略 改定版」を公表し、「JAEA 2050 +」に示した「新原子力」の実現に向けて、イノベーションを持続的に創出する組織に変革するための 10 年後の在るべき姿と、それを達成するために強化すべき取組の方針を提示しました。2021 年 10 月には、イノベーション創出に向けた取組を強化するために「JAEA イノベーションハブ」を設置し、外部機関との連携や他分野との融合によるオープンイノベーションの取組等を推進しています。

　また、原子力機構の中長期目標は、主務大臣である文部科学大臣、経済産業大臣、原子力規制委員会が定めることとされています。第 3 期中長期目標期間(2015 年 4 月 1 日から 2022 年 3 月 31 日まで) は 2021 年度が最終年度となるため、改定に向けた検討が行われ、2021 年 7 月に文部科学省の原子力研究開発・基盤・人材作業部会及び原子力バックエンド作業部会が取りまとめた提言や、同年 8 月に文部科学省、経済産業省及び原子力規制委員会が決定した見直し内容等を踏まえ、同年 12 月には第 4 期中長期目標期間（2022 年 4 月 1 日から2029 年 3 月 31 日まで）における中長期目標（案）が提示されました。

はじめに

特集

第1章

第2章

第3章

第4章

第5章

第6章

第7章

第8章

資料編

用語集

　このような検討状況を踏まえ、原子力委員会は 2022 年 1 月に、第 4 期中長期目標の策定についての見解を公表しました。同見解では、原子力機構の第 4 期中長期目標期間における研究開発活動に対し、カーボンニュートラルを目指す上でのイノベーションによる解決の最大限の追求、技術の継承や人材育成の観点も踏まえた高速炉研究開発の推進、放射性医薬品の実用化・展開のための原子力関連事業者や製薬企業等との連携の強化、東電福島第一原発の廃止措置等の早期実現や環境回復への貢献に関して強い期待等を示しました。さらに、主務大臣から意見を求められた原子力委員会は、同年 2 月 24 日に、第 4 期中長期目標（案）について「概ね妥当である」とする答申を行いました。

　これらの経緯を踏まえ、同年 2 月 28 日に、研究開発の成果の最大化等に関する 7 項目の目標（図 8-1）を含む第 4 期中長期目標が決定されました。また、原子力機構は、主務大臣から指示を受け、第 4 期中長期目標を達成するための計画を策定し、同年 3 月に主務大臣の認可を受けました。

図 8-1　原子力機構の第 4 期中長期目標における
「研究開発の成果の最大化その他の業績の質の向上に関する事項」のポイント

（出典）第 6 回原子力委員会資料第 3-1 号　文部科学省「国立研究開発法人日本原子力研究開発機構次期中長期目標（案）の概要」（2022 年）

## （3） 原子力関係組織の連携による知識基盤の構築

　原子力利用の基盤強化において、新技術を市場に導入する事業者と、技術創出に必要な新たな知識や価値を生み出す研究開発機関や大学との連携や協働は重要です。しかし、我が国の原子力分野では分野横断的・組織横断的な連携が十分とはいえず、科学的知見や知識も組織ごとに存在していることが課題となっていました。このような現状を踏まえ、原子力委員会は、原子力利用に関する基本的考え方において、原子力関連機関がそれぞれの役割を互いに認識し尊重し合いながら情報交換や連携を行う場を構築し、科学的知見や知識の収集・体系化・共有により厚い知識基盤の構築を進めるべきであると指摘しました。「軽水炉長期利用・安全」、「過酷事故・防災[1]」、「廃止措置・放射性廃棄物[2]」の３つのテーマで、産業界と研究機関等の原子力関係機関による連携プラットフォーム（図 8-2）が立ち上げられており、重要な研究開発テーマの抽出、技術向上、専門人材の育成等につながることが期待されます。

　軽水炉長期利用・安全プラットフォームの下には、更に「燃料プラットフォーム」が設置されています。2020 年度から 2022 年度は、フェーズ 2 として、フェーズ 1（2018 年 10 月から 2020 年 3 月まで）で抽出した軽水炉燃料に関する研究開発課題について、国内外の研究開発状況の調査やロードマップの検討等を進めています。

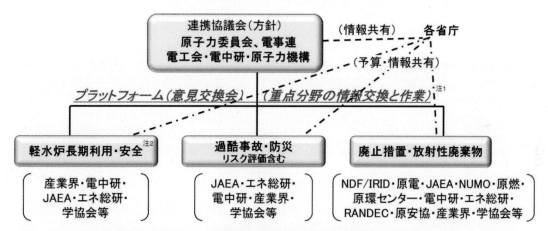

**図 8-2　原子力関係組織の連携プログラム**

(出典)第 14 回原子力委員会資料第 2-1 号 原子力委員会「『原子力利用の基本的考え方』のフォローアップ〜原子力関係組織の連携・協働の立ち上げ〜」(2018 年)に基づき作成

---

[1] 第 1 章 1-3(3)「過酷事故プラットフォーム」を参照。
[2] 第 6 章 6-3(5)「廃止措置・放射性廃棄物連携プラットフォーム（仮称)」を参照。

## 8−2 研究開発・イノベーションの推進

第6次エネルギー基本計画や「統合イノベーション戦略2021」（2021年6月閣議決定）においては、原子力について、安全性・信頼性・効率性の一層の向上に加えて、再生可能エネルギーとの共存、カーボンフリーな水素製造や熱利用等の多様な社会的要請に応える原子力関連技術のイノベーションを促進する観点の重要性が挙げられています。その上で、2050年に向けて、人材・技術・産業基盤の強化、安全性・経済性・機動性に優れた炉の追求、バックエンド問題の解決に向けた技術開発を進めていくとしています。

これらやグリーン成長戦略[3]に基づき、原子力関係機関による連携や国際協力により、基礎的・基盤的なものから実用化を見据えたものまで様々な研究開発・技術開発が推進されています。

### （1）　基礎・基盤研究から実用化までの原子力イノベーション

原子力は実用段階にある脱炭素化の選択肢であり、2050年カーボンニュートラル実現に向けて、国、研究開発機関、大学、企業等が連携し、基礎・基盤研究から実用化に至るまでの中長期的な視点に立って、軽水炉の安全性向上に向けた研究開発に加え、高速炉、小型モジュール炉（SMR）、高温ガス炉、核融合等に関する研究開発等を推進しています（図 8-3）。また、人的・資金的資源を分担し、成果を共有する国際的な枠組みで進めることが合理的であるという認識の下、国際協力の枠組みを活用した研究開発も進めています。

**軽水炉の安全性向上**
福島事故を踏まえた安全対策
- ATF（事故耐性燃料）

事故時に水素を発生しない燃料被覆管

新技術の取り込み
- 原子力×デジタルイノベーション
  （例：ビッグデータ分析技術を活用した
　プラント自動監視システム）

データ取得　　自動解析　　異常検知

革新的安全性向上技術の統合
- 民間で安全性・経済性を向上する
  次世代軽水炉を開発

**小型モジュール炉**
小型炉心で自然循環、シンプル化
- 先進国で複数の開発プロジェクト
  NuScale SMR（NuScale）
  BWRX-300（GE日立,日立GE）
  UK SMR（Rolls Royce）
  Nuward（CEA,EDF等）…

NuScale SMR（NuScale）

**高速炉**
「戦略ロードマップ」に基づき、着実に
開発を推進、放射性廃棄物対策
- 米仏とも協力
- 多様な高速炉の技術間競争の促進

高速実験炉 常陽　　米国で開発中の多目的
（JAEA）　　　　高速炉試験炉（VTR）

**高温ガス炉**
水素製造等の高温熱利用
- JAEAのHTTRが世界最高温度950℃
  を達成、高い安全性
- 民間でも多様な炉型開発

試験炉HTTR　　水素製造・発電用小型炉
（JAEA）　　　（三菱重工、東芝/富士電機）

**溶融塩炉**
次世代の技術として開発が進む
- 米、加、仏等で次世代
  の技術として開発が進む。
- プルトニウム等を生成しな
  いトリウム資源を有効利
  用する炉型も存在。

**核融合**
水素を燃料に発電・熱利用
- ITER計画、原型炉建設に向けた
  取組を通じた技術開発を推進
- 京大発ベンチャー誕生

Kyoto ＋ Fusion ＋ Engineering

ITER　　　　　　KYOTO-iCAP

### 図 8-3　安全性・経済性等の向上に向けた原子力イノベーションの推進

（出典）第41回総合資源エネルギー調査会基本政策分科会資料1　資源エネルギー庁「2030年に向けたエネルギー政策の在り方」（2021年）、原子力機構「高温工学試験研究炉（HTTR）の概要」に基づき作成

---

[3] 第2章2-1(5)「地球温暖化対策と原子力」を参照。

原子力に関する基礎的・基盤的な研究開発は、主に原子力機構、量研、大学等で実施されています。原子力機構は、我が国における原子力に関する総合的研究開発機関として、核工学・炉工学研究、燃料・材料工学研究、環境・放射線工学研究、先端基礎研究、高度計算科学技術研究等、原子力の持続的な利用と発展に資する基礎的・基盤的研究等を担っています。量研は、量子科学技術についての基盤技術から重粒子線がん治療や疾病診断研究等の応用までを総合的に推進するとともに、これまで国立研究開発法人放射線医学総合研究所が担ってきた放射線影響・被ばく医療研究についても実施しています。

　また、文部科学省と資源エネルギー庁は、開発に関与する主体が有機的に連携し、基礎研究から実用化に至るまで連続的にイノベーションを促進することを目指し、2019 年 4 月に NEXIP（Nuclear Energy × Innovation Promotion）イニシアチブを立ち上げました。同イニシアチブでは、文部科学省の「原子力システム研究開発事業」と経済産業省の「原子力の安全性向上に資する技術開発事業」及び「社会的要請に応える革新的な原子力技術開発支援事業」について、原子力機構の研究基盤等も活用しながら相互に連携することにより、原子力イノベーションの創出を目指しています（図 8-4）。2021 年には両省の事業関係者による交流会が 2 回開催され、基礎研究と実用化研究の双方の取組を理解し、次のステップへと発展させることを目指し、ボトルネック課題等についての意見交換が行われました。

　さらに、2022 年 3 月には、原子力発電の新たな社会的価値を再定義し、我が国の炉型開発に係る道筋を示すため、資源エネルギー庁の原子力小委員会の下に革新炉ワーキンググループを新たに設置することが発表されました[4]。

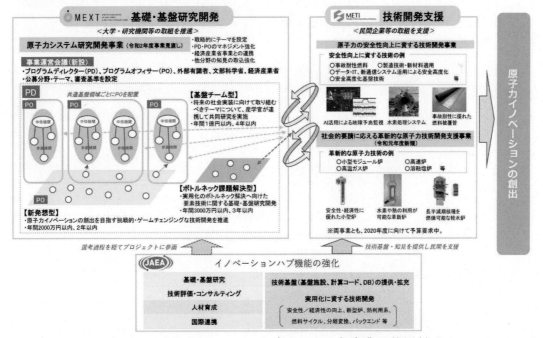

図 8-4　NEXIP イニシアチブにおける各事業の位置付け

(出典)第 2 回科学技術・学術審議会研究計画・評価分科会原子力科学技術委員会原子力研究開発・基盤・人材作業部会資料 1-1　文部科学省「原子力イノベーションの実現に向けた研究開発事業の見直しについて」(2019 年)

---

[4] 2022 年 4 月 14 日付けで設置。

## （2） 軽水炉利用に関する研究開発

1950 年代、1960 年代には様々な炉型の数十基の試験炉が建設されました。これらのうち、水により中性子を減速・冷却する軽水炉は、最も多く建設され利用されてきた炉型です。2020 年末時点では、世界で運転中の 442 基の原子炉のうち軽水炉は 365 基で、発電設備容量では約 89％を占めています（図 8-5）。今もなお、原子力発電の主流は軽水炉によるものであり、世界の多くの国で継続的に利用され、新規建設も行われています。

我が国では、再稼働している原子力発電所、再稼働を目指している原子力発電所、建設中の原子力発電所は、全て軽水炉です（第2章 図 2-4）。地球温暖化対策に貢献しつつ安価で安定的に電気を供給できる電源として、これらの軽水炉を長期的に有効利用していくためには、安全性、信頼性、効率性の一層の向上が求められます。そのため、高経年化対策、稼働率向上、発電出力の増強、安全性向上[5]、過酷事故対策[6]、建設期間の短縮、建設性の向上、セキュリティ対策等の様々な課題に対応するための研究開発が、関係機関の連携により引き続き実施されています。

また、原子力機構は、第 4 期中長期目標期間以降の軽水炉研究の推進を図るため、2022 年 1 月に軽水炉研究推進室を設置しました。軽水炉研究推進室では、軽水炉研究に関するワンストップ窓口を担うとともに、産業界等からのニーズを基に原子力機構として進める軽水炉研究の戦略を策定し、原子力機構内の組織横断的な連携や研究成果創出のための支援を行うこととしています。

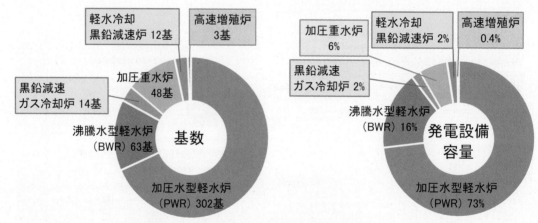

**図 8-5　世界の原子力発電所における各炉型の割合（2020 年末時点）**

(出典)IAEA「Nuclear Power Reactors in the World 2021 Edition」(2021 年)に基づき作成

## （3） 高温ガス炉に関する研究開発

高温ガス炉は、冷却材として化学的に安定なヘリウムガスを利用しており、万が一冷却材がなくなるような事故が起きても自然に炉心が冷却されるという固有の安全性を有する原子炉です。また、900℃を超える高温の熱を供給することが可能であり、発電のみならず、

---

[5] 第 1 章 1-2(2)② 「原子力安全研究」を参照。
[6] 第 1 章 1-3(2) 「過酷事故に関する原子力安全研究」を参照。

水素製造を含む多様な産業利用についても期待されています。グリーン成長戦略では、高温工学試験研究炉（HTTR）を活用し、安全性の確認に加え、2030年までに大量かつ安価なカーボンフリー水素製造に必要な要素技術の確立を目指すとされています。

### ① 高温工学試験研究炉（HTTR）

HTTR（図8-6）は、我が国初かつ唯一の高温ガス炉であり、高温ガス炉の基盤技術の確立を目指してデータを取得・蓄積しています。1998年に初臨界を達成した後、2010年3月に定格出力3万kW、原子炉出口冷却材温度約950℃での50日間の連続運転を実現しました。原子力機構は、2020年6月に原子力規制委員会から新規制基準への適合性に係る設置変更許可を取得し、2021年7月に運転を再開しました。2022年1月には、経済協力開発機構/原子力機関(OECD/NEA)の国際共同研究プロジェクトとして、原子炉出力約30％における炉心冷却喪失試験[7]を世界で初めて実施しました。また、950℃の熱供給能力を有効利用できるカーボンフリー水素製造技術（熱化学法IS[8]プロセス）の開発も進めています。

**図 8-6　HTTR**
(出典)原子力機構「高温工学試験研究炉(HTTR)の概要」

### ② 高温ガス炉研究開発に関する国際協力

高温ガス炉の研究開発について、ポーランド及び英国との国際協力が進められています。

2017年5月に、日・ポーランド外相会談における「日・ポーランド戦略的パートナーシップに関する行動計画」への署名を受け、原子力機構はポーランド国立原子力研究センターと「高温ガス炉技術に関する協力のための覚書」を締結しました。さらに、両者は2019年9月に「高温ガス炉技術分野における研究開発協力のための実施取決め」に署名し、研究データ共有等による研究協力の範囲で、高温ガス炉の設計研究、燃料・材料研究、原子力熱利用の安全研究等の協力を実施しています。

また、2019年7月に署名された「日本国経済産業省と英国ビジネス・エネルギー・産業戦略省との間のクリーンエネルギーイノベーションに関する協力覚書」を受け、原子力機構は2020年10月に、英国国立原子力研究所（NNL[9]）と締結している包括的な技術協力取決めを改定し、新たに「高温ガス炉技術分野」を追加しました。さらに、同年11月には、英国原子力規制局（ONR[10]）との間で高温ガス炉の安全性に関する情報交換のための取決めを締結しました。これにより、開発と規制の両輪で、英国との高温ガス炉開発の協力体制が強化されています。

---

[7] 制御棒による原子炉出力操作を行うことなく全ての冷却設備を停止し、冷却機能の喪失を模擬した試験。
[8] Iodine-sulfur
[9] National Nuclear Laboratory
[10] Office for Nuclear Regulation

はじめに
特集
第1章
第2章
第3章
第4章
第5章
第6章
第7章
第8章
資料編
用語集

## （4）　高速炉に関する研究開発

　高速の中性子を減速せずに利用する高速炉及びそのサイクル技術（高速炉サイクル技術）は、使用済燃料に含まれるプルトニウムを燃料として再利用する技術です。原子力関係閣僚会議が策定した戦略ロードマップ[11]では、①競争を促し、様々なアイディアを試すステップ、②絞り込み、支援を重点化するステップ、③今後の開発課題及び工程について検討するステップ、の 3 つのステップに大きく区分して研究開発を進めていく計画が示されており、2023 年末頃までの当面 5 年間程度は、これまで培った技術・人材を最大限活用し、民間によるイノベーションの活用による多様な技術間競争を促進するとしています。また、グリーン成長戦略では、「常陽」や「もんじゅ」の運転・保守経験で培われたデータ等を最大限活用し、国際連携を活用した高速炉開発を着実に推進するとしています。

### ①　高速実験炉原子炉施設（「常陽」）

　「常陽」は、我が国初の高速増殖炉であり、高速炉の実用化のための技術開発や燃料・材料の開発に貢献しています。1977 年の初臨界以来、累積運転時間約 70,798 時間、累積熱出力約 62.4 億 kWh[12]に達しており、588 体の運転用燃料、220 体のブランケット燃料及び 101 体の試験燃料等を照射し、高速炉炉心での燃料集合体や燃料ピンの安全性と照射特性を明らかにしてきました。早期の運転再開を目指し、原子力機構は 2017 年 3 月に新規制基準への適合性審査に係る設置変更許可申請を行い、原子力規制委員会による審査が進められています。また、原子力機構は、「常陽」における医療用放射性同位体（RI）製造に向けた研究開発も行っています。

### ②　高速炉開発に関する国際協力

　高速炉の開発について、フランス及び米国との国際協力が進められています。

　2014 年 5 月、日仏両政府は、フランスの第 4 世代ナトリウム冷却高速炉実証炉（ASTRID[13]）計画及びナトリウム冷却炉の開発に関する一般取決めを締結し、日仏間の研究開発協力を開始しました。その後、フランスの方針見直しを踏まえ、2019 年 6 月、日仏政府間で高速炉研究開発の枠組みについて新たな取決めが締結されました。また、同年 12 月には、原子力機構、三菱重工業株式会社、三菱 FBR システムズ株式会社、フランスの原子力・代替エネルギー庁（CEA[14]）及びフラマトム社の間で、ナトリウム冷却高速炉開発の協力に係る実施取決めが締結されました。同取決めの下で、シミュレーションや実験等の協力を行っています。

---

[11] 第 2 章 2-2(2)⑩「高速炉による MOX 燃料利用に関する方向性」を参照。
[12] 発電設備を有しないため電気出力はなく、熱出力のみ。
[13] Advanced Sodium Technological Reactor for Industrial Demonstration
[14] Commissariat à l'énergie atomique et aux énergies alternatives

米国では、ナトリウム冷却高速炉である多目的試験炉（VTR[15]）の建設を検討中です。2019年6月に日米政府間でVTR計画への研究協力に関する覚書が締結され、安全に関する研究開発等の協力が進められています。また、2022年1月には、原子力機構、三菱重工業株式会社、三菱FBRシステムズ株式会社、米国テラパワー社との間で、ナトリウム冷却高速炉の開発に係る覚書が締結されました。

### （5）　小型モジュール炉（SMR）に関する研究開発

小型モジュール炉（SMR）は、プレハブ住宅に代表されるモジュール建築の手法を取り入れ、規格化したユニットを工場生産し、現地で組み上げる原子炉です。炉心が小さいため、自然原理を安全設備に取り入れシステムをシンプル化することにより安全システムの信頼性向上や避難区域縮小を図れることや、モジュール生産による工期短縮により初期投資コスト削減を図れることが期待されています。グリーン成長戦略では、海外の実証プロジェクトとの連携により、2030年までにSMR技術の実証を目指すとしています。

NEXIPイニシアチブでは、SMRに関する研究開発・技術開発も行われています。また、米国、英国、カナダ等でSMRの実証プロジェクトが進められており（図8-7）、その一部には我が国の企業も参画しています。

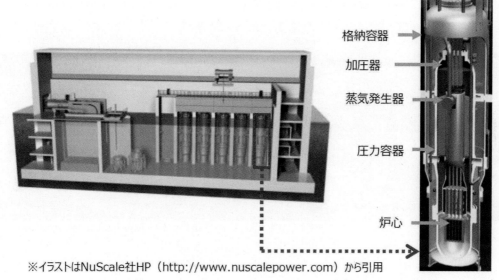

格納容器
加圧器
蒸気発生器
圧力容器
炉心

※イラストはNuScale社HP（http://www.nuscalepower.com）から引用

**図 8-7　SMR の概念図（米国 NuScale 社の例）**

(出典)第13回原子力委員会資料第3号　資源エネルギー庁「原子力産業を巡る動向について」(2022年)に基づき作成

---

[15] Versatile Test Reactor

## （6）　核融合に関する研究開発

　核融合エネルギーは、軽い原子核同士（重水素、三重水素）が融合してヘリウムと中性子に変わる際、質量の減少分がエネルギーとなって発生するものです。将来的かつ長期的な安定供給が期待されるエネルギー源として、量研、大学共同利用機関法人自然科学研究機構核融合科学研究所と大学等が相互に連携・協力して段階的に研究開発を推進しています。グリーン成長戦略では、ITER（国際熱核融合実験炉）計画等の国際連携を通じた核融合研究開発を着実に推進し、21世紀中葉までに核融合エネルギー実用化の目処を得ることを目指すとされています。また、2021年8月には、文部科学省の核融合科学技術委員会が「核融合発電に向けた国際競争時代における我が国の取組方針」を取りまとめ、核融合発電の早期実現のために基幹技術の速やかな獲得に向けた研究開発を強化すべきであることや、人材育成や産学官の多様な機関間の協働の仕組み等の基盤整備が必要であること等を示しました。

　ITER計画は、核融合エネルギーの科学的、技術的実現性を確立することを目指す国際共同プロジェクトであり、我が国、欧州、米国、ロシア等の7極35か国により進められています（図 8-8）。近い時期での運転開始（ファーストプラズマ）、2035年核融合運転開始を目標としてサン・ポール・レ・デュランス（フランス）において建設作業が行われており、日本製の超伝導コイルを始め各極から機器が納入され、2020年夏から核融合炉の組立てが進められています。我が国では量研が国内機関となっており、ITER機構（本部：フランス）との調達取決めに基づき、超伝導コイル等の高い技術を必要とする主要機器等の製作を担当するなど、ITER計画の推進に大きな役割を担っています。

Credit © ITER Organization, https://www.iter.org/

図 8-8　ITER の概要

(出典)ITER ORGANIZATION ウェブサイト

　また、幅広いアプローチ（BA[16]）活動は、ITER計画を補完・支援するとともに、核融合原型炉に必要な技術基盤を確立することを目的とした先進的研究開発プロジェクトであり、日欧協力により我が国で実施しています。我が国では量研が実施機関となっており、青森県六ヶ所村にある六ヶ所研究所では、核融合原型炉に必要な高強度材料の開発を行う施設の設計・要素技術開発のほか、核融合原型炉の概念設計及び研究開発並びにITERでの実験を

---

[16] Broader Approach

遠隔で行うための施設の整備を進めています。さらに、茨城県那珂市にある那珂研究所では、先進超伝導トカマク装置 JT-60SA を用いて、核融合原型炉建設に求められる安全性・経済性等のデータの取得や、ITER の運転や技術目標達成を支援・補完するための取組等を進めるため、運転開始に向けた準備を進めています。このような取組状況を踏まえ、2022 年 1 月に核融合科学技術委員会が「核融合原型炉研究開発に関する第 1 回中間チェックアンドレビュー報告書」を取りまとめ、この段階までの目標の達成度について「おおむね順調に推移している」と評価しました。

加えて、国際原子力機関（IAEA）や国際エネルギー機関（IEA）の枠組みでの多国間協力、米国、欧州等との二国間協力も推進しています。これらの協力を通じて、ITER での物理的課題の解決のために国際トカマク物理活動（ITPA[17]）で実施されている装置間比較実験へ参加するとともに、協力相手国の装置での実験に参加しています。

### （7）　研究開発に関するその他の多国間連携
### ①　第 4 世代原子力システムに関する国際フォーラム（GIF）

第 4 世代原子力システムに関する国際フォーラム（GIF[18]）は、「持続可能性」、「経済性」、「安全性・信頼性」及び「核拡散抵抗性・核物質防護」の開発目標の要件を満たす次世代の原子炉概念を選定し、その実証段階前までの研究開発を国際共同作業で進めるためのフォーラムです。2021 年 3 月末時点で、13 か国と 1 機関（アルゼンチン、オーストラリア、ブラジル、カナダ、中国、フランス、我が国、韓国、ロシア、南アフリカ、スイス、英国、米国及びユーラトム）が参加しています[19]。2030 年代以降に実用化が可能と考えられる 6 候補概念（ガス冷却高速炉、溶融塩炉、ナトリウム冷却高速炉（MOX 燃料、金属燃料）、鉛冷却高速炉、超臨界圧水冷却炉、超高温ガス炉）を対象に、多国間協力で研究開発を推進するとともに、経済性、核拡散抵抗性・核物質防護及びリスク・安全性についての評価手法検討ワーキンググループで横断的な評価手法の整備を進めています。2021 年 7 月には、第 4 世代炉の安全性確保の考え方を記載した基本的な文書が改訂されました。

### ②　原子力革新 2050（NI2050）イニシアチブ

原子力革新 2050（NI[20]2050）イニシアチブは、原子力エネルギーが低炭素エネルギーミックスにおいて重要な役割を果たすこと、新たな原子力技術を開発及び商用化するに当たりイノベーションが必要であることを踏まえ、OECD/NEA が開始した活動です。原子炉システム、燃料サイクル、廃棄物、廃止措置、発電以外への活用等、幅広い技術領域を対象にしており、2050 年を念頭に置いた将来のロードマップを策定しています。

---

[17] International Tokamak Physics Activity
[18] Generation IV International Forum
[19] ただし、アルゼンチンとブラジルは「第四世代の原子力システムの研究及び開発に関する国際協力のための枠組協定」に未署名。
[20] Nuclear Innovation

コラム　　**～海外事例：英国の AMR 研究開発における高温ガス炉～**

　英国政府は、先進モジュール炉（AMR[21]）[22]が低コストでの発電、電力供給の柔軟性向上、産業プロセス利用や水素製造等の幅広い用途で活用可能な技術であるとして、2018 年に AMR 開発支援プログラムを開始しました。同プログラムは、実現可能性等の検討を支援する第 1 フェーズと、開発を支援する第 2 フェーズに分かれています。第 1 フェーズでは、2018 年 5 月から同年 12 月末にかけて、計 8 社のプロジェクトにそれぞれ最大 30 万ポンドが支援されました。第 2 フェーズでは、第 1 フェーズの結果を踏まえ、2020 年 7 月に、核融合炉、鉛冷却高速炉、小型高温ガス炉の 3 つのプロジェクトを選定し、それぞれに 1,000 万ポンドの資金援助を行う方針が発表されました。

　また、英国は 2019 年に先進国で初めて 2050 年までのカーボンニュートラルを法的拘束力がある目標として定めた国であり、その達成のためにも AMR を始めとする原子力技術を支援しています。2020 年 11 月には、新型コロナウイルス感染症からの経済復興と地球温暖化対策の両立を目指すグリーンリカバリーを実現するための計画として、「10-Point Plan」を公表し、10 分野の低炭素技術に関する政策を示しました。そのうち原子力分野では、3.85 億ポンドの革新原子力ファンドを創設し、AMR の開発に 1.7 億ポンドを投じる方針が示されるとともに、2030 年代初頭に AMR 実証炉の運転を開始するという目標が示されました。

　2021 年 7 月には、原子力イノベーション・研究局が AMR の技術評価報告書を公表し、6 種類の炉型[23]を 10 項目[24]の観点で評価・比較した結果、AMR 実証炉として高温ガス炉が最も有望であるとしました。なお、同報告書における高温ガス炉の評価に当たっては、原子力機構の HTTR が原子炉出口冷却材温度約 950℃で 50 日の連続運転に成功したことや、米国、カナダ、我が国との協力関係が有益に作用する可能性についても言及されています。

　このような取組を背景に、英国政府は 2021 年 7 月、革新原子力ファンドの 1.7 億ポンドを活用した AMR 実証プログラムにおいて、高温ガス炉を対象とする方針を示しました。さらに、この方針に対するパブリック・コメントを経て、英国政府は同年 12 月に、AMR 実証プログラムとして 2030 年代初頭に高温ガス炉の実証を目指す方針を決定しました。2022 年 2 月に公表された AMR 実証プログラムの概要では、プログラムの第一段階として、同年春から冬にかけて実現性に関する調査や基本設計、潜在的なエンドユーザーに関する検討等を行う計画が示されています。

---

[21] Advanced Modular Reactor
[22] 英国においては、軽水以外を冷却材として用いる小型炉を AMR として分類。
[23] 高温ガス炉、ナトリウム冷却高速炉、鉛冷却高速炉、溶融塩炉、超臨界水冷却炉、ガス冷却高速炉の 6 種類。
[24] 導入時期（2050 年カーボンニュートラルに寄与する時期での導入可能性）、熱利用（低炭素水素生産等の高温熱利用の可能性）、安全性、核セキュリティ、英国にとっての価値（英国のサプライチェーン等を活用した雇用創出の可能性）、経済性、展開性（負荷追従性や立地の柔軟性等、展開時に考慮すべき要素）、適応性（医療用 RI 生産等の将来的な用途に対する柔軟性）、廃棄物・環境（資源採鉱から廃棄物処分までのライフサイクルで環境に与える影響）、国際協力の 10 項目。

| コラム | 〜群分離・核変換技術の研究開発に係る検討〜 |

　群分離・核変換技術とは、高レベル放射性廃棄物に含まれる放射性核種を半減期や利用目的に応じて分離する（群分離）とともに、長寿命核種を短寿命核種あるいは非放射性核種に変換する（核変換）ための技術です。従来技術では、使用済燃料を再処理する際、回収したプルトニウム等はエネルギー資源として有効活用され、その他の核分裂生成物等は高レベル放射性廃棄物として地層処分されます。しかし、群分離・核変換技術を適用することにより、分離した有用な元素の利用（ディーゼル排ガス浄化触媒装置における白金属の利用等）や、核変換による放射性廃棄物の減容化・有害度低減（半減期214万年のネプツニウム237（Np-237）を、半減期約18分のテクネチウム104（Tc-104）を経て非放射性のルテニウム104（Ru-104）に変換等）が可能となります。

　群分離・核変換技術には、高速炉サイクルの中で実施する「発電用高速炉利用型」と、加速器駆動核変換システム（ADS[25]）を用いた「階層型」の2種類があり、原子力機構等において研究開発が進められています。また、第6次エネルギー基本計画では、高速炉や加速器を用いた核種変換など放射性廃棄物の処理・処分の安全性を高める技術等の開発を国際的な人的ネットワークを活用しつつ推進する方針が示されています。

　2021年5月には、文部科学省の原子力研究開発・基盤・人材作業部会の下に、群分離・核変換技術評価タスクフォースが設置されました。同タスクフォースでは、ADSを中心とした群分離・核変換技術について、我が国の現在の技術レベル、国際的な研究開発の状況、関連分野の技術の進展や産業界の動向等を踏まえ、必要な研究開発について検討を行い、同年12月に報告書を取りまとめました。同報告書では、「高レベル放射性廃棄物の処理・処分の社会的負担を軽減するため、廃棄物の減容・有害度低減を進めることは重要であり、我が国においても群分離・核変換技術の確立に向けた研究開発は引き続き着実に進めるべきである」とし、重点的に取り組むべき研究開発項目を分野ごとに示しています。

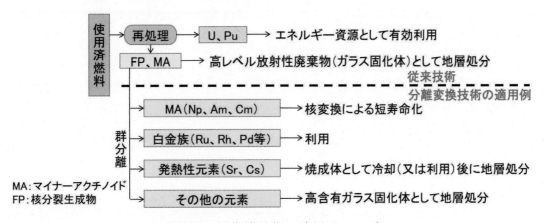

群分離・核変換技術の適用イメージ

(出典)第40回原子力委員会資料第1号　文部科学省「群分離・核変換技術について」(2021年)

---

[25] Accelerator Driven System

## 8−3 基盤的施設・設備の強化

> 　研究開発や技術開発、人材育成を進める上で、研究開発機関や大学等が保有する基盤的施設・設備は不可欠です。しかし、多くの施設・設備は高経年化が進んでいることに加え、東電福島第一原発事故以降は、新規制基準への対応のために一旦全ての研究炉の運転が停止しました。関係機関では、運転再開に向けた取組や、求められる機能を踏まえた選択と集中を進めています。

### (1)　基盤的施設・設備の現状及び課題

　研究炉や放射性物質を取り扱う研究施設等の基盤的施設・設備は、研究開発や人材育成の基盤となる不可欠なものです。しかし、新規制基準への対応や高経年化により、研究開発機関、大学等における利用可能な基盤的施設・設備等は減少しており、その強化・充実が喫緊の課題となっています。そのため、国、原子力機構及び大学は、長期的な見通しの下に求められる機能を踏まえて選択と集中を進め、国として保持すべき研究機能を踏まえてニーズに対応した基盤的施設・設備の構築・運営を図っていく必要があります。

　また、研究開発機関及び大学等が保有する基盤的施設・設備は、産学官の幅広い供用の促進や、そのための利用サービス体制の構築、共同研究等の充実により、効果的かつ効率的な成果の創出に貢献することが期待されます。

### (2)　研究炉等の運転再開に向けた新規制基準対応状況

　原子力機構、大学等の研究炉や臨界実験装置は、最も多い時期には20基程度運転していましたが、2022年3月末時点では停止中のものを含めても8基にまで減少しています（図8-9）。その多くが建設から40年以上経過するなど高経年化が進んでいることに加え、東電福島第一原発事故以降は全ての研究炉が一旦運転を停止し、新規制基準への対応を行っています。原子力機構の研究炉のうち、原子炉安全性研究炉（NSRR）、JRR-3、高温工学試験研究炉（HTTR）、定常臨界実験装置（STACY[26]）は新規制基準への適合に係る設置変更が許可されました。NSRRは2018年6月、JRR-3は2021年2月、HTTRは2021年7月に運転が再開されており、STACYは2023年1月頃の運転再開が計画されています。「常陽」については、新規制基準への適合性確認に係る審査対応を進めています。また、京都大学臨界集合体実験装置（KUCA[27]）、京都大学研究用原子炉（KUR）、近畿大学原子炉（UTR-KINKI）は、新規制基準への適合に係る設置変更が原子力規制委員会により許可（承認）され、運転を再開しています[28]。

---

[26] Static Experiment Critical Facility
[27] Kyoto University Critical Assembly
[28] 2022年4月5日、京都大学は、2026年5月までにKURの運転を終了すると発表。

茨城県東海村
★原子炉
【東京大学大学院工学系研究科 原子力専攻】
　×東京大学原子炉(弥生)

【日本原子力研究開発機構】
　×JRR－2
　○JRR－3
　　※R3.2.26 運転再開
　×JRR－4
　○原子炉安全性研究炉(NSRR)
　　※H30.6.28 運転再開

★臨界実験装置
【日本原子力研究開発機構】
　○定常臨界実験装置(STACY)
　　※H31.1.31 設置変更許可取得
　×過渡臨界実験装置(TRACY)
　×高速炉臨界実験炉(FCA)
　×軽水臨界実験炉(TCA)

青森県むつ市
★原子炉
【日本原子力研究開発機構】
　×原子力第1船 むつ

茨城県大洗町
★原子炉
【日本原子力研究開発機構】
　×材料試験炉(JMTR)
　○高温工学試験研究炉(HTTR)
　　※R3.7.30 運転再開
　△高速実験炉(常陽)
　　※H29.3.30 設置変更許可申請済

★臨界実験装置
【日本原子力研究開発機構】
　×重水臨界実験装置(DCA)

神奈川県横須賀市
★原子炉
【東京都市大学】
　×東京都市大学炉

神奈川県横須賀市
★原子炉
【立教大学】
　×立教大学炉

大阪府東大阪市
★原子炉
【近畿大学】
　○近畿大学炉
　　※H29.4.12 運転再開

大阪府熊取町
★原子炉
【京都大学複合原子力科学研究所】
　○京都大学(KUR)
　　※H29.8.29 運転再開
★臨界実験装置
【京都大学複合原子力科学研究所】
　○京都大学臨界集合体実験装置(KUCA)
　　※H29.6.21 運転再開

| 1995年 | ○運転中 | △停止中 | ×廃止措置中 |
|---|---|---|---|
| 原子炉施設 | 20 | 0 | 6 |

| 2003年 | ○運転中 | △停止中 | ×廃止措置中 |
|---|---|---|---|
| 原子炉施設 | 16 | 0 | 11 |

| 2016年 | ○運転中 | △停止中 | ×廃止措置中 |
|---|---|---|---|
| 原子炉施設 | 0 | 13 | 6 |

| 2022年3月末 | ○運転中 | △停止中 | ×廃止措置中 |
|---|---|---|---|
| 原子炉施設 | 6 | 2 | 11 |

運転再開予定も含め、我が国の試験研究炉は、
茨城県に5施設（日本原子力研究開発機構）
大阪府に3施設（京都大学、近畿大学）
計8施設のみ。

図 8-9　我が国の研究炉・臨界実験装置の状況

(出典)文部科学省提供資料を一部改変

## （3）　原子力機構の研究開発施設の集約化・重点化

　文部科学省の原子力科学技術委員会の下に設置された原子力研究開発基盤作業部会[29]が
2018 年 4 月に取りまとめた「中間まとめ」では、国として持つべき原子力の研究開発機能
を大きく 7 つに整理しています（表 8-2）。

表 8-2　国として持つべき原子力の研究開発機能

| | 研究開発機能 |
|---|---|
| 1. | 東電福島第一原発事故の対処に係る、廃炉等の研究開発 |
| 2. | 原子力の安全性向上に向けた研究 |
| 3. | 原子力の基礎基盤研究 |
| 4. | 高速炉の研究開発 |
| 5. | 放射性廃棄物の処理・処分に関する研究開発等 |
| 6. | 核不拡散・核セキュリティに資する技術開発等 |
| 7. | 人材育成 |

(出典)科学技術・学術審議会研究計画・評価分科会原子力科学技術委員会原子力研究開発基盤作業部会「原子力科学技術
委員会 原子力研究開発基盤作業部会 中間まとめ」(2018 年)に基づき作成

---

[29] 2019 年 8 月、原子力人材育成作業部会、群分離・核変換技術評価作業部会、高温ガス炉技術研究開発作
業部会とともに、「原子力研究開発・基盤・人材作業部会」に改組・統合。

はじめに

特集

第1章

第2章

第3章

第4章

第5章

第6章

第7章

第8章

資料編

用語集

　原子力機構が管理・運用している原子力施設は、研究開発のインフラとして欠かせないものです。2022年3月末時点で、加速器施設等も含めて11施設・設備が供用施設として大学、研究機関、民間企業等に属する外部研究者に提供されています。また、東電福島第一原発事故以前は、現在量研に移管されたイオン照射研究施設（TIARA[30]）等も含め、年間1,000件程度の利用実績がありました。しかし、施設の多くは高経年化への対応が課題となっていることに加え、継続利用する施設の新規制基準への対応にも、閉鎖する施設の廃止措置及びバックエンド対策[31]にも多額の費用が発生することが見込まれます。このような状況を踏まえ、原子力機構は、施設の集約化・重点化、施設の安全確保、バックエンド対策を三位一体で進める総合的な計画として「施設中長期計画」を2017年4月に策定し、以降は進捗状況等を踏まえて毎年度改定しています（図8-10）。

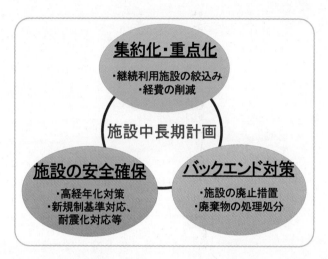

図 8-10　原子力機構「施設中長期計画」の概要
（出典）原子力機構「施設中長期計画（令和3年4月1日）」（2021年）

　施設の集約化・重点化に当たっては、最重要分野とされる「安全研究」及び「原子力基礎基盤研究・人材育成」に必要不可欠な施設や、東電福島第一原発事故への対処、高速炉研究開発、核燃料サイクルに係る再処理、燃料製造及び廃棄物の処理処分研究開発等の原子力機構の使命達成に必要不可欠な施設については継続利用とする方針の下で、検討が進められました。2021年4月に改定された計画では、全89施設[32]のうち、46施設が継続利用施設、廃止措置中のものを含めて44施設が廃止施設とされています（図8-11）。

　廃止施設の中には、各種照射実験、中性子ビーム実験、放射性同位体（RI）製造や医療照射等に利用された研究炉であるJRR-2[33]、放射化分析、半導体用シリコンの照射、原子力技術者の養成等に利用されたJRR-4[34]、放射性物質の放出挙動を究明するための過渡臨界実験装置TRACY[35]、重水臨界実験装置DCA[36]、我が国で唯一の材料試験炉であるJMTR等も含まれています。JMTR廃止により機能が失われる照射利用について、原子力機構に設置されたJMTR

---

[30] Takasaki Ion Accelerators for Advanced Research Application
[31] 第6章6-2(2)②「研究開発施設等の廃止措置」を参照。
[32] 「原子炉特研」は、核燃料物質使用施設として2018年に廃止措置が終了した後にRI施設として継続利用されており、継続利用施設と廃止施設の両方に含まれているため、継続利用施設数と廃止措置施設数の和は全施設数と一致しません。
[33] Japan Research Reactor No.2
[34] Japan Research Reactor No.4
[35] Transient Experiment Critical Facility
[36] Deuterium Critical Assembly

後継炉検討委員会が 2021 年 3 月に「JMTR 後継となる新たな試験照射炉の建設に向けた検討報告書」を取りまとめました。同報告書では、社会的要請・利用ニーズの再整理、海外施設利用に関する調査の結果を踏まえ、JMTR 後継炉の概略仕様の検討結果が示されるとともに、今後の対応として、国レベルでの透明性の高い議論を進めていくこと、規制プロセスのリスク低減を図ること等が提案されました。さらに、これらの提案事項について、同委員会は 2021 年度に、新照射試験炉の建設に向けた具体的な対応方針の検討を進めました。

また、2016 年 12 月に「もんじゅ」を廃止措置とする政府方針を決定した際に、「もんじゅ」サイトを活用して新たな試験研究炉を設置し、今後の研究開発や人材育成を支える基盤となる中核的拠点となるよう位置付けることとされました。「もんじゅ」サイトに設置する新たな試験研究炉については、2020 年 9 月に、西日本における研究開発・人材育成の中核的拠点としてふさわしい機能の実現及び地元振興への貢献の観点から、中性子ビーム利用を主目的とした中出力炉とする方針が示されました。これを受け、中核的機関（原子力機構、京都大学、福井大学）、学術界、産業界、地元関係機関等からなるコンソーシアムが構築され、試験研究炉の概念設計や運営の在り方検討等が進められています。

**別表1　施設の集約化・重点化計画**
**—継続利用施設、廃止施設【全原子力施設マップ】—**

令和3年4月1日現在

| | 継続利用施設（46施設）*1 | | | | 廃止施設（44施設）*1（廃止措置中及び計画中のものを含む）*2 | | | | |
|---|---|---|---|---|---|---|---|---|---|
| | 原科研 | 核サ研 | 大洗研 | その他 | 敦賀 | 原科研 | 核サ研 | 大洗研 | その他 |
| 原子炉施設 | JRR-3<br>原子炉安全性研究炉(NSRR)<br>定常臨界実験装置(STACY)<br>放射性廃棄物処理場！ | 常陽<br>高温工学試験研究炉(HTTR) | | | ふげん<br>もんじゅ | 高速炉臨界実験装置(FCA)　軽水臨界実験装置(TCA)<br>過渡臨界実験装置(TRACY)　JRR-2／JRR-4 | | 材料試験炉(JMTR)<br>重水臨界実験装置(DCA) | 青　関根施設(むつ) |
| 核燃料使用施設　政令41条該当 | 燃料試験施設(RFEF)<br>バックエンド研究施設(BECKY)<br>廃棄物安全試験施設(WASTEF)<br>ホットラボ(核燃料物質保管部) | Pu燃料第一開発室(Pu-1)<br>Pu燃料第三開発室(Pu-3)<br>Pu廃棄物処理開発施設(PWTF)<br>第2Pu廃棄物貯蔵施設(第2PWSF)　M棟<br>ウラン廃棄物処理施設(焼却施設、UWSF、第2UWSF) | 照射装置組立検査施設(IRAF)<br>照射燃料集合体試験施設(FMF)<br>固体廃棄物前処理施設(WDF) | 人）廃棄物処理施設 | | Pu研究1棟<br>ホットラボ(解体部)！<br>放射性廃棄物処理場の一部(汚染除去場、液体処理場、圧縮処理施設) | 高レベル放射性物質研究開発施設(CPF)<br>J棟／B棟　Pu燃料第二開発室(Pu-2)<br>Pu廃棄物貯蔵施設(AGF)<br>東海地区ウラン濃縮施設(第2ﾊﾞｲﾛｯﾄ、濃縮ﾛｰﾀ組立管理ﾗﾎﾞ、遠心機管理ﾗﾎﾞ、等) | 照射材料試験施設(MMF)<br>第2照射材料試験施設(MMF-2)(核燃部分廃止)<br>照射燃料試験施設<br>JMTRホットﾗﾎﾞ<br>燃料研究棟 | 人）製錬転換施設<br>人）濃縮工学施設 |
| 核燃料使用施設　政令41条非該当 | タンデム加速器建家<br>第4研究棟<br>高度環境分析研究棟<br>放射線標準施設<br>JRR-3実験利用棟(第2棟)<br>RI製造棟 | 安全管理棟<br>放射線保健室<br>計測器校正室<br>洗濯場 | 安全管理棟<br>放射線管理棟<br>環境監視棟 | 人）開発試験棟<br>人）解体物管理施設(旧製錬所)<br>青）大湊施設研究棟 | | トリチウムプロセス研究棟(TPL)<br>バックエンド技術開発建家<br>核融合中性子源施設(FNS)建家<br>再処理特別研究棟<br>JRR-1残存施設（核燃料倉庫）<br>保障措置技術開発試験室<br>ウラン濃縮研究棟<br>廃止炉雑研(核燃料使用施設) | 応用試験棟<br>燃料製造機器試験室<br>A棟 | Na分析室<br>燃料溶融試験試料保管室(NUSF) | |
| 再処理施設 | | | | | | | 東海再処理施設<br>リスク低減や今後廃止措置に必要な施設等は当面利用する。(TVF、処理施設(AA F,E,Z,C)、貯蔵施設、等) | | |
| その他(加工、RI、廃棄物管理施設等) | リニアック建家　FEL研究棟<br>大型非定常ループ実験棟<br>第2研究棟<br>原子炉特研(RI使用施設)*1 | 地層処分放射化学研究施設(QUALITY)<br>廃棄物管理施設 | 第2照射材料試験施設(MMF-2)(RI使用施設として活用)<br>人）総合管理棟・校正室 | 濃煙）土岐地球年代学研究所 | 重水精製建屋 | 環境シミュレーション実験棟 | | | 人）ウラン濃縮原型プラント |

継続利用施設：　主要な研究開発施設(維持管理費＜約0.5億円/年)<br>小規模研究開発施設及び拠点運営のために必要な施設(廃棄物管理、放射線管理等)
廃止施設：　廃止措置中及び計画中の施設／廃止措置が終了した施設(施設中長期計画策定(H29.4)以降に廃止措置が終了した施設)
継続利用施設であるが、施設の一部を廃止する施設

*1：現時点での施設数（平成29年4月策定時の継続利用施設数45施設に、原子炉特研(RI使用施設)（平成30年に核燃料使用施設として廃止措置終了後にRI施設として継続）を追加し46施設となっている。）
*2：一部の廃止施設は、廃棄物処理や外部ニーズ対応等の活用後に廃止。

人）：人形峠環境技術センター
青）：青森研究開発センター
東濃）：東濃地科学センター

図 8-11　原子力機構における施設の集約化・重点化計画

(出典)原子力機構「施設中長期計画(令和 3 年 4 月 1 日)の概要」(2021 年)

## 8-4 人材の確保及び育成

> 東電福島第一原発事故の教訓を踏まえ、安全性を追求しつつ原子力エネルギーや放射線の利用を行っていくためには、高度な技術と高い安全意識を持った人材の確保が必要です。人材育成は、イノベーションを生み出すための基盤と捉えることもできます。
>
> 一方で、我が国では、原子力利用を取り巻く環境変化や世代交代等により、人材が不足し、知識・技術が継承されないことへの懸念が生じています。このような課題は原子力関係機関の共通認識となっており、各機関の特色を生かしつつ、大学における教育、研究機関における専門知識を持つ研究者・技術者の育成、民間企業における現場を担う人材の育成、国等の行政機関の職員の育成等が進められています。

### (1) 人材育成・確保の動向及び課題

　安全確保を図りつつ原子力利用を進めるためには、発電事業に従事する人材、廃止措置に携わる人材、大学や研究機関の教員や研究者、利用政策及び規制に携わる行政官、医療、農業、工業等の放射線利用を行う技術者等、幅広い分野において様々な人材が必要とされます。

　しかしながら、原子力利用を取り巻く環境変化等を受け、大学では、原子力分野への進学を希望する学生の減少や、学部や専攻の大くくり化等（図 8-12）による原子力専門科目の開講科目数の減少、原子力分野を専門とする大学教員、特に若手教員の減少、稼働している教育試験炉の減少に伴う実験・実習の機会の減少が進んでいます。また、企業では、建設プロジェクト従事経験者の高齢化が進んでいます。このような状況により、人材が不足し、知識や技術の継承が途絶えてしまい、原子力利用の推進と安全管理の両方に支障を来すことが懸念されます。なお、フィンランド、フランス、米国では原子力発電所の建設が大きく遅延しました。これは、新規建設が長年行われなかったことにより、原子力発電所特有の建設や製造経験の継承に失敗したことも一因であると分析されています。

　原子力委員会は、2018年2月に「原子力分野における人材育成について（見解）」を取りまとめ、優秀な人材の勧誘、高等教育段階と就職後の仕事を通じた人材育成について、それぞれ留意すべき事項を示しました。また、令和元年度版原子力白書では、原子力分野を担う人材の育成を特集として取り上げ、我が国の大学における原子力教育の質向上に向けて取り組むべき方向性例を示しました（図 8-13）。

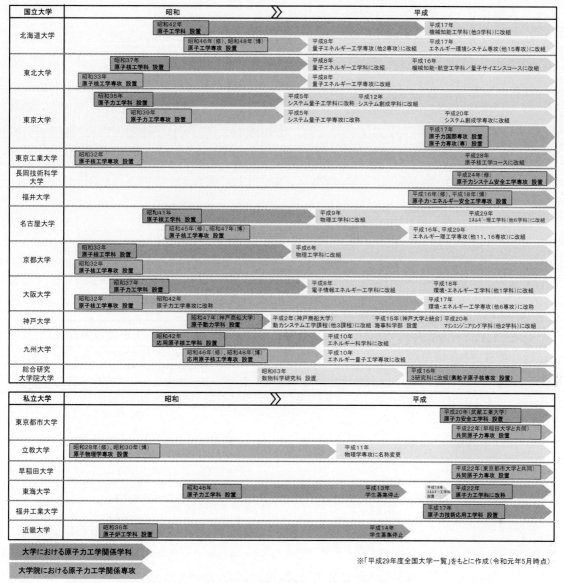

図 8-12　原子力関係学科・専攻の設立変遷

(出典)第 3 回科学技術・学術審議会研究計画・評価分科会原子力科学技術委員会原子力研究開発・基盤・人材作業部会資料 2-2　文部科学省「国際原子力人材育成イニシアティブ事業の見直し等について」(2020 年)

- ◇　原子力教育の改善（質確保の仕組み、双方向コミュニケーション等）
- ◇　研究・教育の国際的なプレゼンスの向上（優秀な留学生の獲得、諸外国との連携等）
- ◇　大学における原子力教育の維持（若手教員の確保、実験設備の維持等）
- ◇　大学外での人材育成（企業や研究開発機関との連携、インターンシップ等）
- ◇　原子力分野の魅力の発信（原子力分野の人気向上等）

図 8-13　大学における原子力教育の質向上に向けて取り組むべき方向性例

(出典)原子力委員会「令和元年度版原子力白書」(2020 年)に基づき作成

（2）　人材育成・確保に向けた取組

①　産学官連携による取組

　「原子力人材育成ネットワーク」は、国（内閣府、外務省、文部科学省、経済産業省）の呼び掛けにより 2010 年 11 月に設立されました。2022 年 3 月末時点で 84 機関[37]が参加し、産学官連携による相互協力の強化と一体的な原子力人材育成体制の構築を目指して、機関横断的な事業を実施しています（図 8-14）。具体的には、国内外の関係機関との連携協力関係の構築、ネットワーク参加機関への連携支援、国内外広報、国際ネットワーク構築、機関横断的な人材育成活動の企画・運営、海外支援協力（主に新規原子力導入国）の推進等を行っています[38]。

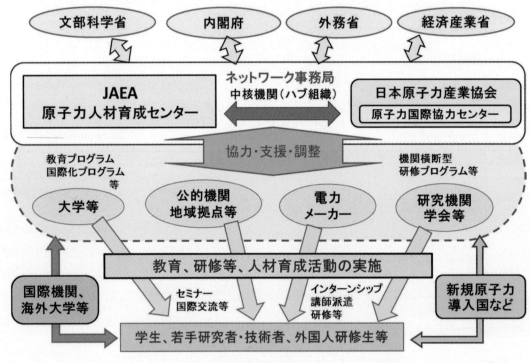

図 8-14　原子力人材育成ネットワークの体制

(出典)原子力人材育成ネットワークパンフレット[39]

---

[37] 大学等（27）、電力事業者等（14）、原子力関連メーカー（7）、 研究機関・学会（10）、原子力関係団体（16）、行政機関（7）、その他（3）。

[38] 原子力人材育成ネットワーク等が IAEA と共催している「Japan-IAEA 原子力エネルギーマネジメントスクール」等の開催については、第 3 章 3-3(1)①4)「原子力発電の導入に必要な人材育成の支援」を参照。

[39] https://jn-hrd-n.jaea.go.jp/material/common/pamphlet20210702.pdf

## ② 国による取組

　文部科学省は、「国際原子力人材育成イニシアティブ事業」や英知事業等により、産学官が連携した国内外の人材育成の取組を支援しています。国際原子力人材育成イニシアティブ事業では、2021 年に「未来社会に向けた先進的原子力教育コンソーシアム」（ANEC[40]）を創設し、我が国の原子力分野の人材育成機能を維持・充実していくために、大学や研究機関等が組織的に連携して共通基盤的な教育機能を補い合う取組を進めています。また、原子力科学技術委員会の下に原子力研究開発・基盤・人材作業部会を設置し、研究開発、研究基盤、人材育成に関する課題や在り方等について、国内外の最新動向を踏まえつつ一体的・総合的に検討を行っています。

　資源エネルギー庁は、我が国の原子力施設の安全を確保するための人材の維持・発展を目的の一つとして、「原子力産業基盤強化事業」において、世界トップクラスの優れた技術を有するサプライヤーの支援や、技術開発・再稼働・廃炉等の現場を担う人材の育成等を推進しています。また、小中学生向けに、学習指導要領に準拠したエネルギー教育副教材[41]を作成しています。同副教材では、原子力を含む様々な発電方法や燃料の長所と短所の両面や、持続可能な社会に向けたエネルギーミックスの考え方等を説明し、エネルギー問題に対する児童・生徒の当事者意識の醸成を目指しています。

　原子力規制委員会は、「原子力規制人材育成事業」により国内の大学等と連携し、原子力規制に関わる人材を効果的・効率的・戦略的に育成するための取組を推進しています。また、同委員会の下に設置された原子力安全人材育成センターでは、「原子力規制委員会職員の人材育成の基本方針」に沿って職員への研修や人材育成制度等の充実に取り組んでいるほか、原子炉主任技術者及び核燃料取扱主任者の国家試験を行っています。

　内閣府は、原子力災害への対応の向上を図るため、原子力災害対応を行う行政職員等を対象とした各種の研修等を実施しています。

　外務省は、若手人材を国際機関に派遣する JPO[42]派遣制度や経済産業省と共催でのウェビナー開催等を通じ、国際的に活躍する国内人材の育成を行っているほか、IAEA の技術協力事業を通じた海外人材の育成支援を実施しています。

---

[40] Advanced Nuclear Education Consortium for the Future Society

[41] https://www.enecho.meti.go.jp/category/others/tyousakouhou/kyouikuhukyu/fukukyouzai/

[42] Junior Professional Officer

### ③　研究開発機関による取組

　原子力機構、量研では、それぞれが保有する多様な研究施設を活用しつつ、研究者、技術者、医療関係者等幅広い職種を対象とした様々な研修を実施しています。

　原子力機構の原子力人材育成センターでは、RI・放射線技術者や原子力エネルギー技術者を養成するための国内研修、専門家派遣や学生受入れ等による大学との連携協力、近隣アジア諸国を対象とした国際研修等を行っています（図 8-15 左）。

　量研の人材育成センターでは、放射線の安全利用に係る技術者の育成、原子力災害、放射線事故、核テロ対応の専門家育成、及び将来の放射線技術者育成に向けた若手教育と学校教育支援を通し、放射線に関わる知識の普及と専門人材の育成を実施しています（図 8-15 右）。

 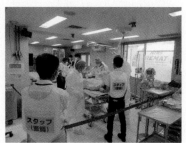

**図 8-15　原子力機構における研修（左）、量研による被ばく医療研修（右）の様子**
(出典)左:原子力機構「原子力人材育成センターパンフレット」、右:量研人材育成センター提供資料

### ④　大学・高等専門学校による取組

　大学や高等専門学校（以下「高専」という。）においても、特色のある人材育成の取組が進められています。

　例えば、東京大学の原子力専攻（専門職大学院）における授業科目の一部は、国家資格である核燃料取扱主任者及び原子炉主任技術者の一次試験を一部免除できるものとして、原子力規制委員会により認定されています。京都大学では、京都大学臨界集合体実験装置（KUCA）を用いて京都大学及び他大学の大学院生が参加する大学院生実験を実施しており、原子炉の基礎実験だけでなく、燃料の取扱い、原子炉運転操作等、原子炉に直接接する貴重な体験を提供しています（図 8-16）。近畿大学でも、近畿大学原子炉（UTR-KINKI）を用いて、全国の大学の学生・研究者に原子炉実機を扱う実習を提供しています。大阪大学は、放射線科学基盤機構を設置し、人材育成を部局横断で機動的に行っています。

**図 8-16　京都大学臨界集合体実験装置（KUCA）における大学院生実験**
(出典)京都大学臨界集合体実験装置ウェブサイト「大学院生実験　実験模様」

国立高専機構は、モデルコアカリキュラムを策定し、全国の国立高専で育成する技術者が備えるべき能力についての到達目標等を提示しています。分野別の専門的能力のうち電気分野では、到達目標の一つとして、原子力発電の原理について理解し、原子力発電の主要設備を説明できることが挙げられています。各国立高専では、同カリキュラムに基づき、社会ニーズに対応できる技術者の育成に向けた実践的教育が実施されています。

### ⑤　原子力関係団体や各地域による取組

一般社団法人原子力安全推進協会（JANSI）は、緊急時対応力の向上のためのリーダーシップ研修、原子力発電所の運転責任者に必要な教育・訓練、運転責任者に係る基準に適合する者の判定、原子力発電所の保全工事作業者を対象とした保全技量の認定等を構築、運用しています。また、公益社団法人日本アイソトープ協会や公益財団法人原子力安全技術センター等では、地方公共団体、大学、民間企業等の幅広い参加者を対象に、放射線取扱主任者等の資格取得に関する講習等を実施しています。

さらに、各地域において、原子力関連施設の立地環境を生かした取組が進められています。福井県では1994年9月に若狭湾エネルギー研究センター、2011年4月に同研究センターの下に福井県国際原子力人材育成センターが、茨城県では2016年2月に原子力人材育成・確保協議会が、青森県では2017年10月に青森県量子科学センターがそれぞれ設立され、当該地域の関係機関等が協力して原子力人材の育成に取り組んでいます。

---

**コラム　〜廃炉創造ロボコン〜**

原子力機構及び廃止措置人材育成高専等連携協議会の主催により、長期に及ぶ東電福島第一原発の廃炉作業を想定したロボットコンテストである「廃炉創造ロボコン」が実施されています。同大会は、ロボットの製作を通じて、学生に廃炉に関する興味を持ってもらうと同時に、学生の創造性、課題解決能力、課題発見能力を養うことを目的としています。

2021年12月に開催された第6回廃炉創造ロボコンには、全国の12高専から13チームが参加しました。原子炉建屋内の高線量エリアにおいて高い位置の壁を除染するという課題に対して、各チームが制作したロボットの性能や操作を競い合い、広い除染面積を達成しコンパクトで完成度の高いロボットが評価された小山高専が文部科学大臣賞（最優秀賞）を受賞しました。

**第6回廃炉創造ロボコンの様子**
(出典)原子力機構及び廃止措置人材育成高専等連携協議会提供資料

## 1　我が国の原子力行政体制

　我が国の原子力の研究、開発及び利用は、1956年以来、「原子力基本法」（昭和30年法律第186号）に基づき、平和の目的に限り、安全の確保を旨として、民主的な運営の下に自主的に推進されてきています。また、これを担保するため、原子力委員会、原子力規制委員会、原子力防災会議が設置されています。

　原子力委員会は、原子力利用に関する国の施策を計画的に遂行し、原子力行政の民主的な運営を図るため、内閣府に設置され、原子力利用に関する事項（安全の確保のうちその実施に関するものを除く）について企画し、審議し、及び決定することを担当しています。

　原子力規制委員会は、原子力利用における安全の確保を図るため、環境省の外局として設置されています。

　原子力防災会議は、内閣総理大臣を議長として、政府全体としての原子力防災対策を進めるため、関係機関間の調整や計画的な施策遂行を図る役割を担う機関として内閣に設置されています。

　また、関係行政機関として、総務省、外務省、文部科学省、厚生労働省、農林水産省、経済産業省、国土交通省、環境省等があり、原子力委員会の所掌事項に関する決定を尊重しつつ、原子力行政事務が行われています。

　このように、原子力行政機関は「推進行政」と「安全規制行政」を担当する機関が分離されています。

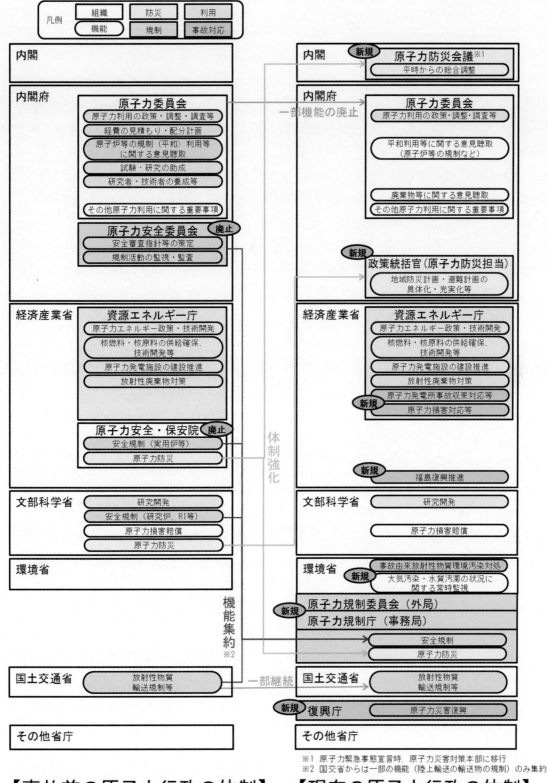

はじめに

特集

第1章

第2章

第3章

第4章

第5章

第6章

第7章

第8章

資料編

用語集

凡例　組織　防災　利用
　　　機能　規制　事故対応

**【事故前の原子力行政の体制】**

内閣

内閣府

原子力委員会
原子力利用の政策・調整・調査等
経費の見積もり・配分計画
原子炉等の規制（平和）利用等
に関する意見聴取
試験・研究の助成
研究者・技術者の養成等
その他原子力利用に関する重要事項

原子力安全委員会　廃止
安全審査指針等の策定
規制活動の監視・監査

経済産業省

資源エネルギー庁
原子力エネルギー政策・技術開発
核燃料・核原料の供給確保、
技術開発等
原子力発電施設の建設推進
放射性廃棄物対策

原子力安全・保安院　廃止
安全規制（実用炉等）
原子力防災

文部科学省
研究開発
安全規制（研究炉、RI等）
原子力損害賠償
原子力防災

環境省

機能集約 ※2

国土交通省　放射性物質輸送規制等

その他省庁

体制強化

**【現在の原子力行政の体制】**

内閣　新規　原子力防災会議※1
平時からの総合調整

内閣府

原子力委員会
原子力利用の政策・調整・調査等
平和利用等に関する意見聴取
（原子炉等の規制など）
廃棄物等に関する意見聴取
その他原子力利用に関する重要事項

新規　政策統括官（原子力防災担当）
地域防災計画・避難計画の
具体化・充実化等

経済産業省

資源エネルギー庁
原子力エネルギー政策・技術開発
核燃料・核原料の供給確保、
技術開発等
原子力発電施設の建設推進
放射性廃棄物対策
新規　原子力発電所事故収束対応等
原子力損害対応等

新規　福島復興推進

文部科学省
研究開発
原子力損害賠償

環境省　新規
事故由来放射性物質環境汚染対処
大気汚染・水質汚濁の状況に
関する常時監視

新規　原子力規制委員会（外局）
原子力規制庁（事務局）
安全規制
原子力防災

国土交通省　放射性物質輸送規制等

新規　復興庁　原子力災害復興

その他省庁

一部機能の廃止

一部継続

※1　原子力緊急事態宣言時、原子力災害対策本部に移行
※2　国交省からは一部の機能（陸上輸送の輸送物の規制）のみ集約

東電福島第一原発事故前後の原子力行政の体制

はじめに

特集

第1章

第2章

第3章

第4章

第5章

第6章

第7章

第8章

資料編

用語集

## 2 原子力委員会

　原子力委員会は、「原子力基本法」及び「原子力委員会設置法」（当時）に基づき、原子力の研究、開発及び利用に関する国の施策を計画的に遂行し、原子力行政の民主的運営を図る目的をもって、1956年1月1日、総理府に設置されました（国家行政組織法第8条に基づく審議会等）。国務大臣をもって充てられた委員長と4人の委員（両議院の同意を得て、内閣総理大臣が任命）から構成され、設置時は、正力松太郎委員長、石川一郎委員、湯川秀樹委員、藤岡由夫委員、有澤廣巳委員の5名でした。なお、同年5月に科学技術庁が設置され、それ以降、委員長は科学技術庁長官たる国務大臣をもって充てることとされました。

　1974年の原子力船「むつ」問題を直接の契機として設けられた原子力行政懇談会の報告を参考とし、原子力行政体制の改革・強化を図るため、1978年10月に原子力基本法等の改正が施行されました。この改正により、推進と規制の機能が分割され、複数の省庁にまたがる規制を一貫化し、責任体制の明確化が図られました。同時に、従来の原子力委員会が有していた安全の確保に関する機能を分離して、新たに安全の確保に関する事項について企画し、審議し、及び決定する原子力安全委員会が設置され、行政庁の行う審査に対しダブルチェックを行うこととするなど、規制体制の整備充実が図られました。

　2001年1月には、中央省庁等改革により、原子力委員会が内閣府に設置されることとされました。それまで科学技術庁長官たる国務大臣をもって充てられていた原子力委員会委員長については、委員と同様に両議院の同意を得て内閣総理大臣が任命することとされ、学識経験者が委員長に就任することとなりました。

　その後、2011年3月に発生した東電福島第一原発事故を踏まえた安全規制体制の見直しにより、独立性の高い原子力規制組織である原子力規制委員会が設置され、原子力委員会が担ってきた一部の事務が原子力規制委員会に移管されました。

　さらに、東電福島第一原発事故により原子力をめぐる環境が大きく変化したことを踏まえ、原子力委員会の在り方見直しのための有識者会議が開催され、2013年12月に報告書「原子力委員会の在り方見直しについて」が取りまとめられました。同報告書を踏まえ、2014年12月に原子力委員会設置法の一部を改正する法律が施行されました。これにより、原子力委員会の所掌事務は、原子力利用に関する政策の重要事項に重点化することとし、形骸化している事務を廃止・縮小するなどの所要の処置が講じられ、委員長及び委員2名から構成される新たな体制での原子力委員会が発足しました。

**原子力委員会委員（2022 年 3 月末時点）**

| | |
|---|---|
|  | 原子力委員会委員長　上坂充<br><br>（元　東京大学大学院工学系研究科原子力専攻教授）<br><br>安全でサステナブルな原子力のために全力を尽くします。将来の原子力のため、人材育成が重要と考えます。原子力発電・放射線応用を含めた広い、かつ若い世代が夢を持てる原子力をわかりやすく説明していきます。 |
|  | 原子力委員会委員　佐野利男<br><br>（元　軍縮会議日本政府代表部特命全権大使）<br><br>東電福島の過酷事故後の安全性確保、地球温暖化に対するパリ協定の実施、電力自由化後の市場における競争など原子力発電をめぐる環境が激変する中、国民の理解を得つつ、国際核不拡散問題や核セキュリティ問題に貢献する形で我が国における原子力の平和利用をいかに確保していくかが大きな課題と考えております。 |
|  | 原子力委員会委員　中西友子<br><br>（東京大学大学院農学生命科学研究科特任教授、<br>　星薬科大学学長）<br><br>長年、放射線や放射性物質をツールとして研究をしてきました。特に最近は、放射性物質を用いた植物の生育メカニズムを解析する研究に注力しています。その関係で福島における農業問題の研究も行ってきています。憶測によらず、可能な限り科学的な立場から考えていきたいと思っています。 |

## 3　原子力委員会決定等

### (1)　声明・見解等（2021年4月～2022年3月）

| 年月日 | 件名 |
|---|---|
| 2021.10.19 | 「エネルギー基本計画（案）」について（見解） |
| 2021.12.28 | 低レベル放射性廃棄物等の処理・処分に関する考え方について（見解） |
| 2022.1.25 | 国立研究開発法人日本原子力研究開発機構の次期中長期目標の策定について（見解） |
| 2022.3.1 | 電気事業者等により公表されたプルトニウム利用計画について（見解） |
| 2022.3.23 | 使用済燃料再処理機構の使用済燃料再処理等実施中期計画の変更について（見解） |

### (2)　原子炉等規制法等に係る諮問・答申（2021年4月～2022年3月）

| 諮問年月日 | 答申年月日 | 件名 |
|---|---|---|
| 2021.3.17 | 2021.4.14 | 九州電力株式会社玄海原子力発電所の発電用原子炉の設置変更許可（3号及び4号発電用原子炉施設の変更）について |
| 2021.3.17 | 2021.4.14 | 関西電力株式会社美浜発電所の発電用原子炉の設置変更許可（3号発電用原子炉施設の変更）について |
| 2021.3.17 | 2021.4.14 | 関西電力株式会社高浜発電所の発電用原子炉の設置変更許可（1号、2号、3号及び4号発電用原子炉施設の変更）について |
| 2021.3.17 | 2021.4.14 | 関西電力株式会社大飯発電所の発電用原子炉の設置変更許可（3号及び4号発電用原子炉施設の変更）について |
| 2021.6.23 | 2021.7.15 | 中国電力株式会社島根原子力発電所の発電用原子炉の設置変更許可（2号発電用原子炉施設の変更）について |
| 2021.12.1 | 2021.12.15 | 日本原子力発電株式会社東海第二発電所の発電用原子炉の設置変更許可（発電用原子炉施設の変更）について |
| 2022.1.26 | 2022.2.24 | 日本原子力発電株式会社東海第二発電所の発電用原子炉の設置変更許可（発電用原子炉施設の変更）について |
| 2022.2.14 | 2022.2.24 | 国立研究開発法人日本原子力研究開発機構が達成すべき業務運営に関する目標（中長期目標）について |

# 4　2020年度～2022年度原子力関係経費

単位：百万円
債：国庫債務負担行為限度額

| | | | 2020年度 | 2021年度 | 2022年度 |
|---|---|---|---:|---:|---:|
| 一般会計 | | 債 | 13,930 | 33,993 | 8,797 |
| | | | 77,762 | 79,058 | 82,318 |
| | 内閣府 | 債 | 0 | 0 | 0 |
| | | | 193 | 194 | 205 |
| | 外務省 | 債 | 0 | 0 | 0 |
| | | | 4,918 | 4,918 | 5,227 |
| | 文部科学省 | 債 | 13,811 | 16,960 | 8,788 |
| | | | 60,250 | 60,721 | 60,439 |
| | 国土交通省 | 債 | 0 | 0 | 0 |
| | | | 23 | 19 | 22 |
| | 環境省 | 債 | 0 | 0 | 0 |
| | | | 1,619 | 1,544 | 1,454 |
| | 原子力規制庁 | 債 | 119 | 17,033 | 10 |
| | | | 10,759 | 11,661 | 14,970 |
| エネルギー対策特別会計<br>電源開発促進勘定 | | 債 | 1,501 | 10,319 | 1,108 |
| | | | 330,777 | 328,383 | 321,248 |
| | 内閣府 | 債 | 0 | 0 | 0 |
| | | | 15,404 | 12,089 | 12,324 |
| | 文部科学省 | 債 | 526 | 669 | 0 |
| | | | 108,926 | 108,803 | 108,564 |
| | 経済産業省 | 債 | 0 | 0 | 0 |
| | | | 166,335 | 166,494 | 159,937 |
| | 環境省 | 債 | 0 | 0 | 0 |
| | | | 382 | 367 | 286 |
| | 原子力規制庁 | 債 | 974 | 9,650 | 1,108 |
| | | | 39,730 | 40,630 | 40,136 |
| ・電源立地対策 | | 債 | 526 | 0 | 0 |
| | | | 167,503 | 166,622 | 160,049 |
| | 文部科学省 | 債 | 526 | 0 | 0 |
| | | | 14,095 | 13,999 | 13,727 |
| | 経済産業省 | 債 | 0 | 0 | 0 |
| | | | 153,408 | 152,623 | 146,321 |
| ・電源利用対策 | | 債 | 0 | 669 | 0 |
| | | | 108,532 | 109,325 | 109,303 |
| | 文部科学省 | 債 | 0 | 669 | 0 |
| | | | 94,831 | 94,804 | 94,837 |
| | 経済産業省 | 債 | 0 | 0 | 0 |
| | | | 12,927 | 13,871 | 13,616 |
| | 原子力規制庁 | 債 | 0 | 0 | 0 |
| | | | 774 | 650 | 850 |
| ・原子力安全規制対策 | | 債 | 974 | 9,650 | 1,108 |
| | | | 54,743 | 52,436 | 51,896 |
| | 内閣府 | 債 | 0 | 0 | 0 |
| | | | 15,404 | 12,089 | 12,324 |
| | 環境省 | 債 | 0 | 0 | 0 |
| | | | 382 | 367 | 286 |
| | 原子力規制庁 | 債 | 974 | 9,650 | 1,108 |
| | | | 38,956 | 39,980 | 39,286 |
| エネルギー対策特別会計<br>エネルギー需給勘定<br>エネルギー需要構造高度化対策 | | 債 | 0 | 0 | 0 |
| | | | 7,200 | 7,200 | 7,200 |
| | 経済産業省 | 債 | 0 | 0 | 0 |
| | | | 7,200 | 7,200 | 7,200 |
| 東日本大震災復興特別会計 | | 債 | 21,276 | 2,458 | 2,880 |
| | | | 87,179 | 83,856 | 64,216 |
| | 内閣府 | 債 | 0 | 0 | 0 |
| | | | 0 | 0 | 0 |
| | 文部科学省 | 債 | 0 | 0 | 0 |
| | | | 5,350 | 5,076 | 4,990 |
| | 農林水産省 | 債 | 0 | 0 | 0 |
| | | | 5,677 | 5,863 | 5,280 |
| | 経済産業省 | 債 | 0 | 0 | 0 |
| | | | 261 | 261 | 243 |
| | 環境省 | 債 | 21,276 | 2,458 | 2,880 |
| | | | 72,770 | 69,197 | 50,215 |
| | 原子力規制庁 | 債 | 0 | 0 | 0 |
| | | | 3,121 | 3,459 | 3,488 |
| 合　計 | | 債 | 36,707 | 46,770 | 12,786 |
| | | | 502,919 | 498,497 | 474,981 |

注1）原子力関係経費には、原子力の研究、開発及び利用に関する経費、東京電力福島原子力発電所の事故に伴う経費を計上している。具体的には、原子力（エネルギー及び放射線）に係る安全対策（原子力災害対策、原子力防災、放射線モニタリング等を含む）、核セキュリティ、平和利用の担保、廃止措置や放射性廃棄物の処理・処分、人材育成・確保、国民・地域社会との共生、エネルギーや放射線の利用、研究開発、国際的な取組、東京電力福島原子力発電所事故収束に関する活動等に係る経費である。
注2）当初予算を記載。
注3）一部の事業については、予算額全額が原子力のために使用されているわけではない事業もあるが、電源種ごとに支出額を算出することが困難なため、当該事業の予算額全額を原子力関係予算として計上している。
注4）最終的に事業者負担となる経費や事業者に求償する予算は、含めていない。
注5）四捨五入により、端数において合致しない場合がある。

## 5 我が国の原子力発電及びそれを取り巻く状況

### （1） 我が国の原子力発電所の状況（2022年3月時点）

| | 設置者名 | 発電所名（設備番号） | 所在地 | 炉型 | 認可出力（万kW） | 運転開始年月日等 |
|---|---|---|---|---|---|---|
| 稼働中 | 関西電力（株） | 美 浜 （3号） | 福井県三方郡美浜町 | PWR | 82.6 | 1976-12-01 |
| | | 高 浜 （3号） | 福井県大飯郡高浜町 | 〃 | 87.0 | 1985-01-17 |
| | | 〃 （4号） | 〃 | 〃 | 87.0 | 1985-06-05 |
| | | 大 飯 （3号） | 福井県大飯郡おおい町 | 〃 | 118.0 | 1991-12-18 |
| | | 〃 （4号） | 〃 | 〃 | 118.0 | 1993-02-02 |
| | 四国電力（株） | 伊 方 （3号） | 愛媛県西宇和郡伊方町 | 〃 | 89.0 | 1994-12-15 |
| | 九州電力（株） | 玄 海 原 子 力 （3号） | 佐賀県東松浦郡玄海町 | 〃 | 118.0 | 1994-03-18 |
| | | 〃 （4号） | 〃 | 〃 | 118.0 | 1997-07-25 |
| | | 川 内 原 子 力 （1号） | 鹿児島県薩摩川内市 | 〃 | 89.0 | 1984-07-04 |
| | | 〃 （2号） | 〃 | 〃 | 89.0 | 1985-11-28 |
| 新規制基準に基づき設置変更の許可がなされた炉 | 日本原子力発電（株） | 東 海 第 二 | 茨城県那珂郡東海村 | BWR | 110.0 | 1978-11-28 |
| | 東北電力（株） | 女 川 原 子 力 （2号） | 宮城県牡鹿郡女川町、石巻市 | 〃 | 82.5 | 1995-07-28 |
| | 東京電力ホールディングス（株） | 柏 崎 刈 羽 原 子 力 （6号） | 新潟県柏崎市、刈羽郡刈羽村 | ABWR | 135.6 | 1996-11-07 |
| | | 〃 （7号） | 〃 | 〃 | 135.6 | 1997-07-02 |
| | 関西電力（株） | 高 浜 （1号） | 福井県大飯郡高浜町 | PWR | 82.6 | 1974-11-14 |
| | | 〃 （2号） | 〃 | 〃 | 82.6 | 1975-11-14 |
| | 中国電力（株） | 島 根 原 子 力 （2号） | 島根県松江市 | BWR | 82.0 | 1989-02-10 |
| | 小計 | | | （17基） | 1706.5 | |
| 新規制基準への適合性を審査中の炉 | 日本原子力発電（株） | 敦 賀 （2号） | 福井県敦賀市 | PWR | 116.0 | 1987-02-17 |
| | 北海道電力（株） | 泊 （1号） | 北海道古宇郡泊村 | 〃 | 57.9 | 1989-06-22 |
| | | 〃 （2号） | 〃 | 〃 | 57.9 | 1991-04-12 |
| | | 〃 （3号） | 〃 | 〃 | 91.2 | 2009-12-22 |
| | 東北電力（株） | 東 通 原 子 力 （1号） | 青森県下北郡東通村 | BWR | 110.0 | 2005-12-08 |
| | 中部電力（株） | 浜 岡 原 子 力 （3号） | 静岡県御前崎市 | 〃 | 110.0 | 1987-08-28 |
| | | 〃 （4号） | 〃 | 〃 | 113.7 | 1993-09-03 |
| | 北陸電力（株） | 志 賀 原 子 力 （2号） | 石川県羽咋郡志賀町 | ABWR | 120.6 | 2006-03-15 |
| | 小計 | | | （8基） | 777.3 | |
| 新規制基準に対して未申請の炉 | 東北電力（株） | 女 川 原 子 力 （3号） | 宮城県牡鹿郡女川町、石巻市 | BWR | 82.5 | 2002-01-30 |
| | 東京電力ホールディングス（株） | 柏 崎 刈 羽 原 子 力 （1号） | 新潟県柏崎市、刈羽郡刈羽村 | 〃 | 110.0 | 1985-09-18 |
| | | 〃 （2号） | 〃 | 〃 | 110.0 | 1990-09-28 |
| | | 〃 （3号） | 〃 | 〃 | 110.0 | 1993-08-11 |
| | | 〃 （4号） | 〃 | 〃 | 110.0 | 1994-08-11 |
| | | 〃 （5号） | 〃 | 〃 | 110.0 | 1990-04-10 |
| | 中部電力（株） | 浜 岡 原 子 力 （5号） | 静岡県御前崎市 | ABWR | 138.0 | 2005-01-18 |
| | 北陸電力（株） | 志 賀 原 子 力 （1号） | 石川県羽咋郡志賀町 | BWR | 54.0 | 1993-07-30 |
| | 小計 | | | （8基） | 824.5 | |
| 建設中（新規制基準への適合性を審査中の炉） | 電源開発（株） | 大 間 原 子 力 | 青森県下北郡大間町 | ABWR | 138.3 | 未定 |
| | 中国電力（株） | 島 根 原 子 力 （3号） | 島根県松江市 | 〃 | 137.3 | 未定 |
| 建設中（新規制基準に対して未申請の炉） | 東京電力ホールディングス（株） | 東 通 原 子 力 （1号） | 青森県下北郡東通村 | 〃 | 138.5 | 未定 |
| | 小計 | | | （3基） | 414.1 | |

(参考)

| | 設置者名 | 発電所名（設備番号） | 所在地 | 炉型 | 出力 | 運転終了年月日等 |
|---|---|---|---|---|---|---|
| 廃止決定・廃止措置中 | 日本原子力発電（株） | 東　　海 | 茨城県那珂郡東海村 | GCR | 16.6 | 1998-03-31 |
| | | 敦　　賀（1号） | 福井県敦賀市 | BWR | 35.7 | 2015-04-27 |
| | 東北電力（株） | 女川原子力（1号） | 宮城県牡鹿郡女川町、石巻市 | 〃 | 52.4 | 2018-12-21 |
| | 東京電力ホールディングス（株） | 福島第一原子力（1号） | 福島県双葉郡大熊町、双葉町 | 〃 | 46.0 | 2012-04-19 |
| | | 〃　（2号） | 〃 | 〃 | 78.4 | 2012-04-19 |
| | | 〃　（3号） | 〃 | 〃 | 78.4 | 2012-04-19 |
| | | 〃　（4号） | 〃 | 〃 | 78.4 | 2012-04-19 |
| | | 〃　（5号） | 〃 | 〃 | 78.4 | 2014-01-31 |
| | | 〃　（6号） | 〃 | 〃 | 110.0 | 2014-01-31 |
| | | 福島第二原子力（1号） | 福島県双葉郡楢葉町、富岡町 | 〃 | 110.0 | 2019-09-30 |
| | | 〃　（2号） | 〃 | 〃 | 110.0 | 2019-09-30 |
| | | 〃　（3号） | 〃 | 〃 | 110.0 | 2019-09-30 |
| | | 〃　（4号） | 〃 | 〃 | 110.0 | 2019-09-30 |
| | 中部電力（株） | 浜岡原子力（1号） | 静岡県御前崎市 | 〃 | 54.0 | 2009-01-30 |
| | | 〃　（2号） | 〃 | 〃 | 84.0 | 2009-01-30 |
| | 関西電力（株） | 美　　浜（1号） | 福井県三方郡美浜町 | PWR | 34.0 | 2015-04-27 |
| | | 〃　（2号） | 〃 | 〃 | 50.0 | 2015-04-27 |
| | | 大　　飯（1号） | 福井県大飯郡おおい町 | 〃 | 117.5 | 2018-03-01 |
| | | 〃　（2号） | 〃 | 〃 | 117.5 | 2018-03-01 |
| | 中国電力（株） | 島根原子力（1号） | 島根県松江市 | BWR | 46.0 | 2015-04-30 |
| | 四国電力（株） | 伊　　方（1号） | 愛媛県西宇和郡伊方町 | PWR | 56.6 | 2016-05-10 |
| | | 〃　（2号） | 〃 | 〃 | 56.6 | 2018-05-23 |
| | 九州電力（株） | 玄海原子力（1号） | 佐賀県東松浦郡玄海町 | 〃 | 55.9 | 2015-04-27 |
| | | 〃　（2号） | 〃 | 〃 | 55.9 | 2019-04-09 |
| | 日本原子力研究開発機構 | 新型転換炉原型炉ふげん | 福井県敦賀市 | ATR（原型炉） | 16.5 | 2003-03-29 |
| | | 高速増殖原型炉もんじゅ | 〃 | FBR（原型炉） | 28.0 | 2017-12-06 廃止措置計画認可 |

(注) BWR：沸騰水型軽水炉
　　 PWR：加圧水型軽水炉
　　 ABWR：改良型沸騰水型軽水炉
　　 APWR：改良型加圧水型軽水炉
　　 ATR：新型転換炉
　　 FBR：高速増殖炉
　　 GCR：黒鉛減速ガス冷却炉

(出典) 一般社団法人日本原子力産業協会「日本の原子力発電炉（運転中、建設中、建設準備中など）」等に基づき作成

（2）　我が国における核燃料物質在庫量

①　原子炉等規制法上の規制区分別内訳

2021年12月31日現在
（　）内は2020年12月31日現在

| 核燃料物質の区分注1 / 原子炉等規制法上の規制区分注2 | 天然ウラン (t) | 劣化ウラン (t) | トリウム (t) | 濃縮ウラン U(t) | 濃縮ウラン U−235(t) | プルトニウム (kg) |
|---|---|---|---|---|---|---|
| 加工 | 463 (463) | 11,839 (11,839) | 0 (0) | 1,368 (1,367) | 55 (55) | − (−) |
| 試験研究用等原子炉 | 31 (31) | 63 (63) | 0 (0) | 34 (34) | 2 (2) | 1,840 (1,842) |
| 実用発電用原子炉 | 370 (370) | 3,330 (3,324) | − (−) | 17,392 (17,381) | 349 (352) | 151,619 (150,060) |
| 研究開発段階発電用原子炉 | − (−) | 95 (95) | − (−) | 3 (3) | 0 (0) | 3,279 (3,306) |
| 再処理 | 2 (2) | 597 (597) | 0 (0) | 3,472 (3,472) | 33 (33) | 30,657 (30,659) |
| 使用 | 121 (121) | 252 (252) | 5 (5) | 48 (48) | 1 (1) | 3,997 (3,999) |
| 原子力利用国際規制物資使用者 | 0 (0) | 0 (0) | 0 (0) | | | |
| 非原子力利用国際規制物資使用者 | 0 (0) | 0 (0) | 0 (0) | | | |
| 合計注3 | 987 (987) | 16,177 (16,171) | 5 (5) | 22,317 (22,305) | 440 (443) | 191,391 (189,866) |

・ 表中の「−」については在庫を保有していないことを表し、「0」については0.5未満の在庫を保有していることを表す。

注1　原子力基本法及び核燃料物質、核原料物質、原子炉及び放射線の定義に関する政令の規定に基づいている。物理的、化学的な状態によらず区分毎の合計量を記載。

注2　原子炉等規制法に基づき国際規制物資を使用している者の区分。加工事業者（第13条第1項）、試験研究用等原子炉設置者（第23条第1項）、発電用原子炉設置者（第43条の3の5第1項）、再処理事業者（第44条第1項）、核燃料物質の使用者（第52条第1項）、国際規制物資使用者（第61条の3第1項）に区分され、そのうち、発電用原子炉設置者は実用発電用原子炉設置者と研究開発段階発電用原子炉設置者に、国際規制物資使用者は原子力利用国際規制物資使用者と非原子力利用国際規制物資使用者に分類される。製錬事業者（第3条第1項）、使用済燃料貯蔵事業者（第43条の4第1項）及び廃棄事業者（第51条の2第1項）は施設数が0のため記載せず。

注3　四捨五入の関係により、合計が一致しない場合がある。

（出典）第10回原子力規制委員会資料5 原子力規制庁「我が国における2021年の保障措置活動の実施結果」（2022年）

## ② 供給当事国区分別内訳

| 核燃料物質の区分注　　　　供給当事国区分 | 天然ウラン (t) | 劣化ウラン (t) | トリウム (t) | 濃縮ウラン U(t) | 濃縮ウラン U-235(t) | プルトニウム (kg) |
|---|---|---|---|---|---|---|
| アメリカ | 80 (80) | 3,754 (3,750) | 1 (1) | 16,137 (16,107) | 314 (313) | 136,429 (135,770) |
| イギリス | 12 (13) | 447 (447) | 0 (0) | 2,311 (2,325) | 43 (45) | 20,855 (20,372) |
| フランス | 36 (36) | 6,514 (6,507) | 0 (0) | 6,086 (6,089) | 98 (99) | 60,042 (59,268) |
| カナダ | 676 (676) | 5,293 (5,293) | 0 (0) | 5,719 (5,723) | 100 (101) | 55,998 (55,096) |
| オーストラリア | 20 (20) | 1,031 (1,031) | － (－) | 3,994 (4,011) | 79 (80) | 31,803 (31,548) |
| 中国 | 27 (27) | 254 (254) | － (－) | 297 (277) | 7 (7) | 2,236 (2,237) |
| ユーラトム | 48 (49) | 6,515 (6,509) | 0 (0) | 8,093 (8,120) | 171 (175) | 25,072 (23,729) |
| カザフスタン | － (－) | － (－) | － (－) | 37 (37) | 1 (1) | － (－) |
| 韓国 | － (－) | － (－) | － (－) | － (－) | － (－) | － (－) |
| ベトナム | － (－) | － (－) | － (－) | － (－) | － (－) | － (－) |
| ヨルダン | － (－) | － (－) | － (－) | － (－) | － (－) | － (－) |
| ロシア | － (－) | － (－) | － (－) | 67 (67) | 3 (3) | － (－) |
| トルコ | － (－) | － (－) | － (－) | － (－) | － (－) | － (－) |
| UAE | － (－) | － (－) | － (－) | － (－) | － (－) | － (－) |
| インド | － (－) | － (－) | － (－) | － (－) | － (－) | － (－) |
| IAEA | 1 (1) | 2 (2) | － (－) | 0 (0) | 0 (0) | 1 (1) |
| その他 | 168 (168) | 2,075 (2,075) | 4 (4) | 358 (358) | 8 (8) | 4,233 (4,231) |

・ 二国間原子力協定及びIAEAウラン供給協定の対象となる核燃料物質の量を締約国毎に記載。なお、複数の協定の対象となる核燃料物質は、それぞれの供給当事国区分に重複して計上。
・ 表中「－」については在庫を保有していないことを表し、「0」については0.5未満の在庫を保有していることを表す。
注 原子力基本法及び核燃料物質、核原料物質、原子炉及び放射線の定義に関する政令の規定に基づいている。物理的・化学的形状によらず区分毎の合計量を記載。

（出典）第10回原子力規制委員会資料5 原子力規制庁「我が国における2021年の保障措置活動の実施結果」(2022年)

③　2021年における国内に保管中の分離プルトニウムの期首・期末在庫量と増減内訳

単位：kgPu

&lt;合計&gt; (注1)

| | |
|---|---|
| 炉内に装荷し照射した総量 | △ 198 |
| 各施設の受払量 | 629 |
| 各施設内工程での増減量 | △ 5 |
| 増減 | 426 |

### 【日本原子力研究開発機構再処理施設】
再処理の分離・精製工程から混合転換の原料貯蔵庫まで(注1)

| | | | |
|---|---|---|---|
| 令和3年1月1日（令和2年末）現在の在庫量 | | | 193 |
| 増減内訳 | 受入による増量（令和3年一年間の搬入量） | | 0 |
| | 払出による減量（令和3年一年間の搬出量） | | △ 0 |
| | 再処理施設内工程での増減量 (注2) | | △ 1 |
| | 詳細内訳 | 保管廃棄 | △ 2.2 |
| | | 保管廃棄再生 | 2.5 |
| | | 核的損耗 | △ 0.0 |
| | | 測定済廃棄 | △ 1.8 |
| | | 在庫差 | 0.2 |
| 令和3年12月末現在の在庫量 | | | 192 |

### 【日本原子力研究開発機構プルトニウム燃料加工施設】
混合酸化物(MOX)の粉末原料から燃料集合体に仕上げるまで(注1)

| | | | |
|---|---|---|---|
| 令和3年1月1日（令和2年末）現在の在庫量 | | | 3,916 |
| 増減内訳 | 受入による増量（令和3年一年間の搬入量） | | 0 |
| | 払出による減量（令和3年一年間の搬出量） | | △ 0 |
| | 燃料加工施設内工程での増減量 (注2) | | △ 2 |
| | 詳細内訳 | 核的損耗 | △ 1.8 |
| | | 在庫差 | △ 0.4 |
| 令和3年12月末現在の在庫量 | | | 3,913 |

### 【原子炉施設等】
「常陽」、「もんじゅ」、「実用発電炉」及び「研究開発施設」(注1)

| | | | |
|---|---|---|---|
| 令和3年1月1日（令和2年末）現在の在庫量 | | | 1,143 |
| 増減内訳 | 受入による増量（令和3年一年間の搬入量） | | 629 |
| | 炉内に装荷し照射したことによる減量（令和3年一年間の装荷し照射した量） | | △ 198 |
| | 払出による減量（令和3年一年間の搬出量） | | △ 0 |
| | 原子炉施設等内での増減量 (注2) | | △ 1 |
| | 詳細内訳 | 保管廃棄 等 | △ 1.0 |
| 令和3年12月末現在の在庫量 | | | 1,573 |

| 【日本原燃株式会社再処理施設】 | | |
|---|---|---|
| 再処理の分離・精製工程から混合転換の原料貯蔵庫まで(注1) | | |
| 令和3年1月1日 （令和2年末）現在の在庫量 | | 3,602 |
| 増減内訳 | 受入による増量（令和3年一年間の搬入量） | 0 |
| | 払出による減量（令和3年一年間の搬出量） | △ 0 |
| | 再処理施設内工程での増減量 (注2) | △ 1 |
| | 詳細内訳 保管廃棄 | △ 0.0 |
| | 詳細内訳 核的損耗 | △ 0.6 |
| | 詳細内訳 在庫差 | 0.1 |
| 令和3年12月末現在の在庫量 | | 3,602 |

（注1）　四捨五入の関係で合計が合わない場合がある。「△」は、減量を示す。

（注2）　各施設内工程での増減量の内訳には、施設への受入れ、施設からの払出し以外の計量管理上の在庫変動（受払間差異、保管廃棄、保管廃棄再生、核的損耗、測定済廃棄等）及び在庫差がある。これらの定義は以下のとおりであり、計量管理上、国際的にも認められている概念である。なお、この表中では、プルトニウムの増減をわかりやすく示す観点から、在庫量が減少する場合には負（△）、増加する場合には正（符号なし）の量として示している。そのため、計量管理上の表記と異なる場合があるので注意されたい。

　　　　○ 受 払 間 差 異：異なる施設間で核燃料物質の受渡しが行われた際の、受入側の測定値から払出し側が通知した値を引いた値。

　　　　○ 保 管 廃 棄：使用済燃料溶解液から核燃料物質を回収する過程で発生する高放射性廃液や低放射性廃液等に含まれるプルトニウムなど、当面回収できない形態と認められる核燃料物質を保管する場合に、帳簿上の在庫から除外された量。

　　　　○ 保 管 廃 棄 再 生：保管廃棄された核燃料物質のうち、再び帳簿上の在庫に戻された量。

　　　　○ 核 的 損 耗：核燃料物質の自然崩壊により損耗（減少）した量。

　　　　○ 測 定 済 廃 棄：測定され又は測定に基づいて推定され、かつ、その後の原子力利用に適さないような態様（ガラス固化体等）で廃棄された量。

　　　　○ 在 　庫 　差：実在庫確認時に実際の測定により確定される「実在庫量」から「帳簿上の在庫量」を引いた値。測定誤差やプルトニウムを粉末や液体で扱う施設においては、機器等への付着等のため、発生する。

(出典)第 27 回原子力委員会資料第 2 号　内閣府「令和 3 年における我が国のプルトニウム管理状況」(2022 年)

④　2021年における我が国の分離プルトニウムの施設内移動量・増減量及び施設間移動量

単位：kgPu

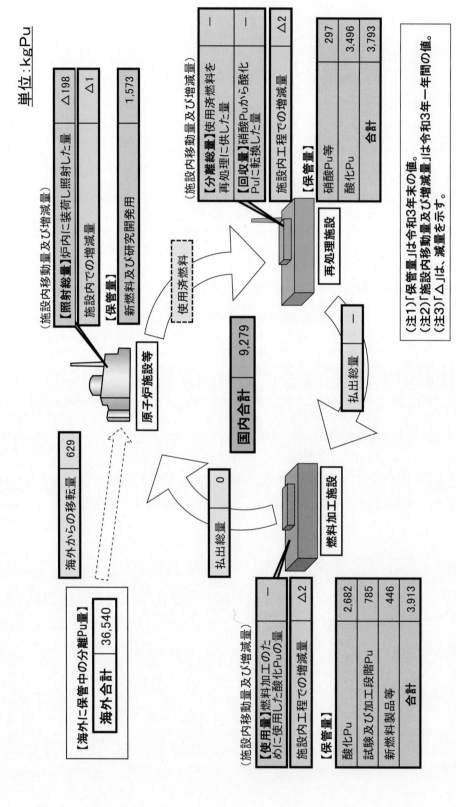

（施設内移動量及び増減量）

| 【照射総量】炉内に装荷し照射した量 | △198 |
| 施設内での増減量 | △1 |

| 【保管量】 | |
| 新燃料及び研究開発用 | 1,573 |

（施設内移動量及び増減量）

| 【分離総量】使用済燃料を再処理に供した量 | － |
| 【回収量】硝酸Puから酸化Puに転換した量 | － |
| 施設内工程での増減量 | △2 |

| 【保管量】 | |
| 硝酸Pu等 | 297 |
| 酸化Pu | 3,496 |
| 合計 | 3,793 |

原子炉施設等

使用済燃料

再処理施設

| 国内合計 | 9,279 |

| 払出総量 | － |

海外からの移転量　629

| 【海外に保管中の分離Pu量】 | |
| 海外合計 | 36,540 |

| 払出総量 | 0 |

燃料加工施設

（施設内移動量及び増減量）

| 【使用量】燃料加工のために使用した酸化Puの量 | － |
| 施設内工程での増減量 | △2 |

| 【保管量】 | |
| 酸化Pu | 2,682 |
| 試験及び加工段階Pu | 785 |
| 新燃料製品等 | 446 |
| 合計 | 3,913 |

（注1）「保管量」は令和3年末の値。
（注2）「施設内移動量及び増減量」は令和3年一年間の値。
（注3）「△」は、減量を示す。

（出典）第27回原子力委員会資料第2号　内閣府「令和3年における我が国のプルトニウム管理状況」（2022年）

⑤　原子炉施設等における保管プルトニウム・装荷プルトニウムの内訳（2021年末時点）

| 原子炉名等 | | 保管プルトニウム(注1)（未照射分離プルトニウム量）(kgPu) | うち、核分裂性プルトニウム量 (kgPuf) | うち、炉内に装荷されているプルトニウム(注2)（未照射分離プルトニウム量）(kgPu) | うち、核分裂性プルトニウム量 (kgPuf) | （参考）（令和3年末までに炉内に装荷された未照射分離プルトニウム総量－（炉外へ取り出した照射済みネプルトニウム総量）(注3) (kgPu) | うち、核分裂性プルトニウム量 (kgPuf) |
|---|---|---|---|---|---|---|---|
| 日本原子力研究開発機構 | 常陽 | 134 | 98 | — | — | 261 | 184 |
| | もんじゅ | 279 | 190 | 121 | 83 | 502 | 351 |
| 実用発電炉 | 東京電力ホールディングス(株) 福島第一原子力発電所3号機 | — | — | — | — | 210 | 143 |
| | 柏崎刈羽原子力発電所3号機 | 205 | 138 | — | — | — | — |
| | 中部電力(株) 浜岡原子力発電所4号機 | 213 | 145 | — | — | — | — |
| | 関西電力(株) 高浜発電所3号機 | 629 | 403 | — | — | 901 | 585 |
| | 高浜発電所4号機 | — | — | — | — | 703 | 446 |
| | 四国電力(株) 伊方発電所3号機 | — | — | — | — | 198 | 136 |
| | 九州電力(株) 玄海原子力発電所3号機 | — | — | — | — | 801 | 516 |
| 研究開発施設 | 日本原子力研究開発機構 大洗研究所 重水臨界実験装置 | 87 | 72 | | | | |
| | 原子力科学研究所 定常臨界実験装置及び過渡臨界実験装置 | 15 | 11 | | | | |
| | その他の研究開発施設 | 11 | 9 | | | | |

（注1）令和3年末の未照射分離プルトニウム量。

（注2）令和3年末の未照射分離プルトニウムのうち、炉内に装荷されているプルトニウム量。

（注3）令和3年の一年間に未照射分離プルトニウムを照射したのは、四国電力伊方3号機、198kgPu。
　　　　令和3年末時点で炉内に装荷中のMOX燃料の未照射時点でのプルトニウム量を記載。なお、定期事業者検査のため、一時MOX燃料を炉外に移動し保管されている場合もある。

参考データ（令和3年末）　　　原子炉施設等に貯蔵されている使用済燃料等に含まれるプルトニウム　151,789kgPu
　　　　　　　　　　　　　　　再処理施設に貯蔵されている使用済燃料に含まれるプルトニウム　26,734kgPu
　　　　　　　　　　　　　　　放射性廃棄物に微量含まれるプルトニウム等、当面回収できないと認められているプルトニウム　135kgPu

（出典）第27回原子力委員会資料第2号　内閣府「令和3年における我が国のプルトニウム管理状況」（2022年）

⑥　プルトニウム国際管理指針に基づき IAEA を通じて公表する 2021 年末における我が国のプルトニウム保有量

（　）内は令和2年末の公表値

民生未照射プルトニウム年次保有量*1

（単位：tPu）

| | | |
|---|---|---|
| 1. 再処理工場製品貯蔵庫中の未照射分離プルトニウム | 3.8 | (3.8) |
| 2. 燃料加工又はその他製造工場又はその他の場所での製造又は加工中未照射分離プルトニウム及び未照射半加工又は未完成製品に含まれるプルトニウム | 3.5 | (3.5) |
| 3. 原子炉又はその他の場所での未照射MOX燃料（炉内に装荷された照射前を含む）又はその他加工製品に含まれる未照射プルトニウム | 1.9 | (1.5) |
| 4. その他の場所で保管される未照射分離プルトニウム | 0.1 | (0.1) |
| ［上記 1–4 の合計値］*2 | ［ 9.3 | (8.9) ］ |
| （ⅰ）上記 1–4 のプルトニウムのうち所有権が他国であるもの | 0 | (0) |
| （ⅱ）上記 1–4 のいずれかの形態のプルトニウムであって他国に存在し、上記 1–4 には含まれないもの | 36.5*3 | (37.2*3) |
| （ⅲ）上記 1–4 のいずれかの形態のプルトニウムであって、国際輸送中で受領国へ到着前のものであり、上記 1–4 には含まれないもの | 0 | (0) |

使用済民生原子炉燃料に含まれるプルトニウム推定量*4

（単位：tPu）

| | | |
|---|---|---|
| 1. 民生原子炉施設における使用済燃料に含まれるプルトニウム | 152 | (149) |
| 2. 再処理工場における使用済燃料に含まれるプルトニウム | 27 | (27) |
| 3. その他の場所で保有される使用済燃料に含まれるプルトニウム | <0.5 | (<0.5) |
| ［上記 1–3 の合計値］*5 | ［ 179 | (176) ］ |

（定義）

1：民生原子炉施設から取り出された燃料に含まれるプルトニウムの推定量

2：再処理工場で受け入れた燃料のうち、未だ再処理されていない燃料に含まれているプルトニウムの推定量

*1；100kg単位で四捨五入した値。

*2, *5；合計値はいずれも便宜上算出したものであり、IAEAの公表対象外。

*3；再処理施設に保管されているプルトニウムについては、Pu241の核的損耗を考慮した値。

*4；1,000kg単位で四捨五入した値。

（出典）第 27 回原子力委員会資料第 2 号　内閣府「令和 3 年における我が国のプルトニウム管理状況」(2022 年)

（3）　核兵器不拡散条約（NPT）締約国と IAEA 保障措置協定締結国（2022 年 3 月時点）

NPT締約国 191か国　★：IAEA加盟国 175か国

包括的保障措置協定締結国 178か国
● ：追加議定書締結済み 138か国
○ ：追加議定書署名済み 14か国

□ IAEA理事国（2021年～2022年）
（35か国）

その他の保障措置協定締結国 3か国
★ イスラエル　●
★ インド　●※
★ パキスタン　●

自発的保障措置協定締結国 5か国
（核兵器国）
★ 米国　●
★ イギリス　●
★ フランス　●
★ ロシア　●
★ 中国　●

〈その他〉
・IAEAは台湾とも保障措置協定を締結済み。
・IAEAはユーラトムとも追加議定書を締結済み。
・※ インドは2014年7月25日にモデルAPの
　（補完的アクセス）部分を始めとする主要な
　要素が含まれない独自の「AP」を締結。

（出典）国際連合軍縮部ウェブサイト「Treaty on the Non-Proliferation of Nuclear Weapons」、IAEAウェブサイト「Safeguards agreements」、「Status List」、「Status of the Additional Protocol」、「List of Member States」、「Board of Governors」等に基づき作成

はじめに

特集

第1章

第2章

第3章

第4章

第5章

第6章

第7章

第8章

資料編

用語集

（4）　原子力関連年表（2021年4月～2022年3月）

• 　2021年

| 月日 | 国内 | 国際 |
|---|---|---|
| 4.6 | 日揮ホールディングス（株）が米国ニュースケール・パワー社へ出資し、小型モジュール炉（SMR）建設プロジェクトに参画することを発表 | アラブ首長国連邦（UAE）の原子力公社（ENEC）が、国内初の商業炉であるバラカ原子力発電所1号機の商業運転開始を発表 |
| 4.8 | | エストニア政府が、原子力発電導入に向けたワーキンググループを設置 |
| 4.13 | • 廃炉・汚染水・処理水対策関係閣僚等会議が、ALPS処理水の処分に関する基本方針を決定するとともに、「ALPS処理水の処分に関する基本方針の着実な実行に向けた関係閣僚等会議」の設置を決定 | • 国際原子力機関（IAEA）のグロッシー事務局長が、我が国政府によるALPS処理水の処分に関する基本方針の公表を歓迎<br>• 韓国が、ALPS処理水の海洋放出決定に対して遺憾の意を表明<br>• 米国エネルギー省（DOE）が、マイクロ原子炉の適用に関する研究、検証、評価を行うMARVELプロジェクトの実施を発表 |
| 4.14 | 原子力規制委員会が東京電力に対して、柏崎刈羽原子力発電所における特定核燃料物質の移動禁止を命令 | カナダのオンタリオ、ニューブランズウィック、サスカチュワンの3州が、SMR開発のフィージビリティ・スタディ報告書を公表 |
| 4.21 | | ロシアのロスアトムとブルンジ共和国が、原子力平和利用に係る協力覚書を締結 |
| 4.22 | • 菅内閣総理大臣（当時）が気候サミットにおいて、温室効果ガス排出削減の野心的な目標として、2030年度において2013年度比46%減を目指し、更に50%の高みに向けて挑戦を続ける旨を表明<br>• 日本原子力産業協会と海外の原子力産業団体が、気候サミットに向けた共同声明を発表 | |
| 4.27 | | 米国国務省（DOS）が、国際支援プログラム「SMR技術の責任ある活用に向けた基本インフラ（FIRST）」の開始を発表 |
| 4.28 | • 原子力規制委員会が九州電力（株）玄海原子力発電所の使用済燃料乾式貯蔵施設に係る原子炉設置変更を許可<br>• 原子力規制委員会が東京電力福島第二原子力発電所の廃止措置計画を認可<br>• 原子力規制委員会が東芝エネルギーシステムズ（株）の東芝臨界実験装置「NCA」の廃止措置計画を認可<br>• 福井県知事が、関西電力（株）美浜発電所3号機と関西電力（株）高浜発電所1～2号機再稼働への同意を正式回答 | |
| 5.11 | | 英国ビジネス・エネルギー・産業戦略省（BEIS）が、先進原子力技術に対象を広げた一般設計評価の申請ガイダンスを公表 |
| 5.14 | 日本原子力学会が「福島第一原子力発電所事故に関する調査委員会報告における提言の実行度調査－10年目のフォローアップ－」を公表 | 米国ニュースケール・パワー社が、同社製SMRを搭載した海上発電システムの開発・商用化に関する覚書を、カナダのプロディジー・クリーン・エナジー社と締結したと発表 |

| 月日 | 国内 | 国際 |
|---|---|---|
| 5.17 | | • フィンランドの TVO 社、フランスの AREVA 社、ドイツのシーメンス社のコンソーシアムが、オルキルオト原子力発電所 3 号機の建設に係る金銭支払い等に関して合意<br>• 英国ロールス・ロイス社が、同社が開発する SMR について一般設計評価を申請する意向を公表 |
| 5.19 | | 米国 DOE が、先進炉の使用済燃料削減プログラムに最大 4,000 万ドルの資金を拠出すると発表 |
| 5.20 | | IAEA が、原子力と再生可能エネルギーを統合したハイブリッド・エネルギー・システム（HES）の技術評価や合理化に向けた協働研究プロジェクトの開始を発表 |
| 5.24 | | 英国 EDF エナジー社が、サイズウェル C 原子力発電所の熱を利用して大気から二酸化炭素を回収するシステムの開発に対して、英国政府から 25 万ポンドの補助金の提供を受けると発表 |
| 5.27 | （株）IHI が米国ニュースケール・パワー社へ出資し、SMR 事業に参画することを発表 | |
| 5.31 | 経済産業省が「ALPS 処理水の処分に関する基本方針の着実な実行に向けた関係閣僚等会議ワーキンググループ」を開催<br>（以降 2021 年 7 月 9 日までに計 6 回実施） | スウェーデンのヴァッテンファル社が、エストニアでの SMR 導入を計画するフェルミ・エネルギア社に出資することを発表 |
| 6.4 | 「令和 2 年度エネルギーに関する年次報告（エネルギー白書 2021）」が閣議決定 | 中国核工業集団公司（CNNC）グループが、中国国務院が海南省の昌江原子力発電所における SMR の建設を承認したことを公表 |
| 6.7 | | 英国 EDF エナジー社が、ダンジネス B 原子力発電所を再稼働せず恒久閉鎖すると発表 |
| 6.8 | | ロシアのロスアトムが、グループ会社の TVEL 社が鉛冷却高速炉のパイロット実証炉 BREST-300 の建設を開始したことを発表 |
| 6.9 | | IAEA が、原子力科学・技術の移転に関する企業支援を目指す構想「Nuclear Saves Partnership」を創設 |
| 6.10 | | ベラルーシで初の原子炉であるオストロベツ原子力発電所 1 号機が営業運転を開始 |
| 6.16 | | 中国国家核安全局（NNSA）が、台山原子力発電所 1 号機で小規模な燃料棒破損が発生したことを発表 |
| 6.17 | | 中国 CNNC グループの北京地質研究院が、甘粛省で高レベル放射性廃棄物の地層処分に向け地下研究所の建設を開始したことを発表 |
| 6.18 | 政府が「2050 年カーボンニュートラルに伴うグリーン成長戦略」を改訂 | |
| 6.21 | 経済産業省が「福井県・原子力発電所の立地地域の将来像に関する共創会議」を開催<br>（以降 2022 年 3 月 29 日までに計 3 回実施） | |
| 6.22 | IAEA が、原子力機構の「バックエンドロードマップ」を対象とした ARTEMIS レビューの結果報告書を公表 | ルーマニア議会が、チェルナボーダ原子力発電所 3、4 号機の建設等に係る米国との協力協定を批准 |

| 月日 | 国内 | 国際 |
|---|---|---|
| 6.23 | 東京電力が福島第二原子力発電所の廃止措置作業に着手 | 英国 EDF エナジー社が、2030 年までに全基閉鎖予定の改良型ガス冷却炉（AGR）に関して、原子力廃止措置機関（NDA）に移管して廃止措置を行うことで英国政府等と合意したと発表 |
| 6.30 | | • 米国貿易開発庁（USTDA）が、ポーランドの原子力導入支援を目的としてポーランド国営原子力発電会社に補助金を提供すると発表<br>• フランスのフラマトム社が、UAE バラカ原子力発電所の保守・エンジニアリングサービスに係る契約を Nawah エナジー社と締結したと発表 |
| 7.1 | | 台湾電力公司が、國聖第二原子力発電所 1 号機を早期閉鎖 |
| 7.6 | | 米国 GE 日立ニュークリア・エナジー（GEH）社が、グローバル・ニュークリア・フュエル・アメリカズ社及びカナダのカメコ社と、SMR「BWRX-300」の商業化に係る協力覚書を締結したと発表 |
| 7.8 | 政府と IAEA が、ALPS 処理水の処分に関する IAEA の支援に係る付託事項に署名 | |
| 7.9 | 内閣府が「令和 2 年における我が国のプルトニウム管理状況」を公表 | |
| 7.13 | | • 中国 CNNC グループの中国核電が、海南省で SMR「玲龍 1 号」の実証炉の建設を開始<br>• 米国 DOS が、民生用原子力分野の戦略的協力に係る了解覚書をガーナ共和国政府と締結したと発表 |
| 7.16 | | 米国ケイロス・パワー社が、フッ化物塩冷却高温炉の低出力実証炉の建設を発表 |
| 7.20 | | 韓国斗山重工業が、SMR 開発を行う米国ニュースケール・パワー社に追加出資を行うと発表 |
| 7.22 | | 米国ニュースケール・パワー社が、韓国サムスン C&T 社から出資を受けると発表 |
| 7.27 | • 原子力委員会が「令和 2 年度版原子力白書」を決定<br>• 関西電力（株）美浜発電所 3 号機が本格運転を再開し、全国初となる 40 年超運転入り | |
| 7.29 | | • 英国政府が、先進モジュール炉（AMR）の最初の実証機建設に関して、高温ガス炉を最有力候補として検討する方針を発表<br>• オーストラリア政府と英国政府が、SMR を含む低炭素化技術の研究開発に係る基本合意書に署名 |
| 7.30 | 原子力機構の高温工学試験研究炉「HTTR」が運転再開 | IAEA が、我が国が実施する東電福島第一原発周辺の海洋モニタリング結果を評価する報告書を公表 |
| 8.2 | 核融合科学技術委員会が「核融合発電に向けた国際競争時代における我が国の取組方針」を公表 | |
| 8.5 | | カナダ天然資源省とルーマニアのエネルギー省が、原子力分野の協力強化に係る覚書を締結 |

| 月日 | 国内 | 国際 |
|---|---|---|
| 8.9 | | ・ロシアのロスアトム社が、ロスアトム・オーバーシーズ社が計画するサハ自治共和国でのSMRの建設許可の取得を発表<br>・フランス電力（EDF）が、米国原子力発電事業からの撤退を完了 |
| 8.17 | | ・カナダのテレストリアル・エナジー社が、米国ウェスチングハウス（WH）社及び英国国立原子力研究所と、小型モジュール式一体型溶融塩炉（IMSR）用燃料の確保に係る協力契約を締結<br>・英国BEISが、2030年までに水素設備能力5GWの実現を目指す「水素戦略」を発表<br>・米国WH社が、スウェーデンのヴァッテンファル社とのリングハルス原子力発電所1、2号機の廃止措置に係る契約の締結を発表 |
| 8.18 | | 米国エクセロン・ジェネレーション社が、ナインマイルポイント原子力発電所における水素製造実証プロジェクトの実施を発表 |
| 8.19 | 政府が、東電福島第一原発の廃炉やALPS処理水の安全性に関するレビューミッションの派遣について、IAEAと合意 | フランスのオラノ社が、ラ・アーグ再処理工場で発生した放射性廃棄物のドイツへの返還完了に向けて、ドイツの電気事業者4社と契約を締結したと発表 |
| 8.24 | ALPS処理水の処分に関する基本方針の着実な実行に向けた関係閣僚等会議が、ALPS処理水の処分に伴う当面の対策の取りまとめを実施 | |
| 8.27 | | 欧州委員会（EC）が、ベルギーの容量メカニズムは欧州連合（EU）の国家補助規則に違反しないと判断すると発表 |
| 8.30 | | フランスのエコロジー省が、フラマンビル原子力発電所3号機の運転認可の発給に係る省令を発出 |
| 8.31 | 原子力災害対策本部及び復興推進会議が「特定復興再生拠点区域外への帰還・居住に向けた避難指示解除に関する考え方」を決定 | ・ウクライナのエネルゴアトム社が、国内におけるAP1000建設に向けて、米国WH社と独占契約を締結したと発表<br>・米国DOEがエネルギー・気候分野の協力推進に係る共同声明に米国とウクライナが署名したと発表 |
| 9.1 | | ・IAEAと国際標準化機構（ISO）が、原子力技術に関する国際規格の開発の継続的な協力に係る共同声明に署名<br>・米国ニュースケール・パワー社がウクライナのエネルゴアトム社と、SMR導入に係る覚書を締結したと発表 |
| 9.6 | 政府が、ALPS処理水の安全性に関するレビューの本格実施に向けてIAEAと協議（～9月9日） | |
| 9.9 | | 米国テキサス州において、高レベル放射性廃棄物の貯蔵を禁止する州法が成立 |
| 9.13 | | 米国原子力規制委員会（NRC）が中間貯蔵パートナーズ社に、テキサス州における使用済燃料の集中中間貯蔵施設の建設・操業許可を発給 |
| 9.15 | 原子力規制委員会が中国電力（株）島根原子力発電所2号機の原子炉設置変更を許可 | 米国イリノイ州議会で、既存の原子力発電所の運転継続を支援する法律が成立 |

| 月日 | 国内 | 国際 |
|---|---|---|
| 9.16 | | • IAEA が年次報告書「2050 年までのエネルギー、電力、原子力発電予測」(2021 年版) を発表<br>• チェコ産業貿易省が、下院において原子炉増設を支援する法案が可決されたと発表<br>• 米国 X エナジー社とカナダのカメコ社が、米国及びカナダでの X エナジー社製 Xe-100SMR 建設を目的とした覚書を締結したと発表 |
| 9.20 | | ロシアのロスアトムとブラジルのエレトロ・ニュークリア社が、原子力分野の協力強化に係る覚書を締結 |
| 9.22 | 東京電力が、柏崎刈羽原子力発電所に係る改善措置報告書を原子力規制委員会に提出 | |
| 9.23 | | • 米国ニュースケール・パワー社が、ポーランドにおける SMR 建設等に向けて、ポーランド企業 2 社と覚書を締結<br>• 米国 GEH 社が、ポーランドで同社が建設を目指す SMR の燃料供給サプライチェーンの構築について検討する覚書を、現地企業等 3 社と締結したと発表<br>• 米国ニュースケール・パワー社が、ポーランドの UNIMOT 社及び米国 Getka 社と、ポーランドにおける SMR 建設可能性の検討に係る覚書を締結 |
| 9.29 | 原子力規制委員会が原子力機構の高速炉臨界実験装置 (FCA) 施設の廃止措置計画を認可 | カナダのテレストリアル・エナジー社が、フランスのオラノ社と、カナダにおける一体型溶融塩炉 (IMSR) の燃料の開発・供給に関する合意書を締結したと発表 |
| 10.8 | 岸田内閣総理大臣が所信表明演説において、地球温暖化対策を成長につなげる「クリーンエネルギー戦略」を策定する方針を宣言 | |
| 10.11 | | フランスとチェコの主導で、EU 加盟 10 か国が「EU タクソノミー」に原子力を含めるべき等と主張する共同宣言を発表 |
| 10.12 | | 英国リンカンシャー州が、地層処分施設のサイト選定プロセスにおいてワーキンググループを設置 |
| 10.13 | | フランス EDF が、ポーランド政府に 4〜6 基の欧州加圧水型原子炉 (EPR) の建設を提案 |
| 10.14 | | 韓国水力・原子力会社 (KHNP) とカナダ原子力研究所が、使用済燃料分野の技術協力に係る覚書を締結 |
| 10.15 | | IAEA が、国連気候変動枠組条約第 26 回締約国会議 (COP26) の開催に先立ち、報告書「ネットゼロ世界に向けた原子力」を公表 |
| 10.19 | 原子力委員会が「第 6 次エネルギー基本計画 (案)」に対する見解を決定 | 米国 GEH 社が、SMR のエンジニアリングや製造等について、BWXT カナダ社との協力で合意したと発表 |
| 10.22 | 「第 6 次エネルギー基本計画」が閣議決定 | |
| 10.26 | | 世界の 6 つの原子力産業団体が、報告書「国連の持続可能な開発目標 (SDGs) に対する原子力の貢献」を公表 |

| 月日 | 国内 | 国際 |
|---|---|---|
| 10.28 | | ブルガリアの国営ブルガリア・エナジー・ホールディング社と米国フルアー社が、SMR導入による石炭火力代替の検討等に係る覚書に署名 |
| 10.29 | | トルコのアキュ原子力発電所 4 号機に建設許可が発給 |
| 11.2 | | 米国政府がルーマニア政府と協力して、ルーマニアで米国ニュースケール・パワー社製SMR を建設する方針を発表 |
| 11.5 | | 韓国とポーランドが、原子力・水素利用を含むエネルギー分野における協力とエネルギー共同委員会の設置に係る共同声明を採択 |
| 11.8 | 政府の「新しい資本主義実現会議」が、原子力利用に係る新技術の研究開発の推進を含む緊急提言を発表 | IAEA が東電福島第一原発事故後の10年間に各国や国際機関が取った行動を振り返る原子力安全専門家会議を開催（〜11 月 12 日） |
| 11.9 | | ・英国政府が、SMR の開発を進める英国ロールス・ロイス SMR 社に対して 2.1 億ポンドの資金提供を行うことを発表<br>・フランスのマクロン大統領が、新規原子炉の建設再開を表明<br>・中国の海陽原子力発電所 1 号機で地域暖房供給事業が開始 |
| 11.15 | | 米国で、原子力支援を含むインフラ投資法が成立 |
| 11.16 | | 英国カンブリア州コープランド市で、地層処分施設の立地検討を行うミッドコープランドGDF コミュニティパートナーシップが設立 |
| 11.17 | ・東京電力が、ALPS 処理水の海洋放出に係る放射線影響評価(設計段階)を発表<br>・フランスから関西電力（株）高浜発電所へのMOX 燃料16 体の輸送が完了 | ・英国ロールス・ロイス SMR 社が、自社製 SMRの一般設計評価申請書の提出を発表<br>・米国ニュースケール・パワー社、カナダのプロディジー・クリーン・エナジー社及びキネクトリックス社が、海洋原子力発電所の建設に向けた協力覚書の締結を発表 |
| 11.22 | 原子力委員会が「医療用等ラジオアイソトープ製造・利用専門部会」を開催<br>（以降2022 年3 月16 日までに計6 回実施） | ・米国 WH 社が、ウクライナのエネルゴアトム社と、フメルニツキ原子力発電所におけるAP1000建設に係る契約を締結したことを発表<br>・米国ホルテック・インターナショナル社がSMR-160 の導入に向け、韓国の現代建設株式会社と事業契約を締結したことを発表 |
| 11.25 | | ・ルーマニア国営ニュークリアエレクトリカ社の子会社であるエネルゴニュークリア社が、チェルナボーダ原子力発電所3、4 号機の完成に向け、カナダの CANDU エナジー社と契約を締結したことを発表 |
| 11.29 | 原子力機構が、核セキュリティ分野及び廃止措置・廃棄物管理分野において IAEA から協働センターの指定を受けたことを発表 | |
| 12.1 | | ・フランス EDF が EPR の建設を目指して、チェコ、ポーランド、インドを含む複数国の関連企業と協力協定を締結したことを発表<br>・ロシアのロスアトム、フランスの原子力・代替エネルギー庁（CEA）及び EDF が、使用済 MOX 燃料再処理リサイクル等における研究開発協力に係る共同声明に署名 |

| 月日 | 国内 | 国際 |
|---|---|---|
| 12.2 | | • カナダのオンタリオ・パワー・ジェネレーション（OPG）社が、ダーリントン原子力発電所に建設する SMR として米国 GEH 社の BWRX-300 を選定したことを発表<br>• 英国政府が、2030 年代初頭の実証を目指す AMR の炉型として高温ガス炉を選定したことを公表 |
| 12.3 | | 中国秦山原子力発電所において、原子力発電の余熱を利用した暖房の実証プロジェクトが開始 |
| 12.14 | | 英国カンブリア州コープランド市で、地層処分施設の立地検討を行うサウスコープランド GDF コミュニティパートナーシップが設立 |
| 12.15 | | • オランダの第4次ルッテ新政権が、2025 年までの政策方針をまとめた合意文書において、既存原子炉の運転継続と 2 基新設の方針を表明<br>• USTDA が、ウクライナにおける米国ニュースケール・パワー社製 SMR の導入に向けた技術支援金の提供を発表 |
| 12.16 | 経済産業省の産業構造審議会と総合資源エネルギー調査会の下に設置されている小委員会が、「クリーンエネルギー戦略」の策定に向けた第1回合同会合を開催<br>（以降 2022 年 3 月 23 日までに計 5 回実施） | 米国ニュースケール・パワー社が、同社製 SMR「VOYGR」のカザフスタンにおける建設可能性評価に向けた現地企業との覚書締結を発表 |
| 12.18 | | 台湾の住民投票の結果、第四原子力発電所の建設再開は反対多数で否決 |
| 12.20 | | 中国 CNNC が中国山東省の高温ガス炉プラントが送電網に接続したことを公表 |
| 12.22 | | ポーランドの PEJ 社が、国内初の原子力発電所の優先サイトとしてルビャトボ・コパリノの選定を発表 |
| 12.23 | 原子力規制委員会が女川原子力発電所 2 号機の新規制基準への適合性に係る設計及び工事の計画を認可 | ベルギーのデ・クロー首相が、2025 年までの全原子炉閉鎖を原則としつつ 2 基運転継続の可能性も保留する方針で、ベルギー政府内において合意したことを発表 |
| 12.27 | | 韓国政府が「第 6 次原子力振興総合計画」、「第 2 次高レベル放射性廃棄物管理基本計画」等を決定 |
| 12.28 | • ALPS 処理水の処分に関する基本方針の着実な実行に向けた関係閣僚等会議が、今後 1 年の取組や中長期的な方向性を整理する「行動計画」を策定<br>• 原子力委員会が低レベル放射性廃棄物等の処理・処分に関する考え方についての見解を決定 | |
| 12.31 | | • ドイツのブロックドルフ、グローンデ、グンドレミンゲン C の 3 基のプラントが恒久閉鎖<br>• EC が、原子力を含めた EU タクソノミー規則案を公表 |

- 2022 年

| 月日 | 国内 | 国際 |
|---|---|---|
| 1.1 | | 世界で3基目の華龍1号である中国福清原子力発電所6号機が送電網へ接続 |
| 1.2 | | 韓国KHNPが、エジプトのダバ原子力発電所のタービン建屋建設等に係る契約の単独交渉権を獲得 |
| 1.7 | | 英国EDFエナジー社が、ハンタtwo-ストンB原子力発電所2号機の恒久閉鎖を発表 |
| 1.13 | | 米国WH社が、チェコ産業貿易省及びチェコ企業7社と、ドコバニ原子力発電所増設に係る覚書を締結したことを発表 |
| 1.18 | | 英国カンブリア州アラデール市で、地層処分施設の立地検討を行うアラデールGDFコミュニティパートナーシップが設立 |
| 1.20 | | ロシアのロスアトムがアルメニア原子力発電所と、ロシア製の原子炉新設の検討に向けた覚書を締結したことを発表 |
| 1.21 | | 米国WH社が、ポーランドの企業10社と同国におけるAP1000建設に係る覚書を締結したことを発表 |
| 1.24 | 核融合科学技術委員会が「核融合原型炉研究開発に関する第1回中間チェックアンドレビュー報告書」を公表 | • ECの専門家委員会「サステナブルファイナンス・プラットフォーム」が、原子力はEUタクソノミーの対象条件を満たしていないとする答申を発表<br>• エストニア政府が、米国DOS主催の原子力専門家向け研修プログラムへの参加を発表 |
| 1.26 | 原子力機構、三菱重工業(株)、三菱FBRシステムズ(株)が米国テラパワー社とナトリウム冷却高速炉技術に係る覚書を締結 | |
| 1.27 | | スウェーデン政府が、スウェーデン核燃料・廃棄物管理会社(SKB社)の使用済燃料の地層処分場の建設を許可 |
| 2.1 | | アルゼンチンの国営原子力発電会社(NASA)が、中国CNNCとアトーチャ原子力発電所3号機(華龍1号)の建設に係るEPC契約を締結したことを発表 |
| 2.2 | | • ECがEUタクソノミーに原子力を含めるための規則を採択したことを発表<br>• ウクライナのエネルゴアトム社とカナダの原子力産業機関(OCNI)がウクライナにおけるカナダ製原子炉の導入に向けた覚書を締結 |
| 2.7 | | 英国原子力規制局(ONR)等が中国の華龍1号に対する一般設計評価が完了したことを発表 |
| 2.8 | 東京電力が東電福島第一原発の1号機原子炉格納容器の内部調査を開始 | |
| 2.10 | | フランスのマクロン大統領が、原子炉6基を新設する原子力計画を発表、新設基数の8基追加も検討 |
| 2.14 | IAEAが、東電福島第一原発のALPS処理水の安全性に関するレビューを実施(〜2月18日) | 米国ニュースケール・パワー社が、ポーランドにおけるSMR建設に向けた契約をポーランドKGHM社と締結したことを発表 |

はじめに

特集

第1章

第2章

第3章

第4章

第5章

第6章

第7章

第8章

資料編

用語集

| 月日 | 国内 | 国際 |
|---|---|---|
| 2.24 | | ロシア軍が、ウクライナのチョルノービリ原子力発電所を占拠 |
| 2.25 | | 米国政府とガーナ政府が、FIRST プログラムに基づく協力の取組を開始 |
| 3.3 | | フィンランドのフォータム社が、ロビーサ原子力発電所1、2号機の2050年末までの運転延長を申請すると発表 |
| 3.4 | | ウクライナ国家原子力規制検査局(SNRIU)が、ロシア軍によるザポリッジャ原子力発電所の占拠を発表 |
| 3.8 | | ドイツ政府が、ロシアのウクライナ侵略を受けた原子炉閉鎖先送り措置を「非推奨」とする文書を公表 |
| 3.10 | | • 韓国の第20代大統領選挙で、原子炉の新設等を主張する尹錫悦(ユン・ソクヨル)候補が当選<br>• G7臨時エネルギー大臣会合が、ウクライナ国内の原子力施設の安全確保要請等を含む共同声明を採択<br>• 米国政府とフィリピン政府が、戦略的民生用原子力協力に係る覚書に署名 |
| 3.14 | | スウェーデンのシャーンフル・ネキスト社が、同国内でのSMR建設に向けた米国GEH社との了解覚書の締結を発表 |
| 3.15 | | G7が、ウクライナにおける原子力安全と核セキュリティの枠組みに関するG7不拡散局長級会合(NPDG)声明を発出 |
| 3.16 | | 英国ニュークレオ社が、イタリア経済開発省新技術・エネルギー・持続可能経済開発局(ENEA)との小型の鉛冷却高速炉(LFR)技術の開発に係る枠組み協定の締結を発表 |
| 3.17 | | • カナダ政府が、米国WH社製SMRの国内建設に向けて約2,700万カナダドルの資金支援を実施することを発表<br>• チェコ電力(CEZ)が、ドコバニ原子力発電所のプラント増設におけるベンダーの入札開始を発表 |
| 3.18 | | ベルギー政府が原子炉2基の運転を10年延長することを決定したと発表 |
| 3.22 | | シンガポールのエネルギー市場局(EMA)が、原子力導入の可能性について言及した報告書を公表 |
| 3.23 | 三菱電機(株)が、米国ホルテック・インターナショナル社と同社製小型炉「SMR-160」向けの計装制御システムの設計契約を締結したことを発表 | |
| 3.24 | | UAEのENECがバラカ原子力発電所2号機の商業運転開始を発表 |
| 3.28 | 資源エネルギー庁の原子力小委員会が革新炉ワーキンググループを設置することを発表 | |
| 3.31 | | チェコCEZが、同国初のSMRの建設地としてテメリン原子力発電所敷地内の一区画を確保したことを発表 |

## 6 世界の原子力発電の状況

### （1） 世界の原子力発電の状況（2022年3月時点）

（MWe、グロス電気出力）

| | 国地域 | 原子力による年間発電量（2020年）TWh | 原子力発電比率（2020年）% | 運転中 出力 | 運転中 基数 | 建設中 出力 | 建設中 基数 | 計画中 出力 | 計画中 基数 |
|---|---|---|---|---|---|---|---|---|---|
| 1 | 米国 | 789.9 | 19.7 | 95,523 | 93 | 2,500 | 2 | 2,550 | 3 |
| 2 | 中国 | 344.7 | 4.9 | 50,769 | 53 | 20,930 | 19 | 38,110 | 34 |
| 3 | フランス | 338.7 | 70.6 | 61,370 | 56 | 1,650 | 1 | 0 | 0 |
| 4 | ロシア | 201.8 | 20.6 | 27,653 | 37 | 2,810 | 3 | 23,725 | 27 |
| 5 | 韓国 | 152.6 | 29.6 | 23,136 | 24 | 5,600 | 4 | 0 | 0 |
| 6 | カナダ | 92.2 | 14.6 | 13,624 | 19 | 0 | 0 | 0 | 0 |
| 7 | ウクライナ | 71.5 | 51.2 | 13,107 | 15 | 1,900 | 2 | 0 | 0 |
| 8 | ドイツ | 60.9 | 11.3 | 4,055 | 3 | 0 | 0 | 0 | 0 |
| 9 | スペイン | 55.8 | 22.2 | 7,121 | 7 | 0 | 0 | 0 | 0 |
| 10 | スウェーデン | 47.4 | 29.8 | 6,882 | 6 | 0 | 0 | 0 | 0 |
| 11 | 英国 | 45.9 | 14.5 | 6,848 | 11 | 3,440 | 2 | 3,340 | 2 |
| 12 | 日本 | 43.0 | 5.1 | 31,679 | 33 | 2,756 | 2 | 1,385 | 1 |
| 13 | インド | 40.4 | 3.3 | 6,885 | 23 | 6,700 | 8 | 8,400 | 12 |
| 14 | ベルギー | 32.8 | 39.1 | 5,942 | 7 | 0 | 0 | 0 | 0 |
| 15 | 台湾 | 30.3 | 12.7 | 2,859 | 3 | 0 | 0 | 0 | 0 |
| 16 | チェコ | 28.4 | 37.3 | 3,934 | 6 | 0 | 0 | 1,200 | 1 |
| 17 | スイス | 23.0 | 32.9 | 2,960 | 4 | 0 | 0 | 0 | 0 |
| 18 | フィンランド | 22.4 | 33.9 | 4,394 | 5 | 0 | 0 | 1,170 | 1 |
| 19 | ブルガリア | 15.9 | 40.8 | 2,006 | 2 | 0 | 0 | 1,000 | 1 |
| 20 | ハンガリー | 15.2 | 48.0 | 1,902 | 4 | 0 | 0 | 2,400 | 2 |
| 21 | スロバキア | 14.4 | 53.1 | 1,837 | 4 | 942 | 2 | 0 | 0 |
| 22 | ブラジル | 13.2 | 2.1 | 1,884 | 2 | 1,405 | 1 | 0 | 0 |
| 23 | 南アフリカ | 11.6 | 5.9 | 1,860 | 2 | 0 | 0 | 0 | 0 |
| 24 | メキシコ | 10.9 | 4.9 | 1,552 | 2 | 0 | 0 | 0 | 0 |
| 25 | ルーマニア | 10.6 | 19.9 | 1,300 | 2 | 0 | 0 | 1,440 | 2 |
| 26 | アルゼンチン | 10.0 | 7.5 | 1,641 | 3 | 29 | 1 | 1,150 | 1 |
| 27 | パキスタン | 9.6 | 7.1 | 3,256 | 6 | 0 | 0 | 1,170 | 1 |
| 28 | スロベニア | 6.0 | 37.8 | 688 | 1 | 0 | 0 | 0 | 0 |
| 29 | イラン | 5.8 | 1.7 | 915 | 1 | 1,057 | 1 | 1,057 | 1 |
| 30 | オランダ | 3.9 | 3.3 | 482 | 1 | 0 | 0 | 0 | 0 |
| 31 | アルメニア | 2.6 | 34.5 | 415 | 1 | 0 | 0 | 0 | 0 |
| 32 | UAE | 1.6 | 1.1 | 2,690 | 2 | 2,800 | 2 | 0 | 0 |
| 33 | ベラルーシ | 0.3 | 1.0 | 1,110 | 1 | 1,194 | 1 | 0 | 0 |
| 34 | トルコ | 0.0 | 0.0 | 0 | 0 | 3,600 | 3 | 1,200 | 1 |
| 35 | バングラデシュ | 0.0 | 0.0 | 0 | 0 | 2,400 | 2 | 0 | 0 |
| 36 | エジプト | 0.0 | 0.0 | 0 | 0 | 0 | 0 | 4,800 | 4 |
| 37 | ウズベキスタン | 0.0 | 0.0 | 0 | 0 | 0 | 0 | 2,400 | 2 |
| | 合計 | 2,553 | 10.3 | 392,279 | 439 | 61,713 | 56 | 96,497 | 96 |

（注1）原子力発電比率は、総発電量に占める原子力による発電量の割合。
（注2）WNAの集計によるデータであり、5(1)「我が国の原子力発電所の現状（2022年3月時点）」に示した日本原子力産業協会のデータに基づく表の基数と整合しない部分がある。
（出典）世界原子力協会（WNA）「World Nuclear Power Reactors & Uranium Requirements」に基づき作成

(2)　世界の原子力発電所の運転開始・着工・閉鎖の推移（2010年以降）

| 年 | 営業運転開始 | | 建設開始 | | 閉鎖（運転終了） | |
|---|---|---|---|---|---|---|
| | 基 | 国地域（原子炉） | 基 | 国地域（原子炉） | 基 | 国地域（原子炉） |
| 2010年 | 5 | 中、中、印、印、露 | 16 | 日、中、中、中、中、中、中、中、中、中、中、印、印、露、露、伯 | 1 | 仏 |
| 2011年 | 4 | 中、韓、印、パキ | 4 | 印、印、パキ、パキ | 13 | 日、日、日、日、独、独、独、独、独、独、独、独、英 |
| 2012年 | 4 | 中、韓、韓、露 | 7 | 中、中、中、中、韓、露、UAE | 3 | 英、英、加 |
| 2013年 | 3 | 中、中、イラン | 10 | 米、米、米、米、中、中、中、韓、UAE、ベラルーシ | 6 | 日、日、米、米、米、米 |
| 2014年 | 6 | 中、中、中、中、中、印 | 3 | UAE、ベラルーシ、アルゼンチン | 1 | 米 |
| 2015年 | 8 | 中、中、中、中、中、中、韓、露 | 8 | 中、中、中、中、中、中、UAE、パキ | 7 | 日、日、日、日、日、独、英 |
| 2016年 | 12 | 米、中、中、中、中、中、中、中、韓、露、パキ、アルゼンチン | 3 | 中、中、パキ | 4 | 日、米、瑞典、露 |
| 2017年 | 5 | 中、中、印、パキ、露 | 4 | 韓、印、印、バングラ | 5 | 日、独、瑞典、西、韓 |
| 2018年 | 9 | 中、中、中、中、中、中、中、露、露 | 5 | 英、韓、露、バングラ、トルコ | 7 | 日、日、日、日、米、台、露 |
| 2019年 | 5 | 中、中、中、韓、露 | 5 | 英、中、中、露、イラン | 13 | 日、日、日、日、日、米、米、独、瑞典、瑞西、韓、台、露 |
| 2020年 | 3 | 中、露、露 | 5 | 中、中、中、中、トルコ | 6 | 米、米、仏、仏、瑞典、露 |
| 2021年 | 7 | 中、中、中、露、UAE、パキ、ベラルーシ | 10 | 中、中、中、中、中、中、印、印、露、トルコ | 10 | 米、独、独、独、英、英、英、台、パキ、露 |

（注1）2013年に建設が開始された米国の4基のうち2基は、その後建設が中止された。
（注2）中：中国、印：インド、露：ロシア、日：日本、伯：ブラジル、仏：フランス、韓：韓国、パキ：パキスタン、独：ドイツ、英：英国、加：カナダ、米：米国、瑞典：スウェーデン、バングラ：バングラデシュ、西：スペイン、台：台湾、瑞西：スイス
（出典）日本原子力産業協会「世界の最近の原子力発電所の運転・建設・廃止動向」、IAEA-PRIS（Power Reactor Information System）に基づき作成

## （3）　世界の原子力発電所の設備利用率の推移

単位：%　（ ）内は基数

| 暦年<br>国名又は地域名 | 2005年 | 2006年 | 2007年 | 2008年 | 2009年 | 2010年 | 2011年 | 2012年 | 2013年 | 2014年 | 2015年 | 2016年 | 2017年 | 2018年 | 2019年 | 2020年 |
|---|---|---|---|---|---|---|---|---|---|---|---|---|---|---|---|---|
| 米国 | 91.1(103) | 90.8(103) | 92.2(104) | 91.4(104) | 90.3(104) | 91.2(104) | 89.0(104) | 86.5(104) | 90.1(104) | 91.8(100) | 92.1(99) | 92.4(100) | 91.8(99) | 92.6(99) | 93.2(98) | 92.5(96) |
| フランス | 77.8(59) | 77.6(59) | 75.8(59) | 75.6(59) | 70.7(59) | 74.1(59) | 76.6(58) | 76.0(58) | 76.0(58) | 79.6(58) | 78.6(58) | 71.5(58) | 70.4(58) | 73.0(58) | 71.0(58) | 64.6(58) |
| 日本 | 69.7(54) | 70.2(55) | 64.4(55) | 58.0(55) | 64.7(54) | 68.3(54) | 38.0(54) | 4.3(50) | 3.5(50) | 0.0(48) | 1.2(48) | 8.0(43) | 8.4(42) | 16.3(42) | 20.6(38) | 15.0(33) |
| 中国 | 87.2(9) | 87.9(9) | 87.5(11) | 88.1(11) | 88.9(11) | 90.4(13) | 88.2(14) | 89.2(15) | 89.5(17) | 86.9(22) | 87.4(27) | 89.6(35) | 89.2(37) | 90.6(43) | 89.5(46) | 91.8(47) |
| ロシア | 73.4(31) | 75.9(31) | 77.7(31) | 79.6(31) | 80.2(31) | 81.5(32) | 81.5(32) | 80.6(32) | 77.0(33) | 81.0(33) | 85.7(34) | 82.2(35) | 82.2(35) | 77.9(37) | 78.3(36) | 81.2(38) |
| 韓国 | 95.1(20) | 92.3(20) | 89.4(20) | 93.1(20) | 91.1(20) | 90.9(20) | 90.4(21) | 81.6(23) | 75.8(23) | 85.7(23) | 84.6(24) | 79.4(24) | 71.1(25) | 64.6(24) | 68.1(25) | 74.9(24) |
| カナダ | 81.3(18) | 83.7(18) | 79.8(18) | 79.9(18) | 77.3(18) | 77.6(18) | 80.0(18) | 79.1(20) | 81.1(19) | 85.0(19) | 81.4(19) | 80.8(19) | 80.5(19) | 79.1(19) | 79.9(19) | 76.7(19) |
| ウクライナ | 74.2(14) | 73.9(15) | 76.0(15) | 73.4(15) | 67.9(15) | 73.1(15) | 73.9(15) | 75.2(15) | 76.5(15) | 77.5(15) | 74.0(15) | 67.9(15) | 70.8(15) | 67.9(15) | 67.4(15) | 68.0(15) |
| ドイツ | 86.3(18) | 89.1(17) | 74.4(17) | 78.4(17) | 71.2(17) | 74.1(17) | 68.9(17) | 90.5(9) | 88.6(9) | 89.0(9) | 89.7(9) | 86.3(8) | 78.4(8) | 88.1(7) | 87.1(7) | 88.0(6) |
| 英国 | 72.6(23) | 66.9(23) | 63.1(19) | 54.2(19) | 70.9(19) | 64.0(19) | 71.1(19) | 77.1(18) | 78.8(16) | 70.3(16) | 77.1(16) | 82.6(15) | 81.5(15) | 75.7(15) | 65.6(15) | 58.8(15) |
| スウェーデン | 87.1(11) | 82.8(10) | 81.3(10) | 77.6(10) | 63.5(10) | 68.4(10) | 71.2(10) | 74.5(10) | 76.6(10) | 74.7(10) | 64.9(10) | 71.2(10) | 81.0(9) | 86.9(8) | 85.1(8) | 72.4(7) |
| スペイン | 82.7(9) | 87.5(9) | 80.8(8) | 86.3(8) | 77.5(8) | 90.1(8) | 83.2(8) | 88.7(8) | 84.5(8) | 87.9(7) | 87.6(7) | 89.8(7) | 89.0(7) | 85.5(7) | 89.7(7) | 90.6(7) |
| ベルギー | 89.2(7) | 86.9(7) | 89.9(7) | 84.8(7) | 87.6(7) | 88.0(7) | 88.5(7) | 74.1(7) | 78.1(7) | 61.6(7) | 54.4(7) | 79.6(7) | 77.5(7) | 52.2(7) | 79.6(7) | 62.6(7) |
| インド | 67.2(15) | 54.2(16) | 48.4(17) | 39.7(17) | 44.5(17) | 56.7(19) | 75.5(20) | 77.3(20) | 78.4(20) | 80.1(20) | 74.5(21) | 73.4(22) | 56.9(14) | 64.6(22) | 74.3(22) | 73.4(22) |
| 台湾 | 89.8(6) | 89.1(6) | 90.4(6) | 90.4(6) | 91.6(6) | 91.4(6) | 92.5(6) | 87.7(6) | 90.0(6) | 91.5(6) | 87.1(6) | 90.2(6) | 75.0(6) | 71.7(6) | 85.1(5) | 89.5(4) |
| チェコ | 76.8(6) | 79.7(6) | 78.7(6) | 78.5(6) | 80.0(6) | 82.1(6) | 81.9(6) | 86.0(6) | 86.4(6) | 83.8(6) | 73.6(6) | 65.6(6) | 77.5(6) | 81.8(6) | 82.7(6) | 81.9(6) |
| スイス | 78.4(5) | 93.5(5) | 93.5(5) | 92.9(5) | 92.6(5) | 89.4(5) | 89.9(5) | 84.8(5) | 86.0(5) | 90.8(5) | 76.0(5) | 69.4(5) | 67.1(5) | 83.8(5) | 87.0(5) | 88.5(4) |
| フィンランド | 95.7(4) | 93.5(4) | 95.3(4) | 93.1(4) | 95.7(4) | 92.3(4) | 93.2(4) | 91.0(4) | 93.5(4) | 93.7(4) | 92.3(4) | 91.8(4) | 88.7(4) | 90.1(4) | 93.6(4) | 91.1(4) |
| ブルガリア | 72.9(4) | 76.1(4) | 82.0(2) | 88.1(2) | 85.2(2) | 85.3(2) | 91.4(2) | 88.5(2) | 86.7(2) | 88.8(2) | 86.5(2) | 88.3(2) | 86.8(2) | 88.6(2) | 89.4(2) | 89.0(2) |
| ブラジル | 55.2(2) | 78.0(2) | 74.1(2) | 85.2(2) | 74.5(2) | 83.5(2) | 89.6(2) | 92.0(2) | 83.9(2) | 87.1(2) | 84.2(2) | 90.0(2) | 89.6(2) | 89.1(2) | 92.3(2) | 80.4(2) |
| ハンガリー | 84.7(4) | 81.4(4) | 87.2(4) | 86.2(4) | 87.6(4) | 88.6(4) | 88.9(4) | 89.0(4) | 86.5(4) | 88.1(4) | 89.1(4) | 90.5(4) | 90.9(4) | 88.6(4) | 91.3(4) | 89.9(4) |
| 南アフリカ | 77.6(2) | 63.9(2) | 79.9(2) | 80.6(2) | 73.4(2) | 81.8(2) | 80.9(2) | 77.4(2) | 84.0(2) | 90.8(2) | 67.4(2) | 93.4(2) | 92.6(2) | 65.0(2) | 83.5(2) | 71.1(2) |
| スロバキア | 76.4(6) | 77.6(6) | 79.5(5) | 85.3(5) | 86.3(5) | 86.8(4) | 90.2(4) | 90.4(4) | 92.0(4) | 90.7(4) | 89.7(4) | 87.0(4) | 89.0(4) | 87.5(4) | 90.0(4) | 89.7(4) |
| アルゼンチン | 77.8(2) | 87.3(2) | 82.1(2) | 83.4(2) | 92.7(2) | 81.7(2) | 72.0(2) | 71.9(2) | 74.3(2) | 95.8(2) | 87.6(2) | 46.5(3) | 40.5(3) | 45.1(3) | 55.4(3) | 69.4(3) |
| メキシコ | 86.6(2) | 87.3(2) | 83.5(2) | 82.0(2) | 88.8(2) | 49.1(2) | 81.8(2) | 62.6(2) | 97.6(2) | 78.4(2) | 88.0(2) | 76.5(2) | 77.6(2) | 96.8(2) | 79.9(2) | 79.5(2) |
| ルーマニア | 89.1(1) | 90.2(1) | 95.8(2) | 90.5(2) | 95.0(2) | 94.0(2) | 94.9(2) | 92.6(2) | 93.5(2) | 94.1(2) | 93.8(2) | 91.0(2) | 92.8(2) | 91.9(2) | 90.9(2) | 92.2(2) |
| イラン | — | — | — | — | — | — | — | — | 95.1(1) | 56.4(1) | 64.4(1) | 73.9(1) | 80.0(1) | 77.5(1) | 72.5(1) | 71.0(1) |
| パキスタン | 64.7(2) | 68.4(2) | 62.0(2) | 46.6(2) | 70.8(2) | 68.8(2) | 68.1(3) | 84.3(3) | 72.8(3) | 74.4(3) | 72.8(3) | 85.1(4) | 87.8(3) | 82.6(5) | 80.3(5) | 84.1(5) |
| スロベニア | 97.7(1) | 91.3(1) | 93.0(1) | 102.1(1) | 93.6(1) | 92.2(1) | 97.9(1) | 86.5(1) | 83.0(1) | 100(1) | 88.5(1) | 89.2(1) | 98.5(1) | 90.6(1) | 91.3(1) | 99.3(1) |
| オランダ | 95.7(1) | 82.5(1) | 94.6(1) | 92.9(1) | 95.5(1) | 88.9(1) | 92.8(1) | 86.9(1) | 63.7(1) | 91.2(1) | 90.5(1) | 87.8(1) | 75.6(1) | 90.6(1) | 86.8(1) | 91.7(1) |
| アルメニア | 76.0(1) | 73.5(1) | 71.3(1) | 68.6(1) | 69.7(1) | 69.6(1) | 71.8(1) | 66.4(1) | 64.4(1) | 67.3(1) | 77.4(1) | 65.4(1) | 71.4(1) | 55.8(1) | 57.2(1) | 70.3(1) |
| リトアニア | 91.9(1) | 76.5(1) | 87.4(1) | 87.8(1) | 96.6(1) | — | — | — | — | — | — | — | — | — | — | — |

（出典）IAEA-PRIS（Power Reactor Information System）に基づき作成

はじめに

特集

第1章

第2章

第3章

第4章

第5章

第6章

第7章

第8章

資料編

用語集

## (4) 世界の原子炉輸出実績

| 輸出元の国名 | 炉型 | 輸出先の国・地域名（最初の原子炉の運転開始年） |
|---|---|---|
| 米国 | 沸騰水型軽水炉（BWR） | イタリア（1964）、オランダ（1969）、インド（1969）、日本（1970）、スペイン（1971）、スイス（1972）、台湾（1978）、メキシコ（1990） |
| | 加圧水型軽水炉（PWR） | ベルギー（1962）、イタリア（1965）、ドイツ（1969）、スイス（1969）、日本（1970）、スウェーデン（1975）、韓国（1978）、スロベニア（1983）、台湾（1984）、ブラジル（1985）、英国（1995）、中国（2018） |
| 英国 | 黒鉛減速ガス冷却炉（GCR） | イタリア（1964）、日本（1966） |
| フランス | GCR | スペイン（1972） |
| | PWR | ベルギー（1975）、南アフリカ共和国（1984）、韓国（1988）、中国（1994）、フィンランド（2022） |
| カナダ | カナダ型重水炉（CANDU炉） | パキスタン（1972）、インド（1973）、韓国（1983）、アルゼンチン（1984）、ルーマニア（1996）、中国（2002） |
| ドイツ | PWR | オランダ（1973）、スイス（1979）、スペイン（1988）、ブラジル（2001） |
| | 圧力容器型重水炉 | アルゼンチン（1974） |
| スウェーデン | BWR | フィンランド（1979） |
| ロシア（旧ソ連） | 黒鉛減速軽水冷却沸騰水型原子炉（RBMK） | ウクライナ（1978）、リトアニア（1985） |
| | ロシア型加圧水型原子炉（VVER） | ブルガリア（1974）、フィンランド（1977）、アルメニア（1977）、スロバキア（1980）、ウクライナ（1981）、ハンガリー（1983）、中国（2007）、イラン（2013）、インド（2014）、ベラルーシ（2020） |
| 中国 | PWR | パキスタン（2000） |
| 韓国 | PWR | アラブ首長国連邦（2020） |

（出典）IAEA「Country Nuclear Power Profiles 2020」、「Power Reactor Information System（PRIS）」に基づき作成

## (5) 世界の高レベル放射性廃棄物の処分場

| 国名 | 処分地、候補岩種、処分深度（計画） | 対象廃棄物、処分量[注1] | 処分実施主体 | 事業計画等 |
|---|---|---|---|---|
| フィンランド | 処分地：エウラヨキ自治体オルキルオト<br>岩種：結晶質岩<br>深度：約400〜450m | 使用済燃料：6,500tU | ポシバ社 | 2001年：最終処分地の決定<br>2016年：処分場建設開始<br>2020年代：処分開始予定 |
| スウェーデン | 処分地：エストハンマル自治体フォルスマルク<br>岩種：結晶質岩<br>深度：約500m | 使用済燃料：12,000tU | スウェーデン核燃料・廃棄物管理会社（SKB社） | 2011年：立地・建設許可申請<br>2022年1月：最終処分への事業許可発給<br>2030年代：処分開始予定 |
| フランス | 処分地：ビュール地下研究所近傍の候補サイトを特定<br>岩種：粘土層<br>深度：約500m | ガラス固化体：12,000㎥<br>TRU廃棄物等：72,000㎥ | 放射性廃棄物管理機関（ANDRA） | 2010年：地下施設展開区域の決定<br>2035年頃：処分開始予定 |
| スイス | 処分地：3か所の地質学的候補エリアを連邦政府が承認<br>岩種：オパリナス粘土<br>深度：約400〜900m | ガラス固化体、使用済燃料：9,280㎥<br>TRU廃棄物等：981㎥ | 放射性廃棄物管理共同組合（NAGRA） | 2008年：特別計画に基づくサイト選定の開始<br>2060年頃：処分開始予定 |
| ドイツ | 処分地：未定<br>岩種：未定<br>深度：300m以上 | ガラス固化体、使用済燃料、固形物収納体等：27,000㎥ | 連邦放射性廃棄物機関（BGE） | 2031年：処分場サイトの決定<br>2050年代以降：処分開始予定 |
| 英国 | 処分地：未定<br>岩種：未定<br>深度：200〜1,000m程度 | ガラス固化体：9,880㎥<br>中レベル放射性廃棄物：503,000㎥<br>低レベル放射性廃棄物：5,110㎥ | 原子力廃止措置機関（NDA）<br>放射性廃棄物管理会社（RWM社） | 2018年：サイト選定プロセス開始<br>2040年頃：低レベル放射性廃棄物、中レベル放射性廃棄物の処分開始予定<br>2075年頃：高レベル放射性廃棄物の処分開始予定 |
| カナダ | 処分地：未定<br>岩種：結晶質岩又は堆積岩<br>深度：500〜1,000m | 使用済燃料：処分量未定 | 核燃料廃棄物管理機関（NWMO） | 2010年：サイト選定開始<br>2040〜2045年頃：処分開始予定 |
| 米国 | 処分地：ネバダ州ユッカマウンテン[注2]<br>岩種：凝灰岩<br>深度：200〜500m | 使用済燃料、ガラス固化体：70,000t | エネルギー長官[注2] | 2013年：エネルギー省（DOE）の管理・処分戦略<br>2048年：処分開始予定 |
| スペイン | 処分地：未定<br>岩種：未定<br>深度：未定 | 使用済燃料、ガラス固化体、長寿命中レベル放射性廃棄物：12,800㎥ | 放射性廃棄物管理公社（ENRESA） | 1998年：サイト選定プロセスの中断<br>2050年以降：処分開始予定 |
| ベルギー | 処分地：未定<br>岩種：粘土層<br>深度：未定 | ガラス固化体、使用済燃料、TRU廃棄物等：11,700㎥ | ベルギー放射性廃棄物・濃縮核分裂性物質管理機関（ONDRAF/NIRAS） | 2035〜2040年：TRU廃棄物等の処分開始予定<br>2080年：ガラス固化体、使用済燃料の処分開始予定 |
| 日本 | 処分地：未定<br>岩種：未定<br>深度：300m以上 | ガラス固化体：4万本以上<br>TRU廃棄物：19,000㎥以上 | 原環機構（NUMO） | 2002年：「最終処分場施設の設置可能性を調査する区域」の公募開始<br>処分開始予定時期は未定 |

（注1）処分量は、異なる時期に異なる算定ベースで見積もられている可能性や、処分容器を含む値の場合がある。
（注2）法律上。
（出典）資源エネルギー庁「諸外国における高レベル放射性廃棄物の処分について」（2022年）に基づき作成

# 7 世界の原子力に係る基本政策

## (1) 北米

### ① 米国

米国は、2022年3月時点で93基の原子炉が稼働する、世界第1位の原子力発電利用国であり、2020年の原子力発電比率は約20%です。また、ボーグル原子力発電所3、4号機の2基の建設が進められています。

米国では、シェールガス革命により2009年頃から天然ガス価格が低水準で推移しており、原子力発電の経済性が相対的に低下しています。こうした状況は電気事業者の原子力発電の継続や新増設に関する意思決定にも影響を及ぼしています。連邦議会では、原子力発電に対しては、共和・民主両党の超党派的な支持が得られています。2018年9月には、先進的な原子力技術開発等を促進する「原子力イノベーション能力法」が成立しました。2021年1月に就任した民主党のバイデン大統領は、気候変動対策の一環として先進的原子力技術等の重要なクリーンエネルギー技術のコストを劇的に低下させ、それらの商用化を速やかに進めるために投資を行っていく方針です。高速炉や小型モジュール炉（SMR）等の開発にも積極的に取り組み、エネルギー省（DOE）が「原子力分野のイノベーション加速プログラム（GAIN）」や「革新的原子炉実証プログラム（ARDP）」等を通じて開発支援を行っており、多数の民間企業も参画しています。また、35年ぶりの新規着工となったボーグル3、4号機建設のために、政府の債務保証プログラムを追加適用する手続の推進等の施策も行っています。さらに、バイデン政権では、米国内にとどまらず原子力分野における国際協力も進められています。2021年4月には、国務省が気候変動対策の一環として国際支援プログラム「SMR技術の責任ある活用に向けた基本インフラ（FIRST）」を始動しました。同年11月に国務省が公表した、原子力導入を支援する「原子力未来パッケージ」では、米国の協力パートナーとして、ポーランド、ケニア、ウクライナ、ブラジル、ルーマニア、インドネシア等が挙げられています。

米国における原子力安全規制は、原子力規制委員会（NRC）が担っています。NRCは、我が国の原子力規制検査の制度設計においても参考とされた、稼働実績とリスク情報に基づく原子炉監視プロセス（ROP）等を導入することで、合理的な規制の実施に努めています。2019年1月には、NRCに対し予算・手数料の適正化や先進炉のための許認可プロセス確立を指示する「原子力イノベーション・近代化法」が成立しており、規制の側からも既存炉・先進炉の開発を支援する取組が進むことが期待されています。また、産業界の自主規制機関である原子力発電運転協会（INPO）や、原子力産業界を代表する組織である原子力エネルギー協会（NEI）も、安全性向上に向けた取組を進めています。

既存の原子力発電所を有効に活用するため、設備利用率の向上、出力の向上、運転期間延長の取組も進められています。2019年12月にターキーポイント原子力発電所3、4号機が、2020年3月にピーチボトム2、3号機が、2021年5月にサリー1、2号機が、NRCから2度目となる20年間の運転認可更新の承認を受け、80年運転が可能となりました。ただし、このうちターキーポイント3、4号機とピーチボトム2、3号機について、NRCは2022年2月に、

環境影響評価手続上の問題のため承認を取り下げる決定を行いました。このほか、2022 年
3 月末時点で、ノースアナ 1、2 号機、ポイントビーチ 1、2 号機、オコニー1～3 号機、セン
トルーシー1、2 号機について、NRC が 2 度目の運転認可更新を審査中です。

　1977 年のカーター民主党政権が使用済燃料の再処理を禁止したことを受けて、米国では
再処理は行われておらず、使用済燃料は事業者が発電所等で貯蔵しています。最終処分場に
ついては、民生・軍事起源の使用済燃料や高レベル放射性廃棄物を同一の処分場で地層処分
する方針に基づき、ネバダ州ユッカマウンテンでの処分場建設が計画され、ブッシュ共和党
政権期の 2008 年 6 月に DOE が NRC に建設認可申請を提出しました。2009 年に発足したオバ
マ民主党政権は、同プロジェクトを中止する方針でした。2017 年に誕生したトランプ共和
党政権は一転して計画継続を表明しましたが、2018 から 2021 会計年度にかけて連邦議会は
同計画への予算配分を認めませんでした。バイデン政権下で公表された 2022 会計年度の予
算要求でも、ユッカマウンテン計画を進めるための予算は要求されていません。

### ②　カナダ

　カナダは世界有数のウラン生産国の一つであり、世界全体の生産量の約 22％を占めてい
ます。カナダでは、2022 年 3 月時点で 19 基の原子炉がオンタリオ州（18 基）とニューブラ
ンズウィック州（1 基）で稼働中であり、2020 年の原子力発電比率は約 15％です。原子炉
は全てカナダ型重水炉（CANDU 炉）で、国内で生産される天然ウランを濃縮せずに燃料とし
て使用しています。

　州政府や電気事業者は、現在や将来の電力需要への対応と気候変動対策の両立手段とし
て原子力利用を重視しており、近年は、電力需要の伸びの鈍化等も踏まえ、経済性の観点か
ら、原子炉の新増設よりも既存原子炉の改修・寿命延長計画を優先的に進めています。オン
タリオ州では 10 基の既存炉を段階的に改修する計画で、2020 年 6 月にはダーリントン 2 号
機が改修工事を終え、4 年ぶりに運転を再開しました。

　一方で、カナダは SMR の研究開発に力を入れています。2018 年 11 月には、州政府や電気
事業者等で構成される委員会により SMR ロードマップが策定され、SMR の実証と実用化、政
策と法制度、公衆の関与や信頼、国際的なパートナーシップと市場の 4 分野の勧告が提示さ
れました。ロードマップの勧告を実現に移すために、2020 年 12 月には連邦政府が SMR 行動
計画を公表しました。同計画では、2020 年代後半にカナダで SMR 初号機を運転開始するこ
とを想定し、政府に加え産学官、自治体、先住民や市民組織等が参加する「チームカナダ」
体制で、SMR を通じた低炭素化や国際的なリーダーシップ獲得、原子力産業における能力や
ダイバーシティ拡大に向けた取組を行う方針です。SMR 行動計画の枠組みで出力 30 万～40
万 kW の発電用 SMR ベンダーの選定を進めていたオンタリオ・パワー・ジェネレーション社
は、2021 年 12 月に、米国 GE 日立ニュークリア・エナジー社の BWRX-300 を選定したことを
公表しました。今後、2022 年末までに安全規制機関であるカナダ原子力安全委員会（CNSC）
に建設許可申請を提出し、早ければ 2028 年にカナダ初の商業用 SMR として完成させること

はじめに

特集

第1章

第2章

第3章

第4章

第5章

第6章

第7章

第8章

資料編

用語集

を目指しています。また、カナダ原子力研究所（CNL）は、同研究所の管理サイトにおいてSMRの実証施設建設・運転プロジェクトを進めています。さらに、CNSCは、事業者による建設許可等の申請に先立ち、予備的な設計評価サービスであるベンダー設計審査を進めています。

　使用済燃料の再処理は行わず高レベル放射性廃棄物として処分する方針をとっており、使用済燃料は原子力発電所サイト内の施設で保管されています。地層処分に関する研究開発は1978年に開始されており、1998年には、政府が設置した環境評価パネルが、技術的には可能であるものの社会受容性が不十分であるとする報告書を公表しました。このような経緯を踏まえ、2002年には「核燃料廃棄物法」が制定され、処分の実施主体として核燃料廃棄物管理機関（NWMO）が設立されました。NWMOが国民対話等の結果を踏まえて使用済燃料の長期管理アプローチを提案し、政府による承認を経て処分サイト選定プロセスが進められており、2022年3月時点ではオンタリオ州の2自治体（イグナス、サウスブルース）を対象として現地調査が実施されています。

### （2）　欧州

　欧州連合（EU）では、欧州委員会（EC）が2019年12月に、2050年までにEUにおける温室効果ガス排出量を実質ゼロ（気候中立）にすることを目指す政策パッケージ「欧州グリーンディール」を発表しました。これに基づき、2021年6月に「欧州気候法」が改正され、2030年までの温室効果ガス排出削減目標が、従来の1990年比40%減から55%減に強化されました。また、同年7月には、ECがこの目標達成に向けた施策案をまとめた「Fit for 55」パッケージを公表しました。

　温室効果ガスの排出削減方法やエネルギーミックスの選択は各加盟国の判断に委ねられており、原子力発電の位置付けや利用方策について、EUとして統一的な方針は示されていません。しかし、EUではこの数年、気候変動適応・緩和などの環境目的に貢献する持続可能な経済活動を示す「EUタクソノミー」について、原子力に関する活動を含めるか否かの検討を進めてきました。加盟各国や専門家グループからの意見聴取等を経て、2022年2月に、ECは原子力を持続可能な経済活動と認定する規則を承認しました。今後、欧州議会・理事会による審議が行われ、2023年1月に発効することが見込まれています。

　また、ECは、低炭素エネルギー技術開発及び域内の原子力安全向上の側面から、原子力分野における技術開発を推進する方針を示しています。これに基づき、EUにおける研究開発支援制度である「ホライズン2020」の枠組みにおいて、EU加盟国の研究機関や事業者等を中心に立ち上げられた研究開発プロジェクトに対し、資金援助が行われてきました。2021年からは、後継となる「ホライズン・ヨーロッパ」の枠組みでの取組が行われています。

### ①　英国

　英国では、2022年3月時点で11基の原子炉が稼働中であり、2020年の原子力発電比率

は約 14.5％です。

　1990 年代以降は原子炉の新設が途絶えていましたが、北海ガス田の枯渇や気候変動が問題となる中、英国政府は 2008 年以降一貫して原子炉新設を推進していく政策方針を掲げています。2020 年 11 月には、原子力を始めとする地球温暖化対策技術への投資計画である「10-Point Plan」を公表しました。2021 年 10 月に公表された「ネットゼロ戦略」では、「10-Point Plan」を更に進める形で、大型原子炉新設に向けた支援措置を講じることや、SMR 等の先進原子力技術を選択肢として維持するために 1.2 億ポンドの新たなファンドを創設することが示されました。

　2022 年 3 月時点では、フランス電力（EDF）と中国広核集団（CGN）の出資により、ヒンクリーポイント C 原子力発電所（欧州加圧水型原子炉（EPR）2 基）において建設が、サイズウェル C 原子力発電所（EPR2 基）及びブラッドウェル B 原子力発電所（華龍 1 号 2 基）において新設計画が進められています。このうちヒンクリーポイント C サイトにおける建設プロジェクトについては、2016 年 9 月に政府、EDF、CGN の 3 者が差額決済契約（CfD）と投資合意書に署名しています。CfD 制度により、発電電力量当たりの基準価格を設定し、市場における電力価格が基準価格を下回った場合には差額の補填を受けることができるため、長期的に安定した売電収入を見込めることになります。サイズウェル C サイトにおける建設計画については、2022 年 1 月に政府が、プロジェクトを進展させるための資金として 1 億ポンドを支援すると発表しました。ブラッドウェル B サイトにおける建設計画については、2022 年 2 月に華龍 1 号の一般設計評価が完了し、設計が規制基準に適合していることが認証されました。なお、一般設計評価とは、英国で初めて建設される原子炉設計に対して、建設サイトを特定せずに安全性や環境保護の観点から規制基準への適合性を認証する制度です。一般設計評価による認証を受けた場合も、実際に建設するためには別途許認可を取得する必要があります。

　EPR のような大型炉以外にも、英国政府は SMR や革新モジュール炉（AMR）の建設も検討しており、そのための技術開発支援や規制対応支援を実施しています。2020 年 11 月には、2030 年代初頭までに SMR の開発と AMR 実証炉の建設を行うことを目指し、3.85 億ポンドの革新原子力ファンドを創設しました。同ファンドを活用した SMR 開発支援として、2021 年 11 月には、軽水炉ベースの SMR 開発を進めているロールス・ロイス SMR 社（ロールス・ロイス社を始めとする 3 社から約 1.95 億ポンドの出資を受け、2021 年 11 月に設立）に対して 2.1 億ポンドの資金援助を決定しました。2022 年 3 月には、ロールス・ロイス SMR 社が開発する SMR の一般設計評価が開始されました。AMR 開発については、2021 年 12 月に、同ファンドの一部を活用した AMR 実証プログラムにおいて、高温ガス炉実証炉の建設を目指す方針が示されました。2022 年 2 月に公表された同プログラムの概要では、同年春から冬にかけて実現性の検討や概念設計、潜在的なエンドユーザーに関する検討等を行う計画が示されています。

　このような政府による支援が行われる一方で、原子炉新設は民間企業によって実施され

るものであるため、巨額の初期投資コストを賄うための資金調達が大きな課題となります。ウィルファサイトでの新設を計画していた日立製作所が 2020 年 9 月にプロジェクトから撤退したことも、英国政府による資金調達支援の協議の難航が要因の一つでした。英国政府は 2021 年 10 月に、新たな資金調達支援策として、規制機関が認めた収入を事業者が確保できることで投資回収を保証する規制資産モデル（RAB）を導入するための法案を議会に提出しました。

　英国では、1950 年代から 2018 年 11 月まで、セラフィールド再処理施設で国内外の使用済燃料の再処理を行っていました。政府は 2006 年 10 月、国内起源の使用済燃料の再処理で生じるガラス固化体について、再処理施設内で貯蔵した後で地層処分する方針を決定しました。2014 年 7 月に公表した白書「地層処分－高レベル放射性廃棄物の長期管理に向けた枠組み」や公衆からの意見聴取結果を踏まえ、2018 年 12 月に新たな白書「地層処分の実施－地域との協働：放射性廃棄物の長期管理」を公表し、地域との協働に基づくサイト選定プロセスが新たに開始されました。2021 年 11 月には、カンブリア州コープランド市中部において、自治体組織の参画を得ながら地層処分施設の立地可能性を中長期的に検討するための組織である「コミュニティパートナーシップ」が英国内で初めて設立されました。さらに、同年 12 月には同州コープランド市南部で、2022 年 1 月には同州アラデール市で、新たなコミュニティパートナーシップが設立されました。

## ②　フランス

　フランスでは、2022 年 3 月時点で 56 基の原子炉が稼働中です。我が国と同様にエネルギー資源の乏しいフランスは、総発電電力量の約 71％を原子力発電で賄う原子力立国であり、その設備容量は米国に次ぐ世界第 2 位です。また、10 年ぶりの新規原子炉となるフラマンビル 3 号機（EPR、165 万 kW）の建設が、2007 年 12 月以降進められています。

　2012 年に発足したオランド前政権は、総発電電力に占める原子力の割合を 2025 年までに 50％に削減する目標を掲げ、2015 年 8 月には、この政策目標が規定された「グリーン成長のためのエネルギー転換に関する法律」（エネルギー転換法）が制定されました。2017 年に発足したマクロン政権もこの方針を踏襲しましたが、2025 年までの原子力比率の削減目標を実現すると温室効果ガスの排出量を増加させる可能性があるとして、目標達成時期を 2035 年に先送りしました。また、2020 年 4 月に政府が公表した改定版多年度エネルギー計画（PPE）では、2035 年の減原子力目標達成のため、合計 14 基（このうち 2 基はフェッセンハイム原子力発電所の 2 基で、2020 年 6 月末までに閉鎖済）の 90 万 kW 級原子炉を閉鎖する方針が示される一方で、2035 年以降の低炭素電源の確保のため、原子力発電比率の維持を念頭に、6 基の EPR の新設を想定して原子炉新設の検討を行う方針も示されました。さらに、2021 年 10 月にマクロン大統領が発表した投資計画「フランス 2030」では、原子力分野に 10 億ユーロを投じ、SMR 等の開発を進めるとしました。同月には、送電系統運用会社（RTE）が、複数の電源構成シナリオの比較を実施した分析結果を公表しました。この分析結果では、2050 年までに

EPR14基を新設し、既存炉と合わせて40GW以上の原子力発電容量を確保するシナリオの経済性が最も高いと評価する一方で、再生可能エネルギー比率が非常に高いシナリオや既存原子炉を60年超運転するシナリオでは技術的課題が大きいとする指摘が示されました。この分析結果を受け、マクロン大統領は、同年11月に原子炉を新設する方針を示し、2022年2月には、EPR6基の新設と更に8基の新設検討を行うとともに、90万kW級原子炉の閉鎖を撤回することを発表しました。マクロン大統領はPPEを改定する意向も示しています。

フランス政府は原子力事業者による原子炉等の輸出を支持しており、燃料サイクル事業はオラノ社、原子炉製造事業はフラマトム社が、それぞれ担っています。オラノ社には、日本原燃及び三菱重工業株式会社がそれぞれ5%ずつ出資しています。また、フラマトム社の株式の75.5%をEDFが、19.5%を三菱重工業株式会社が、5%をフランスのエンジニアリング会社Assystemが保有しています。フラマトム社が開発したEPRについては、既に中国で2基の運転が開始されているほか、フランス及びフィンランドでは1基ずつ、英国では2基の建設が進められています。

放射性廃棄物の処分実施主体である放射性廃棄物管理機関（ANDRA）は、当初は原子力・代替エネルギー庁（CEA）の一部門として1979年に設置されましたが、1991年にCEAから独立した組織となり、処分技術の開発やサイト選定に向けた調査等を実施しています。高レベル放射性廃棄物処分に関しては、2006年に制定された「放射性廃棄物等管理計画法」に基づき、「可逆性のある地層処分」を基本方針として、ANDRAがフランス東部ビュール近傍で地層処分場の設置に向けた準備を進めています。同処分場の操業開始は2030年頃と見込まれています。なお、地層処分場の操業は、地層処分場の可逆性と安全性を立証することを目的としたパイロット操業フェーズから開始される予定です。その後、地層処分の可逆性の実現条件を定める法律が制定され、原子力安全機関（ASN）により地層処分場の全面的な操業許可に係る審査が行われます。

### ③　ドイツ

ドイツでは、2022年3月時点で3基の原子炉が稼働中であり、2020年の原子力発電比率は約11%です。

東電福島第一原発事故後に行われた2011年の「原子力法」改正により、各原子炉の閉鎖年限が定められており、2022年までに全ての原子力発電所を閉鎖して原子力発電から撤退することとされています。2021年末にはグローンデ、グンドレミンゲンC、ブロックドルフの3基が恒久停止しました。2022年末までに、最後の3基であるイザール2、エムスラント、ネッカル2が閉鎖され脱原子力が完了する予定です。なお、2020年には、2038年までに石炭火力発電から撤退する脱石炭政策も開始されました。さらに、2021年に発足したショルツ政権は、石炭火力発電からの撤退期限を最大2030年まで前倒しし、再生可能エネルギーの拡大を加速する意向を示しています。2022年3月には、ロシアによるウクライナへの侵略を受け、政府が原子炉の運転延長に関する検討文書を公表し、天然ガス供給危機下にあっ

ても原子炉の運転延長を推奨しないとする見解を示しました。

　高レベル放射性廃棄物処分に関しては、1970年代からゴアレーベンを候補地として処分場計画が進められてきましたが、1998年の政権交代を機に、サイト選定手続の在り方やサイト要件等の再検討が開始されました。これに伴いゴアレーベンでの調査活動は2000年に中断され、2010年に再開されたものの、東電福島第一原発事故後の原子力政策見直しの一環で白紙化されました。その後、公衆参加型の新たなサイト選定プロセスを経て、複数の候補地から段階的に絞り込みを行う方針が決定されました。この方針を受け、「発熱性放射性廃棄物の処分場サイト選定法」が制定され、2017年に新たなプロセスによるサイト選定が開始されました。同法では、2031年末までに処分場サイトを確定することが定められています。

④　スウェーデン

　スウェーデンでは、2022年3月時点で6基の原子炉が稼働中であり、2020年の原子力発電比率は約30%です。

　スウェーデンにおける原子力政策は、国民投票の結果や政権交代により何度も転換されてきました。1980年の国民投票の結果を受け、2010年までに既存の原子炉12基（当時）を全て廃止するとの議会決議が行われましたが、代替電源確保の目途が立たない中、2006年に政府は脱原子力政策を凍結しました。その後、2014年10月に発足した社会民主党と緑の党の連立政権は一転して脱原子力政策を推進することで合意しましたが、2016年6月には、同連立政権と一部野党が、既存サイトにおいて10基を上限としてリプレースを認める方針で合意しました。しかし、2022年3月時点でリプレースに向けた計画は具体化しておらず、一部のプラントでは早期閉鎖が行われています。

　スウェーデンでは、使用済燃料の再処理は行わず、高レベル放射性廃棄物として地層処分する方針です。使用済燃料は、各発電所で冷却された後、オスカーシャム自治体にある集中中間貯蔵施設（CLAB）で貯蔵されています。地層処分場のサイト選定は段階的に進められ、2001年にエストハンマル自治体が、2002年にオスカーシャム自治体が、それぞれサイト調査の受入れを決めました。サイト調査や地元での協議等を経て、2009年6月には立地サイトとしてエストハンマル自治体のフォルスマルクが選定され、使用済燃料処分の実施主体であるスウェーデン核燃料・廃棄物管理会社（SKB社）が2011年3月に立地・建設の許可申請を行いました。原子力施設を建設するためには、「環境法典」に基づく事業許可と、「原子力活動法」に基づく建設・運用許可の二つの許可が必要となり、前者は土地・環境裁判所が、後者は放射線安全機関（SSM）による審査が進められました。2018年1月、土地・環境裁判所とSSMは政府に対して審査意見書を提出し、許可の発給を勧告しました。審査意見書において土地・環境裁判所がSKB社からの補足資料提出を条件とするよう推奨したことを受け、2019年4月に、SKB社は政府に補足資料を提出しました。このような経緯を踏まえ、2022年1月に政府は、SKB社の地層処分事業計画を承認するとともに、地層処分場の建設・

操業を許可することを決定しました。今後、処分場の建設、試験操業、通常操業のそれぞれの開始に先立ち、SSM が安全性の精査を行う予定です。

## ⑤ フィンランド

フィンランドでは、2022 年 3 月時点で 5 基の原子炉が稼働中であり、2020 年の原子力発電比率は約 34%です。

政府は、気候変動対策やロシアへのエネルギー依存度の低減を目的として、エネルギー利用の効率化や再生可能エネルギー開発の推進と合わせて、原子力発電も活用する方針です。この方針に沿って、ティオリスーデン・ボイマ社は国内 5 基目の原子炉となるオルキルオト 3 号機（EPR、172 万 kW）の建設を 2005 年 5 月に開始しました。当初、2009 年の運転開始が予定されていましたが、工事の遅延により大幅に遅れて 2022 年 3 月に送電網に接続されました。また、国内 6 基目の原子炉として、フェンノボイマ社がハンヒキビ原子力発電所 1 号機の建設を計画しており、2015 年 9 月から建設許可申請の審査が行われています。

フィンランドは、高レベル放射性廃棄物の処分地が世界で初めて最終決定された国です。地元自治体の承認を経て、政府は 2000 年末に、地層処分場をオルキルオトに建設する方針を決定しました。2003 年には地下特性調査施設（オンカロ）の建設が許可され、建設作業と調査研究が実施されています。その後、地層処分事業の実施主体であるポシバ社が 2012 年 12 月に地層処分場の建設許可申請を行い、政府は 2015 年 11 月に建設許可を発給しました。また、2020 年代の操業開始に向け、ポシバ社は 2021 年 12 月に地層処分場の操業許可申請書を政府に提出しました。なお、オンカロは、将来的には処分場の一部として活用される計画です。

## ⑥ スイス

スイスでは、2022 年 3 月時点で 4 基の原子炉が稼働中であり、2020 年の原子力発電比率は約 33%です。

2011 年 3 月の東電福島第一原発事故を受けて、「改正原子力法」が 2018 年に発効し、段階的に脱原子力を進めることになりました。改正原子力法では、新規炉の建設と既存炉のリプレースを禁止していますが、既存炉の運転期間には制限を設けていません。また、従来英国及びフランスに委託して実施していた使用済燃料の再処理も禁止となったため、使用済燃料の全量が直接処分されます。なお、法的な運転期限はありませんが、ミューレベルク原子力発電所については、運転者が経済性の観点から閉鎖する方針を決定し、2019 年 12 月に閉鎖されました。

放射性廃棄物に関しては、管理責任主体として 1972 年に放射性廃棄物管理共同組合（NAGRA）が設立されました。また、1978 年の「原子力法に関する連邦決議」により、既存原子力施設の運転継続や新規発電所の認可に当たり、放射性廃棄物が確実に処分可能であることが条件とされました。NAGRA が実施した地層処分の実現可能性に関する調査等を踏ま

え、1988 年に連邦評議会は、地層処分場の建設可能性や安全性は確認されたとする評価を示しました。地層処分場の候補地の絞り込みは、3 段階のプロセスで進められています。2018 年 11 月には、チューリッヒ北東部、ジュラ東部及び北部レゲレンの 3 エリアに候補が絞り込まれ、プロセスの第 2 段階が完了しました。2022 年 3 月時点で、最終段階となる第 3 段階の手続が進められており、2030 年頃には最終的な立地についての政府決定が行われる見込みです。

### ⑦　イタリア

イタリアでは、1986 年のチョルノービリ原子力発電所事故により原子力への反対運動が激化した後、1987 年に行われた国民投票の結果を受け、政府が既設原子力発電所の閉鎖と新規建設の凍結を決定しました。その結果、2022 年 3 月時点で、主要先進国（G7）の中で唯一、イタリアでは原子力発電所の運転が行われていません。

電力供給の約 10%以上を輸入に頼るという国内事情から、産業界等から原子力発電の再開を期待する声が上がったため、2008 年 4 月に発足したベルルスコーニ政権（当時）は、原子力発電再開の方針を掲げて必要な法整備を進めました。しかし、2011 年 3 月の東電福島第一原発事故を受けて、国内世論が原子力に否定的な方向に傾く中で、原子力発電の再開に向けて制定された法令に関する国民投票が実施された結果、原子力発電の再開に否定的な票が全体の約 95%を占め、政府は原子力再開計画を断念しました。

### ⑧　ベルギー

ベルギーでは、2022 年 3 月時点で 7 基の原子炉（全て PWR）が稼働中であり、2020 年の原子力発電比率は約 39%です。

2003 年には脱原子力を定める連邦法が制定され、新規原子力発電所の建設を禁止するとともに、7 基の原子炉の運転期間を 40 年に制限し、原則として 2015 年から 2025 年までの間に全て停止することが定められました。

その後も、脱原子力の方針を維持しつつも、電力需給の安定性確保の観点から、原子炉の閉鎖時期の見直しが議論されています。7 基のうち、2015 年に閉鎖予定であったドール 1、2 号機及びチアンジュ 1 号機の合計 3 基は、閉鎖による電力不足の可能性が指摘されたこと等を受けて、法改正により閉鎖期限が 10 年後ろ倒しされ、2025 年まで運転を継続することが可能になりました。2021 年 12 月に政府は、2025 年までに既存炉 7 基を全て閉鎖することで原則合意しましたが、最も新しいドール 4 号機とチアンジュ 3 号機については、エネルギー安定供給を保証できない場合に限り 2025 年以降も運転継続する可能性を残しました。さらに、2022 年 3 月に、ロシアによるウクライナ侵略等の地政学的状況を踏まえ、化石燃料からの脱却を強化する観点から、政府は両基の運転を 10 年間延長することを決定し、必要な法改正を行う方針を示しました。

ベルギーでは、高レベル放射性廃棄物及び長寿命の低中レベル放射性廃棄物は、同一の処

分場で地層処分することとされており、1970 年代から研究開発が進められています。1980年代には、モル地域に広がる粘土層に設置した地下研究所（HADES）を利用した研究開発が開始されました。なお、ベルギーは使用済燃料の再処理をフランスの再処理会社に委託していたため、ガラス固化体と使用済燃料の 2 種類が高レベル放射性廃棄物として扱われています。

### ⑨　オランダ

オランダでは、2022 年 3 月時点で 1 基の原子炉が稼働中であり、2020 年の原子力発電比率は約 3%です。稼働中の唯一のボルセラ原子力発電所（PWR）は、1973 年に運転を開始した後、2006 年には運転期間が 60 年間に延長され、2033 年までの運転継続が可能となりました。

1960 年代から 1970 年代にかけてオランダでは 2 基の原子炉が建設されましたが、1960 年代初頭に大規模な埋蔵量の天然ガスが発見されたことや、チョルノービリ原発事故後の世論の影響等を受け、1986 年に原子力発電所の新規建設プロジェクトが凍結されました。原子力発電所の建設は法的に禁止されていませんが、それ以来、政権交代等による政策の転換もあり、原子炉の建設は行われていません。しかし、カーボンニュートラル達成に向けて温室効果ガスを排出しないエネルギー源の必要性が高まる中、2021 年 12 月、第 4 次ルッテ新政権は、2025 年までの政策方針をまとめた合意文書において、既存のボルセラ原子力発電所の運転継続と原子炉 2 基の新設を行う方針を表明しました。

放射性廃棄物に関しては、1984 年の政策文書において、まずは隔離と管理から開始し、最終的に地層処分を行う方針が決定されました。放射性廃棄物は少なくとも 100 年間地上で貯蔵することとされており、この貯蔵期間に地層処分に関する研究が進められています。初期の研究では、オランダの地下深部にある適切な岩層（岩塩層と粘土層）においてで放射性廃棄物を地層処分することが可能であることが示されました。

### ⑩　スペイン

スペインでは、2022 年 3 月時点で 7 基の原子炉（PWR6 基、BWR1 基）が稼働中であり、2020 年の原子力発電比率は約 22%です。

化石燃料資源に乏しいスペインは、1960 年代から原子力発電を導入してきましたが、1979年の米国スリーマイル島事故や 1986 年のチョルノービリ原子力発電所事故を受け、脱原子力政策に転換しました。近年は、脱原子力を完了する前に、気候変動対策のために既存の原子炉を活用する方針です。政府は、2020 年 1 月に国家エネルギー・気候計画 2021-2030 を策定し、温室効果ガス排出量を 2030 年までに 1990 年比で少なくとも 20%削減する目標を掲げました。同計画では、目標達成のため当面は既存原子炉の 40 年超運転も行い、7 基のうち 4 基を 2030 年までに、残りの 3 基を 2035 年末までに閉鎖するとしました。全ての原子炉は 10 年ごとに安全レビューを受けることが義務付けられており、その評価に基づき、

通常は 10 年間の運転許可更新が付与されます。2021 年 10 月に運転期間の延長が許可されたアスコ原子力発電所 1、2 号機を含め、2022 年 3 月時点で、稼働中の 7 基のうち 6 基は 40 年を超える運転が許可されています。

　放射性廃棄物の管理及び原子力発電所の廃止措置は、政府によって承認される総合放射性廃棄物計画（GRWP）に基づき、放射性廃棄物管理会社（ENRESA）が行っています。2022 年 3 月時点で最新の GRWP は、2006 年に決定された第 6 次 GRWP です。スペインは、国外に委託して使用済燃料の再処理を実施していましたが、政府は 1983 年以降、再処理を行わない方針に変更しました。使用済燃料を含む高レベル放射性廃棄物の処分に向けて、1980 年代に ENRESA が施設の立地活動を開始しましたが、自治体等による反対を受けて 1990 年代に中断され、政府は放射性廃棄物の最終的な管理方針の決定を延期しました。その後も、ENRESA は、花こう岩、粘土層及び岩塩層を候補地層とした地層処分に係る研究開発を続けています。2022 年 3 月時点で審議中の第 7 次 GRWP 草案では、地層処分場の操業開始は 2073 年を目標としており、それまでの間、使用済燃料は各原子力発電所サイト及び集中中間貯蔵施設（ATC）で貯蔵されることとされています。なお、ATC の建設に関する許認可は、第 7 次 GRWP が承認されるまで中断されています。

### ⑪　中東欧諸国

　中東欧諸国では、2022 年 3 月時点で、ブルガリア（2 基）、チェコ（6 基）、スロバキア（4 基）、ハンガリー（4 基）、ルーマニア（2 基）、スロベニア（1 基）の 6 か国で計 19 基の原子炉が稼働中、スロバキアで 2 基が建設中です。また、ポーランドでも原子力発電の新規導入が計画されています。なお、この地域で運転中の原子炉は、ルーマニアの 2 基（CANDU 炉）とスロベニアの 1 基（米国製加圧水型軽水炉（PWR））を除き、全て旧ソ連型の炉です。

　このうち EU 加盟国では、EU 加盟に際し、旧ソ連型炉の安全性を懸念する西側諸国の要請を受けて複数の原子炉が閉鎖されました。一方で、電力需要の増加と低炭素化、天然ガス供給国であるロシアへの依存度低減等の観点から、複数の国で原子炉の新増設や社会主義体制崩壊後に建設が中断された原子炉の建設再開等が計画されています。国際的な経済情勢の下で、EU の国家補助（State Aid）規則や公正競争に係る規則への抵触を避けつつ、いかに原子力事業に係る資金調達を行うかが大きな課題となっています。

　ポーランドでは、2021 年 2 月に、2040 年までの長期エネルギー政策（PEP2040）が閣議決定されました。PEP2040 には原子力新規導入のロードマップも含まれており、2033 年に初号機を運転開始後、10 年間で発電用の中大型炉を合計 6 基まで拡大していく方針です。2021 年 12 月には、初号機のサイトとしてバルト海沿岸のルビャトボ・コパリノが選定されました。また、発電用原子炉の次の段階として、産業での熱利用を想定した小型炉の導入も検討しています。さらに、エネルギー需要側である化学産業も参画して、SMR の導入検討が進められています。

### （3）　旧ソ連諸国

### ①　ロシア

　ロシアでは、2022 年 3 月時点で 37 基の原子炉が稼働中であり、2020 年の原子力発電比率は約 20%です。このうち 2 基は、2020 年 5 月に商業運転を開始した、SMR かつ世界初の浮体式原子力発電所であるアカデミック・ロモノソフです。高速炉についても、ベロヤルスクでナトリウム冷却型高速炉の原型炉 1 基、実証炉 1 基の合計 2 基が稼働しています。また、3 基が建設中です。このうち 1 基は、鉛冷却高速炉のパイロット実証炉 BREST-300 で、2021 年 6 月にシベリア化学コンビナートサイトで建設が開始されました。

　ロシアは、2030 年までに発電電力量に占める原子力の割合を 25%に高め、従来発電に用いていた国内の化石燃料資源を輸出に回す方針です。加えて、2021 年 10 月には、2060 年までにカーボンニュートラルを達成する方針を定めた政令が制定されました。原子力行政に関しては、2007 年に設置された国営企業ロスアトムが民生・軍事両方の原子力利用を担当し、連邦環境・技術・原子力監督局が民生利用に係る安全規制・検査を実施しています。原子力事業の海外展開も積極的に進めており、ロスアトムは旧ソ連圏以外のイラン、中国、インドにおいてロシア型加圧水型原子炉（VVER）を運転開始させているほか、トルコやフィンランド等にも進出しています。原子炉や関連サービスの供給と併せて、建設コストの融資や投資建設（Build）・所有（Own）・運転（Operate）を担う BOO 方式での契約も行っており、初期投資費用の確保が大きな課題となっている輸出先国に対するロシアの強みとなっています。

　また、政治的理由により核燃料の供給が停止した場合の供給保証を目的として、2007 年 5 月にシベリア南東部のアンガルスクに国際ウラン濃縮センター（IUEC）を設立しました。2010 年以降、IAEA の監視の下で約 120 t の低濃縮ウランを備蓄しています。

　ロシアでは、原則として使用済燃料を再処理する方針であり、使用済燃料は発電所内や集中貯蔵施設で、再処理に伴い発生するガラス固化体は再処理工場のあるマヤークのサイト内で、それぞれ貯蔵されています。ガラス固化体の処分については、2011 年 7 月に「放射性廃棄物管理法」が制定され、地層処分することが定められました。2018 年以降、地層処分場のサイト決定に向けた地下研究所の建設が行われています。

### ②　ウクライナ

　ウクライナでは、2022 年 3 月時点で 15 基の原子炉が稼働中であり、2020 年の原子力発電比率は約 51%です。

　ウクライナ政府は、2017 年 8 月に策定された新エネルギー戦略において、2035 年まで総発電量が増加する中で、原子力発電比率を約 50%に維持する目標を設定しています。かつては、核燃料供給や石油・天然ガス等、エネルギー源の大部分をロシアに依存していましたが、クリミア問題等に起因する両国の関係悪化もあり、原子力分野も含めてロシアへの依存脱却に向けた取組を進めています。1990 年に建設途上で中断したフメルニツキ 3、4 号機に

ついては、両機を VVER として完成させる計画で 2010 年にロシアと協力協定を締結しましたが、議会は 2015 年に計画の撤回及び同協定の取り消しを決議しました。その後、2016 年に韓国水力・原子力会社（KHNP）と協力協定を締結し、ロシアからの事業引継に関する検討を行うなど、ロシア以外の国との関係を強化しています。このほか、既存原子炉への燃料供給元の多様化や寿命延長のための安全対策等にも、欧米の企業や国際機関の協力を得て取り組んでいます。

なお、チョルノービリ原子力発電所では、1986 年に事故が発生した 4 号機を密閉するため、国際機関協力の下で老朽化したコンクリート製「石棺」を覆うシェルターが建設され、2019 年 7 月にウクライナ政府に引き渡されました。

2022 年 2 月には、ロシアがウクライナへの侵略を開始しました。同年 2 月から 3 月にかけて、ロシア軍は、チョルノービリ原子力発電所やウクライナ最大の原子力発電所であるザポリッジャ原子力発電所を占拠するとともに、放射性廃棄物処分場へのミサイル攻撃や核物質を扱う研究施設への砲撃も実施しました。このような事態に対し、IAEA を始めとする国際社会は重大な懸念を表明しています。

### ③　カザフスタン

カザフスタンは、2022 年 3 月時点で原子力発電所を保有していませんが、世界一のウラン生産国です。

ウルバ冶金工場（UMP）において、国営原子力会社カズアトムプロムがウラン精錬、転換及びペレット製造等を行っています。同社は、2030 年までに世界の核燃料供給の 3 割を占めることを目標に、事業の多国籍化・多角化を図っており、UMP 内のプラントにラインを増設して様々な炉型向けの燃料を製造する計画です。また、同社は、低濃縮ウランの国際備蓄にも大きく関与しています。IAEA との協定に基づき UMP で建設が進められていたウラン燃料バンクは、2017 年 8 月に開所した後、2019 年 12 月までにフランスのオラノ社及びカズアトムプロムから 90 t の低濃縮ウラン納入が完了し、備蓄が開始されました。さらに、カズアトムプロムは、ロシアの IUEC に 10％出資しています。

原子力発電については、中小型炉を中心とした本格導入が検討されています。2030 年までに原子力発電設備容量を 150 万 kW とする発電開発計画が 2012 年に策定され、2014 年にはロスアトムとカズアトムプロムの間で設備容量合計 30〜120 万 kW の原子炉建設に係る協力覚書に署名しました。ただし、導入計画は進んでおらず、原子力発電所の建設についてカザフスタン政府の決定は行われていません。一方で、2021 年 12 月には、米国ニュースケール社との間で、SMR 導入検討に関する覚書を締結しています。

### ④　その他の旧ソ連諸国

アルメニアでは、2022 年 3 月時点で、アルメニア原子力発電所の 1 基の原子炉（VVER、44.8 万 kW）が稼働中であり、2020 年の原子力発電比率は約 35％です。2022 年 1 月には、

原子炉増設に向け、ロシアのロスアトムが同発電所との間で覚書を締結したことを発表しました。

　ベラルーシでは、2021 年 6 月に、初の原子炉となるオストロベツ原子力発電所 1 号機（VVER、111 万 kW）が営業運転を開始しました。同発電所の建設はロシアのロスアトムが担っており、2022 年には 2 号機の運転開始が見込まれています。

　ウズベキスタンは、原子力発電の導入に向け、2018 年 9 月にロシアとの間で VVER2 基の建設に係る政府間協定を締結しました。2030 年までの運転開始を目指し、サイト選定や IAEA による統合原子力基盤レビュー等が行われています。

　エストニアでは、原子力発電の導入に向けた検討を行うため、2021 年 4 月に政府がワーキンググループを設置しました。また、同国のフェルミ・エネルギア社は、SMR の導入を目指し、複数の外国企業と協力覚書を締結しています。

## （4）　アジア
### ①　韓国
　韓国では、2022 年 3 月時点で 24 基の原子炉が稼働中で、2020 年の原子力発電比率は約 30％です。また、4 基の原子炉が建設中です。

　かつての韓国政府は、エネルギーの安定供給や気候変動対策に取り組むため、低炭素電源として原子力発電を維持する方針を示し、原子力技術の国産化と次世代炉の開発等、積極的な原子力政策を進めてきました。しかし、2017 年 5 月に発足した文在寅（ムン・ジェイン）政権は、新増設を認めず、設計寿命を終えた原子炉から閉鎖する漸進的な脱原子力を進める方針を打ち出しました。政府は、討論型世論調査の結果を踏まえ、同年 10 月に、建設中の新古里 5、6 号機については建設継続を認めましたが、計画段階にあった 6 基の新設は白紙撤回し、設計寿命満了後の原子炉の運転延長を禁止する脱原子力ロードマップを決定しました。2020 年から 2034 年までの 15 年間を対象とした「第 9 次電力需給基本計画」では、2034 年の原子力発電を 2020 年比 3.9GW 減となる 19.4GW としています。

　国内で脱原子力政策を進める一方で、文政権は、輸出については国益にかなう場合は推進する方針を打ち出しました。韓国電力公社（KEPCO）は、アラブ首長国連邦（UAE）のバラカ原子力発電所において、2012 年から 4 基の韓国次世代軽水炉 APR-1400 の建設を進めてきました。1 号機は 2018 年に竣工し、2020 年 2 月には 60 年の運転認可が発給され、2021 年 4 月に営業運転を開始しました。また、2 号機も 2020 年 7 月に竣工し、2021 年 3 月に運転認可を取得し、同年 8 月に初臨界に達し、同年 9 月に送電網に接続されました。韓国政府はそのほかにも、サウジアラビア、チェコ、ポーランド等の原子炉の新設を計画する国に対してアプローチしています。サウジアラビアとは、2015 年に、10 万 kW 級の中小型原子炉（SMART）の共同開発の覚書を締結しています。ヨルダンには、熱出力 0.5 万 kW の研究用原子炉を建設し、2016 年に初臨界を達成しました。

　高レベル放射性廃棄物の管理・処分に関しては、使用済燃料の再処理は行わないこととし

はじめに
特集
第1章
第2章
第3章
第4章
第5章
第6章
第7章
第8章
資料編
用語集

ています。2016年7月に「高レベル放射性廃棄物管理基本計画」が策定され、中間貯蔵施設や地層処分場を同一サイトにおいて段階的に建設する方針が示されました。文政権による計画見直しが進められましたが、2021年12月に策定された「第2次高レベル放射性廃棄物管理基本計画」においても、中間貯蔵施設や地層処分場を同一サイトに建設する方針が維持されています。

なお、韓国では2022年3月に大統領選挙が実施され、脱原子力政策を撤回し、原子力発電所の新設再開及び既存炉の運転期間延長等を行うことを選挙公約として掲げた尹錫悦（ユン・ソンニョル）氏が当選しました。

② 中国

中国では、2022年3月時点で53基の原子炉が稼働中であり、2020年の原子力発電比率は約5%ですが、設備容量は合計5,000万kWを超え、発電電力量では米国に次ぐ世界第2位です。また、19基の原子炉が建設中です。

原子力発電の拡大が進められており、米国ウェスチングハウス社製のAP1000やフランスのフラマトム社が開発したEPRも運転を開始しています。2021年3月には、2021年から2025年までを対象とした「第14次五か年計画」が策定され、2025年までに原子力発電の設備容量を7,000万kWとする目標が示されています。

軽水炉の国産化及び海外展開にも力を入れており、米国及びフランスの技術をベースに、中国核工業集団公司（CNNC）と中国広核集団（CGN）が双方の第3世代炉設計を統合して国産のPWRである華龍1号を開発し、2015年12月には両社出資による華龍国際核電技術有限公司（華龍公司）が発足しました。華龍1号は、中国国内では福清5、6号機が運転を開始しており、更に10基が建設中です。国外でも、華龍1号を採用したパキスタンのカラチ原子力発電所において、2021年5月に2号機が営業運転を開始し、2022年3月に3号機が送電網に接続されました。また、英国でも、2015年の両国首脳合意に基づき、原子力発電所新規建設への中国企業の出資が予定されており（ヒンクリーポイントC、サイズウェルC）、華龍1号の建設も検討されています（ブラッドウェルB）。そのほか、中国の原子力事業者は、中東やアジア、南米等においても、高温ガス炉や、AP1000の技術に基づき中国が自主開発しているCAP1400等を含む各種原子炉の建設協力に向け、協力覚書の締結等を進めています。

さらに、高速炉、高温ガス炉、SMR等の開発も進められています。中国実験高速炉CEFRは2010年に初臨界を達成し、2011年に送電を開始しており、2017年には高速実証炉初号機の建設が開始されました。高温ガス炉については、石島湾発電所の実証炉が2021年9月に初臨界に達しました。SMRについては、2021年7月に玲龍1号の実証炉の建設が開始されました。

中国では、軽水炉から発生する使用済燃料を再処理する方針であり、使用済燃料は発電所の原子炉建屋内の燃料プール等で貯蔵されています。再処理に伴い発生するガラス固化体

の処分については、2006年2月に公表された「高レベル放射性廃棄物地層処分に関する研究開発計画ガイド」に基づき、今世紀半ばまでの処分場建設を目指すこととされています。

### ③　台湾地域

台湾地域では、2022年3月時点で3基の原子炉が稼働中であり、2020年の原子力発電比率は約13%です。

台湾地域における原子力政策は、住民投票の結果や政権交代により、原子力政策が何度も転換されてきました。2000年に発足した民進党政権は、段階的脱原子力政策を掲げていました。その後、2008年の政権交代で発足した国民党政権は、再生可能エネルギー社会に至るまでの過渡的な電源として原子力発電を維持する方針を示し、龍門で建設中であった第四原子力発電所（改良型沸騰水型軽水炉（ABWR）2基、各135万kW）の建設を継続するとともに、既存炉のリプレースや増設も検討する意向を示しました。しかし、2011年3月の東電福島第一原発事故を受け、同年6月、中長期的な脱原子力発電へと再度政策を転換し、既存炉の寿命延長やリプレースを行わないことが決定されました。

蔡政権（民進党）下の2017年1月には、2025年までに原子力発電所の運転を全て停止するとの内容を含む「改正電気事業法」が成立しましたが、2018年11月に実施された住民投票によりこの脱原子力条文は失効しています。しかし、2019年1月に、政府は脱原子力政策を継続する方針を発表しました。2021年7月には國聖第二原子力発電所1号機が早期閉鎖され、同年12月に実施された住民投票では第四原子力発電所の建設再開への反対意見が多数を占めました。今後、第四原子力発電所の建設や既存炉の運転延長が実施されなければ、運転認可の満了により2025年には全ての原子力発電所が閉鎖されることになります。

### ④　ASEAN諸国

ASEANを構成する10か国は、2022年3月時点で、いずれも原子力発電所を保有していません。しかし、気候変動対策やエネルギー安全保障の観点から、原子力計画への関心を示す国が増加しています。

ベトナムでは2009年に、2020年の運転開始を目指して原子力発電所を2か所（100万kW級の原子炉計4基）建設する計画が国会で承認されました。ニントゥアン第1、第2原子力発電所は、ロシアと我が国がそれぞれ建設プロジェクトのパートナーに選定されました。しかし、2016年11月、政府は国内の経済事情を背景に両発電所の建設計画の中止を決定し、国会もこれを承認しました。

インドネシアは、2007年に制定された「長期国家開発計画（2005年から2025年まで）に関する法律」において、2015年から2019年までに初の原子炉の運転を開始し、2025年までに追加で4基の原子炉を運転開始させる計画を示しました。しかし、ムリア半島における初号機建設計画は2009年に無期限延期となり、2010年以降は原子力発電所建設の決定には至っていません。一方で、政府は、ロシアや中国の協力を得て実験用発電炉（高温ガス炉）

の建設計画を進めるなど、商用発電炉導入に向けたインフラ整備を進めています。

タイは、2010年に公表した電源開発計画（PDP2010）において、2020年から2028年までの間に5基の原子炉（各100万kW）を運転開始する方針を示していましたが、東電福島第一原発事故や2014年の軍事クーデター後の政情不安等に伴い、計画は先送りされています。軍による暫定政権下で2015年に発表された電源開発計画（PDP2015）では、初号機を2035年、2基目を2036年に運転開始するとされています。

マレーシアは、2010年に策定した「経済改革プログラム」において原子力発電利用を検討し、2011年にマレーシア原子力発電会社（MNPC）を設立しました。2021年と2022年に原子炉各1基を運転開始することを目標としていましたが、2018年9月にマハティール首相（当時）が行った演説では原子力利用の可能性を否定しています。

フィリピンでは、ドゥテルテ大統領が2020年7月に大統領令第116号を発出し、原子力政策の再検討や長期的な発電オプションとして原子力を利用する可能性の検討が必要であるとの認識の下、国家原子力計画の策定に向けた省庁間委員会の設置を指示しました。2021年12月に省庁間委員会が提出した報告書を踏まえ、2022年2月には大統領令第146号を発出し、エネルギーミックスに原子力を加える国家原子力計画を承認しました。同大統領令は省庁間委員会に対し、1986年の完成後も運転しないままとなっているバターン原子力発電所（62万kW）の利用や、他の原子力利用施設の設置について検討することを求めました。なお、バターン原子力発電所については、2017年11月にロシアのロスアトムとの間で修復を含むプラント状態の技術監査に係る協力覚書に署名したものの、大統領は、まずは周辺住民の意見を聴取すべきであるとの見解を表明しています。また、フィリピン政府とロスアトムは、2022年1月に、SMRの検討を進めるための予備的な実現可能性調査に関する共同行動計画を策定しました。

⑤　インド

インドでは、2022年3月時点で23基の原子炉が稼働中であり、2020年の原子力発電比率は約3%です。このうち17基が国産の加圧重水炉（PHWR）、2基が沸騰水型軽水炉（BWR）、2基がVVER、2基がCANDU炉です。また、8基の原子炉が建設中です。

原子力発電の利用については、急増するエネルギー需要を賄うために拡大する方針です。2018年から2027年までを対象とする国家電力計画では、原子力発電設備容量を、2017年の約600万kWから2027年3月までに約1,700万kWへと拡大する見通しが示されています。また、インドは、2021年11月の国連気候変動枠組条約第26回締約国会議（COP26）に際して、2070年までのカーボンニュートラル達成を目指すことを宣言しました。

核兵器不拡散条約（NPT）未締約国であるインドに対しては、従来、核実験実施に対する制裁として国際社会による原子力関連物資・技術の貿易禁止措置が講じられており、専ら国産PHWRを中心に原子力発電の開発を独自に進めてきました。しかし、2008年以降に米国、フランス、ロシア等と相次いで二国間原子力協定を締結したことにより、諸外国からも民生

用原子力機器や技術を輸入することができるようになりました。既に運転を開始している
ロシアの VVER に加え、2018 年にはフランスからの EPR 導入について枠組み合意が結ばれま
した。2019 年には、米国との高官協議において AP1000 導入に合意しました。

また、インドは独自のトリウムサイクル開発計画に基づき、高速増殖炉（FBR）の開発・
導入を進めています。1985 年に運転を開始した高速増殖実験炉（FBTR）については、2011
年に、2030 年までの運転延長が決定しました。また、上述の建設中 8 基のうちの 1 基は高
速増殖原型炉（PFBR）です。

### ⑥　その他の南アジア諸国

パキスタンでは、2022 年 3 月時点で 6 基の原子炉が稼働中であり、2020 年の原子力発電
比率は約 7％です。2014 年に公開された原子力エネルギービジョン 2050 では、2050 年まで
に原子力発電設備容量を約 4,000 万 kW へと拡大する見通しが示されています。パキスタン
は、インドと同じく NPT 未締約国であるため、中国や米国等と二国間原子力協定を締結して
核物質、原子力、資機材技術の輸入を行っています。特に中国との関係性が強く、中国の華
龍 1 号が採用されたカラチ原子力発電所 2、3 号機は、2021 年 5 月に 2 号機の営業運転が開
始され、2022 年 3 月には 3 号機が送電網に接続されました。

バングラデシュは、2041 年までに先進国入りすることを目標とする「ビジョン 2041」政
策を掲げており、その一環として、電力需要の増加への対応や電気の普及率向上等のため、
原子力発電の導入を目指しています。2022 年 3 月時点で、2 基（VVER、各 120 万 kW）が建
設中です。

### (5)　中東諸国

中東地域では、2022 年 3 月時点で、イランで 1 基、UAE で 2 基の原子炉が稼働中です。ま
た、その他の国においても、電力需要の伸びを背景として、原子力発電所の建設・導入に向
けた動きが活発化しています。

イランでは、ロシアとの協力で建設されたブシェール原子力発電所 1 号機が 2013 年に運
転を開始しました。また、両国は 2014 年、イランに更に 8 基の原子炉を建設することで合
意し、このうちブシェール 2 号機の建設が 2019 年 11 月に開始されています。

UAE では、電力需要の増加により、2020 年までに 4,000 万 kW 分の発電設備が必要との見
通しを受け、フランス、米国、韓国と協力し原子力発電の導入を検討してきました。2020 年
までにバラカに 100 万 kW 級原子炉 4 基を建設するプロジェクトに関する国際入札の結果、
2009 年末に、KEPCO を中心とするコンソーシアムが建設等の発注先として選定されました。
2012 年に建設が開始された 1 号機は、2018 年に竣工し、2020 年 2 月に 60 年の運転認可が
発給されました。同年 8 月に同機は初臨界を達成、2021 年 4 月に営業運転を開始しました。
また、2 号機も 2020 年 7 月に竣工し、2021 年 3 月に運転認可を取得、同年 8 月には運転を
開始し、同年 9 月に送電網に接続されました。

はじめに

特集

第1章

第2章

第3章

第4章

第5章

第6章

第7章

第8章

資料編

用語集

　トルコは、経済成長と電力需要の伸びを背景にして、原子力発電の導入を進めています。アックユ原子力発電所ではロシアが 120 万 kW 級原子炉 4 基を建設する予定で、1 号機は 2018 年 4 月、2 号機は 2020 年 4 月、3 号機は 2021 年 3 月に建設が開始されています。

　サウジアラビアは、2030 年までに 16 基の原子炉を建設する計画です。原子力導入に向けて、2018 年 7 月には、2 基の商用炉を新設するプロジェクトの応札可能者として米国、ロシア、中国、フランス及び韓国の事業者が選定されています。

　ヨルダンは、フランス、中国、韓国と原子力協定に署名し、同国初の原子力発電所建設を担当する事業者の選定を進めていました。2013 年 10 月にはロシアを優先交渉権者として選定し、2015 年 10 月に原子力発電所の建設・運転に関する政府間協定を締結したものの、2018 年 7 月にロシアからの商用炉導入計画の中止が公表されました。

### （6）　アフリカ諸国

　アフリカでは、2022 年 3 月時点で、唯一南アフリカ共和国で原子力発電所が稼働しています。また、その他の国においても、原子力発電所の建設・導入に向けた動きが見られます。

　南アフリカ共和国では、クバーグ原子力発電所で 2 基の原子炉（PWR）が稼働しており、2020 年の原子力発電比率は約 6%です。同国では、今後の原子力導入に関する検討が続けられており、2019 年 10 月に策定された統合資源計画（IRP2019）では、2030 年以降の石炭発電の減少分をクリーンエネルギーで賄うために、SMR の導入を含めて検討を進める必要性が指摘されています。

　エジプトは、ロシアとの間で、2015 年 11 月に 120 万 kW 級の原子炉（VVER）4 基の建設・運転に関する政府間協定を締結し、さらに、2017 年 12 月にはダバ原子力発電所建設に係る契約を締結しました。エジプト原子力発電庁は、2021 年 6 月に同発電所 1、2 号機の建設許可を、同年 12 月には同発電所 3、4 号機の建設許可を原子力規制・放射線当局に申請しました。

　アルジェリアは、2027 年の運転開始を目指して国内初の原子力発電所の建設を計画しており、2007 年 12 月のフランスとの原子力協定締結を始めとして、米国、中国、アルゼンチン、南アフリカ共和国、ロシアと原子力協定を締結しています。

　モロッコは、2009 年に公表した国家エネルギー戦略に基づき、2030 年以降のオプションとして原子力発電の導入を検討する方針です。2017 年 10 月には、ロシアとの間で原子力協力覚書を締結しており、モロッコ国内での原子力発電導入を目的とした共同研究を開始することとしています。

　ナイジェリアは、2025 年までに 120 万 kW 分の原子力発電所の運転開始を目指し、2035 年までに合計 480 万 kW まで増設する計画です。同国はロシアとの間で、2009 年 3 月に原子力協力協定を、2017 年 10 月にはナイジェリアにおける原子力発電所の建設・運転に向けた協定を締結しています。

　ケニアは、中長期的な開発計画である Vision 2030 の中で、総発電電力設備容量を 1,900

万 kW まで拡大する目標を掲げており、この目標の達成に向けて原子力を活用する方針です。この方針に基づき、韓国、中国、ロシアとの協力を進めています。

## (7) 大洋州諸国

大洋州諸国は、2022 年 3 月時点で、いずれも原子力発電所を保有していません。

オーストラリアは、世界最大のウラン資源埋蔵量を有していますが、豊富な石炭資源を背景に、これまで原子力発電は行われていません。ただし、温室効果ガス排出削減の観点から、原子力発電導入の是非が度々議論されています。

オーストラリアでは、2005 年の京都議定書発効後、保守連合政権下で原子力発電の導入を検討する方針が示されましたが、2007 年に原子力に批判的な労働党へと政権が交代し、検討は中止されました。近年は、パリ協定の目標達成に向けた気候変動対策と電気料金高騰抑制の観点から、原子力発電導入の可能性を検討する機運が再び高まっています。2017 年には、オーストラリア原子力科学技術機構（ANSTO）が、第 4 世代原子力システムに関する国際フォーラム（GIF）に正式加盟しました。2019 年には、連邦議会下院の環境エネルギー常任委員会が政府に報告書を提出し、原子力利用に関して、第 3 世代プラス以降の先進炉を将来のエネルギーミックスの一部として検討すること等を提言しました。また、2020 年 5 月に連邦政府が公表した温室効果ガス削減に向けた技術投資ロードマップでは、低炭素技術の一つとして SMR の導入可能性に言及し、海外の開発状況を注視するとしています。

オーストラリアにおけるウラン輸出については、2021 年に初の原子力発電所が営業運転を開始した UAE に加え、長年禁輸対象であったインド、燃料供給のロシア依存度低減に取り組むウクライナ等と協定を締結し、新興国等への輸出拡大を図っています。

## (8) 中南米諸国

中南米諸国では、2022 年 3 月時点で、メキシコ（2 基）、アルゼンチン（3 基）、ブラジル（2 基）の 3 か国で計 7 基の原子炉が稼働中です。

メキシコでは、2 基の BWR が稼働中であり、2020 年の原子力発電比率は約 5％です。2018 年に発行された国家電力システム開発プログラム（PRODESEN）2018-2032 では、2029 年から2031 年までに 1 基ずつ、計 3 基を運転開始する計画が示されていました。しかし、2021 年に公表された PRODESEN2020-2034 では、2034 年までの期間について原子力発電所の建設計画は示されていません。

アルゼンチンでは、PHWR2 基と CANDU 炉 1 基の計 3 基が稼働中であり、2020 年の原子力発電比率は約 8％です。2022 年 2 月には、アトーチャ 3 号機の計画について、中国との間で華龍 1 号の建設に係る契約を締結しました。また、その後の計画として、ロシア製 VVER の建設も検討されています。

ブラジルでは、2 基の PWR が稼働中であり、2020 年の原子力発電比率は約 2％です。経済不況により 1980 年代に建設を中断していたアングラ 3 号機は、2010 年に建設が再開されま

はじめに

特集

第1章

第2章

第3章

第4章

第5章

第6章

第7章

第8章

資料編

用語集

したが、2015年以降は建設が再度中断されています。2019年には、政府が同機の建設を再開する方針を公表しており、運転開始は2026年頃と見込まれています。さらに、2022年1月に公表されたエネルギー拡張10か年計画（PDE2031）では、新たに100万kW級原子炉の運転を2031年に開始する方針を示しました。また、核燃料工場を始めとする核燃料サイクル施設が立地するレゼンデでは、燃料自給を目的としてウラン濃縮工場が2006年から稼働しており、段階的に拡張されています。

キューバでは、1980年代に2基の原子炉が着工されましたが、提供者であった旧ソ連の崩壊に伴い建設中止となりました。キューバとロシアは、2016年9月に原子力の平和利用に関する二国間協定を締結しており、2019年には多目的照射センターの建設について合意しています。

ボリビアでは、ロシアとの協力により、研究炉1基や円形加速器（サイクロトロン）を含む、原子力技術研究開発センターが建設されています。

## 8 放射線被ばくの早見図

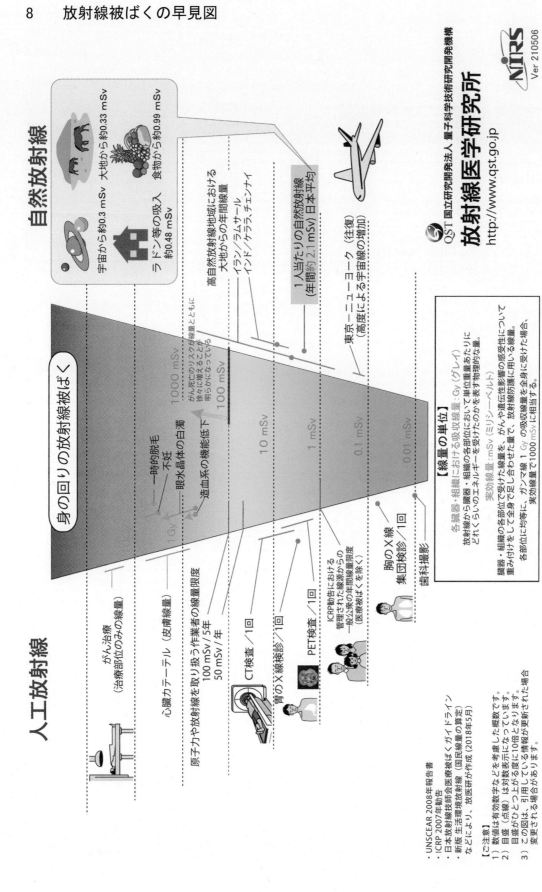

（出典）量子放射線医学総合研究所「放射線被ばくの早見図」(2021 年)

はじめに
特集
第1章
第2章
第3章
第4章
第5章
第6章
第7章
第8章
資料編
用語集

## 用語集

## 1 主な略語（アルファベット順）

| 略語 | 正式名称 | 日本語名称等 |
|------|---------|-------------|
| ADS | Accelerator Driven System | 加速器駆動核変換システム |
| ALPS | Advanced Liquid Processing System | 多核種除去設備 |
| AMR | Advanced Mudular Reactor | 先進モジュール炉 |
| ANDRA | Agence nationale pour la gestion des déchets radioactifs | （フランス）放射性廃棄物管理機関 |
| ANEC | Advanced Nuclear Education Consortium for the Future Society | 未来社会に向けた先進的原子力教育コンソーシアム |
| ANSN | Asian Nuclear Safety Network | アジア原子力安全ネットワーク |
| ARC-F | Analysis of Information from Reactor Building and Containment Vessels of Fukushima Daiichi Nuclear Power Station | 福島第一原子力発電所の原子炉建屋及び格納容器内情報の分析 |
| ARDP | Advanced Reactor Demonstration Program | 革新的原子炉実証プログラム |
| ARF | ASEAN Regional Forum | ASEAN 地域フォーラム |
| ARTEMIS | Integrated Review Service for Radioactive Waste and Spent Nuclear Management, Decommissioning and Remediation Programmes | 放射性廃棄物及び使用済燃料管理、廃止措置、除染等に係る統合的評価サービス |
| ASEAN | Association of Southeast Asian Nations | 東南アジア諸国連合 |
| ASTRID | Advanced Sodium Technological Reactor for Industrial Demonstration | ASTRID（フランスが開発を進めるナトリウム冷却高速炉実証炉） |
| ATENA | Atomic Energy Association | 原子力エネルギー協議会 |
| BA | Broader Approach | 幅広いアプローチ |
| BNCT | Boron Neutron Capture Therapy | ホウ素中性子捕捉療法 |
| BWR | Boiling Water Reactor | 沸騰水型軽水炉 |
| CANDU reactor | Canadian Deuterium Uranium reactor | カナダ型重水炉 |
| CAP | Corrective Action Program | 是正処置プログラム |
| CBC | Capacity Building Centre | （RANET の）研修センター |
| CCUS | Carbon dioxide Capture, Utilization and Storage | 二酸化炭素回収・有効利用・貯留 |
| CD | Conference on Disarmament | ジュネーブ軍縮会議 |
| CEA | Commissariat à l'énergie atomique et aux énergies alternatives | （フランス）原子力・代替エネルギー庁 |
| CGN | China General Nuclear Power Corporation | 中国広核集団 |
| CLADS | Collaborative Laboratories for Advanced Decommissioning Science | 廃炉環境国際共同研究センター |
| CNL | Canadian Nuclear Laboratories | カナダ原子力研究所 |
| CNNC | China National Nuclear Corporation | 中国核工業集団公司 |
| CNO | Chief Nuclear Officer | 原子力部門の責任者 |
| CNSC | Canadian Nuclear Safety Commission | カナダ原子力安全委員会 |
| CT | Computed Tomography | コンピュータ断層撮影 |
| CTBT | Comprehensive Nuclear Test Ban Treaty | 包括的核実験禁止条約 |
| CTBTO | Comprehensive Nuclear Test Ban Treaty Organization | 包括的核実験禁止条約機関 |

| 略語 | 正式名称 | 日本語名称等 |
|---|---|---|
| DCA | Deuterium Critical Assembly | 重水臨界実験装置 |
| DOE | Department of Energy | （米国）エネルギー省 |
| EAS | East Asia Summit | 東アジア首脳会議 |
| EC | European Commission | 欧州委員会 |
| EDF | Électricité de France | フランス電力 |
| EFTA | European Free Trade Association | 欧州自由貿易連合 |
| EPR | European Pressurised Water Reactor | 欧州加圧水型原子炉 |
| EU | European Union | 欧州連合 |
| FACE | Fukushima Daiichi Nuclear Power Station Accident Information Collection and Evaluation | 福島第一原子力発電所事故情報の収集及び評価 |
| FCA | Fast Critical Assembly | 高速炉臨界実験装置 |
| FIDES | Framework for IrraDiation ExperimentS | 照射試験フレームワーク |
| FIP | Feed in Premium | フィードインプレミアム |
| FIRST | Foundational Infrastructure for Responsible Use of Small Modular Reactor Technology | SMR 技術の責任ある活用に向けた基本インフラ |
| FIT | Feed in Tariff | 固定価格買取 |
| FMCT | Fissile Material Cut-off Treaty | 核兵器用核分裂性物質生産禁止条約（「カットオフ条約」） |
| FNCA | Forum for Nuclear Cooperation in Asia | アジア原子力協力フォーラム |
| GCR | Gas Cooled Reactor | 黒鉛減速ガス冷却炉 |
| GICNT | Global Initiative to Combat Nuclear Terrorism | 核テロリズムに対抗するためのグローバル・イニシアティブ |
| GIF | Generation IV International Forum | 第4世代原子力システムに関する国際フォーラム |
| GP | Global Partnership | 大量破壊兵器及び物質の拡散に対するグローバル・パートナーシップ |
| HTR | Hitachi Training Reactor | 日立教育訓練用原子炉 |
| HTTR | High Temperature Engineering Test Reactor | 高温工学試験研究炉 |
| IAEA | International Atomic Energy Agency | 国際原子力機関 |
| ICRP | International Commission on Radiological Protection | 国際放射線防護委員会 |
| IEA | International Energy Agency | 国際エネルギー機関 |
| IFNEC | International Framework for Nuclear Energy Cooperation | 国際原子力エネルギー協力フレームワーク |
| IMS | International Monitoring System | 国際監視制度 |
| INPO | Institute of Nuclear Power Operations | （米国）原子力発電運転協会 |
| INPRO | International Project on Innovative Nuclear Reactors and Fuel Cycles | 革新的原子炉及び燃料サイクルに関する国際プロジェクト |
| IPCC | Intergovernmental Panel on Climate Change | 気候変動に関する政府間パネル |
| IPPAS | International Physical Protection Advisory Service | 国際核物質防護諮問サービス |
| IRRS | Integrated Regulatory Review Service | 総合規制評価サービス |
| IRSN | Institut de radioprotection et de sûreté nucléaire | （フランス）放射線防護原子力安全研究所 |
| ISCN | Integrated Support Center for Nuclear Nonproliferation and Nuclear Security | 核不拡散・核セキュリティ総合支援センター |
| IS process | Iodine-sulfur process | （熱化学法）IS プロセス |
| ITER | ITER（ラテン語で「道」を意味する単語） | イーター（国際熱核融合実験炉） |
| ITPA | International Tokamak Physics Activity | 国際トカマク物理活動 |

| 略語 | 正式名称 | 日本語名称等 |
|---|---|---|
| IUEC | International Uranium Enrichment Centre | 国際ウラン濃縮センター |
| JANSI | Japan Nuclear Safety Institute | 一般社団法人原子力安全推進協会 |
| JASPAS | Japan Support Programme for Agency Safeguards | IAEA 保障措置技術支援計画 |
| JBIC | Japan Bank for International Cooperation | 株式会社国際協力銀行 |
| JCPOA | Joint Comprehensive Plan of Action | 包括的共同作業計画 |
| JMTR | Japan Materials Testing Reactor | 材料試験炉 |
| JOGMEC | Japan Oil, Gas and Metals National Corporation | 独立行政法人石油天然ガス・金属鉱物資源機構 |
| J-PARC | Japan Proton Accelerator Research Complex | J-PARC（大強度陽子加速器施設） |
| JPDR | Japan Power Demonstration Reactor | 動力試験炉 |
| JPO | Junior Professional Officer | ジュニア・プロフェッショナル・オフィサー |
| JRR-2 | Japan Research Reactor No. 2 | JRR-2（試験研究用等原子炉施設） |
| JRR-3 | Japan Research Reactor No. 3 | JRR-3（試験研究用等原子炉施設） |
| JRR-4 | Japan Research Reactor No. 4 | JRR-4（試験研究用等原子炉施設） |
| KEPCO | Korea Electric Power Corporation | 韓国電力公社 |
| KUCA | Kyoto University Critical Assembly | 京都大学臨界集合体実験装置 |
| KUR | Kyoto University Research Reactor | 京都大学研究用原子炉 |
| LCOE | Levelized Cost of Electricity | 標準耐用年間均等化発電コスト |
| LNG | Liquefied Natural Gas | 液化天然ガス |
| MDEP | Multinational Design Evaluation Programme | 多国間設計評価プログラム |
| MLF | Materials and Life Science Experimental Facility | 物質・生命科学実験施設 |
| MOX | Mixed Oxide | ウラン・プルトニウム混合酸化物 |
| NCA | Toshiba Nuclear Critical Assembly | 東芝臨界実験装置 |
| NEI | Nuclear Energy Institute | 原子力エネルギー協会 |
| NEXI | Nippon Export and Investment Insurance | 株式会社日本貿易保険 |
| NEXIP | Nuclear Energy × Innovation Promotion | NEXIP（文部科学省と経済産業省の連携による原子力イノベーション促進イニシアチブ） |
| NI2050 | Nuclear Innovation 2050 | 原子力革新 2050 |
| NNL | National Nuclear Laboratory | （英国）国立原子力研究所 |
| NPDG | Non-Proliferation Directors Group | G7 不拡散局長級会合 |
| NPDI | Non-proliferation and Disarmament Initiative | 軍縮・不拡散イニシアティブ |
| NPT | Treaty on the Non-Proliferation of Nuclear Weapons | 核兵器不拡散条約 |
| NRC | Nuclear Regulatory Commission | （米国）原子力規制委員会 |
| NRRC | Nuclear Risk Research Center | 原子力リスク研究センター |
| NSCG | Nuclear Security Contact Group | 核セキュリティ・コンタクトグループ |
| NSG | Nuclear Suppliers Group | 原子力供給国グループ |
| NSRR | Nuclear Safety Research Reactor | 原子炉安全性研究炉 |
| NUMO | Nuclear Waste Management Organization of Japan | 原子力発電環境整備機構（原環機構） |
| NUTEC Plastics | NUclear TEChnology for Controlling Plastic Pollution | NUTEC Plastics（IAEA が海洋プラスチック問題に取り組むために立ち上げた事業） |
| NWMO | Nuclear Waste Management Organization | （カナダ）核燃料廃棄物管理機関 |

| 略語 | 正式名称 | 日本語名称等 |
|---|---|---|
| OECD/NEA | Organisation for Economic Co-operation and Development/Nuclear Energy Agency | 経済協力開発機構/原子力機関 |
| ONR | Office for Nuclear Regulation | （英国）原子力規制局 |
| PET | Positron Emission Tomography | 陽電子放出断層撮影 |
| PPE | Programmations pluriannuelles de l'énergie | （フランス）多年度エネルギー計画 |
| PRA | Probabilistic Risk Assessment | 確率論的リスク評価 |
| PUI | Peaceful Uses Initiative | 平和的利用イニシアティブ |
| PWR | Pressurized Water Reactor | 加圧水型軽水炉 |
| RANET | Response and Assistance Network | 緊急時対応援助ネットワーク |
| RCA | Regional Cooperative Agreement for Research, Development and Training Related to Nuclear Science and Technology | 原子力科学技術に関する研究、開発及び訓練のための地域協力協定 |
| ReNuAL | Renovation of the Nuclear Applications Laboratories | サイバースドルフ原子力応用研究所改修事業 |
| RI | Radio Isotope | 放射性同位元素 |
| RIDM | Risk-Informed Decision-Making | リスク情報を活用した意思決定 |
| ROP | Reactor Oversight Process | 原子炉監視プロセス |
| RTE | Réseau de Transport d'Électricité | （フランス）送電系統運用会社 |
| SA | Severe Accident | 過酷事故 |
| SACLA | SPring-8 Angstrom Compact free electron LAser | SACLA（XFEL施設） |
| SMR | Small Modular Reactor | 小型モジュール炉 |
| SPring-8 | Super Photon ring-8 GeV | SPring-8（大型放射光施設） |
| STACY | Static Experiment Critical Facility | 定常臨界実験装置 |
| START | Strategic Arms Reduction Treaty | 戦略兵器削減条約 |
| TCA | Tank-type Critical Assembly | 軽水臨界実験装置 |
| TCF | Technical Cooperation Fund | 技術協力基金 |
| TIARA | Takasaki Ion Accelerators for Advanced Research Application | TIARA（イオン照射研究施設） |
| TRACY | Transient Experiment Critical Facility | 過渡臨界実験装置 |
| TRIGA | Training, Research, Isotopes, General Atomics | TRIGA炉（教育訓練・アイソトープ生産用原子炉） |
| TTR | Toshiba Training Reactor | 東芝教育訓練用原子炉施設 |
| UAE | United Arab Emirates | アラブ首長国連邦 |
| UNSCEAR | United Nations Scientific Committee on the Effects of Atomic Radiation | 原子放射線の影響に関する国連科学委員会 |
| VRE | Variable Renewable Energies | 変動型再生可能エネルギー |
| VTR | Versatile Test Reactor | 多目的試験炉 |
| VVER | Voda Voda Energo Reactor | ロシア型加圧水型原子炉 |
| WANO | World Association of Nuclear Operators | 世界原子力発電事業者協会 |
| WINS | World Institute for Nuclear Security | 世界核セキュリティ協会 |
| WNA | World Nuclear Association | 世界原子力協会 |
| XAFS | X-ray Absorption Fine Structure | X線吸収微細構造 |
| XFEL | X-ray Free Electron Laser | X線自由電子レーザー |
| ZODIAC | Zoonotic Disease Integrated Action | 統合的人畜共通感染症行動 |

## 2 主な略語（五十音順）

| 略語 | 正式名称等 |
|---|---|
| ALPS 処理水 | ALPS 等の浄化装置の処理により、トリチウム以外の核種について、環境放出の際の規制基準を満たす水 |
| 安保理 | 安全保障理事会 |
| 英知事業 | 英知を結集した原子力科学技術・人材育成推進事業 |
| 改正核物質防護条約 | 核物質及び原子力施設の防護に関する条約 |
| 核テロリズム防止条約 | 核によるテロリズムの行為の防止に関する国際条約 |
| 学会事故調 | 一般社団法人日本原子力学会東京電力福島第一原子力発電所事故に関する調査委員会 |
| 原環機構 | 原子力発電環境整備機構（NUMO） |
| 研究炉 | 研究用原子炉 |
| 原子力機構 | 国立研究開発法人日本原子力研究開発機構 |
| 国会事故調 | 東京電力福島原子力発電所事故調査委員会 |
| コモンアプローチ | OECD 環境及び社会への影響に関するコモンアプローチ |
| 再処理機構 | 使用済燃料再処理機構 |
| CNO 会議 | 主要原子力施設設置者の原子力部門の責任者との意見交換会 |
| 「常陽」 | 高速実験炉原子炉施設 |
| 政府事故調 | 東京電力福島原子力発電所における事故調査・検証委員会 |
| 戦略プラン | 東京電力ホールディングス(株)福島第一原子力発電所の廃炉のための技術戦略プラン |
| TRU 廃棄物 | 超ウラン核種（原子番号 92 のウランよりも原子番号が大きい元素）を含む放射性廃棄物 |
| 東京電力 | 東京電力株式会社、東京電力ホールディングス株式会社（2016 年 4 月社名変更） |
| 東電福島第一原発 | 東京電力株式会社福島第一原子力発電所 |
| 日本原燃 | 日本原燃株式会社 |
| 準備宿泊 | ふるさとへの帰還に向けた準備のための宿泊 |
| 放射線利用 | 放射線・放射性同位元素（RI）の利用 |
| 民間事故調 | 福島原発事故独立検証委員会 |
| 「もんじゅ」 | 高速増殖原型炉もんじゅ |
| ユーラトム | 欧州原子力共同体 |
| 理化学研究所 | 国立研究開発法人理化学研究所 |
| リスク低減目標マップ | 東京電力福島第一原子力発電所の中期的リスクの低減目標マップ |
| 量研 | 国立研究開発法人量子科学技術研究開発機構 |

## 3 主な関連政策文書（五十音順）

| 名称 | 略称 | 決定 |
|---|---|---|
| 2050 年カーボンニュートラルに伴うグリーン成長戦略 | グリーン成長戦略 | 2020 年 12 月策定、2021 年 6 月改訂 |
| 技術開発・研究開発に対する考え方 | － | 2018 年 6 月原子力委員会決定 |
| 検査計画、出荷制限等の品目・区域の設定・解除の考え方 | － | 2011 年 4 月原子力災害対策本部決定、2021 年 3 月最終改正 |
| 原子力施設主要資機材の輸出等に係る公的信用付与に伴う安全配慮等確認の実施に関する要綱 | － | 2015 年 10 月原子力関係閣僚会議決定 |
| 原子力分野における人材育成について（見解） | － | 2018 年 2 月原子力委員会決定 |
| 原子力利用に関する基本的考え方 | － | 2017 年 7 月原子力委員会決定、政府として尊重する旨閣議決定 |
| 高速炉開発について（見解） | － | 2018 年 12 月原子力委員会決定 |
| 高速炉開発の方針 | － | 2016 年 12 月原子力関係閣僚会議決定 |

| 名称 | 略称 | 決定 |
|---|---|---|
| 使用済燃料対策に関するアクションプラン | － | 2015 年 10 月最終処分関係閣僚会議決定 |
| 成長戦略フォローアップ | － | 2021 年 6 月閣議決定 |
| 戦略ロードマップ | － | 2018 年 12 月原子力関係閣僚会議決定 |
| 「第 2 期復興・創生期間」以降における東日本大震災からの復興の基本方針 | － | 2019 年 12 月閣議決定、2021 年 3 月改定 |
| 第 3 期がん対策推進基本計画 | － | 2018 年 3 月閣議決定 |
| 第 6 期科学技術・イノベーション基本計画 | － | 2021 年 3 月閣議決定 |
| 第 6 次エネルギー基本計画 | － | 2021 年 10 月閣議決定 |
| 地球温暖化対策計画 | － | 2021 年 10 月閣議決定 |
| 東京電力（株）福島第一原子力発電所における汚染水問題に関する基本方針 | － | 2013 年 9 月原子力災害対策本部決定 |
| 東京電力ホールディングス株式会社福島第一原子力発電所における多核種除去設備等処理水の処分に関する基本方針 | ALPS 処理水の処分に関する基本方針 | 2021 年 4 月廃炉・汚染水・処理水対策関係閣僚等会議決定 |
| 東京電力ホールディングス（株）福島第一原子力発電所の廃止措置等に向けた中長期ロードマップ | 中長期ロードマップ | 2019 年 12 月廃炉・汚染水対策関係閣僚等会議決定 |
| 統合イノベーション戦略 2021 | － | 2021 年 6 月閣議決定 |
| 特定復興再生拠点区域外への帰還・居住に向けた避難指示解除に関する考え方 | － | 2021 年 8 月原子力災害対策本部・復興推進会議決定 |
| 特定放射性廃棄物の最終処分に関する基本方針 | － | 2015 年 5 月閣議決定 |
| 「もんじゅ」の取扱いに関する政府方針 | － | 2016 年 12 月原子力関係閣僚会議決定 |
| 「もんじゅ」の廃止措置に関する基本方針 | － | 2017 年 6 月「もんじゅ」廃止措置推進チーム決定 |
| 理解の深化〜根拠に基づく情報体系の整備について〜（見解） | － | 2016 年 12 月原子力委員会決定 |
| 我が国におけるプルトニウム利用の基本的な考え方 | － | 2018 年 7 月原子力委員会決定 |

## 4　主な関連法律（五十音順）

| 名称 | 略称 | 法律番号 |
|---|---|---|
| 核原料物質、核燃料物質及び原子炉の規制に関する法律 | 原子炉等規制法 | 昭和 32 年法律第 166 号 |
| 原子力基本法 | － | 昭和 30 年法律第 186 号 |
| 原子力災害対策特別措置法 | 原災法 | 平成 11 年法律第 156 号 |
| 原子力損害の賠償に関する法律 | 原賠法 | 昭和 36 年法律第 147 号 |
| 原子力発電施設等立地地域の振興に関する特別措置法 | 原子力立地地域特措法 | 平成 12 年法律第 148 号 |
| 原子力発電における使用済燃料の再処理等の実施に関する法律 | 再処理等拠出金法 | 平成 17 年法律第 48 号 |
| 中間貯蔵・環境安全事業株式会社法 | JESCO 法 | 平成 15 年法律第 44 号 |
| 電気事業法 | － | 昭和 39 年法律第 170 号 |
| 電源開発促進税法 | － | 昭和 49 年法律第 79 号 |
| 特定放射性廃棄物の最終処分に関する法律 | 最終処分法 | 平成 12 年法律第 117 号 |
| 特別会計に関する法律 | － | 平成 19 年法律第 23 号 |
| 発電用施設周辺地域整備法 | － | 昭和 49 年法律第 78 号 |
| 平成二十三年三月十一日に発生した東北地方太平洋沖地震に伴う原子力発電所の事故により放出された放射性物質による環境の汚染への対処に関する特別措置法 | 放射性物質汚染対処特措法 | 平成 23 年法律第 110 号 |
| 放射性同位元素等の規制に関する法律 | 放射性同位元素等規制法 | 昭和 32 年法律第 167 号 |

**令和3年度版　原子力白書**

令和4年9月20日　発行　　　　　　　　　　定価は表紙に表示してあります。

編　集　　　原 子 力 委 員 会
　　　　　　〒100-8914
　　　　　　東京都千代田区永田町1-6-1 中央合同庁舎第8号館6階
　　　　　　電　話　（03) 6257-1315

発　行　　　シンソー印刷株式会社
　　　　　　〒161-0032
　　　　　　東京都新宿区中落合1-6-8
　　　　　　電　話　（03) 3950-7221

ISBN978-4-9911881-2-1
※落丁・乱丁はお取り替え致します。